"十二五"全国高校动漫游戏专业骨干课程权威教材

子午影视课堂系列丛书

1DVD
全彩印刷

1张专业DVD教学光盘快速讲解软件技巧
4个完整项目制作全面提升技能
36组附赠特效提供学习便利

U0202262

After Effects
CS6 完全自学
手册

主编/子午视觉文化传播

编著/彭 超 张 超 周方媛

超值1DVD
范例文件、教学视频和效果文件

Ae

海洋出版社
北京

内 容 简 介

本书以丰富实用的范例、制作步骤和视频教学，详细介绍了影视后期特效软件 After Effects CS6 的基础知识、使用方法和技巧。

本书内容：全书分为 12 章，主要介绍了影视后期基础知识、After Effects CS6 快速入门、菜单命令、视图面板、色彩校正与通道、遮罩与抠像、滤镜特效、特效插件等，并通过《时尚娱乐界》、《蛇年大吉》、《超级星光大道》和《铁路电视台》4 个完整的电视栏目包装案例，介绍了从简单的基本特效到复杂的影片合成，从简单的移动动画到复杂的商业范例动画制作方法和技巧。

本书特点：1. **激发学习兴趣**：内容丰富、全面、循序渐进、图文并茂，边讲边练，激发学习兴趣。2. **实践和教学经验的总结**：多年一线实践和教学经验的积累和总结，实用性和指导性强。3. **培养动手能力和提高操作技能**：各种范例制作的步骤详细，讲解生动，培养动手能力和提高操作技能。4.**多媒体光盘教学**：光盘中包括 4 套完整电视栏目包装范例的制作视频，并提供了 36 组视频背景和本书相关项目文件，方便学习。

适用范围：全国高校影视后期特效专业课教材；用 After Effects 进行影视后期特效处理等从业人员实用的自学指导书。

图书在版编目（CIP）数据

After Effects CS6 完全自学手册/彭超，张超，周方媛编著. —北京：海洋出版社，2013.7
ISBN 978-7-5027-8576-5

Ⅰ.①A… Ⅱ.①彭…②张…③周… Ⅲ.①图象处理软件 Ⅳ.①TP391.41

中国版本图书馆 CIP 数据核字（2013）第 116297 号

总 策 划：刘 斌		发 行 部：（010）62174379（传真）（010）62132549	
责任编辑：刘 斌		（010）68038093（邮购）（010）62100077	
责任校对：肖新民		网 址：www.oceanpress.com.cn	
责任印制：赵麟苏		承 印：北京朝阳印刷厂有限责任公司	
排 版：海洋计算机图书输出中心 申彪		版 次：2018 年 3 月第 1 版第 3 次印刷	
出版发行：海洋出版社			
		开 本：787mm×1092mm 1/16	
地 址：北京市海淀区大慧寺路 8 号（716 房间）		印 张：35（全彩印刷）	
100081		字 数：840 千字	
经 销：新华书店		印 数：7001～9000 册	
技术支持：（010）62100055 hyjccb@sina.com		定 价：98.00 元（含 1DVD）	

本书如有印、装质量问题可与发行部调换

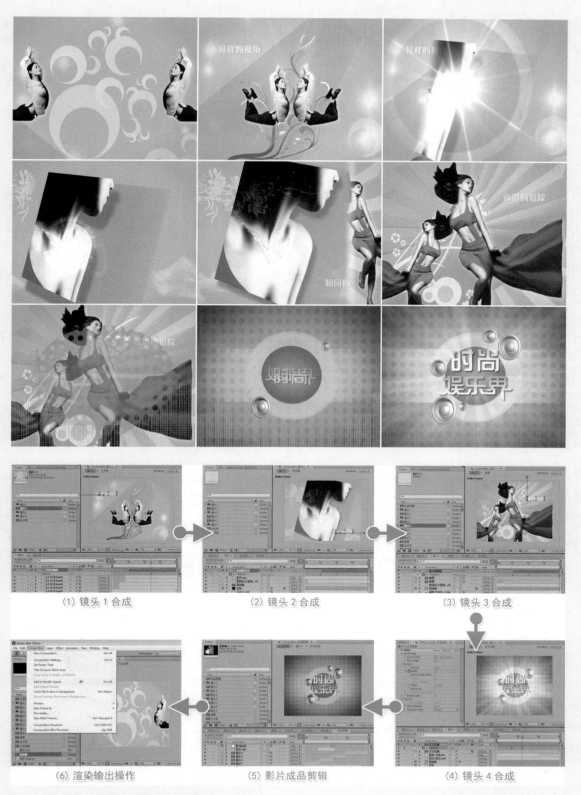

(1) 镜头 1 合成　　　　　　(2) 镜头 2 合成　　　　　　(3) 镜头 3 合成

(6) 渲染输出操作　　　　　　(5) 影片成品剪辑　　　　　　(4) 镜头 4 合成

范例——《时尚娱乐界》（P322）

(1) 影片背景合成

(2) 主体元素合成

(3) 祥云元素合成

(6) 影片定板合成

(5) 文字元素合成

(4) 梅花与剪纸合成

范例——《蛇年大吉》（P381）

(1) 三维文字制作

(2) 镜头 1 合成

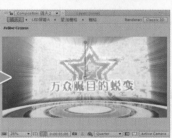

(3) 镜头 2 合成

(6) 影片整体合成

(5) 镜头 4 合成

(4) 镜头 3 合成

范例——《超级星光大道》（P415）

（1）三维元素制作　　　　　　（2）镜头 1 合成　　　　　　（3）镜头 2 合成

（6）影片成品剪辑　　　　　　（5）镜头 4 合成　　　　　　（4）镜头 3 合成

范例——《铁路电视台》（P479）

　　After Effects是由美国Adobe公司出品的一款影视后期特效制作软件，它提供了强大的基于PC和MAC平台的后期合成功能，被广泛应用于影视制作、栏目包装、电视广告、后期编辑及视频处理等领域。After Effects借鉴了许多优秀软件的成功之处，这也使得它成为PC和MAC平台上最具实力的后期合成软件之一，受到全世界上百万设计师的喜爱。

　　为了能让更多喜爱影视特效、多媒体设计、影视动画、栏目包装设计等领域的读者快速、有效、全面地掌握After Effects CS6的使用方法和技巧，"哈尔滨子午视觉文化传播有限公司"、"哈尔滨子午影视动画培训基地"、"哈尔滨学院艺术与设计学院"、"鸡西市第一中学"的多位专家联袂精心编写了本书。

　　全书共分为12章，主要内容介绍如下。

　　第1章介绍了影视后期的基础知识，包括影视后期分析、影视后期内容、信号与速率、分辨率与压缩以及影视后期相关软件等。

　　第2章介绍了After Effects CS6快速入门，包括软件简介、界面布局、工作流程、输出设置以及渲染顺序等。

　　第3章介绍了菜单命令，包括文件、编辑、合成、图层、特效、动画、视图、窗口和帮助等。

　　第4章介绍了视图面板，包括时间线、工具应用、动画浮动面板、信息与跟踪浮动面板、绘画浮动面板和文字浮动面板等。

　　第5章介绍了色彩校正与通道，包括色彩校正特效、通道特效和三维通道等。

　　第6章介绍了遮罩与抠像，包括遮罩工具、钢笔工具、遮罩菜单、颜色差异抠像、颜色抠像、颜色范围、差异蒙板、内外抠像、线性颜色抠像、亮度抠像和溢出抑制等。

　　第7章介绍了滤镜特效，包括滤镜特效简介、Audio音频、Blur&Sharpen模糊与锐化、Distort扭曲、表达式控制、生成、蒙板、噪波与颗粒、旧版插件、透视、仿真、风格化文字、时间、切换和实用等。

　　第8章介绍了特效插件，包括体积光、三维描边、灯光工厂、粒子、星光、扫光、球体、粒子系统、光线散射、框筛、怀旧电影、粒子形式、数字电影模拟、三维文字与标志、颜色渐变、夜视、染色、冷暖色、焦散、软焦点、光束、液滴、蚀刻、射线、天空光、星放射、粒子幻影、调色和技巧调色等。

第9章~第12章分别通过范例《时尚娱乐界》、《蛇年大吉》、《超级星光大道》、《铁路电视台》，全面、完整地介绍了After Effects CS6在影视后期特效制作方面的技巧。

本书采用了"详细基础讲解"+"丰富的案例"+"DVD光盘视频教学"的全新教学模式，使整个学习过程紧密连贯，范例环环相扣，一气呵成。读者学习时可以一边看书一边观看DVD光盘的多媒体视频教学，在掌握影视后期创作技巧的同时享受学习的乐趣。本书具体特点介绍如下。

1. 详细讲解了After Effects CS6的若干核心技术，包括影视后期概述、快速入门、菜单命令、视图面板、色彩校正与通道、遮罩与抠像、滤镜特效、特效插件等，是一本完全适合自学的工具手册。

2. 详细介绍了从简单的基本特效到复杂的影片合成，从简单的移动动画到复杂的商业范例动画制作，通过《时尚娱乐界》、《蛇年大吉》、《超级星光大道》和《铁路电视台》4套完整的电视栏目包装案例，从读者感兴趣的角度进行设计，使读者在不断的动手练习中提高实战技能。

3. 本书附带的超大容量DVD多媒体教学光盘，可以让读者在专业老师的指导下轻松学习、掌握After Effects CS6的使用方法，快速制作具有一定专业水准的作品。

本书主要由彭超、张超、周方媛老师执笔编写。另外感谢齐羽、王永强、景洪荣、唐传洋、漆常吉、李浩、谭玉鑫、黄永哲、张国华、解嘉祥、周旭、孙鸿翔等老师在本书编写过程中提供的技术支持和专业建议。如果在学习本书的过程中有技术问题需要咨询，请访问网站www.ziwu3d.com或发送电子邮件至ziwu3d@163.com了解相关信息并进行技术交流。同时，也欢迎广大读者就本书提出宝贵意见与建议，我们将竭诚为您提供服务，并努力改进今后的工作，为读者奉献品质更高的图书。

编　者

第1章 影视后期概述

第2章 快速入门

第3章　菜单命令

第4章　视图面板

第5章 色彩校正与通道

第6章 遮罩与抠像

第7章　滤镜特效

第8章　特效插件

第9章　范例——《时尚娱乐界》

第10章　范例——《蛇年大吉》

第11章　范例——《超级星光大道》

第 **12** 章　范例——《铁路电视台》

After Effects CS6
完全自学手册

第1章
影视后期概述

本章主要介绍影视后期的相关知识，包括影视后期分析、影视后期内容、信号与速率、分辨率与压缩和影视后期相关软件等。

在影视后期行业中，电视媒体的使用比率占了大部分份额，而其中电视频道、栏目包装和电视广告又是商业市场较常见的种类分支，即对电视频道、栏目、节目的全面视觉特效包装设计。

1.1 影视后期分析

除节目本身和插播广告等内容之外，电视栏目播出内容的片头、片花、片尾、预告、导视、主持人形象、演播室等，主要用于宣传和形象推广，为建立电视栏目良好的社会形象和品牌形象进行服务，它是一种打造电视媒体品牌的重要手段，为品牌建设提供服务，而品牌建设的目的则是最直接的利益。

如今众多的央视频道及卫视频道，都有了非常成熟的频道和栏目包装，在身处激烈竞争的媒体环境下，还不得不继续采用改版来打动挑剔的电视观众。而且必须保持定位频道和栏目的方向，直接对观众说话、直接表达频道的立场、直接预告节目的内容，是电视频道价值链条中的重要环节。电视台可以通过整体的包装达到提升观众对栏目的渴望价值的目的，从而提升品质和收视率，增强赢利能力。

1.2 影视后期内容

电视频道和栏目包装的最重要设计创意表现在标识、辅助图形、色彩和样式的设计。标识和辅助图形时常被作为整体包装中图形设计的核心元素，因此在设计创作初期就要考虑到开放式特征和可演绎性，方便频道和栏目在所有媒体上的推广。

1.2.1 标识

标识是频道和栏目形象最直观、最具体的视觉传达，它以精练的形象表达特定的含义，并借助人们的符号识别、联想等思维能力，传达特定的信息。标识是一种有意味的形式，它通过简单的构图，往往能传达出一个频道独特的人文精神和价值追求，具有文化内质和企业品牌双重价值。在电视频道和栏目的整体包装中，频道的标识设计是主要着力点，优秀的标识并将其融入到整体包装的各个环节中，可以提升整体的效果，如图1-1所示。

图1-1　LOGO标识

1.2.2 元素

辅助元素是指在电视频道的整体包装设计中被广泛使用并最终形成频道形象识别依据

的图形等，是除频道标识之外又一重要频道视觉的元素，通常是从频道标识开始的。从频道标识中演绎提炼出某一独特图形元素，广泛地应用于整体包装的各个版块，整套频道包装设在视觉形象上就有了整体可能。但是，许多频道的现有标识并不适合图形的变化或演绎，这时候就需要开发一个新的频道辅助图形元素。辅助图形可以是一种几何图形、一个卡通造型，也可以是由频道标识演绎而来的图形设计元素，如图1-2所示。

图1-2　辅助元素

1.2.3　色彩

　　选择一种色彩就代表着一种象征意义，不同观众群对色彩有不同的感受，性别、年龄、职业、地域、价值观、文化教育背景等因素都可能导致对色彩的不同理解。因此，在进行电视频道整体包装时，一套独特、贴切、科学的色彩设计意义重大。由于观众对色彩的情感因素作用，总是会赋予频道独特的生命魅力和情感记忆。因此，影视包装的色彩设计应从色彩的心理感应、色彩的冷暖联想、色彩的隐喻、色彩的象征等多方面进行综合分析，力求与电视频道目标观众的审美特性相吻合，最终引起目标观众的情感共鸣，强化频道的品牌形象记忆，如图1-3所示。

图1-3　色彩元素

1.2.4　样式

　　伴随影视包装技术的不断创新发展，尤其是CG技术的普及和运用，推动了整个影视包装行业的变革。视频设计师在创意和制作过程中，将实景拍摄与CG技术结合，便可无限制地发挥想象，带给观众前所未有的视觉体验，如图1-4所示。

　　长期以来，三维风格的包装设计在中国影视包装行业大行其道，在频道呼号、栏目片头、片花的功能包装设计品中运用较多。使用电脑三维技术可以构建不受制作成本制约的画面道具和独特的电脑图形视觉质感。充分利用三维技术优势，能够创造出强势的镜头冲击力、科幻的场景、炫目的光效、缤纷的色彩感观，如图1-5所示。

　　在二维风格的视频设计中并没有放弃电脑三维技术的使用，而是有意识地弱化三维风格中的立体造型、金属质感、炫目光效等特征，放弃金属和塑料质感的工业主义视觉风格，转而借助色彩构成和平面设计，如图1-6所示。

为了丰富影视包装的视频设计风格，设计师开始借助各种各样的艺术表现形式。无论是古典艺术还是现代艺术，无论是抽象主义、立体主义还是表现主义，无论是油画、版画、水彩、水墨还是雕塑或民间艺术，它们几乎统统都被融合运用到影视包装的设计中，视频风格更趋丰富多元化，如图1-7所示。

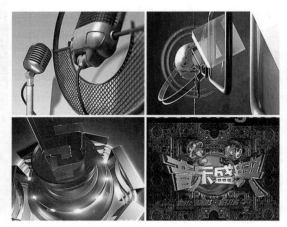

图1-4　实景拍摄　　　　　　　　　　图1-5　三维风格

图1-6　二维风格　　　　　　　　　　图1-7　其他风格

1.2.5　内容

电视频道形象宣传片是以树立频道品牌形象为目的，向观众表达频道倡导的理念、频道主张的风格、频道认同的价值观念等信息的广告推介片。电视频道形象宣传片不涉及频道具体的节目和播出信息，它主要突出频道总体特性理念，是塑造频道品牌形象最有效、最重要的途径。

电视栏目形象宣传片是电视频道的一种产品，也需要自己的形象广告，也就是形象宣传片。这类片子不拘泥于具体的节目细节，只对节目作总体的介绍，或者推介节目的某种独特的卖点、优势、利益点等。有时栏目的形象宣传片甚至表面上与栏目内容毫无关系，只是在收看利益和情绪上表现栏目的特点。

导视系统以发布具体的节目收视信息为手段、以提高频道和栏目的收视率为目的，就如一本书的目录，是观众及时选择收看电视节目的指南。精明的商家总是通过各种广告手段来推广宣传其产品的功能和独特性，以求引起消费者的关注并购买。同理，提供节目信息、强化节目收视利益点、减少观众收视成本、提高频道收视率、培养稳定观众群，都是导视系统所肩负的责任。

片头和片花包装是频道整体包装中很重要的一项，既要充分考虑栏目本身的内容和风格，制作与栏目本身的内容、风格相吻合的个性明显、特色鲜明的片头，又要保持频道包装的统一性。

广告时段提示受到越来越多电视频道包装人的重视。广告时段是电视台创收的最重要频道时段，高的广告附着力不仅有利于增加电视台广告的投放量，而且有利于提高广告客户投放广告的热情和信心。广告时段提示能扩大广告收看人群，从而提高收视率。

1.3 信号与速率

在影视后期制作中时，必须严格遵守模拟信号、数字信号、帧和场的行业标准，避免出现指标和制式等不符合播出的情况。

1.3.1 模拟与数字信号

不同的数据必须转换为相应的信号才能进行传输。模拟数据一般采用模拟信号（Analog Signal）或电压信号来表示；数字数据则采用数字信号（Digital Signal），用一系列断续变化的电压脉冲或光脉冲来表示。当模拟信号采用连续变化的电磁波来表示时，电磁波本身既是信号载体，同时也作为传输介质；而当模拟信号采用连续变化的信号电压来表示时，它一般通过传统的模拟信号传输线路来传输。当数字信号采用断续变化的电压或光脉冲来表示时，一般需要用双绞线、电缆或光纤介质将通信双方连接起来，才能将信号从一个节点传到另一个节点。

模拟信号在传输过程中要经过许多设备的处理和转送，这些设备难免会产生一些衰减和干扰，使信号的保真度大大降低。数字信号可以很容易的区分原始信号与混合的噪波并加以校正，可以满足对信号传输的更高要求。

在广播电视领域中，传统的模拟信号电视将会逐渐被高清数字电视（HDTV）所取代，越来越多的家庭将可以收看到数字有线电视或数字卫星节目，如图1-8所示。

节目的编辑方式也将由传统的磁带到磁

图1-8　高清数字电视

带模拟编辑发展为数字非线性编辑，非线性编辑借助计算机进行数字化的编辑与制作，不用像线性编辑那样反反复复地在磁带上寻找，突破了单一的时间顺序编辑限制。非线性编辑只要上传一次就可以多次编辑，信号质量始终不会变低，所以节省了设备、人力，提高了效率，如图1-9所示。

DV数字摄影机的普及使得制作人员可以使用家用电脑完成高要求的节目编辑，使数字信号逐渐融入人们的生活之中，尤其当下渐渐兴起的单反视频类型，如图1-10所示。

图1-9　非线性编辑　　　　　　　　　　图1-10　DV数字摄影机

1.3.2　帧与场

1. 帧速率

帧速率也称为FPS（Frames Per Second），是指每秒钟刷新的图片的帧数，也可以理解为图形处理器每秒钟能够刷新几次。如果具体到视频上就是指每秒钟能够播放多少格画面，越高的帧速率可以得到更流畅、更逼真的动画；每秒钟帧数（FPS）越多，所显示的动作就会越流畅。像电影一样，视频是由一系列的单独图像（称之为帧）组成并放映到观众面前的屏幕上。每秒钟放映若干张图像，会产生动态的画面效果，因为人脑可以暂时保留单独的图像，典型的帧速率范围是24～30帧/秒，这样才会产生平滑和连续的效果。在正常情况下，一个或者多个音频轨迹与视频同步，并为影片提供声音。

帧速率也是描述视频信号的一个重要概念，它对每秒钟扫描多少帧有一定的要求。传统电影的帧速率为24帧/秒，PAL制式电视系统为625线垂直扫描，帧速率为25帧/秒，而NTSC制式电视系统为525线垂直扫描，帧速率为30帧/秒。虽然这些帧速率足以提供平滑的运动，但它们还没有高到足以使视频显示避免闪烁的程度。根据实验，人的眼睛可觉察到以低于1/50秒的速度刷新图像中的闪烁。然而，要求帧速率提高到这种程度，显著增加系统的频带宽度是相当困难的。为了避免这样的情况，电视系统全部采用了隔行扫描方法。

2. 场

大部分的广播视频采用两个交换显示的垂直扫描场构成每一帧画面，即交错扫描场。交错视频的帧由两个场构成，其中一个扫描帧的全部奇数场，称为奇场或上场；另一个扫描帧的全部偶数场，称为偶场或下场。场以水平分隔线的方式隔行保存帧的内容，在显示时首先显示第一个场的交错间隔内容，然后显示第二个场来填充第一个场留下的缝隙。每一帧包含两个场，场速率是帧速率的两倍。这种扫描的方式称为隔行扫描，与之相对应的是逐行扫描，每一帧画面由一个非交错的垂直扫描场完成，如图1-11所示。

电影胶片类似于非交错视频，每次显示一帧，如图1-12所示。通过设备和软件，可以使用3-2或2-3下拉法在24帧/秒的电影和约30帧/秒（29.97帧/秒）的NTSC制式视频之间进行转换。这种方法是将电影的第一帧复制到视频的场1和场2以及第二帧的场1，将电影的第二帧复制到视频第二帧的场2和第三帧的场1。这种方法可以将4个电影帧转换为5个视频帧，并重复这一过程，完成24帧/秒到30帧/秒的转换。使用这种方法还可以将24 p的视频转换成30 p或60 i的格式。

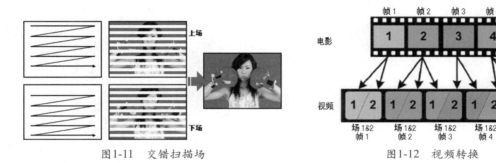

图1-11　交错扫描场　　　　　　　　　　图1-12　视频转换

1.4　分辨率与压缩

分辨率像素比与视频压缩解码直接影响影片的清晰度，分辨率与压缩方式在不同行业媒体播出时会有不同的要求，必须严格按照行业标准执行。

1.4.1　分辨率像素比

在中国最常用到的制式分辨率是PAL制式，电视的分辨率为720×576、DVD为720×576、VCD为352×288、SVCD为480×576、小高清为1280×720、大高清为1920×1080。

电影和视频的影像质量不仅取决于帧速率，每一帧的信息量也是一个重要因素，即图像的分辨率。较高的分辨率可以获得较好的影像质量。常见的电视格式标准的分辨率为4∶3，如图1-13所示。

电影格式宽屏的分辨率为16∶9，而一些影片具有更宽比例的图像分辨率，如图1-14所示。

传统模拟视频的分辨率表现为每幅图像中水平扫描线的数量，即电子光束穿越荧屏的次

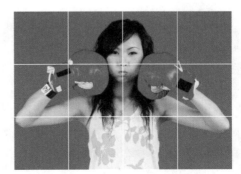

图1-13　标准4∶3

数，称为垂直分辨率。NTSC制式采用每帧525行扫描，每场包含262条扫描线；而PAL制式采用每帧625行扫描，每场包含312条扫描线。水平分辨率是每行扫描线中所包含的像素数，取决于录像设备、播放设备和显示设备。比如，老式VHS格式录像带的水平分辨率只有250线，而DVD的水平分辨率是500线。

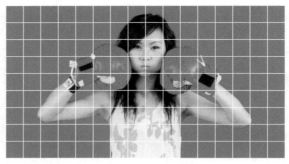

图1-14　宽屏16：9

一般所说的高清多指高清电视。电视的清晰度是以水平扫描线数作为计量的，小高清的720 p格式是标准数字电视显示模式，有720条可见垂直扫描线，16：9的画面比行频为45 kHz；大高清为1080 p格式，有1080条可见垂直扫描线，画面比同为16：9，分辨率更是达到了1920×1080逐行扫描的专业格式。

1.4.2　视频压缩解码

视频压缩也称编码，是一种相当复杂的数学运算过程，其目的是通过减少文件的数据冗余，节省存储空间，缩短处理时间以及节约传送通道等。根据应用领域的实际需要，不同的信号源及其存储和传播的媒介决定了压缩编码的方式、压缩比率和压缩的效果也各不相同。

压缩的方式大致分为两种。一种是利用数据之间的相关性，将相同或相似的数据特征归类，用较少的数据量描述原始数据，以减少数据量，这种压缩通常为无损压缩；而利用人的视觉和听觉特性，针对性地简化不重要的信息，以减少数据，这种压缩通常为有损压缩。

1. AVI

即使是同一种AVI格式的影片也会有不同的视频压缩解码进行处理，如图1-15所示。

在众多AVI视频压缩解码中，None是无压缩的处理方式，它的清晰度最高，文件容量最大。DV AVI格式对硬件和软件的要求不高，清晰度和文件容量都适中。DivX AVI格式是第三方插件程序，对硬件和软件的要求不高，清晰度可以根据要求设置，文件容量非常小。

2. MOV

MOV格式的影片同样有不同的视频压缩解码进行处理，如图1-16所示。

3. DivX

DivX是由DivX Networks公司发明的类似于MP3的数字多媒体压缩技术。DivX基于MPEG-4标准,可以把MPEG-2格式的多媒体文件压缩至原来的10%,更可把VHS格式录像带格式的文件压至原来的1%。通过DSL或cable

图1-15　AVI格式视频压缩解码

Modem等宽带设备,它可以使用户欣赏全屏的高质量数字电影,无论是声音还是画质都可以和DVD相媲美,如图1-17所示。

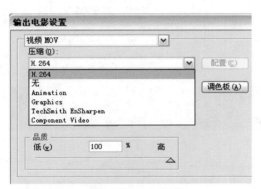

图1-16 MOV格式视频压缩解码

图1-17 DivX格式视频压缩解码

4. WMV

WMV（Windows Media Video）是微软的一种流媒体格式。和ASF格式相比，WMV是前者的升级版本，WMV格式的体积非常小，因此很适合在网上播放和传输。在文件质量相同的情况下，WMV格式的视频文件比ASF拥有更小的体积。从WMV7开始，微软的视频方面开始脱离MPEG组织，并且与MPEG-4不兼容，成为一个独立的编解码系统。

5. MPEG

MPEG-1的质量和体积之间比较平衡，但对于更高图像质量就有点力不从心了。MPEG-2的出现在一定程度上弥补了这个缺陷，这个标准制定于1994年，其设计目标是提供高标准的图像质量。MPEG-2格式主要应用于DVD的制作方面，一般常用的DVD光盘采用MPEG-2标准压缩，DVD光盘上后缀名为.vob的文件就是采用这种编码。使用MPEG-2的压缩算法，120分钟长的电影体积大约在4～8 GB之间。MPEG-2格式压缩的文件扩展名包括.mpg、.mpe、.mpeg、.m2v及DVD光盘上的.vob等。

MPEG-2的图像质量非常不错，但动辄上G的体积并不容易在网络上传播。MPEG-4制定于1998年，其目的是达到质量和体积的平衡，通过帧重建等技术，MPEG-4标准可以保存接近于DVD画质的小体积视频文件。MPEG-4格式还包含了以前MPEG标准不具备的比特率的可伸缩性、交互性甚至版权保护等特殊功能，正因为这些特性，MPEG-4格式被誉为"DVD杀手"。采用这种视频格式的文件扩展名包括.asf、.mov等。

除了这些格式外，还有一些其他格式流传比较广泛，网络流传最广泛的格式莫过于Real公司的RM和RMVB了，而绝大多数MP4是不可以直接播放这两种格式的。在转换软件中，它们的特点是都可以将流行的RM、RMVB格式转化为AVI等MP4常见格式，如图1-18所示。

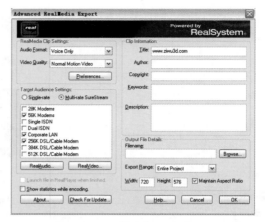

图1-18　Real格式视频压缩解码

1.5　影视后期相关软件

在今天的影视、后期、动画和图形系统软件中，各种软件可以说是百花齐放，常见的平面软件主要有Photoshop、Illustrator、CorelDraw等，常见的三维软件主要有3ds Max、Maya、XSI等，常见的后期软件主要有After Effects、combustion、Digital Fusion等，将优秀的各类型软件交互配合，可以得到更加绚丽的影视效果。

1.5.1　平面软件

1. Photoshop

Photoshop是对数字图形编辑和创作专业标准的一次重要更新，Photoshop引入强大和精确的新标准，提供数字化的图形创作和控制体验，可以方便地使用PSD分层文件格式进行与后期软件交互。PSD文件可以存储成RGB或CMYK模式，能够自定义颜色数并加以存储，还可以保存Photoshop的层、通道、路径等信息，是目前唯一能够支持全部图像色彩模式的格式，如图1-19所示。

图1-19　Photoshop软件

2. Illustrator

Illustrator是Adobe公司出品的矢量图编辑软件。该软件以突破性、富于创意的选项和功能强大的工具，有效率地在网上、印刷品或在任何地方发布艺术作品，界定了失量图形的未来。可以用符号和创新的切割选项制作精美的网页图形，还可以用即时变形工具探索独特的创意。此外，还可以用灵活的数字式图形和其他制作功能迅速发布作品，如图1-20所示。

3. CorelDraw

CorelDraw是一个绘图与排版的软件，它广泛地应用于商标设计、标志制作、模型绘制、插图描画、排版及分色输出等诸多领域。为便于设计需要，CorelDraw提供了一整套图形精确定位和变形控制方案。这给商标、标志等需要准确尺寸的设计带来了极大的便利，如图1-21所示。

图1-20　Illustrator软件　　　　　　　　　　图1-21　CorelDraw软件

1.5.2　三维软件

1. 3ds Max

3ds Max是目前世界上应用最广泛的三维建模、动画、渲染软件，完全满足制作高质量动画、最新游戏、设计效果等领域的需要。3ds Max是3DS系列主要产品，它基于PC平台，可以将三维元素渲染成TGA或RPF格式与后期软件进行交互使用，如图1-22所示。

图1-22　3ds Max软件

2. Maya

Maya是当今世界顶级的三维动画软件，其应用对象是专业的影视广告、角色动画、电影特技等。Maya功能完善，操作灵活，易学易用，制作效率极高，渲染真实感极强，是一款高端制作软件。掌握了Maya软件，可以极大地提高制作效率和品质，调节出仿真的角色动画并渲染出真实效果，如图1-23所示。

3. Softimage|XSI

Softimage|XSI是Avid Softimage公司面向动画高端的旗舰产品。最初被命名为Sumatra(苏门达腊)，后来为了体现软件的兼容性和交互性，最终以Softimage公司在全球知名的数据交换格式XSI命名。Softimage|XSI的前身是在业内久负盛名的Softimage|3D。在最近20余年的三维角色动画软件的制作领域中，Softimage|3D一直独领风骚，Softimage|XSI作为Softimage|3D的升级换代产品，不仅继承了Softimage|3D的一贯优势，而且在许多方面都

有巨大突破，如图1-24所示。

图1-23　Maya软件

图1-24　XSI软件

1.5.3　后期软件

1. After Effects

After Effects是Adobe公司出品的一款基于PC和MAC平台的后期合成软件，也是最早出现在PC平台上的后期合成软件，如图1-25所示。通过在Photoshop中层概念的引入，使After Effects可以对多层的合成图像进行控制，制作出天衣无缝的合成效果；通过关键帧、路径等概念的引入，使After Effects对于控制高级动画游刃有余；高效的视频处理系统，确保了高质量的视频输出；而令人眼花缭乱的特技系统更使After Effects能够实现使用者的一切创意。After Effects不但能与Adobe Premiere、Adobe Photoshop、Adobe Illustrator紧密集成，还可高效地创作出具有专业水准的作品。

图1-25　After Effects软件

2. combustion

combustion是Discreet基于其PC和MAC平台上的Effect和Paint经过大量的改进产生的，在PC平台占有最重要的地位，如图1-26所示。它具有极为强大的后期合成和创作能力，一问世就受到业界的高度评价。combustion为用户提供了一个完善的设计方案，包括动画、合成和创造具有想象力的图像。combustion可以同Discreet的其他特效系统结合工作，可以和Inferno、Flame、Flint、Fire、Smoke等共享抠像、色彩校正、运动跟踪参数。

3. Digital Fusion/MAYA Fusion

Digital Fusion/MAYA Fusion是由加拿大Eyeon公司开发的基于PC平台的专业软件，如图1-27所示。

Maya Fusion是Alias Wavefront公司在PC平台上推出著名的三维动画软件Maya时，没有同时把自己开发的Composer合成软件移植到PC上，而是选择了与Eyeon合作，使用Digital Fusion作为与Maya配套的合成软件。Digital Fusion／MAYA Fusion采用面向流程的操作方式，提供了具有专业水准的校色、抠像、跟踪、通道处理等工具，并具有16位颜色深度、色彩查找表、场处理、胶片颗粒匹配、网络生成等一般只有大型软件才有的功能。

图1-26 combustion软件

图1-27 Digital Fusion软件

1.5.4 其他软件

1. Premiere

Adobe Premiere可以花费更少的时间，得到更多的编辑功能。面对家用DV的迅速普及，入门级用户不仅向往"专业"非线性编辑软件，而且更加偏向操作方便，上手容易的非线性编辑软件。Adobe Premiere重在操作性，如图1-28所示。

2. Inferon/Flame/Flint

Inferon/Flame/Flint是加拿大的Discreet LOGIC开发的系列合成软件，如图1-29所示。该公司一向是数字合成软件业的佼佼者，其主打产品就是运行在SGI平台上的Inferon/Flame/Flint软件系列，这三种软件分别是这个系列的高、中、低档产品。Inferno运行在多CPU的超级图形工作站ONYX上，一直是高档电影特技制作的主要工具；Flame运行在高档图形工作站OCTANE上，既可以制作35 cm电影特技，也可以满足从高清晰度电视（HDTV）到普通视频等多种节目的制作需求；Flint可以运行在OCTANE、O2、Impact等多个型号的工作站上，主要用于电视节目的制作。尽管这三种软件的规模、支持硬件和处理能力有很大区别，但功能相当类似，它们都有非常强大的合成功能、完善的绘图功能和一定的非线性编辑功能。在合成方面，它们以Action功能为核心，提供一种面向层的合成方式，用户可以在真正的三

图1-28 Premiere软件

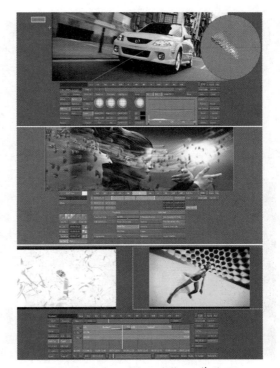

图1-29 Inferon/Flame/Flint工作界面

维空间操纵各层画面，可以调用校色、抠像、追踪、稳定、变形等大量合成特效。

3. Edit/Effect/Paint

Edit/Effect/Paint是Discreet LOGIC公司在PC平台上推出的系列软件，其中Edit是专业的非线性编辑软件，配合Digi Suite或Targa系列的高端视频采集卡。

Effect是基于层的合成软件，它有类似于Inferon/Flame/Flint的Action模块，用户可以为各层画面设置运动、进行校色、抠像、追踪等操作，也可以设置灯光。Effect的一大优点在于可以直接利用为Adobe After effect设计的各类滤镜，大大地补充了Effect的功能。由于Autodesk成为Discreet LOGIC的母公司，Effect特别强调与3ds Max的协作，这点对许多以3ds Max为主要三维软件的制作机构和爱好者而言特别具有吸引力。

Paint是一个绘图软件，相当于Inferon/Flame/Flint软件的绘图模块。利用这个软件，用户可以对活动的画面方便地进行修饰。它基于矢量的特性可以很方便地对画笔设置动画，满足动画的绘制需求。这个软件小巧精干，功能强大，是PC平台上的优秀软件，也是其他合成软件必备的补充工具。Discreet LOGIC公司通过让这三个软件相会配合，比如从Effect和Paint，对镜头进行绘制和合成，大大提高了工作效率，使得该此软件成为PC平台上最具竞争力的后期制作解决方案之一。

4. 5D Cyborg

5D Cyborg是一款高级特效后期制作合成软件，它有先进的工作流程、界面操作模式及高速运算能力；能对不同的解析度、位深度及帧速率的影像进行合成编辑，甚至2K解析度的影像也能进行实时播放，如图1-30所示。5D Cyborg 可应用于电影、标准清晰度（SD）影像及高清晰度(HD)影像的合成制作，能大大提高后期制作的工作效率。它不仅有基本的色彩修正、抠像、追踪、彩笔、时间线、变形等功能，还有超过200种特技效果。5D Cyborg中包括了很多特效工具，可以应用在场景和目标物体的合成过程中。可以通过输入3D物质的质地数据和坐标方式达到最后的合成。在交互式的3D合成环境中，可以随意更换贴图、进行3D变形，达到满意的效果。

5. Shake

Shake也是比较有前途的后期合成软件，如图1-31所示。该软件现已被苹果公司收购，同Digital Fusion、MAYA Fusion一样，它采用面向流程的操作方式，提供了具有专业水准的校色、抠像、跟踪、通道处理等工具。

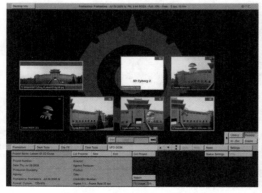 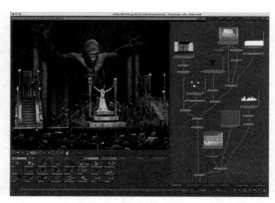

图1-30　5D Cyborg工作界面　　　　　图1-31　Shake工作界面

6. Commotion

Commotion是由Pinnacle公司出品的一款基于PC和MAC平台的后期合成软件。Commotion在国内的用户较少，但是其功能非常强大，拥有极其出色的性能。由于Pinnacle公司是一家硬件板卡设计公司，所以其硬件支持能力也极强。Commotion与After Effects极其相似。同时它具有非常强大的绘图功能，可以定制多种多样的笔触，并且能够记录笔触动画。这又使它非常类似于Photoshop和Illustrator。

7. EDIUS

EDIUS是日本Canopus公司的优秀非线性编辑软件，专为广播和后期制作环境而设计，特别是针对新闻记者、无带化视频制播和存储。EDIUS拥有完善的基于文件工作流程，提供了实时、多轨道、多格式混编、合成、色键、字幕和时间线输出功能，如图1-32所示。

在众多PC和MAC平台后期合成软件中，After Effects借鉴了Premiere的界面和功能等优点，还可以和Photoshop、Illustrator共享参数，可以说是PC和MAC平台最有竞争力的后期合成软件。在电影和电视领域的后期特效合成制作中After Effects大放异彩，使视觉效果更加丰富多彩，如图1-33所示。

图1-32　EDIUS工作界面

图1-33　电影和电视领域

1.6　本章小结

通过相对低廉的PC和MAC平台，加上强大的After Effects后期合成软件，同样能制作出影视大片似的作品。还等什么呢，马上开始体验After Effects的神奇之旅吧！

After Effects CS6
完全自学手册

第2章
快速入门

　　本章是After Effects的快速入门，包括After Effects CS6简介、界面布局、新特性概述、工作流程、支持文件格式、输出设置和渲染顺序等。

　　After Effects是美国Adobe公司出品的一款基于PC和MAC平台的特效合成软件，也是最早出现在PC平台上的特效合成软件，由于其强大的功能和低廉的价格，在中国拥有最广泛的用户群，国内大部分从事特效合成的工作人员，都是从该软件起步的。

2.1 软件简介

After Effects CS6是一款用于高端视频特效系统的专业特效合成软件，它借鉴了许多优秀软件的成功之处，将视频特效合成上升到了新的高度。After Effects软件的主要内容包括支持高质量素材、支持多剪辑、高效关键帧编辑、无与伦比的准确性、强大路径功能、超凡特技控制、与Adobe软件无缝结合、高效渲染效果。

1. 支持高质量素材

After Effects支持从4×4～30 000×30 000像素分辨率的素材，包括了标清电视、高清电视（HDTV）和电影等多种类型影片。

2. 支持多层剪辑

After Effects支持无限层视频和静态画面的成熟合成技术，可以实现视频和静态画面的无缝合成。

3. 高效关键帧编辑

在After Effects中，关键帧支持所有具备层属性的动画，并可以自动处理关键帧之间的变化，使动画编辑变得更加高效快捷。

4. 识别准确性

After Effects具有强大、精准的识别功能，可以精确到一个像素点的5‰。其准确的定位动画，使用户可以更加精准地进行编辑操作。

5. 强大路径功能

在After Effects中，使用Motion Sketch可以轻松绘制动画路径。路径将更加适合项目需求，到达用户自定义的每一个位置。

6. 超凡特技控制

在After Effects CS6中提供了大量的特效滤镜，多达近百种特效可供用户根据不同需求及所需效果来使用，主要用以修饰增强图像效果和动画控制，良好地解决了多特技穿插使用的复杂步骤。

7. 与Adobe软件无缝结合

After Effects在导入Photoshop和Illustrator文件时，可以保留素材中的层信息，切实达到了多软件各擅其长，并可以充分合成，完成用户的需求。

8. 高效渲染效果

After Effects可以执行一个合成在不同尺寸大小上的多种渲染，或者执行一组任何数量的不同合成的渲染。其多种渲染的方式，可以大幅度缩减不必要的时间损失，可以任意选择适合项目的渲染方式。

Adobe公司最新推出的After Effects CS6软件版本，提供了高效、精确的多样工具，可以帮助用户创建引人瞩目的动画效果和绚丽视觉特效。其中包含了上百种特效和预置的动画效果，可以在电影、电视、新媒体等领域的动画图形和视觉特效设立新标准。

After Effects CS6还提供了与Premiere、Encore、Audition、Photoshop和Illustrator软件无与伦比的交互功能，可以为用户提供创新方式应对生产挑战，并交付高品质成品所需的速度、准确度和强大功能。After Effects CS6的启动画面如图2-1所示。

图2-1　启动画面

2.2　界面布局

After Effects CS6具有全新设计的流线型工作界面，其布局合理并且界面元素可以随意组合，在工作界面切换面板中还有多种预设，在大大提高使用效率的同时，还增加了许多人性化功能。在接下来的学习过程中，将以All Panels（全部面板）类型为主要工作界面，界面布局如图2-2所示。

After Effects CS6界面布局中主要包括菜单栏、工具栏、项目窗口、合成窗口、时间线、工作界面切换、时间控制面板、信息面板、音频面板、特效预设面板、跟踪控制面板、排列

图2-2　界面布局

面板、平滑面板、摇摆面板、运动模拟面板、精确蒙板插值面板、绘画面板、笔刷控制面板、段落面板及字符面板。

2.2.1　菜单栏

菜单栏几乎是所有软件都共有的重要界面布局要素之一，它包含了软件全部功能的命令操作。After Effects CS6提供了9项菜单，分别为File（文件）菜单、Edit（编辑）菜单、Composition（合成）菜单、Layer（层）菜单、Effect（特效）菜单、Animation（动画）菜单、View（视图）菜单、Window（窗口）菜单和Help（帮助）菜单，如图2-3所示。

File（文件）菜单中主要包括打开、导入、存储、退出等软件项目操作，也包括了对素

材及代理选项的管理；Edit（编辑）
菜单、Composition（合成）菜单、
Layer（层）菜单及Effect（特效）菜
单是针对视频特效合成的操作部分，
主要包括对合成部分的基本编辑、工
作区的选择、模板及参数设置、图像
合成的编辑、众多层命令和特效的

图2-3　菜单栏

选项；Animation（动画）菜单包含了动画的预置、关键帧的编辑与设置等操作选项；View
（视图）菜单主要用于视图的调整、参考线与栅格的设置、3D视图的切换和调校；Window
（窗口）菜单主要是针对工作窗口及操作窗口的显示与隐藏、工作区的设置等管理选项；
Help（帮助）菜单主要提供了帮助文件、After Effects的版权信息和Registration（注册），
在Internet连接的情况下支持互联网的在线帮助服务。

2.2.2　工具栏

工具栏位于菜单栏的底部，其中
提供了一些常用的合成操作工具，主
要有 Selection Tool（选择工具）、
Hand Tool（平移工具）、Zoom
Tool（缩放工具）、Rotation Tool
（旋转工具）、Unified Camera
Tool（轨迹相机工具）、 Anchor

图2-4　工具栏

Point Tool（轴移动工具）、Rectangle Tool（遮罩工具）、Pen Tool（钢笔工具）、
Horizontal Type Tool（文本工具）、Brush Tool（画笔工具）、Clone Stamp Tool（图章
工具）、Eraser Tool（橡皮工具）、Roto Brush Tool（转筒式画笔工具）、Puppet pin
Tool（人偶工具）和 坐标模式，如图2-4所示。

1. 选择工具

可以在合成窗口中选择、移动及调整图层和素材，除了使用鼠标选择此工具外，还可
以直接使用快捷键"V"完成移动工具的切换与操作。

2. 平移工具

可以在合成项目操作的"视图"面板中控制预览区域，通过整体移动画面可以得到用
户指定的预览范围，其快捷键为"H"。

3. 缩放工具

可以任意放大或缩小预览窗口中画面的显示尺寸，快速调整到所需大小，以及准确锁
定需要预览的区域，其快捷键为"Z"。

4. 旋转工具

可以在合成项目的预览窗口中对所选定的素材进行旋转角度的调整，其快捷键为
"W"。

5. ◼轨迹相机

可以通过鼠标的拖拽改变画面的构图角度，并可以对摄影机的各项参数进行调整，其快捷键为"C"。

6. ◼轴移动工具

可以通过鼠标拖拽中心点移动到自定义位置，从而改变图层的中心点，中心点位置的改变影响部分图形动画运动，特别是旋转动画效果，其快捷键为"Y"。

7. ◻遮罩工具

其中有5种预设的遮罩形状，分别为Rectangle Tool（矩形工具）、Rounded Rectangle Tool（圆角矩形工具）、Ellipse Tool（椭圆工具）、Polygon Tool（多边形工具）与Star Tool（星形工具）。通过这些预设的遮罩形状，可以快速、便捷地进行遮罩的绘制，其快捷键为"Q"。

8. ◼钢笔工具

可以在合成项目的预览窗口或图层中通过对点的控制来调节范围大小及曲度，可以根据用户自身的需求绘制自定义路径与遮罩，其快捷键为"G"。

9. ◼文本工具

可以在合成项目的视图中快速创建文字图层并添加文字信息，配合"字符"面板的使用，可以调节各项参数，完成所需文字要求，其快捷键为"Ctrl+T"。

10. ◼画笔工具

可以在图层上自定义绘制图像，可以在图层"特效"菜单下的Paint（绘画）中进行参数调整以及叠加方式的选择，其快捷键为"Ctrl+B"。

11. ◼图章工具

可以复制需要的图像并将其填充到需要添加的其他部分，从而生成相同的图像内容，可以快捷调整与修饰素材的效果。其快捷键为"Ctrl+B"，连续使用此快捷方式，将会在画笔、图章与橡皮工具之间进行切换。

12. ◼橡皮工具

可以根据用户需求，将自定义区域擦除图像，或是根据项目具体需求实现区域透明的效果，其快捷键为"Ctrl+B"。

13. ◼转筒式画笔工具

可以通过鼠标选择，电脑会快速运算并识别颜色差异，可以更便捷地实现快速区分前景色和背景色效果，其快捷键为"Alt+W"。

14. ◼人偶工具

可以通过用户设定骨骼关节，从而更准确地确定运动轴心，可以把较为简单的素材进行更真实的模拟运动，其快捷键为"Ctrl+P"。

15. ◼◼◼坐标模式

包括Local Axis Mode（本地轴方式）、World Axis Mode（世界轴方式）和View Axis Mode（查看轴方式），可以直接通过单击按钮完成不同轴方式的相应切换。

2.2.3 项目窗口

可以将参与合成的素材存储在Project（项目）窗口中，并可显示每个素材的名称、类型、大小、持续时间、注释和文件路径信息，还可以对引入的素材进行查找、替换、定义、删除、重命名等操作。当项目窗口中存有大量素材时，利用文件夹管理，可以有效地对素材进行组织和管理操作，如图2-5所示。

在"项目"面板中包括5个常用的操作工具，分别为Interpret Footage（定义素材）、Create a new Folder（新建文件夹）、Create a new Composition（新建合成）、8 bpc Click to open Project Settings and adjust project color depth（打开项目设置并调节项目颜色深度）与Delete selected project items（删除所选定的项目分类）。

图2-5 项目窗口

- 定义素材：主要设置素材的Alpha（通道）、帧速率、场的变换、像素纵横比信息。
- 新建文件夹：是指在"项目"面板中创建文件夹，用来将导入的素材进行分类。
- 新建合成：是指更快速的新建合成组，并且对新的图像合成进行设置。
- 8 bpc 打开项目设置并调节项目颜色深度：主要是针对项目进行设置，包括时间码基准、帧、颜色深度、工作空间及音频的采样率。
- 删除所选定的项目分类：用来快速删除项目面板中的素材或合成。

2.2.4 合成窗口

Composition（合成）窗口可直接显示出素材组合与特效处理后的合成画面。该窗口不仅具有预览功能，还具有控制、操作、管理素材、缩放窗口比例、当前时间、分辨率、图层线框、3D视图模式和标尺等操作功能，是After Effects CS6中非常重要的工作窗口，如图2-6所示。

在合成窗口中提供了一些常用的操作工具，包括Always Preview This View（总是预览该视图）、 50% ▼ Magnification ratio popup（放大比率）、Choose grid and guide options（选择参

图2-6 合成窗口

考线与参考线选项）、Toggle Mask and Shape Path Visibility（开关显示遮罩）、 0;00;00;00 Current Time（当前时间）、Take Snapshot（获取快照）、Show Snapshot（显示最后

快照）、Show channel and Color Management Settings（显示通道及色彩管理设置）、
(Half) ▼Resolution /Down Sample Factor Popup（分辨率）、 Region of Interest（目标
兴趣范围）、Toggle Transparency Grid（开关透明栅格）、 Active Camera ▼3D View Popup
（3D视图）、 1 View ▼Select view Layout（选择视图方案）、 Toggle Pixel Aspect Ratio
Correction（开关像素纵横比校正）、 Fast Previews（快速预览）、 Timeline（时间
线）、 Composition Flowchart（合成流程图）及 +0.0Exposure（曝光）。

- 总是预览该视图：该按钮是锁定预览视图的开关。当用户选择一个窗口作为最后输出的监视窗口时，指定一个默认的预览窗口是非常必要的。用户在其他窗口改变设置时，设置预览窗口，可方便用户观察最后的输出结果。当多个窗口同时打开时，在2D合成窗口中，选择"前方"视图作为预览窗口，而在3D合成窗口中，选择"摄影机"视图作为预览窗口。

- 50% ▼放大比率：主要用来控制素材在窗口中的大小比例。除了提供了常用的200%显示、100%显示、50%显示、25%显示以外，还有Fit（适合）显示类型根据操作界面的大小变化自动调节显示比率。

- 选择参考线与参考线选项：用来选择参考线的类型，其中有6项预设，分别为Title/Action Safe（字幕/活动安全框）、Proportional Grid（比例栅格）、Grid（栅格）、Guides（参考线）、Rulers（标尺）与3D Reference Axes（3D参考坐标）。

- 开关显示遮罩：用来控制遮罩是否显示的开关。

- 0;00;00;00 当前时间：会显示合成窗口中当前项目的时间，可以精确时间到分、秒。

- 获取快照：可以为当前合成窗口中显示的项目内容截图。

- 显示最后快照：用来在合成窗口中显示最后一次截图的内容。

- 显示通道及色彩管理设置：可以选择多种RGB模式或Alpha通道。

- (Half) ▼分辨率：该按钮用来调节素材预览的质量，其菜单中有Full（完全）、Half（一半）、Third（三分之一）和Quarter（四分之一）4种预设，用户也可以按需求与内存自定义的分辨率进行设置。

- 目标兴趣范围：该按钮主要通过单击按钮控制在合成面板中选框的拖曳，完成设置一个目标拾取的范围。

- 开关透明栅格：该按钮用来开启或是关闭素材后栅格的显示。

- Active Camera ▼3D视图：该按钮用来选择三维视图的模式，其预设中包括有效摄影机、前视图、左视图、顶视图、后视图、右视图、底视图，用户还可以根据自身需求自定义三维视图的预设。

- 1 View ▼选择视图方案：该按钮用来选择系统预设的视图组合类型，主要应用在三维合成场景的显示；其预设中共有8种组合，还可以勾选共享视图选项。

- 开关像素纵横比校正：该按钮用来控制显示或隐藏像素纵横比的校正。例如，新建了PAL制式的720×576宽屏合成场景后，在未开启"开关像素纵横比校正"功能时，监视器中显示的并不是16∶9模式，而是4∶3模式，如开启"开关像素纵横比校正"功能将会正确显示实际制作的16∶9模式。

- 快速预览：该按钮用来选择快速预览的方式。

- 时间线：该按钮用来将合成窗口中的项目操作切换到时间线的工作界面。

- 合成流程图：该按钮将项目合成操作以流程图方式呈现出来，用户可以更清晰、简洁、快速地查看合成操作。
- 曝光：该按钮用来还原曝光值，并可以快速设置曝光值的大小来控制素材的明暗，从而达到视觉需求的准确曝光。

2.2.5 时间线

Timeline（时间线）面板可以精确设置合成时各种素材的位置、时间、特效、关联和属性等相关参数；时间线采用层的方式进行影片的合成，可以更直接、快捷地根据项目需要实时编辑素材，并可以对层进行顺序和关键帧动画的操作，如图2-7所示。

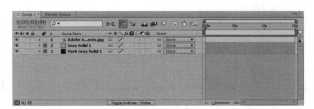

图2-7 时间线

2.2.6 工作界面切换

Workspace（工作界面切换）可以快速设置After Effects CS6的界面分布类型，如图2-8所示。

在工作界面切换中包括All Panels（全部工作界面）、Animation（动画控制界面）、Effects（特效界面）、Minimal（最小精简界面）、Motion Tracking（运动跟踪界面）、Paint（绘画界面）、Standard（标准界面）、Text（文本界面）、Undocked Panels（退出界面）、Undocked Workspace（退出工作区）、New Workspace（新建工作区）、Delete Workspace（删除工作区）及Reset All Panels（复位全部工作界面），如图2-9所示。

图2-8 工作界面切换

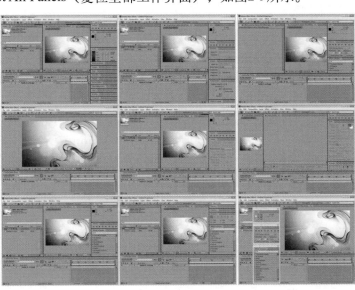

图2-9 常用工作界面

2.2.7 预览面板

Preview（预览）面板是控制影片播放或寻找画面的主要工具。其中包含了 █（控制跳至影片第一帧画面）、█（控制影片倒退一帧）、█（控制观看预览播放画面）、█（控制前进一帧）、█（控制跳至影片最后一帧画面）、█（控制打开或关闭音频）、█（控制循环播放画面）、█（采用RAM内存方式预览），如图2-10所示。

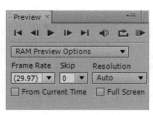

图2-10 预设面板

2.2.8 信息面板

Info（信息）面板可以显示影片像素的颜色、透明度通道、坐标，还可以在渲染影片时显示渲染提示信息、上下文的相关帮助提示等。当拖曳图层时，还会显示图层的名称、图层轴心及拖曳产生的位移等信息，如图2-11所示。

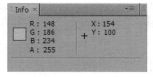

图2-11 信息面板

2.2.9 音频面板

Audio（音频）面板主要显示播放影片时音频的信息提示。其中面板左侧提供了音量级别的波形表区域，在此区域可以明显地观察到音频素材的大小波动；面板右侧提供了音频控制区域，在其中可以将音频素材的左声道与右声道进行独立调节，还可以进行整体音量大小的控制，如图2-12所示。

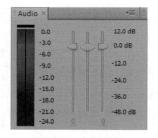

图2-12 音频面板

2.2.10 特效预置面板

Effects & Presets（特效预置）面板可以快速地在视频编辑过程中运用各种滤镜产生非同凡响的特殊效果，根据各滤镜的功能共分成21种类型，其中包括Animation Presets（动画预设）、3D Channel（3D通道）、Audio（音频）、Blur & Sharpen（模糊与锐化）、Channel（通道）、Color Correction（色彩校正）、Distort（扭曲）、Expression Controls（表达式控制）、Generate（生成）、Keying（键控）、Matte（蒙板）、Noise & Grain（噪波与颗粒）、Obsolete（旧版本）、Perspective（透视）、Simulation（模拟仿真）、Stylize（风格化）、Synthetic Aperture（合成孔径）、Text（文本）、Time（时间）、Transition（过渡）与Utility（实用工具）。通过这些滤镜特效，可以针对不同类型素材和需要的效果对任意层添加不同的滤镜，如图2-13所示。

图2-13 特效面板

2.2.11 跟踪控制面板

Tracker Controls（跟踪控制）面板是对某物体跟踪另外的运动物体，电脑对被追踪影像的运动过程进行运算，并生成逐帧运动动画，从而会产生一种跟随的动画效果。其中常用的工具包括Track Camera（跟踪摄影机）、Warp Stabilizer（手持平衡校正）、Track Motion（跟踪运动）、Stabilize Motion（稳定运动）、Motion Source（运动来源）、Current Track（当前跟踪）、Track Type（跟踪类型）、Edit Target（设置目标）、Options（选项）、Analyze（分析）、Reset（重置）及Apply（应用），如图2-14所示。

图2-14 跟踪控制面板

- 跟踪摄影机/手持平衡校正/跟踪运动/稳定运动：用来选择计算机对跟踪素材的运算方式，自动生成被跟踪素材运动的关键帧，同时根据用户需要还可以选择创建摄影机。
- 运动来源：用来选择计算机需要跟踪运算的素材。
- 当前跟踪：用来选择正在跟踪的运动素材。
- 跟踪类型：包括位置、旋转、比例，根据需要选择更适合运动素材的跟踪类型。
- 设置目标：用来设置跟踪的素材。
- 选项：可以用来命名跟踪名称、选择跟踪插件和设置运动素材匹配前的处理。
- 分析：包括向后分析1帧、向后分析、向前分析及向前分析1帧，用来微调运动素材的单帧跟踪。
- 重置：用来重新设置跟踪选项，还原跟踪设置。
- 应用：主要用来确定跟踪设置，应用到操作的确定按钮。

当选择Motion Source（运动来源）并单击Track Motion（跟踪）按钮时，合成面板中心出现两个环形围绕的方块，即跟踪点，可通过鼠标拖曳边框实现跟踪区域的调整。软件中跟踪类型的预设有稳定、变换、并行拐点、透视拐点及RAW。当所选的跟踪选项设置完毕后，在Analyze（分析）上单击▶Analyze forward（向前分析）按钮，软件通过分析后会自动生成相关帧，如图2-15所示。

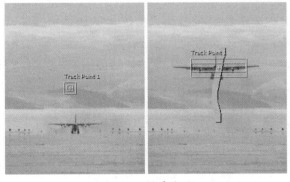

图2-15 操作步骤

2.2.12 排列面板

Align（排列）面板沿水平轴或垂直轴均匀排列当前层。如图2-16所示。

- Align Layers（层排列）：提供了▣Horizontal left alignment（水平左侧对齐）、▣Horizontal center alignment（水平中心对齐）、▣Horizontal right alignment（水平右侧对齐）、▣Vertical top alignment（垂直顶部对齐）、▣Vertical center alignment（垂直中心对齐）与▣Vertical bottom alignment（垂直底部对齐）。

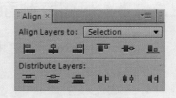

图2-16　排列面板

- Distribute Layers（层分布）：在选择三个或三个以上图层时可激活此选项，其中提供了▣Vertical top distribution（垂直顶部分布）、▣Vertical center distribution（垂直中心分布）、▣Vertical bottom distribution（垂直底部分布）、▣Horizontal left distribution（水平左侧分布）、▣Horizontal center distribution（水平中心分布）与▣Horizontal right distribution（水平右侧分布）。

2.2.13　平滑面板

Smoother（平滑）面板可以添加关键帧或删除多余的关键帧，平滑临近曲线时可对每个关键帧应用贝赛尔插入。平滑由Motion Sketch（运动拟订）或Motion Math（运动学）生成的曲线中产生多余关键帧，以消除关键帧跳跃的现象，如图2-17所示。

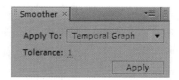

图2-17　平滑面板

2.2.14　摇摆面板

Wiggler（摇摆）面板可对任何依据时间变化的属性增加随意性，通过属性增加关键帧或在现有的关键帧中进行随机差值，使原来的属性值产生一定的偏差，最终完成随机的运动效果，如图2-18所示。

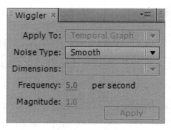

图2-18　摇摆面板

2.2.15　运动模拟面板

Motion Sketch（运动模拟）面板对当前层进行拖曳操作时，系统会自动对层设置相应的位置关键帧，层将根据鼠标运动的快慢沿鼠标路径进行移动，并且该功能不会影响层的其他属性中设置的关键帧，如图2-19所示。

图2-19　运动模拟面板

2.2.16　精确蒙板插值面板

Mask Interpolation（精确蒙板插值）面板可以建立平滑的遮罩变形运动，将遮罩形状的变化创建为平滑的动画，从而使遮罩的形状变化更加接近现实，如图2-20所示。

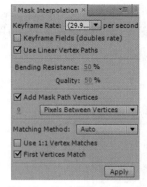

图2-20　精确蒙板插值面板

2.2.17　绘画面板

Paint（绘画）面板用于画笔的绘制，在其中可对绘画使用的颜色、透明度、模式和颜色通道进行修改，如图2-21所示。

图2-21　绘画面板

2.2.18　笔刷控制面板

Brushes（笔刷）面板可以设置笔画、层前景色及其他笔画的混合模式，可以修改它们的相互影响方式，还可以设置软件预设的多种笔刷类型、笔刷颜色、指定笔刷不透明度及墨水流量等，如图2-22所示。

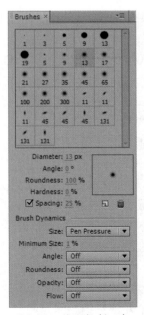

图2-22　笔刷控制面板

2.2.19　段落面板

Paragraph（段落）面板可以对文本层中一段、多段或所有段落进行调整，在其中可以进行缩进、对齐或间距等操作，如图2-23所示。

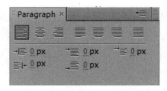

图2-23　段落面板

2.2.20　字符面板

Character（字符）面板可以对文本的字体进行设置，包括设置字体类型、字号大小、字符间距或文本颜色等，如图2-24所示。

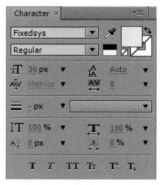

图2-24　字符面板

2.3　新特性概述

After Effects CS6具有全新设计的流线型工作界面。升级后的After Effects，即使是在高分辨率的项目下，也可以充分利用计算机的64位硬件优势，比以往任何时候更快实现影院视觉效果和动态图形。使用内置的文本和形状挤压功能、新的蒙板羽化选项和快速易用的3D Camera Tracker（3D摄影机追踪）扩展创造力，可以更快速、直观、顺利地完成各种创作任务。

After Effects CS6版本的最主要的改变是3D模式发生了翻天覆地的变化，新的 Ray-Traced 3D (光线追踪 3D)拥有更为真实的表现力。Adobe After Effects CS6新增的缓存功能可使用户在等待帧更新时，仍可预览状况。而新加入的3D Camera Tracker（3D摄影机追踪）则给予用户对于景深、阴影和光线反射的全面操控。

After Effects CS6还可以在后台自动分析并生成3D追踪点在2D的投影。当然新特性还不止（不只）这些，新的3D光线追踪渲染引擎采用了NVIDIA Optix技术，可完全利用Kepler架构的威力，使用GPU加速，在After Effects中最多可拥有CPU单独工作50倍的速度，而原有的3D模式则成为经典3D选项，新的Ray-Traced 3D将在勾选光线追踪后开启；GPU加速下的光线追踪可使用户在Adobe After Effects中即可完成整个3D效果的制作，而不用另外制作并导入，显著改善了工作效率。

After Effects CS6还有多处理器和多核的支持，渲染和预览可以更快地利用电脑电源，使用多个处理器内核来计算复杂的效果，并且可以同时呈现多帧内容。

After Effects CS6具有实时高保真OpenGL（开放图形语言）的支持，可以使用OpenGL显示混合模式、运动模糊、抗锯齿、轨道遮罩、高品质阴影和提高透明度显示，并加快共同作用的渲染速度和精度的工作。

2.3.1　挤压3D文本形状

导入一个矢量素材并创建矢量层后，在3D图层模式下，通过调节Extrusion Depth（挤压深度）命令可以快捷的将平面文本转换成三维效果，与3ds Max的Bevel（倒角）修改命令效果相似，如图2-25所示。

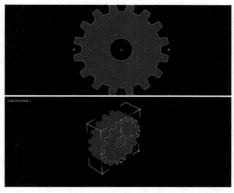

图2-25　挤压深度效果

2.3.2　弯曲2D层

通过调节Geometry Options（几何选项）中的Curvature（曲率）和Segments（段数），After Effects CS6可以将2D文本在3D图层模式中实现2D层弯曲效果，如图2-26所示。

图2-26　弯曲效果

2.3.3　光线追踪

在Composition Settings（合成设置）的Options（选项）中可以通过调整Ray-tracing Quality（光线跟踪质量）实现对渲染的要求，如图2-27所示。

图2-27　光线跟踪质量效果

2.3.4 使用快速预览

在合成面板中的快速预览选项中新添加了Draft（草图预览）和Fast（快速草图预览）选项。在使用快速预览的过程中，用户可以在Select view layout（选择视图布局）选项下，根据自身需求选择相应视图，配合快速预览中的选项达到适合项目要求的预览质量和预览速度，如图2-28所示。

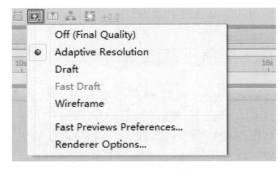

图2-28 快速预览

2.3.5 材质选择

After Effects CS6在Material Options（材质选项）中提供了材质选择，可以通过对Appears in Reflections（出现反射）、Reflection Intensity（反射强度）、Reflection Sharpness（反射清晰度）、Reflection Rolloff（反射滚边）、Transparency（透明度）、Transparency Rolloff（透明度滚边）及Index of Refraction（折射率）等参数的调整，从而得到用户所需要的材质，如图2-29所示。

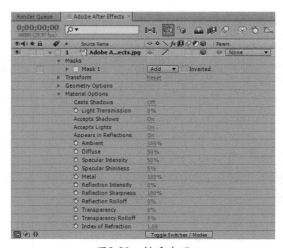

图2-29 材质选项

2.3.6 羽毛遮罩工具

After Effects CS6中不仅有多种遮罩预设，还在钢笔工具中新增加了 Mask Feather Tool（羽毛遮罩）工具。通过向不同方向拖曳各个控制点，可以实现用户所需的遮罩羽化形状及遮罩羽化趋势走向范围的路径，如图2-30所示。

图2-30 羽毛遮罩工具

2.3.7 3D摄影机追踪

After Effects CS6中的3D摄影机追踪工具，可以在空间场景中通过计算机运算分析并生成3D跟踪点，从而实现动态的摄影机跟踪，可以简单、快速地达到替换画面内容、添加同步运动素材的仿真等效果，如图2-31所示。

图2-31 3D摄影机追踪

2.4 工作流程

在启动After Effects CS6后，软件会自动建立一个项目，然后可以新建合成、导入素材、增加特效、文字输入、动画记录和输出渲染，这也就是合成影片时必须用到的基本制作流程。

2.4.1 Composition合成

After Effects CS6中的Comp也就是Composition（合成文件）的简称。在After Effects CS6中可以建立多个合成文件，而每一个合成文件又有其独立的名称、时间、

制式和尺寸，合成文件也可以当作素材在其他的合成文件中继续编辑操作。新建合成的方式有多种，因用户需要或是习惯来进行操作。

1. 新建合成方式

可以在菜单栏中通过选择【Composition（合成）】 → 【New Composition（新建合成）】命令新建合成文件，如图2-32所示。

除了在菜单栏中选择命令以外，还可以在项目窗口单击■图标或直接使用快捷键"Ctrl+N"建立合成文件，如图2-33所示。

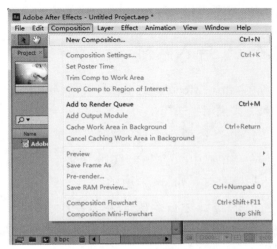

图2-32 新建合成命令

2. 合成设置

在新建合成后，弹出的Composition Settings（合成设置）对话框如图2-34所示。

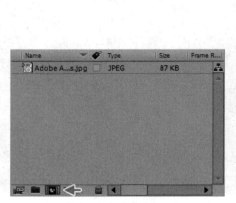

图2-33　新建合成按钮

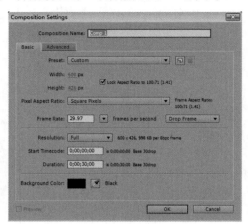

图2-34　合成设置对话框

- Composition Name（合成名称）：默认名称为Comp，也可修改为中/英文的任何名称。
- Preset（预置）：提供了NTSC和PAL制式电视、高清晰、胶片等常用影片格式，主要有PAL D1/DV（标清4：3）、PAL D1/DV Widescreen（标清16：9）、HDV/HDTV 720 25（小高清）、HDTV 1080 25（大高清），还可以选择Custom（自定义）影片格式。
- Width/Height（宽/高）：设置合成影片大小的分辨率，支持从4～30 000像素的帧尺寸。
- Pixel Aspect Ratio（像素比率）：设置合成影片的像素宽/高比率。
- Frame Rate（帧速率）：设置合成影片每秒钟的帧数，PAL制式为25帧每秒。
- Resolution（分辨率）：决定影片像素的清晰质量，包括Full（完全）、Hull（一半）、Third（三分之一）、Quarter（四分之一）和Custom（自定义）。
- Start Time code（开始时间码）：设置合成影片的起始时间位置。
- Duration（持续时间）：设置合成影片的时间长度。

2.4.2　导入素材

在After Effects CS6中，导入素材是指将各方素材导入到软件合成中，其中提供了多种导入方式供用户选择。

1. 通过菜单命令导入素材

在菜单栏中通过选择【File（文件）】→【Import（导入）】→【File（文件）】命令导入所需素材，如图2-35所示。

2. 通过鼠标右键快捷菜单导入素材

在"项目"窗口中通过单击鼠标右键并从弹出的菜单中选择【Import（导入）】→【File（文件）】命令导入，如图2-36所示。

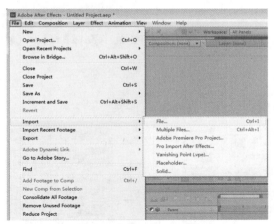

图2-35　菜单导入素材

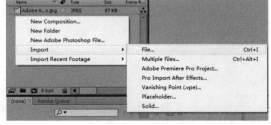

图2-36　右键导入素材

3. 通过浏览命令导入素材

在菜单栏中通过选择【File（文件）】→【Browse（浏览）】命令导入素材，如图2-37所示。

4. 双击鼠标左键导入素材

最简便的导入素材方式即是在"项目"窗口中的空白位置双击鼠标左键导入，然后在弹出的对话框中选择需要导入的素材，如图2-38所示。

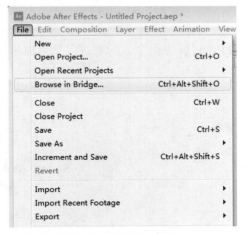

图2-37　浏览导入素材

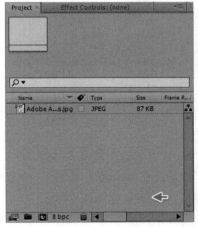

图2-38　左键导入素材

2.4.3　增加特效

在After Effects CS6中可以根据个人的喜好、习惯为素材增加滤镜特效，其中包括以下3种方式。

1. 通过特效菜单添加特效

在增加特效前，首先选择需要增加特效的素材层，然后可以从Effect（特效）菜单中选择特效，如图2-39所示。

2. 通过鼠标右键快捷菜单增加特效

可以在准备增加特效的素材层上单击鼠标右键，在弹出的快捷菜单中选择Effect（特效），如图2-40所示。

3. 通过特效面板增加特效

在"特效"面板中直接输入特效名称进行特效的增加，如图2-41所示。

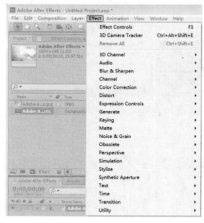

图2-39　菜单增加特效

图2-40　右键增加特效

图2-41　面板增加特效

2.4.4　文字输入

After Effects CS6中的文字输入功能非常灵活，可以根据个人的喜好以及习惯来完成文字输入，其中包括以下3种方式。

1. 通过路径文字命令输入文字

可以先新建立一个固态层，然后在菜单栏中选择【Effect（特效）】→【Obsolete（旧版本）】→【Path Text（路径文字）】等命令，用户便可以添加需要输入的文字，如图2-42所示。

2. 通过文字命令输入文字

在层菜单栏中直接选择【Layer（层）】→【New（新建）】→【Text（文字）】命令，系统将自动建立Text文本层，可以在其中输入文字，如图2-43所示。

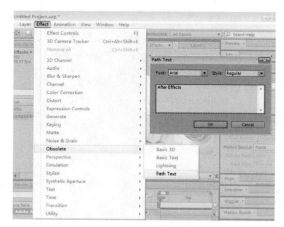

图2-42　文字特效输入

3. 使用文本工具输入文字

可以直接使用▓文本工具在显示窗单击文字输入的位置，After Effects CS6会自动建立一个Text文本层并显示文字输入光标，还可以用"文字编辑"窗口修改输入文字的各项设置，如图2-44所示。

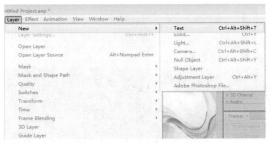

图2-43 文字层输入

图2-44 文字工具输入

2.4.5 动画记录

动画记录是After Effects CS6中一个重要的制作环节。在首次制作动画时，可以单击时间线窗口中码表图标创建一个关键帧。如果想在其他位置继续创建关键帧，可以在码表图标的前方空白处单击鼠标左键使其变成菱形图标，这样就又创建了一个关键帧，如图2-45所示。

特效的动画记录也是通过码表的图标来完成的。如果开启码表图标，以后对参数再进行操作时，计算机会自动继续增加关键帧，如图2-46所示。

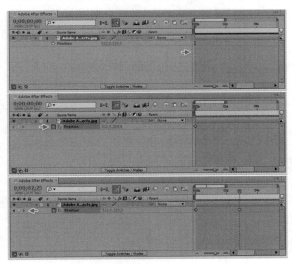

图2-45 动画记录

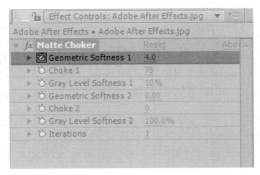

图2-46 特效的动画记录

2.4.6 渲染操作

在After Effects CS6中，如果想把制作完成的动画转换成影片或其他文件，必须在渲染输出Comp文件的过程中完成。

可以在菜单中选择【Composition（合成）】→【Add to Render Queue（添加到渲染队列）】命令，也可直接使用快捷键"Ctrl+M"进行渲染输出操作，如图2-47所示。

在Output Module（输出模块）对话框中可以设置格式、输出样式、颜色和压缩等选项，Output To（输出到）用于设置输出文件的位置和名称，如图2-48所示。

图2-47　添加到渲染队列

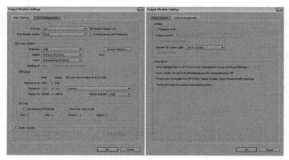

图2-48　渲染设置对话框

2.5 支持文件格式

　　After Effects CS6支持常用的所有动画、图像与音频格式素材，如果出现无法支持的文件格式时，则需要安装第三方播放器解决此问题。

2.5.1 动画格式

1. AVI格式

　　AVI的英文全称为Audio Video Interleaved，即音频视频交错格式。它于1992年由Microsoft公司推出，随着Windows 3.1一起被人们所认识和熟知。所谓"音频视频交错"是指可以将视频和音频交织在一起进行同步播放。这种视频格式的优点是图像质量好，可以跨多个平台使用，其缺点是体积过于庞大，而且压缩标准不统一，导致播放器高低版本之间可能会出现格式不兼容的情况；不过利用插件和转换软件可以很容易地解决这个问题，AVI是众多视频格式中使用率最高的视频格式，如图2-49所示。

　　由于AVI文件没有限定压缩的标准，所以不同压缩编码标准生成的AVI文件不具有兼容性，必须使用相应的解压缩算法才能播放。常见的视频编码有No Compression、Microsoft Video、Intel Video、Divx等，不同的视频编码不仅影响影片质量，还会影响文件的大小容量，如图2-50所示。

　　AVI只是一个格式容器，里面的视频部分和音频部分可以是多种多样的编码格式，也就是多种组合，而扩展名都是.AVI。无压缩AVI能支持最好的编码去重新组织视频和音频，生成的文件非常大，但清晰度也是最高的，非线性编辑处理时运算的速度也非常快。

　　AVI文件结构不仅解决了音频和视频的同步问题，而且具有通用和开放的特点，它可以在任何Windows环境下工作，还具有扩展环境的功能，用户可以开发自己的AVI视频文件，在Windows环境下随时调用。

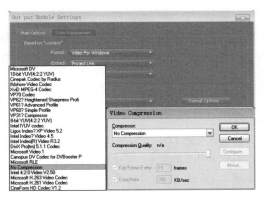

图2-49 AVI格式

图2-50 AVI格式的压缩设置

AVI已成为PC上最常用的视频数据格式，并且还成为了一个基本标准。在普及应用方面，数码录像机（DV）、视频捕捉卡等都已经支持直接生成AVI文件。原始的AVI文件格式，无论是视频部分还是音频部分都是没经过压缩处理的，虽然图像和声音质量非常好，但其体积一般都比较大。也正因为如此，普及程度比不上MPEG-1等视频压缩格式，但在影像制作方面还是经常要使用到。

（1）DV

DV的英文全称是Digital Video Format，是由索尼、松下、JVC等多家厂商联合提供的一种家用数字视频格式，目前非常流行的数码摄影机就是使用这种格式记录视频数据的。它可以通过电脑的IEEE 1394端口传输视频数据到电脑，也可以将电脑中编辑好的视频数据回录到数码摄影机中，缺点是只支持标清媒体，而且每1小时容量约为12G。这种视频格式的文件扩展名一般也是.AVI，所以我们习惯称它为DV-AVI格式。

（2）DivX AVI

DivX AVI格式是第三方插件程序，对硬件和软件的要求不高，清晰度可以根据要求设置，文件容量非常小。DivX是一项由DivX Networks公司开发的类似于MP3的数字多媒体压缩技术。DivX基于 MPEG-4标准，可以把MPEG-2格式的多媒体文件压缩至原来的10%，更可把VHS格式录像带的文件压至原来的1%，无论是声音还是画质都可以和DVD相媲美。

2. MPEG格式

MPEG（Moving Pictures Experts Group）是运动图像压缩算法的国际标准，几乎所有的计算机平台都支持它。MPEG有统一的标准格式，兼容性相当好。MPEG标准包括MPEG视频、MPEG音频和MPEG系统（视、音频同步）3个部分。如常用的MP3就是MPEG音频的应用，另外VCD、SVCD、DVD采用的也是MPEG技术，网络上常用的MPEG-4也采用了MPEG压缩技术，如图2-51所示。

图2-51 MPEG格式

MPEG标准主要有MPEG-1、MPEG-2、MPEG-4、MPEG-7及MPEG-21。该专家组建立于1988年，专门负责为CD建立视频和音频标准，而成员都是为视频、音频及系统领域的技术专家。他们成功地将声音和影像的记录脱离了传统的模拟方式，建立了ISO/IEC1172压缩编码标准，并制定出MPEG-格式，使视听传播方面进入了数码化时代。

（1）MPEG-1

MPEG-1标准于1992年正式出版，标准的编号为ISO/IEC11172，其标题为"码率约为1.5 Mb/s用于数字存储媒体活动图像及其伴音的编码"。 MPEG-1压缩方式相对压缩技术而言要复杂得多，同时编码效率、声音质量也大幅提高，被广泛的应用在VCD和SVCD等低端领域。

（2）MPEG-2

MPEG-2标准于1994年公布，包括编号为13818-1系统部分、编号为13818-2的视频部分、编号为13818-3的音频部分及编号为13818-4的符合性测试部分。MPEG-2编码标准囊括数字电视、图像通信各领域的编码标准，MPEG-2按压缩比大小的不同分成5个档次，每一个档次又按图像清晰度的不同分成4种图像格式，或称为级别。5个档次4种级别共有20种组合，但实际应用中有些组合不太可能出现，较常用的是11种组合。常见的DVD一般都采用此格式，用在具有演播室质量标准清晰度电视SDTV中，由于MPEG-2的出色性能表现已能适用于HDTV，使得原打算为HDTV设计的MPEG-3还没出世就被抛弃了。

（3）MPEG-4

MPEG-4在1995年7月开始研究，1998年11月被ISO/IEC批准为正式标准，正式标准编号是MPEG ISO/IEC14496，它不仅针对一定比特率下的视频、音频编码，更加注重多媒体系统的交互性和灵活性。这个标准主要应用于视像电话、视像电子邮件等，对传输速率（4800～6400bits/s）要求较低的领域。MPEG-4利用很窄的带宽，通过帧重建技术、数据压缩，以求用最少的数据获得最佳的图像质量。利用MPEG-4的高压缩率和高的图像还原质量可以把DVD里面的MPEG-2视频文件转换为体积更小的视频文件。经过这样处理，图像的视频质量下降不大但体积却可缩小几倍，可以很方便地用CD-ROM来保存DVD上面的节目。另外，MPEG-4在家庭摄影录像、网络实时影像播放也大有用武之地。

（4）MPEG-7

MPEG-7（它的由来是1+2+4=7，因为没有MPEG-3、MPEG-5、MPEG-6）于1996年10月开始研究。确切来讲，MPEG－7并不是一种压缩编码方法，其正规的名字叫做"多媒体内容描述接口"，其目的是生成一种用来描述多媒体内容的标准，这个标准将对信息含义的解释提供一定的自由度，可以被传送给设备和电脑程序。MPEG-7并不针对某个具体的应用，而是针对被MPEG-7标准化了的图像元素，这些元素将支持尽可能多的各种应用。可应用于数字图书馆，例如图像编目、音乐词典、广播媒体、电子新闻服务等。

（5）MPEG-21

MPEG在1999年10月的MPEG会议上提出了"多媒体框架"的概念，同年12月的MPEG会议确定了MPEG-21的正式名称是"多媒体框架"或"数字视听框架"，它以将标准集成起来支持协调的技术来管理多媒体商务为目标，目的是将不同的技术和标准结合在一起需要什么新的标准以及完成不同标准的结合工作。

3. MOV格式

MOV格式是美国Apple公司开发的一种视频格式，默认的播放器是苹果的QuickTime Player。它具有较高的压缩比率和较完美的视频清晰度等特点，其最大的特点是跨平台性，不仅能支持MacOS，同样也能支持Windows系列，如图2-52所示。

图2-52　MOV格式

MOV格式的视频文件可以采用不压缩或压缩的方式，其压缩算法包括Cinepak、Intel Indeo Video R3.2和Video编码。经过几年的发展，现在QuickTime已经在"视频流"技术方面取得了不少的成果，最新发表的QuickTime是第一个基于工业标准RTP和RTSP协议的非专有技术，能在Internet上播放和存储相当清晰的视频/音频流，如图2-53所示。

图2-53　MOV格式的压缩设置

QuickTime是一种跨平台的软件产品，无论是Mac的用户，还是Windows的用户，都可以毫无顾忌地享受QuickTime所能带来的愉悦。利用QuickTime播放器能够很轻松地通过Internet观赏到以较高视频/音频质量传输的电影、电视和实况转播节目，现在QuickTime格式的主要竞争对手是Real Networks公司的RM格式。

4. RM格式

RM格式是Real Networks公司开发的视频文件格式，其特点是在数据传输过程中可以边下载边播放，时效性比较强，在Internet上有着广泛的应用。

5. ASF格式

ASF（Advanced Streaming Format）是由Microsoft公司推出的在Internet上实时播放的多媒体影像技术标准。ASF支持回放，具有扩充媒体播放类型等功能，它使用了MPEG-4压缩算法，压缩率和图像的质量都很高。

6. FIC格式

FIC格式是Autodesk公司推出的动画文件格式，FIC格式是由早期的FLI格式演变而来的，它是8位的动画文件，可以任意设定尺寸大小。

2.5.2　图像格式

1. GIF格式

GIF（Graphics Interchange Format）是CompuServe公司开发的压缩8位图像的文件格式，在支持图像透明的同时还采用无失真压缩技术，多用于网页制作和网络传输，如图2-54所示。

2. JPEG格式

JPEG（Joint Photographic Experts Group）是使用静止图像压缩编码技术形成的一类图像文件格式，是目前网络上应用最广的图像格式，支持不同程度的压缩比，如图2-55所示。

3. BMP格式

BMP格式最初是Windows操作系统的画笔所使用的图像格式，现在已经被多种图形图像处理软件所支持、使用。它是位图格式，包括单色位图、16色位图、256色位图、24位真彩色位图等几种格式。这种格式的特点是包含的图像信息较丰富，几乎不进行压缩，但由此导致了它与生俱来的缺点——占用磁盘空间过大。目前BMP在单机上比较流行，如图2-56所示。

4. PSD格式

PSD格式是Adobe公司开发的图像处理软件Photoshop所使用的图像格式，它能保留Photoshop制作过程中各图层的图像信息，越来越多的图像处理软件开始支持这种文件格式。

5. FLM格式

FLM格式是Premiere输出的一种图像格式。Adobe Premiere将视频片段输出成序列帧图像，每帧的左下角为时间编码，以SMPTE时间编码标准显示，右下角为帧编号，可以在Photoshop软件中对其进行处理。

6. TGA格式

TGA是由Truevision公司开发用来存储彩色图像的文件格式，主要用于计算机生成的数字图像向电视图像的转换，如图2-57所示。

图2-54　GIF格式　　　图2-55　JPEG格式　　　图2-56　BMP格式　　　图2-57　TGA格式

TGA文件格式被国际上的图形、图像制作工业广泛接受，成为数字化图像以及光线跟踪和其他应用程序所产生的高质量图像的常用格式。TGA文件的32位真彩色格式在多媒体领域有着很大的影响，因为32位真彩色拥有通道信息，如图2-58所示。

图2-58　TGA格式设置

7. TIFF格式

TIFF（Tag Image File Format）是Aldus和Microsoft公司为扫描仪和台式计算机出版软件开发的图像文件格式。它定义了黑白图像、灰度图像和彩色图像的存储格式，格式可长可短，与操作系统平台以及软件无关，扩展性好。

8. WMF格式

WMF(Windows Meta File)是Windows图像文件格式，与其他位图格式有着本质的不同，它和CGM、DXF类似，是一种以矢量格式存放的文件，矢量图在编辑时可以无限缩放而不影响分辨率。

9. DXF格式

DXF（Drawing-Exchange Files）是Autodesk公司的AutoCAD软件使用的图像文件格式。

10. PIC格式

PIC（Quick Draw Picture Format）用于Macintosh Quick Draw图片的格式。

11. PCX格式

PCX（PC Paintbrush Images）是Z-soft公司为存储画笔软件产生的图像而建立的图像文件格式，它是位图文件的标准格式，也是一种基于PC绘图程序的专用格式。

12. EPS格式

EPS（PostScript）语言文件格式可包含矢量和位图图形，几乎支持所有的图形和页面排版程序。EPS格式用于应用程序间传输PostScript语言图稿。在Photoshop中打开其他程序创建的包含矢量图形的EPS文件时，Photoshop会对此文件进行栅格化，将矢量图形转换为像素。EPS格式支持多种颜色模式和剪贴路径但不支持Alpha通道。

13. SGI格式

SGI（SGI Sequence）输出的是基于SGI平台的文件格式，可以用于After Effects与其SGI上的高端产品间的文件交互。

14. RLA/RPF格式

RLA/RPF是一种可以包括3D信息的文件格式，通常用于三维软件在特效合成软件中的后期合成。该格式中可以包括对象的ID信息、Z轴信息、法线信息等。RPF相对于RLA来说，可以包含更多的信息，是一种较先进的文件格式。

15. PNG格式

PNG是一种流式网络图形格式，其目的是试图替代GIF和TIFF文件格式，同时增加一些GIF文件格式所不具备的特性。其名称来源于非官方的"PNG's Not GIF"，它是一种位图文件存储格式，读成"ping"。PNG用来存储灰度图像时，灰度图像的深度可多到16位，存储彩色图像时彩色图像的深度可多到48位。PNG使用从LZ77派生的无损数据压缩算法。一般应用于JAVA程序中网页或S60程序中是因为它压缩比高，生成的文件容量较小，如图2-59所示。

图2-59　PNG格式

2.5.3　音频文件格式

1. MID格式

MID数字合成音乐文件的体积小、易编辑，每一分钟的MID音乐文件大约5～10 KB的容量。MID文件主要用于制作电子贺卡、网页和游戏的背景音乐等，并支持数字合成器与其他设备交换数据。

2. WAV格式

WAV是微软公司开发的一种声音文件格式，用于保存WINDOWS平台的音频信息资源，被Windows平台及其应用程序所支持。WAV格式支持MSADPCM、CCITT A LAW等多种压缩算法，支持多种音频位数、采样频率和声道，标准格式的WAV文件和CD格式一样，也是44.1 K的采样频率、速率88 K每秒、16位量化位数，如图2-60所示。

3. REAL格式

Real Audio是Progressive Network公司推出的文件格式，由于Real格式的音频文件压缩比大、音质高、便于网络传输，因此许多音乐网站都会提供Real格式试听版本。

4. AIF格式

AIF（Audio Interchange File Format）是Apple公司和SGI公司推出的声音文件格式。

5. VOC格式

VOC是Creative Labs公司开发的声音文件格式，多用于保存CREATIVE SOUND BLASTEA系列声卡所采集的声音数据，被Windows平台和DOS平台所支持。

6. VQF格式

VQF是由NTT和Yamaha共同开发的一种音频压缩技术，音频压缩率比标准的MPEG音频压缩率高出近一倍。

7. MP3格式

MP3格式诞生于80年代的德国，所谓的MP3是指MPEG标准中的音频部分，是MPEG音频层。MPEG音频文件的压缩是一种有损压缩，MPEG3音频编码具有10：1～12：1的高压缩率，同时基本保持了低音频部分不失真，但是牺牲了声音文件中12～16kHz高音频这部分的质量来换取文件的尺寸，相同长度的音乐文件，用MP3格式来储存，一般只有WAV文件的1/10，而音质要次于CD格式或WAV格式的声音文件。MP3格式压缩音乐的采样频率有很多种，可以用64 Kbit/s或更低的采样频率节省空间，也可以用320 Kbit/s的标准达到极高的音质，如图2-61所示。

8. WMA格式

WMA是由微软开发Windows Media Audio编码后的文件格式，在只有64 Kbit/s的码率情况下，WMA可以达到接近CD的音质。和以往的编码不同，WMA支持防复制功能，支持通过Windows Media Rights Manager 加入保护，可以限制播放时间和播放次数甚至于播放的机器等。微软在Windows中加入了对WMA的支持有着优秀的技术特征，在微软的大力推广下，这种格式被越来越多的人所接受，如图2-62所示。

图2-60　WAV格式　　　　　图2-61　MP3格式　　　　　图2-62　WMA格式

2.6 输出设置

输出是指将创建的项目经过不同的处理与加工，转化为影片播放格式的过程，一个影片只有通过不同格式的输出，才能够被用到各种媒介设备上播放，比如输出为Windows通用格式AVI压缩视频。可以依据要求输出不同分辨率和规格的视频，也就是常说的Render（渲染）。

在确定制作的影片完成后就可以输出了，在菜单中选择【Composition（合成）】→【Make Movie（制作影片）】命令，也可以使用快捷键"Ctrl+M"进行渲染输出操作。用户可以通过不同的设置将最终影片进行存储，以不同的名称、不同的类型进行保存。

在Render Queue（渲染队列）控制面板中可以看到All Renders(渲染信息)、Current Render（渲染进度）及Current Render details（当前渲染详细信息），如图2-63所示。

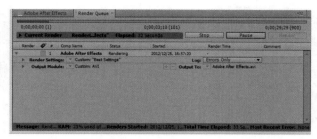

图2-63　渲染控制面板

2.6.1　全部渲染面板

单击Render（渲染）按钮后，将切换为Pause（暂停）和Stop（终止）按钮，单击Continue（继续）按钮可以继续渲染。

- Massage（信息）：可以显示当前渲染状态信息，显示当前有多少个合成项目需要渲染，以及当前渲染到第几个项目。
- RAM（内存）：可以显示内存应用状态。
- Renders Started（渲染起始）：可以显示渲染开始的时间。
- Total Time Elapsed（渲染耗时）：能够显示渲染需要耗费的时间。
- Log File（文件日志）：可以显示渲染文件日志的文件名称与存放位置。

2.6.2　当前渲染面板

在Current Render（当前渲染）窗口中可以显示当前正在渲染的合成场景进度、正在执行的操作、当前输出路径、文件的大小、预测的文件最终大小和剩余的磁盘空间等信息。

单击Current Render Detail左侧按钮，可以展开详细信息，如图2-64所示。

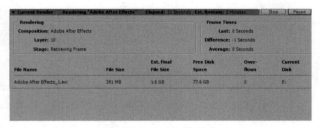

图2-64　显示细节信息

2.6.3　渲染设置

在渲染控制面板中单击Render Settings（渲染设置）右侧的Current Settings（当前设置）命令，在弹出的渲染设置对话框中可以对渲染的质量、分辨率等相应设置，如图2-65所示。

- Quality（质量）：可以设置合成的渲染质量，包括Current Settings（当前设置）、Best（最佳）、Draft（草图）和Wire frame（线框）模式。
- Resolution（分辨率）：可以设置像素采样质量，包括Full（完全）质量、Half（一半）质量、Third（三分之一）和Quarter（四分之一）质量。
- Size（尺寸）：可以设置渲染影片的尺寸，尺寸在创建合成项目时已经设置完成。

- Disk Cache（磁盘缓存）：可以设置渲染缓存，并可以使用OpenGL渲染。
- Proxy Use（使用代理）：可以设置渲染时是否使用代理。
- Effects（特效）：可以设置渲染时是否渲染特效。
- Solo Switches（Solo开关）：可以设置是否渲染Solo层。
- Guide Layers（引导层）：可以设置是否渲染Guide层。
- Color Depth（颜色深度）：可以设置渲染项目的Color Bit Depth。
- Frame Blending（帧混合）：可以控制渲染项目中所有层的帧混合设置。
- Field Render（场渲染）可以控制渲染时场的设置，包括Upper Field First（上场优先）和Lower Field First（下场优先）。
- Motion Blur（运动模糊）：可以控制渲染项目中所有层的运动模糊设置。
- Time Span（时间范围）：可以控制渲染项目的时间范围，如图2-66所示。

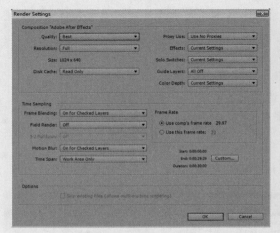

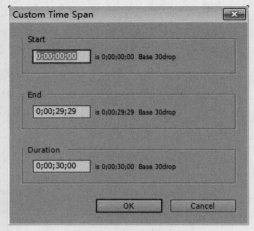

图2-65　渲染设置　　　　　　　　图2-66　自定义时间范围

- Use Storage Overflow（使用存储溢出）：当硬盘空间不够时，是否继续渲染。
- Skip existing files（忽略现有文件）：当选择此项时，系统将自动忽略已经渲染过的序列帧图片，此功能主要在网络渲染时使用。

2.6.4　输出模块设置

在渲染控制面板中单击Output Module（输出模块）右面的Lossless（无压缩）命令，会弹出Output Module Settings（输出模块设置）对话框，其中包括视频和音频输出的各种格式、视频压缩等方式，如图2-67所示。

- Format（格式）：可以设置输出文件的格式，选择不同的文件格式，系统会显示相应格式的设置。
- Embed（嵌入）：可以设置是否允许在输出的影片中嵌入项目链接。
- Post-Render Action（发送渲染动作）：可以设置是否使用渲染完成的文件作为素材或者代理素材。
- Channels（通道）：可以设置输出的通道，其中包括RGB、Alpha和Alpha+RGB。

- Format Options（格式选项）：可以设置视频编码的方式。
- Depth（深度）：可以设置颜色深度。
- Starting（开始）：可以设置序列图片的文件名序列数。
- Stretch（拉伸）：可以设置画面是否进行拉伸处理。
- Crop（裁切）：可以设置是否裁切画面。
- kHz Bit Channel（kHz频道）：可以设置音频的质量，包括赫兹、比特、立体声或单声道。

图2-67　输出模块设置

2.6.5　输出路径

在渲染队列控制面板中单击Output To（输出到）右侧的文字，会自动弹出Output Movie To（输出影片到）对话框，在对话框中可以定位文件输出的位置和名称，如图2-68所示。

图2-68　输出路径选项

2.7　渲染顺序

After Effects CS6渲染的顺序将影响最终的输出效果，理解After Effects渲染顺序对制作正确的动画、特效具有非常大的作用。

2.7.1　标准渲染顺序

在渲染输出时，如果场景中都是二维图层合成时，After Effects将根据图层在时间线窗口中排列的顺序进行处理，从最下面的图层开始向上运算渲染，如图2-69所示。

在对各个图层进行渲染时，After

图2-69　场景的渲染顺序

Effects首先会渲染蒙板，再渲染滤镜特效，然后渲染变换属性，最后才运算图层叠加模式及轨道遮罩。

在二维图层和三维图层混合渲染时，首先从最下层开始，依次向最上层进行渲染。当遇到三维图层时，After Effects会将这些三维图层作为一个独立的组，按照由远及近的渲染顺序进行渲染，处理完这一组三维图层后，再继续向上渲染二维图层。

2.7.2 更改渲染顺序

通过默认的渲染顺序有时并不能达到创作一些特殊视觉效果的目的。例如，创建一张照片旋转并产生投影的效果，可以使用Rotation（旋转）图层变换属性配合Drop Shadow（阴影）特效命令。

将制作好的场景进行渲染，这时After Effects的渲染顺序将会首先运算Drop Shadow（阴影）特效命令，然后运算Rotation（旋转）属性，这样渲染完成的效果是错误的，如图2-70所示。

在After Effects CS6中，虽然不能改变默认的渲染顺序，但可以通过其他方法获得需要的渲染顺序。在对Adjustment Layer（调整层）增加滤镜特效命令时，After Effects首先渲染调整层下面所有图层的全部属性，再渲染调整层的属性。

选择带有动画属性的图层并将其进行Pre-Composing（嵌套合层），在形成嵌套层后，再为嵌套层增加滤镜特效。这时，After Effects将首先渲染图层的动画属性，然后渲染滤镜特效，如图2-71所示。

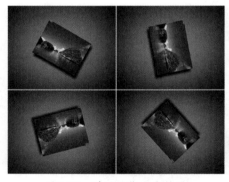

图2-70　错误渲染顺序结果

图2-71　正确渲染顺序结果

2.8 本章小结

本章主要引领读者快速认识After Effects CS6，首先详细介绍了界面布局的菜单栏、工具栏、项目窗口、合成窗口、时间线、工作界面切换、时间控制面板、信息面板、音频面板、特效预置面板、跟踪控制面板、排列面板、平滑面板、摇摆面板、运动模拟面板、精确蒙板插值面板、绘画面板、笔刷控制面板、段落面板及字符面板，然后又对After Effects CS6的新特性和工作流程进行了介绍，再对非常实用的文件格式、输出设置和渲染顺序进行了讲解，使读者能够快速的掌握After Effects CS6的工作环境和流程。

第3章
菜单命令

本章主要介绍After Effects CS6的菜单命令，包括文件菜单、编辑菜单、合成菜单、层菜单、特效菜单、动画菜单、视图菜单、窗口菜单和帮助菜单。

菜单栏在After Effects程序中非常重要，大多数命令都可以通过菜单命令实现。它包含了软件全部功能的命令操作，After Effects CS6提供了9项菜单，分别为File（文件）菜单、Edit（编辑）菜单、Composition（合成）菜单、Layer（层）菜单、Effect（特效）菜单、Animation（动画）菜单、View（视图）菜单、Window（窗口）菜单和Help（帮助）菜单，如图3-1所示。

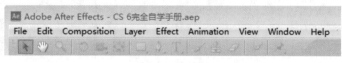

图3-1　菜单栏

3.1　文件菜单

File（文件）菜单中的命令主要负责打开、储存、导入、输出编辑素材及文件的一些相关操作，菜单包括的命令如图3-2所示。

1. 打开组

文件菜单中的打开组主要提供了New（新建）、Open Project（打开项目）、Open Recent Project（打开最近项目）和Browse In Bridge（浏览）等功能，如图3-3所示。

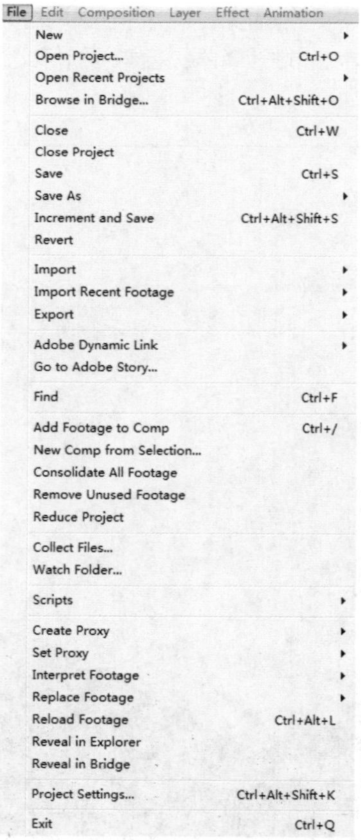

图3-2　文件菜单

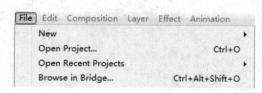

图3-3　打开组

- New（新建）：New（新建）命令主要用来建立一个新的工程项目，其中包括的子命令New Project（新项目）用于新建合成场景，New Folder（新文件夹）用于将导入的素材进行分类或指定管理等操作，以及Adobe Photoshop File（文件）的新建操作，如图3-4所示。
- Open Project（打开项目）：执行Open Project（打开项目）命令将弹出打开节目对话框，选择需要打开的After Effects项目文件。在操作时，先选择所需的项目文件，然后单击"打开"按钮便可以将所选的After Effects项目文件开启，如图3-5所示。

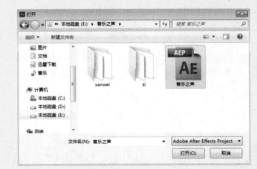

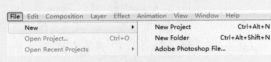

图3-4　新建　　　　　　　　　　　　　　图3-5　打开项目

- Open Recent Project（打开最近项目）：执行Open Recent Project（打开最近项目）命令可以看到最近打开过的After Effects项目文件，默认数量为10项，可以通过这个命令打开上一次或者前几次打开过的项目，如图3-6所示。
- Browse In Bridge（浏览）：通过Browse In Bridge（浏览）命令可以打开Adobe Bridge CS6软件，预览计算机中保存的素材或文件，还可以将选择的素材添加到After Effects的"项目"面板中，如图3-7所示。

图3-6　打开最近项目　　　　　　　　　　图3-7　浏览窗口

2. 保存组

文件菜单中的保存组主要提供了Close（关闭）、Close Project（关闭项目）、Save（保存）和Increment and Save（增量保存）等命令，如图3-8所示。

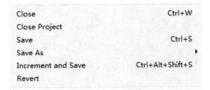

图3-8　保存组

- Close（关闭）：执行Close（关闭）命令将当前打开的After Effects项目窗口或面板关闭，也可以通过快捷键"Ctrl+W"来实现。
- Close Project（关闭项目）：通过Close Project（关闭项目）命令可以关闭当前合成的After Effects项目文件，而不退出软件。
- Save（保存）：通过Save（保存）命令可以对当前在After Effects中合成的项目文件及所有操作进行存储，可以使用键盘快捷键"Ctrl+S"完成操作。
- Save As（另存为）：Save As（另存为）命令组中的子命令Save As（另存为）可以将当前编辑的项目文件保存为另一个副本并关闭当前在After Effects中的合成项目文件，可以使用键盘快捷键"Ctrl+Shift+S"完成操作；Save a Copy（保存复制）可以为当前编辑的项目文件另设置一个文件名称进行保存并作为备份，用户可以继续在原合成项目上编辑操作，另外还包括Save a Copy As XML（另存为XML格式）等操作，如图3-9所示。

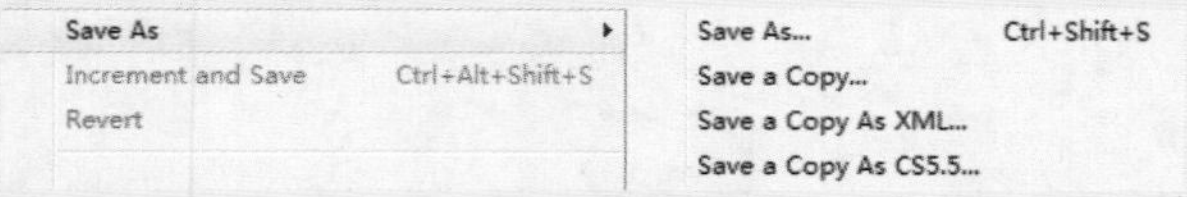

图3-9　另存为

- Increment and Save（增量保存）：通过Increment and Save（增量保存）命令可以在当前编辑文件的后面添加一个数字进行保存，使其与原文件不重名并关闭当前编辑项目，可以使用键盘快捷键"Ctrl+Alt+Shift+S"完成操作。
- Revert（恢复）：通过Revert（恢复）命令可以将当前编辑过的项目恢复到上次保存状态，在执行命令前会出现警告提示，提醒用户是否要进行恢复操作。

3. 导入组

文件菜单栏中的导入组主要提供了Import（导入）、Import Recent Footage（导入最近使用素材）和Export（导出）功能，如图3-10所示。

- Import（导入）：通过Import（导入）命令可以将各种素材导入至After Effects中，除了常用的素材外还包括Adobe Clip Notes Comments（剪贴板注释文件）、Adobe Premiere Pro Project（PR的工程文件）、Photoshop的PSD文件、Vanishing Point（投影点）文件、Placeholder（占位符）和Solid（固态层）等，如图3-11所示。

图3-10　导入组

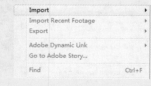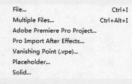

图3-11　导入子菜单

- Import Recent Footage（导入最近素材）：Import Recent Footage（导入最近素材）命令是把最近使用过的各种素材再次导入，这样可以使用户快速导入最近使用的素材。
- Export（导出）：Export（导出）命令除了基本的视频和音频文件以外，还可以输出Adobe Clip Notes Comments（剪贴板注释文件）、Adobe Flash文件和Adobe Premiere文件等多种影片格式的文件。

4. 查找组

文件菜单中的查找组主要提供了Find（查找）功能，该命令可以在编辑素材较多的项目文件中，查找其中的一个素材、动画或固态层时起到了相对重要的作用，也可以使用键盘快捷键"Ctrl+F"完成操作，如图3-12所示。

图3-12 查找组

在执行Find（查找）命令时，系统会弹出一个Find（查找）对话框，如图3-13所示。输入需要查找的文件名称便可以快速方便地查找到项目中的合成、动画、固态层和音频等文件，查找结果如图3-14所示。

图3-13 查找对话框

图3-14 查找结果

5. 素材组

文件菜单中的素材组主要提供了 Add Footage to Comp（添加素材到合成中）、Consolidate All Footage（整理全部素材）、Remove Unused Footage（删除未使用过的素材）和Reduce Project（简化项目）等功能，如图3-15所示。

图3-15 素材组

- Add Footage to Comp（添加素材到合成中）：通过Add Footage to Comp（添加素材到合成中）命令可以将After Effects "项目"面板中需要的素材添加到编辑项目的"合成"面板中。

- New Comp form Selection（选择素材创建新合成）：通过New Comp form Selection（选择素材创建新合成）命令可以根据选择素材自身的文件属性创建一个新合成。
- Consolidate All Footage（整理全部素材）：通过Consolidate All Footage（整理全部素材）命令可以将"项目"窗口中所有同名或同内容的素材合并，再删除所有多余的素材以节省"项目"面板中的空间。
- Remove Unused Footage（删除未使用素材）：通过Remove Unused Footage（删除未使用素材）命令可以将项目中尚未在合成中使用的素材删除。在使用时会统计给出尚未在合成中使用的素材文件或文件夹数目，并提示删除后可以撤销等操作。
- Reduce Project（简化项目）：通过Reduce Project（简化项目）命令可以将项目中未使用的素材（包括素材、合成、文件夹等）删除。在执行时，先选择一个合成，然后单击Reduce Project（简化项目）命令将出现提示对话框，自动统计并给出该合成没有直接或间接引用的素材和文件夹数目，再单击"确定"按钮可以进行精简删除。

6. 其他组

文件菜单中的其他组主要提供了Collect Files（打包文件）、Watch Folder（监视文件夹）和Scripts（脚本）功能，如图3-16所示。

图3-16　其他组

- Collect Files（打包文件）：通过Collect Files（打包文件）命令可以将项目文件打包，以达到备份的目的并继续操作原项目文件。此命令可以将项目文件中的素材重新集合在一个新文件夹中，方便素材的管理，如图3-17所示。选择Collect（收集）储存到预先设置好的文件夹中去后，打包的文件如图3-18所示。

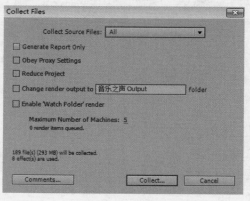

图3-17　文件打包

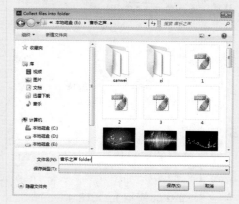

图3-18　收集

- Watch Folder（监视文件夹）：通过Watch Folder（监视文件夹）命令，可以设置利用网络计算来分担渲染任务与监控渲染的文件夹。当安装了无任何限制的渲染引擎后，能够利用网络（多台机器）的计算资源自动分担渲染任务以加快进度，用户就可以使用Watch Folder（监视文件夹）命令来观看渲染任务。如果有多个视频和音频文件需要编码/渲染，使用Watch Folders（监视文件夹）命令可以帮助用户自动化这个过程。当用户的视频和音频文件不需要裁剪，而且希望它们采用同样的压缩设置和滤镜时，Watch Folders（监视文件夹）最合适，如图3-19所示。执行该命令后，进行渲染的提示面板如图3-20所示。

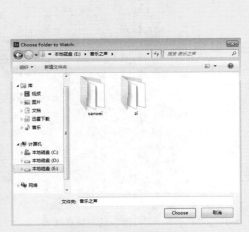
图3-19 设置渲染的文件夹

图3-20 监视文件夹状态

- Scripts（脚本）：在After Effects CS6中使用脚本语言编程，主要包含Run Script File（运行脚本文件）、Open Script Editor（打开脚本编辑器）。支持的脚本文件格式后缀为"jsx"，还可以打开脚本编辑器，编辑已经制作好的脚本文件或重新编写新的脚本文件。

7. 代理组

文件菜单中的其他组主要提供了Create Proxy（建立代理）、Set Proxy（设置代理）和Interpret Footage（解释素材）等功能，如图3-21所示。

图3-21 代理组

- Create Proxy（建立代理）：通过Create Proxy（建立代理）命令可以为素材创建一个代理，利用较低分辨率的素材替换高分辨率的素材，提高编辑的效率。
- Set Proxy（设置代理）：在合成中，通过Set Proxy（设置代理）命令使用低分辨率的素材或静止图片代替高分辨率的素材，可以明显减少渲染时间，从而提高工作效率。
- Interpret Footage（解释素材）：通过Interpret Footage（解释素材）命令可以对素材进行解析，用于查看素材项目的通道、帧速率、像素比、场、循环和显示颜色等信息，如图3-22所示。

- Replace Footage（替换素材）：通过 Replace Footage（替换素材）可以将File（文件）、With Layered Comp（带图层的合成组）、Placeholder（占位符）、Solid（固态层）按编辑的项目需要进行分别替换，如图3-23所示。
- Reload Footage（重新载入素材）：通过 Reload Footage（重新载入素材）命令会扫描素材源文件并重新载入素材。如果素材源文件没找到会弹出对话框提示，并以占位符代替。
- Reveal in Explorer（在浏览器中显示）：通过Reveal in Explorer（在浏览器中显示）命令可以浏览素材所在的文件夹。
- Reveal in Bridge（在Bridge中显示文件）：通过Reveal in Bridge（在Bridge中显示文件）命令可以在"项目"窗口中选择文件，单击命令后可以通过Adobe Bridge CS6软件显示文件。

图3-22　解释素材

图3-23　替换素材

8. 设置组

文件菜单中的设置组主要提供了Project Settings（项目设置）和Exit（退出）功能，如图3-24所示。

图3-24　设置组

- Project Settings（项目设置）：通过Project Settings（项目设置）命令可以对After Effects项目的显示风格与颜色等进行设置。在Time Display Style（时间显示风格）板块中可以对Timecode（时间码基准）、Frames（帧）及Frame Count（开始帧号）进行设置。在 Color Settings（颜色设置）板块中可以对Depth（颜色深度）和Working Space（工作空间）进行选择适值设置。在Audio Settings（音频设置）板块中可以选择合适的Sample Rate（采样率），如图3-25所示。
- Exit（退出）：通过Exit（退出）命令可以退出编辑的After Effects CS6软件并将软件关闭。

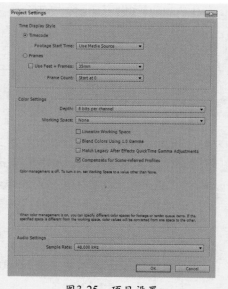

图3-25　项目设置

3.2 编辑菜单

Edit（编辑）菜单中包括一些常用的编辑命令，可以在影片合成时提供便捷的操作，如Cut（剪切）、Copy（复制）、Paste（粘贴）、Split Layer（分离图层）、Extract Work Area（抽出工作区）等，如图3-26所示。

1. 历史组

编辑菜单中的历史组主要提供了Undo（取消）、Redo（重做）和History（历史记录）功能，如图3-27所示。

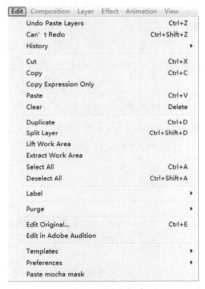

图3-26　编辑菜单

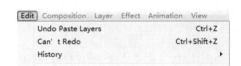

图3-27　历史组

- Undo（取消）：通过Undo（取消）命令可以取消上一步的操作，还可以使用键盘快捷键"Ctrl+Z"完成操作。通过在菜单中选择【Edit（编辑）】→【Preferences（参数设置）】→【General（常规）】命令可以设置恢复的次数，最多可以设置99步，如图3-28所示。
- Redo（重做）：通过Redo（重做）命令可以恢复Undo（取消）命令所撤销的操作。
- History（历史记录）：通过History（历史记录）命令可以显示针对当前项目文件曾经执行过的操作。

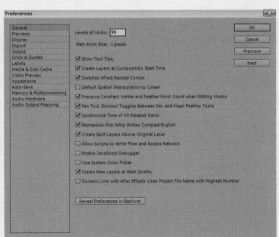

图3-28　参数设置

2. 复制组

编辑菜单中的复制组主要提供了Cut（剪切）、Copy（复制）和Clear（清除）等功能，如图3-29所示。

- Cut（剪切）：通过Cut（剪切）命令可以将一个被选择的内容进行剪切，临时存放在剪贴板中供粘贴使用并删除原对象，使用Windows系统的键盘快捷键"Ctrl+X"也可完成操作。

图3-29　复制组

- Copy（复制）：通过Copy（复制）命令可以将一个被选择的内容在不改变选取内容的前提下，复制一个编辑对象到指定区域并保留原始对象，使用键盘快捷键"Ctrl+C"也可以完成操作。
- Copy Expression Only（仅复制表达式）：通过Copy Expression Only（仅复制表达式）命令可以对指定的对象仅复制在After Effects项目中完成的表达式属性内容部分。
- Paste（粘贴）：通过Paste（粘贴）命令可以将剪切或复制到剪贴板中的对象内容粘贴到指定的区域中，可以通过使用键盘快捷键"Ctrl+V"完成操作。
- Clear（清除）：通过Clear（清除）命令可以清除After Effects CS6合成项目文件中所选择的对象。

3. 操作组

编辑菜单中的操作组主要提供了Duplicate（副本）、Split Layer（分离图层）、Life Work Area（提取工作区）和Deselect All（全部取消）等功能，如图3-30所示。

- Duplicate（副本）：通过Duplicate（副本）命令可以将选中的素材直接复制一个副本，不需要将素材复制到剪贴板后再进行粘贴，使用键盘快捷键"Ctrl+D"也可完成操作。
- Split Layer（分离图层）：通过Split Layer（分离图层）命令可以把一个层分割成两个层，等于直接建立了两个分离的层；也相当于复制一个层并修改出入点，使这两个层首尾前后相接。分割层通常用于为分割开的部分做不同的设置或在层列表中两个分割的层中间加入其他层。分割层包含原始层中所有的关键帧，并且不会改变其所在的位置。也可以通过快捷键"Ctrl+Shift+D"来实现操作，如图3-31所示。

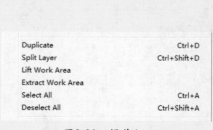

图3-30　操作组

图3-31　分离图层

- Life Work Area（提取工作区）：通过Life Work Area（提取工作区）命令可以将工

作区中想要删除的部分提取出来，不保留删除部分的空间，而没有删除的部分将自动分为两个图层。

- Extract Work Area（抽出工作区）：通过Extract Work Area（抽出工作区）命令可以将合成项目中删除的部分抽出并不保留删除部分的空间，而没有删除的部分将自动分为两个层。
- Select All（全部选择）：通过Select All（全部选择）命令可以将After Effects合成项目文件中所有素材选中，使用键盘快捷键"Ctrl+A"也可完成操作。
- Deselect All（全部取消）：通过Deselect All（全部取消）命令可以将After Effects合成项目文件中所有刚被执行的素材全部取消选择，可以通过使用键盘快捷键"Ctrl+Shift+A"也可完成操作。

4. 辅助组

编辑菜单中的辅助组提供了Label（标签）、Purge（清除缓存）和Edit Original（编辑原始素材）等功能，如图3-32所示。

图3-32 辅助组

- Label（标签）：通过Label（标签）命令可以选择Red（红色）、Yellow（黄色）、Blue（蓝色）及Green（绿色）等颜色，如图3-33所示。可以选择适合的颜色进行标记，设置标签的颜色使图层呈现不同的颜色，对图层做一个简单的标记管理后，方便快速地看到需要的图层，如图3-34所示。

图3-33 标签

图3-34 标签颜色设置

- Purge（清除缓存）：在软件使用过程中，由于操作步骤不断增加、素材数量的增加和删除等原因所导致缓存中会存储很多垃圾数据，这些数据将会占用巨大的计算机资源。在菜单中选择【Edit（编辑）】→【Purge（清除缓存）】命令，可以清空缓存里的内容，这样能够加快计算机的运算速度。
- Edit Original（编辑原始素材）：通过Edit Original（编辑原始素材）命令可以打开系统中与素材关联的软件对素材进行编辑。对于导入的素材进行修改，往往要借助其他软件，例如音频、视频、图片等文件都有相应功能强大的软件支持，利用这些软件修改素材后，在After Effects CS6中素材将保持同步更新，也可以使用键盘快捷键"Ctrl+E"完成操作。

- Edit in Adobe Audition（在Adobe Audition中编辑）：可以使用Edit in Adobe Audition（在Adobe Audition中编辑）命令编辑音频素材。

5. 参数组

编辑菜单中的辅助组提供了Templates（模板）、Preferences（参数）及Paste mocha mask（粘贴摩卡遮罩）功能，如图3-35所示。

- Templates（模板）：通过Templates（模板）命令可以进行Render Settings（渲染设置）和Output Module（输出模板）的一些相关设置，如图3-36所示。也可以将自定义的渲染和输出设置保存为一个设置模板，如图3-37所示。
- Preferences（参数）：通过Preferences（参数）命令可以设置各种选项，如总体设置、音频设置、自动保存设置、采集、设备控制及标签颜色等After Effects的基本参数设置，在子菜单中可以根据需要进行相关的选择设置，如图3-38所示。

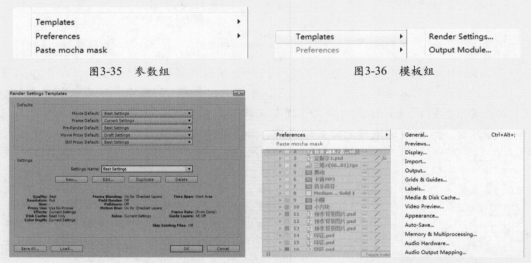

图3-35　参数组　　　　　　　　　　　　　图3-36　模板组

图3-37　渲染设置　　　　　　　　　　　　图3-38　参数

> General（常规）：通过该命令可以设置After Effect中一些常规的参数。Levels Of Undo（设置撤销次数）默认是32步，最多可以设置到99步；Show Tool Tips命令设置是否显示工具的提示信息；Create layers at Composition Start Time命令是设置在"时间线"面板中调入或创建层时，层的开始位置是以合成的开始时间为基准还是以时间指示器的位置为基准；Switches Affect Nested Comps命令是当合成层中有嵌套的合成层时，只设置嵌套影像的显示品质、运动模糊、帧融合或3D等功能，选择该项嵌套影像的这些设置就可以传递到原合成层中，如果未选择选项则不能传递到原合成层中；Default Spatial Interpolation to Linear命令为选择此项就会将关键帧的运动插值方式设置为线性插值方式；Preserve Constant Vertex and Feather Point Count when Editing Masks命令是给层中的Mask添加新的控制点或删除控制点时，如果勾选此项则添加或删除的控

制点会在整个动画中保持这一状态，不勾选时添加或删除的控制点只在当前时间点中添加或删除；Synchronize Time of All Related Items命令在勾选时可以使所有关联的对象时间同步，例如在一个合成层中包含有另外一个合成层，如果勾选了此项，那么这两个合成层会在预览时同步；Expression Pick Whip Writes Compact English命令设置表达式是否以紧凑的方式书写，如果勾选了此项则表达式会以一种紧凑的方式书写，不勾选则以烦琐的方式来书写；Create Split Layers Above Original Layer命令设置是否保持剪断以后的原始层在上方等一些相关设置。General（常规）设置的各选项如图3-39所示。

➤ Previews（预览）：通过该命令可以对After Effect中视频预览与音频预览进行默认设置，各选项参数如图3-40所示。

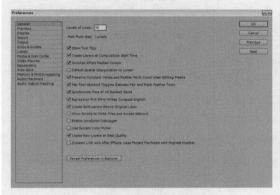

图3-39 常规设置

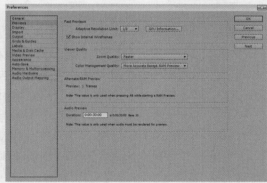

图3-40 预览设置

➤ Display（显示）：通过该命令可以设置After Effect软件的运动路径、面板缩略图、流程图等选项，如图3-41所示。

➤ Import（导入）：通过该命令可以设置After Effect中素材默认的导入方式，设置Sequence Footage（序列素材）的导入方式为25 Frames per Second（以每秒25帧导入），即以后导入序列视频时将以每秒25帧静态图片来处理，如图3-42所示。

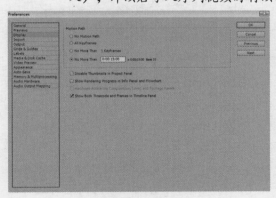

图3-41 显示设置

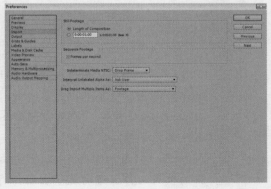

图3-42 导入设置

➤ Output（输出）：通过该命令可以设置After Effect中合成项目在输出时进行的各种处理选项，如图3-43所示。

➤ Grids & Guides（网格与参考线）：通过该命令可以设置After Effect中网格的颜

色、样式、间隔、分割数、网格比例、参考线的颜色和样式、安全框的活动安全区域及字母安全区域等，如图3-44所示。

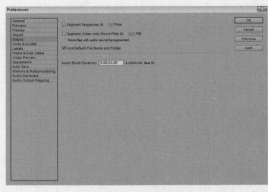

图3-43　输出设置

图3-44　网格与参考线设置

> Labels（标签）：通过该命令可以打开Labels（标签）设置对话框，该对话框中的选项主要用于对各种类型的文件颜色进行设置。可以从右侧的下拉列表框中选择适当的颜色，还可以对素材属性以及标签颜色进行设置，可以通过单击颜色块或使用吸管工具来改变标签相应的颜色设置，如图3-45所示。

> Media & Disk Cache（媒体与磁盘缓存）：通过该命令可以调整After Effect中软件的磁盘缓存和匹配媒体高速缓存，提高软件运行的速度，如图3-46所示。

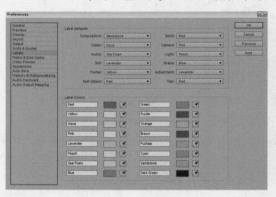

图3-45　标签设置

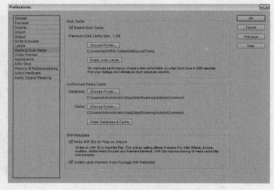

图3-46　媒体与磁盘缓存设置

> Video Preview（视频预览）：通过该命令可以将After Effects的预览窗口输出到外部监视器，使用外部设备进行操作，如图3-47所示。

> Appearance（界面）：通过该命令可以设置After Effects CS6软件界面的颜色和亮度等，如图3-48所示。

> Auto-Save（自动保存）：通过该命令可以设置After Effects软件进行自动保存编辑的项目文件，若勾选了自动保存项目，就可以对保存的间隔时间进行选择设定，默认的时间是20分钟，还可以设置最多项目的保存数量，如图3-49所示。

> Memory & Multiprocessing（内存与多处理器控制）：通过该命令可以根据个人系统的硬件配置情况进行设置After Effects软件，使硬件充分发挥效能，不过在设置时应慎重调整，以免造成死机或软件无法运转，如图3-50所示。

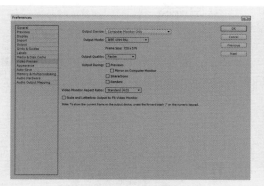

<table>
<tr><td>图3-47　视频预览设置</td><td>图3-48　界面设置</td></tr>
</table>

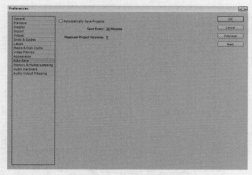
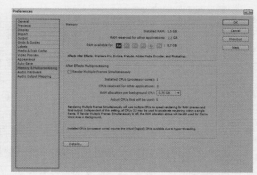

图3-49　自动保存设置　　　　　　图3-50　内存与多处理器控制设置

> Audio Hardware（音频硬件）：通过该命令可以设置音频输出所需的硬件设备，如图3-51所示。
> Audio Output Mapping（音频输出映射）：通过该命令可以设置音频的输出模式，如图3-52所示。

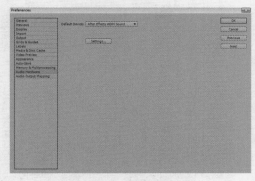
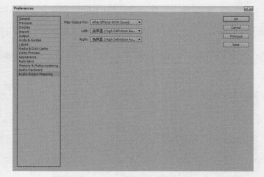

图3-51　音频硬件设置　　　　　　图3-52　音频输出映射设置

3.3 合成菜单

Composition（合成）菜单中的命令主要用来设置合成项目和对合成项目的基本操作，

61

包括编辑、图像合成设置、预览和制作影片等，如图3-53所示。

1. 新建设置组

合成菜单中的新建设置组提供了New Composition（新建合成）、Composition Settings（合成设置）和Set Poster Time（设置招贴时间）等功能，如图3-54所示。

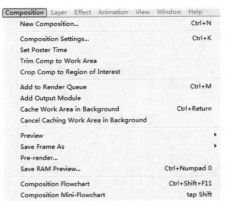

图3-53　合成菜单

图3-54　新建设置组

- New Composition（新建合成）：通过New Composition（新建合成）命令可以创建一个新的合成项目，也可以使用键盘快捷键"Ctrl+N"完成操作，如图3-55所示。
- Composition Settings（合成设置）：通过Composition Settings（合成设置）命令可以在After Effects合成影片时按需要修改合成项目的时间长度、制式和分辨率等基本参数设置，如图3-56所示。还可以在高级设置中对渲染插件和动态模糊相关选项进行设置，如图3-57所示。

图3-55　新建合成对话框

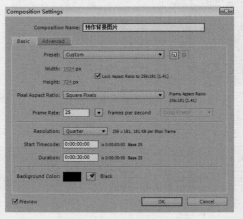

图3-56　合成设置

图3-57　高级设置

- Set Poster Time（设置招贴时间）：通过Set Poster Time（设置招贴时间）命令可以为合成指定某一个时间点的画面作为其在"项目"窗口的缩略图。合成在"项目"窗口中可以显示出其缩略图，默认状态是以最前面的一帧画面为缩略图，不过有时这一帧不能合理代表这个合成的内容，这时可以重新指定这个合成中的任何一个合适的时间点画面作为缩略图。在合成时间线中移动时间线到显示一个合适画面的时间处，选择Set Poster Time（设置招贴时间）命令即可，在"项目"窗口中选择这个合成查看时缩略图会相应更改。

- Time Comp to Work Area（时间适配工作区域）：可以通过Time Comp to Work Area（时间适配工作区域）命令以工作区域的长度裁剪合成的长度。在合成的时间线中调整工作区长度，然后选择该命令即可对合成的长度进行裁剪，适配后的长度和工作区域一致，可以剪切超出工作区域的素材层，如图3-58所示。

- Crop Comp to Region of Interest（裁切合成窗口为区域预览尺寸）：通过Crop Comp to Region of Interest（裁切合成窗口为区域预览尺寸）命令可以设置预览区域的尺寸大小，将不需要的部分裁切掉。

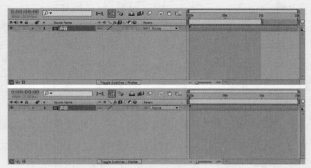

图3-58　裁切前后对比效果

2. 输出组

合成菜单中的输出组提供了Add to Render Queue（添加到渲染队列）和Add Output Module（添加输出模块）等功能，如图3-59所示。

- Add to Render Queue（添加到渲染队列）：通过Add to Render Queue（添加到渲染队列）命令可以将After Effects中当前选择的合成项目添加到Render Queue（渲染队列）中，如图3-60所示。

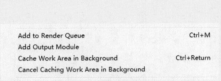

图3-59　输出组

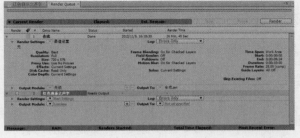

图3-60　添加到渲染队列

- Add Output Module（添加输出模块）：通过Add Output Module（添加输出模块）命令可以为当前Render Queue（渲染队列）中选择的序列添加一个输出模块，这样就可以将同一个合成项目设置为两种或两种以上的输出文件，用于不同的发布媒体。

3. 预览组

合成菜单中的预览组提供了Preview（预览）、Save Frame As（存储单帧）、Pre-render（预渲染）和Save RAM Preview（保存内存渲染）等功能，如图3-61所示。

- Preview（预览）：Preview（预览）命令可以用来以不同的方式预览合成影片效果，对合成时间线中的内容进行渲染以保证能流畅的预览。选择使用键盘"空格"键为从时间指示处开始视频的渲染，按"0"键为在工作区域内进行音频的渲染，按小键盘"."键则为从时间指示处开始音频的渲染。在预览时，在合成的"时间线"面板上方有绿色线条指示，表示能流畅预览的区域范围。Preview（预览）命令的子菜单中包含了RAM Preview（内存预览）、Audio Preview（音频预览）等模式，如图3-62所示。

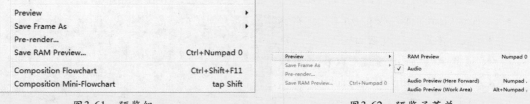

图3-61　预览组　　　　　　　　　　　　　　　图3-62　预览子菜单

- Save Frame As（存储单帧）：通过Save Frame As（存储单帧）命令可以保存合成项目中当前选择的帧，只能输出一帧的图像文件。
- Pre-render（预渲染）：通过Pre-render（预渲染）命令可以对嵌套在其他合成中的合成项目进行预先渲染。当一个合成嵌套在其他合成中，对其进行预先渲染后，其他合成中的这个合成自动被替换为渲染后的文件而保留其设置属性不变，这样在预览或渲染操作中将提高制作效果。在进行预先渲染时，将这个合成添加到"渲染序列"窗口中，如果需要可以对其渲染设置进行更改。
- Save RAM Preview（保存内存渲染）：通过Save RAM Preview（保存内存渲染）命令可以将预览时储存在内存中的临时文件存储下来。在计算量大的合成制作时，预览效果需要有一段时间的渲染过程，渲染完成后就可以进行流畅的预览，当需要把这个经过一段时间才渲染完成的结果保留下来时，就可以使用此命令。在使用Save RAM Preview（存储内存预览）时，如果之前没有进行预览的渲染过程，会自动先进行预览的渲染，然后再进行文件存储。
- Composition Flowchart（合成流程图）：通过Composition Flowchart（合成流程图）命令可以显示当前合成项目的流程图，观察合成的结构和流程情况。使合成与图层之间的关系更清楚地在一个平面中展示出来，是分析合成制作的一个好的途径。在观察合成流程图时，也可以先打开一个合成，使其显示在合成窗口中。在合成窗口的右下方，单击流程图的按钮即可打开当前合成的流程图窗口，而用户不能在流程图中对合成项目进行操作，但可以观察到整体工作流程，如图3-63所示。
- Composition Mini-Flowchart（合成微型流程图）：通过Composition Mini-Flowchart（合成微型流程图）命令可以打开或显示合成层的流程图，如图3-64所示。

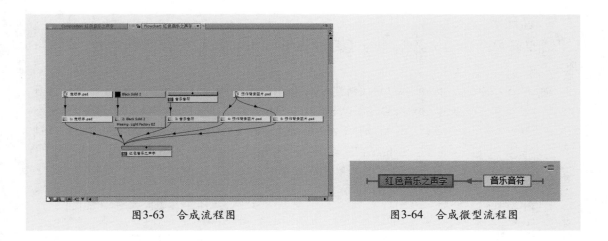

图3-63 合成流程图　　　　　　　图3-64 合成微型流程图

3.4 图层菜单

　　Layer（图层）菜单中包括与层相关的各种操作，主要用于创建和编辑图层及设置图层的自身属性，After Effects中的编辑操作是以层为基础的，熟练掌握层的相关操作是非常重要的，如图3-65所示。

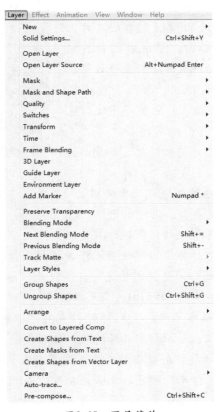

图3-65 图层菜单

1. 新建组

图层菜单中的新建组提供了New（新建）和Solid Settings（固态层设置）功能，如图3-66所示。

- New（新建）：通过New（新建）命令可以在合成的"时间线"面板中新建多种类型的层。包含Text（文字）、Solid（固态层）、Light（灯光）、Camera（摄影机）、Null Object（虚拟物体）、Shape Layer（形状层）、Adjustment Layer（调节层）及Adobe Photoshop File（Adobe Photoshop文件）几个子菜单，这些层在时间线中建立后，默认以不同的颜色和名称进行区别，如图3-67所示。

图3-66　新建组　　　　　　　　　　　图3-67　新建子菜单

- > Text（文本）：可以通过■文字工具在"合成"窗口中建立一个文字层，也可以使用键盘快捷键"Ctrl+Alt+Shift+T"完成操作。

- > Solid（固态层）：建立一个单独颜色信息的图层板，作为合成场景的辅助元素，在建立弹出的固态层属性面板中可以进行细节设置，可以使用键盘快捷键"Ctrl+Y"完成操作。其中Name（名称）主要便于在时间线预览本层名称，如未手动设置名称时，系统将按设置的颜色自动命名；Size（大小）主要设置所需固态层的宽度、高度、单位、像素纵横比等；Color（颜色）主要是通过颜色板或吸管拾取固态层所需的颜色，为了合成场景的特效更好地相匹配，如图3-68所示。

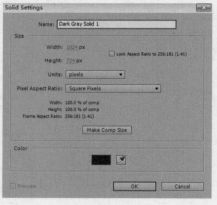

图3-68　固态层

- > Light（照明）：通过创建灯光层照明三维场景，像现实中的灯光一样，可以根据需要来选择灯光类型。其中的Parallel（平行光）可以理解为太阳光，光照范围无限，可照亮场景中的任何地方且光照强度无衰弱，可产生阴影并且有方向性；Spot（聚光灯）为圆锥形发射光线，根据圆锥的角度确定照射范围，可通过Cone Angle（圆锥角度）调整范围，这种光容易生成有光区域和无光区域，同样具有阴影和方向性；Point（点光源）是从一个点向四周360度发射光线，随着对象与光源距离不同，受到的照射程度也不同，这种灯光也会产生阴影且光照强度有衰减；Ambient（环境光）没有发射点与方向性，也不会产生阴影，通过它可以调节整个画面的亮度，通常与其他灯光配合使用。Color（颜色）项目主要设置灯光的颜色，点击色块可以在颜色框里选择所需要的颜色；Intensity（强度）值越高光照越强，设置为负值可以产生吸光效果，当场景里有其他灯光时可通过此功能降低光照强度；Cone Angle（圆锥角度）项目是当灯光为聚光灯时此项激活，相当于聚光灯的灯罩，可以控制光照范围和方向；Cone Feather（锥角羽化）与上一个参数配合使用，为聚光灯照射区域和不照射的区域的边界设置柔和的过渡效果，设置值越大边缘越柔和；Casts Shadows（投射阴影）只有当灯光照射三维层的材质属性中Cast Shadows（投射阴影）选项同时打开时才可以产生投影，一般默认此项关闭；Shadow Darkness（阴影暗度）可调节阴影的黑暗程度；Shadow Diffusion（阴影扩散）可以设置阴影边缘羽化程度，值越高边缘越柔和。照明设置对话框如图3-69所示。

➤ Camera（摄影机）：运用一个或多个摄影机来创造空间场景、观看合成场景，摄影机工具不仅可以模拟真实摄影机的光学特征，更能超越真实摄影机的三脚架、重力等条件的制约，从而模拟在空间中任意移动。其中Name（名称）项目为新建的摄影机命名；Preset（预设）下拉菜单里提供了9种常见的摄影机镜头，包括标准的35 mm镜头、15 mm广角镜头、200 mm长焦镜头以及自定义镜头等；Units（单位）下拉框可以选择参数的单位，包括Pixel（像素）、Inches（英尺）、Millimeters（毫米）三种选项。Measure Film Size（测量胶片大小）可改变胶片尺寸的基准方向，包括Horizontally（水平）方向、Vertically（垂直）方向和Diagonally（对角线）方向三种选项；Zoom（变焦）值越大，通过摄影机显示的图层大小就越大，视野范围也越小；Angle of View（视角）角度越大视野越宽，角度越小视野越窄；Film Size（胶片尺寸）指的是通过镜头看到的图像实际的大小，值越大视野越大，值越小视野越小；Focal Length（焦长）指胶片与镜头距离，焦距短产生广角效果，焦距长产生长焦效果；Enable Depth of Field（激活景深）配合Focus Distance（焦距）、Aperture（孔径）、F-stop（光圈值）和Blur Level（模糊级别）参数来使用，其中Focus Distance（焦距）确定从摄影机开始到图像最清晰位置的距离，Aperture（孔径）值越大前后图像清晰范围就越小，F-stop（光圈值）与光圈相互影响控制景深，Blur Level（模糊级别）控制景深模糊程度。摄影机设置对话框如图3-70所示。

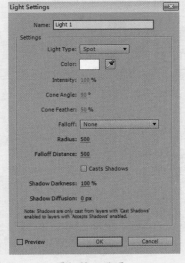

图3-69 照明

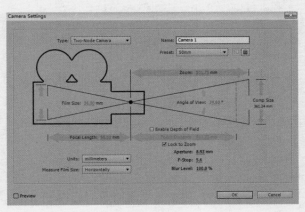

图3-70 摄影机

> Null Object（虚拟物体）：虚拟物体是一个线框体，它有名称和基本的参数，但不能渲染。当建立一个Null Object（虚拟物体）层时，除了Opacity（透明度属性）其他属性与其他层的属性一样。如果想建立一个父子衔接，但又不想使这个父级层显示在预览窗口里，就可以建立这个层来实现，会在预览窗口中显示为一个矩形的边框，如图3-71所示。

> Shape Layer（形状图层）：建立一个图形路径，通过与"工具"面板中的蒙板绘制工具配合使用，可以调整它的形状、颜色及描边等。

> Adjustment Layer（调节层）：主要是对合成场景中的所有层进行整体调整，辅助场景影片进行色彩和特效的调整，创建调节层后，直接在其上应用特效，可以使调节层下方的所有图层产生该特效，这样就避免了不同图层应用相同特效时每个层单独设置的麻烦。

> Adobe Photoshop File（Photoshop文件）：建立一个PSD文件层，在建立时系统会弹出一个对话框，用于指定这个文件夹的保存位置，此文件就可以通过Photoshop来编辑。

● Layer Settings（层设置）：通过Layer Settings（层设置）命令可以对新建的固态层或当前所选择的固态图层进行Size（大小）中的宽度、高度、单位及像素纵横比设置，还可以对新建固态层或当前所选择的固态层，通过点击颜色板或吸管对当前层的颜色进行选择设置，也可以使用键盘快捷键"Ctrl+Shift+Y"完成操作。不同类型的图层系统对话框中参数也有所不同，如图3-72所示。

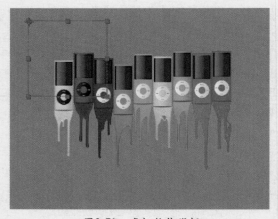

图3-71　虚拟物体线框

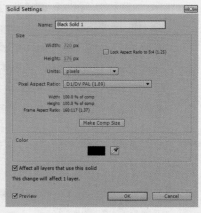

图3-72　固态层设置

2. 打开组

图层菜单中的打开组提供了Open Layer（打开图层）和Open Layer Source（打开原始图层）功能，如图3-73所示。

图3-73　打开组

● Open Layer（打开图层）：通过Open Layer（打开图层）命令可以打开图层的预览窗口，可以在图层预览窗口中对图层的入点和出点进行编辑，如图3-74所示。

● Open Layer Source（打开原始图层）：通过Open Layer Source（打开原始图层）命

令可以查看到没有对层进行任何操作之前的原始效果，如图3-75所示。

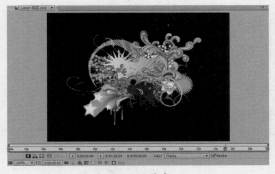
图3-74　图层窗口

图3-75　打开原始图层

3. 操作组

图层菜单中的操作组提供了Mask（遮罩）、Mask and Shape Path（遮罩和路径形状）、Quality（质量）、Transform（变换）、Time（时间）、Frame Blending（帧混合）和3D Layer（三维图层）等功能，如图3-76所示。

- Mask（遮罩）：遮罩实际是一个路径或者轮廓图，用于修改层的Alpha通道，对于运用了遮罩的层，将只有遮罩里面部分的图像显示在合成图像中。遮罩在影片制作中广泛使用，例如可以用来"抠"出图像中的一部分，使最终的图像仅显示"抠"出的部分。After Effects CS6提供了强大的遮罩创建、修改及动画功能，支持对某个特定的层设定多达127个多重遮罩，单击"时间线"面板中的相应影片素材层即可建立它的遮罩和修改，并且可以对遮罩的变化和运动进行时间设定。遮罩功能十分的强大，在After Effects CS6软件中有着很重要的地位，也是影视后期制作中不可缺少的一个工具。在遮罩命令子菜单中可以设置Mask Shape（遮罩形状）、Mask Feather（遮罩羽化）、Mask Opacity（遮罩不透明度）、Mask Expansion（遮罩扩展）、Reset Mask（重置遮罩）和Locked（锁定）等属性，如图3-77所示。

图3-76　操作组　　　　　　　　图3-77　遮罩子菜单

- ➢ New Mask（新建遮罩）：遮罩一般是在层窗口中制作，单击层窗口左下角的缩放百分比，可以扩大层窗口的显示方便绘制。可以绘制规范形状的遮罩，也可以用钢笔工具绘制，从"工具"面板中选择矩形工具或者椭圆形工具，在层窗口中拖动即可绘制。

> Mask Shape（遮罩形状）：可以通过拖动控制点调整遮罩的形状，或使用"工具"面板中的增加控制点工具增加控制点，使用删除点工具可以删除控制点，命令面板中提供了顶、左、底、右四个方向的调节，如图3-78所示。

> Mask Feather（遮罩羽化）：在合成中，使遮罩的边缘出现柔化的效果，可以输入羽化的横向及纵向值控制柔化程度，如图3-79所示。

> Mask Opacity（遮罩不透明度）：透明度即透光的程度，100%为完全不透明，0%为完全透明，可以根据需要设置合适的值。

> Mask Expansion（遮罩扩展）：通过Expansion扩展数值控制遮罩大小范围，正值为扩大，负值为缩小，如图3-80所示。

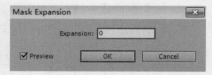

图3-78　遮罩形状　　　　　图3-79　遮罩羽化　　　　　图3-80　遮罩扩展

> Reset Mark（重置遮罩）：对以前设置的所有遮罩重新设置。

> Remove Mask（移除遮罩）：对在合成窗口中选取的图层设置的单个的遮罩进行删除。

> Remove All Masks（移除所有遮罩）：对在合成窗口中选取的图层设置的全部遮罩进行删除。

> Mode（模式）：遮罩的模式有加、减、交叉、变暗、变亮等方式，可以根据自己的需要进行选择。

> Inverted（反转）：选取选择遮罩的相反区域。

> Locked（锁定）：对选择的遮罩进行锁定，锁定后不能进行再次编辑。

> Unlock All Masks（解除全部遮罩锁定）：对在合成窗口中选取的图层设置的全部遮罩解除锁定。

> Lock Other Masks（锁定其他遮罩）：锁定在合成窗口中选取的图层中未锁定的其他遮罩。

> Hide Locked Masks（隐藏已锁定遮罩）：将合成窗口选取图层中锁定的遮罩隐藏。

● Mask and Shape Path（遮罩和路径形状）：通过Mask and Shape Path（遮罩和路径形状）命令可以设置遮罩路径的形状，控制是否闭合路径和设置路径的起始点。其中RotoBezier（旋转式曲线）是设置遮罩的曲线，Closed（封闭）是将遮罩的起始点和结束点封闭起来，Set First Vertex（设置起始点）是将某个点作为起始点，Free Transform Points（自由变换点）是变换遮罩或图形路径上的定位点，如图3-81所示。

- Quality（质量）：通过Quality（质量）命令可以设置图层在画面中的显示质量。其中的Best（最佳）即最高质量的显示模式，对于复杂的图像显示的速度较慢；Draft（草稿）以低质量的草图显示模式，比最佳模式的显示速度显著提高；Wireframe（线框）是以线框的方式代替图像的显示，如图3-82所示。

图3-81　遮罩和路径形状　　　　　　　　　　　图3-82　显示质量

- Switches（转换开关）：通过Switches（转换开关）命令可以切换图层的属性，在命令子菜单中可以设置Hide Other Video（隐藏其他视频图层）、Unlock All Layer（解除所有锁定的图层）、Solo（单独显示图层）、Effect（滤镜特效）和Adjustment Layer（调整层）等项开启或关闭的状态，如图3-83所示。

- Transform（变换）：通过Transform（变换）命令可以设置图层的变换属性，在子菜单中可以设置Anchor Point（定位点）、Position（位置）、Scale（缩放）和Opacity（不透明度）等属性，如图3-84所示。

图3-83　转换开关子菜单　　　　　　　　　　　图3-84　变换

- Reset（重置）：将层的所有属性恢复为默认值。

- Anchor Point（定位点）：可以精确设置图层定位点在画面中的位置，主要用来控制素材的旋转轴心，即素材的旋转中心点位置，默认的素材定位点位置一般位于素材的中心位置，如图3-85所示。

- Position（位置）：可以精确设置图层在画面中的位置，主要用于层的位置动画中，在时间线中选择需要动画的层并按键盘"P"键展开位置属性，可以在合成图像窗口中移动或者在时间布局窗口中单击下划线输入新的位置值，再单击层左边的时间标记。

- Scale（缩放）：在合成中按需要设置图层的比例大小，可以在打开的对话框中对图层的高、宽值进行精确的设置，如图3-86所示。

- Orientation（方向）：在合成中如果有三维层可以精确设置三维层的方位，在打开的对话框中可以对图层的X、Y、Z轴的角度进行调整，如图3-87所示。

> Rotation（旋转）：主要用于层的旋转动画。在时间线中选择需要动画的层，然后按键盘"R"键展开旋转属性，可以在合成图像窗口中旋转或者在"时间线"面板中单击下划线输入新的角度值，如图3-88所示。

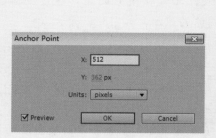

图3-85　定位点

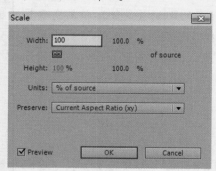

图3-86　缩放

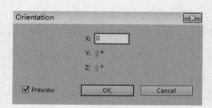

图3-87　方向

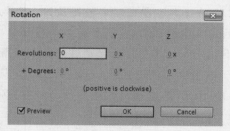

图3-88　旋转

> Opacity（不透明度）：在合成中按需要设置图层的不透明度，可以在打开的对话框中对图层的不透明度进行详细的设置，如图3-89所示。
> Flip Horizontal（水平方向翻转）：在合成中将选择的图层进行水平方向的翻转。
> Flip Vertical（垂直方向翻转）：在合成中将选择的图层进行垂直方向的翻转。
> Fit To Comp（适配到合成）：主要用于将图层的比例调整到与合成层相同。
> Fit To Comp Width（适配为合成宽度）：主要用于将图层宽度与合成层的宽度相匹配。
> Fit To Comp Height（适配为合成高度）：主要用于将图层的高度与合成层的高度想匹配。
> Auto-Orient（自动定位）：控制Composition（合成）的自动方位。
● Time（时间）：通过Time（时间）命令可以设置图层是否重新映射时间、反射时间、拉伸时间或冻结时间一些时间参数，如图3-90所示。

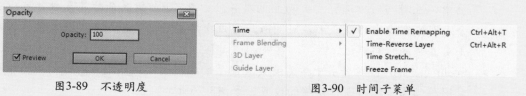

图3-89　不透明度　　　　　　　　　图3-90　时间子菜单

> Enable Time Remapping（启用时间映射）：系统会在素材的起始和结束位置设定关键帧，可以通过设置关键帧自由控制素材的播放时间。选择"时间线"面

板中的素材，执行启用时间映射命令可以看到素材的起始和结束位置有两个关键帧，如图3-91所示。

➢ Time-Reverse Layer（时间反向层）：可以使素材动画进行倒放。

➢ Time Stretch（时间伸缩）：可以延长或缩短素材动画的播放时间，如图3-92所示。

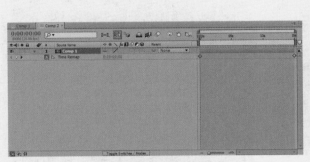

图3-91 启用时间映射

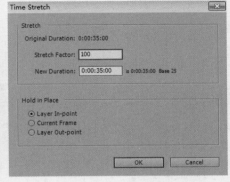

图3-92 时间伸缩

➢ Freeze Frame（冻结帧）：冻结素材动画中的某一帧，使这一点上的画面一直延续到结束。

● Frame Blending（帧混合）：通过Frame Blending（帧混合）命令可以混合帧与帧之间的画面，使画面之间过渡更加平滑，消除急速运动的问题。After Effects CS6提供了Frame Mix（帧混合）和Pixel Motion（像素运动）两种模式。这两种模式各有优势，可以根据自己的需要进行设置，也可以在"时间线"面板中点击相应的图标来实现，如图3-93所示。

图3-93 帧混合

● 3D Layer（三维图层）：3D Layer（三维图层）命令主要用于将当前选中的图层转化为三维图层，激活该命令之后，该图层的旋转、坐标和比例属性会多出一个Z轴的参数控制，如图3-94所示。

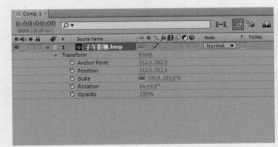

图3-94 三维图层

● Guide Layer（引导层）：Guide Layer（引导层）命令主要用于将当前选中的图层设置为引导层，在"时间线"面板中，素材的名称前会出现一个引导层的图标。引导层作为合成窗口的参考，用于视频和音频上的参考也可以用于保存注释，但要注意的是引导层不能被渲染在最终的画面效果中，在嵌套合成层中的导引层将不能被显示在父级的合成层中，如图3-95所示。

- Add Marker（添加标记）：Add Marker（添加标记）命令用于在"时间线"面板中为选择层的当前时间位置上添加一个标记点，如图3-96所示。在标记点上双击鼠标左键，在弹出的窗口中输入标记内容便于以后查看，如图3-97所示。

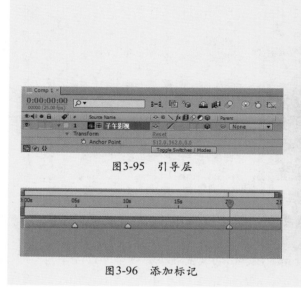

图3-95　引导层

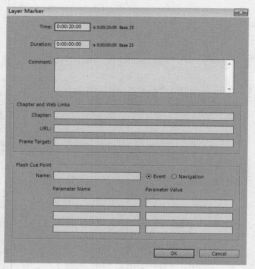

图3-97　图层标记窗口

图3-96　添加标记

4. 设置组

图层菜单中的设置组提供了Preserve Transparency（保持透明）、Blending Mode（混合模式）、Previous Blending Mode（上一个混合模式）、Track Matte（轨道遮罩）和Layer Styles（图层样式）等功能，如图3-98所示。

图3-98　设置组

- Preserve Transparency（保持透明）：通过Preserve Transparency（保持透明）命令可以在合成项目上方图层遮盖住下方具有透明区域的图层时，对上方的图层指定Preserve Transparency（保持透明度）后，将以下方图层透明的区域显示上方图层的画面效果，也可以多个图层中使用保持透明度。
- Blending Mode（混合模式）：通过Blending Mode（混合模式）命令可以设置上下图层的混合模式，有Normal（正常）、Darken（变暗）、Add（添加）、Overlay（叠加）、Difference（差值）、Hue（色相）、Alpha Add（添加Alpha）等30多种混合模式，可以根据自己的需要选取合适的混合模式，此功能与"时间线"面板中的混合模式按钮效果相同，如图3-99所示。
- Next Blending Mode（下一个混合模式）：通过Next Blending Mode（下一个混合模式）命令可以在选择不同的混合模式时，按菜单顺序选择下一个混合模式，也可以使用键盘快捷键"Ctrl+="完成操作。

- Previous Blending Mode（上一个混合模式）：通过Previous Blending Mode（上一个混合模式）命令可以在选择不同的混合模式时，按菜单顺序选择上一个混合模式，也可以使用键盘快捷键"Ctrl+-"完成操作。

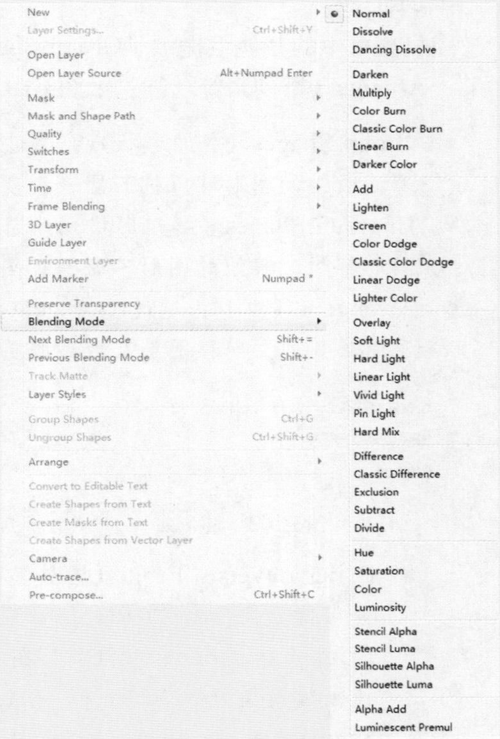

- Track Matte（轨道遮罩）：通过Track Matte（轨道遮罩）命令可以在"时间线"中将上一图层作为当前层的Track Matte（轨道遮罩）。在合成中上下两个相邻的图层中，选择下一个图层，然后再选择菜单Track Matte（轨道遮罩）命令，可以将其上面图层的图像或影片作为其透明的蒙板。轨道遮罩菜单命令的子菜单有以下几种方式，如图3-100所示。

  > No Track Matte（无轨道蒙板层）：执行此命令不产生透明度，上面的层被当作普通层。

  > Alpha Matte（通道蒙板）：使用蒙板层的Alpha通道。

  > Alpha Inverted Matte（通道反转蒙板）：使用蒙板层的反向Alpha通道。

  > Luma Matte（亮度蒙板）：使用蒙板层的亮度值，当亮度值为100%时即不透明。

  > Luma Inverted Matte（亮度反转蒙板）：使用蒙板层的反向亮度值，当亮度值为100%时即透明。

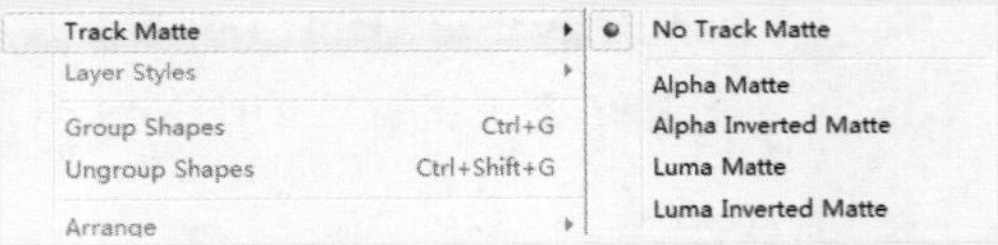

图3-99　混合模式

图3-100　轨道遮罩

- Layer Styles（图层样式）：通过Layer Styles（图层样式）命令可以在After Effects中为层设置以下图层样式，其中包括Convert to Editable Styles（转换为可编辑样式）、Show All（全部显示）、Remove All（全部删除）、Drop Shadow（外部阴影）、Inner Shadow（内部阴影）、Outer Glow（外部发光）、Inner Glow（内部发光）、Bevel and Emboss（斜面和浮雕）、Satin（光泽）、Color Overlay（颜色叠加）、Gradient Overlay（渐变叠加）、Stroke（描边）图层样式，如图3-101所示。

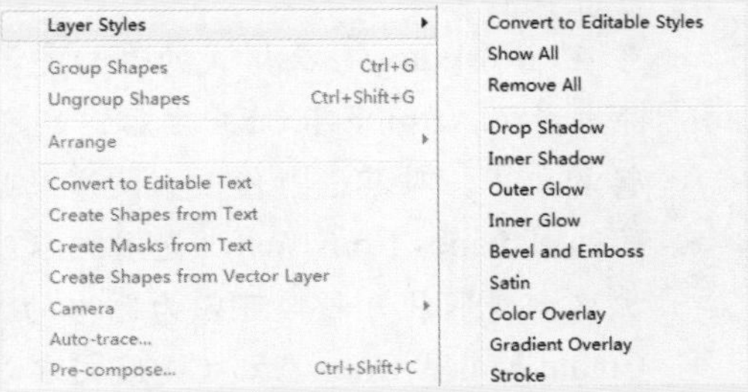

图3-101　图层样式

5. 其他组

图层菜单中的其他组提供了Group Shapes（成组形状）、Bring Layer to Front（图层置顶）、Arrange（排列）等功能，如图3-102所示。

- Group Shapes（成组形状）：通过Group Shapes（成组形状）命令可以成组矢量图形，成组的图形可以拥有同一个变换属性。
- Ungroup Shapes（解组形状）：通过Ungroup Shapes（解组形状）命令可以将矢量图形解组，解组的图形不能拥有同一个变换的属性。
- Arrange（排列）：通过Arrange（排列）命令可以设置排列图层的顺序，主要提供了图层置顶、前移图层及后移图层等几种排列方式，如图3-103所示。

图3-102　其他组　　　　　　　　　　图3-103　排列子菜单

- ➤ Bring Layer to Front（图层置顶）：可以将选中的图层设置为最顶层，也可以使用键盘快捷键"Ctrl+Shift+]"完成操作。
- ➤ Bring Layer Forward（前移图层）：可以将选中的图层向前移动一层，也可以使用键盘快捷键"Ctrl+]"完成操作。
- ➤ Send Layer Backward（后移图层）：可以将选中的图层向后移动一层，也可以使用键盘快捷键"Ctrl+["完成操作
- ➤ Send Layer to Back（图层置底）：可以将选中图层位置移动到最底层，也可以使用键盘快捷键"Ctrl+Shift+["完成操作。

6. 创建组

图层菜单中的创建组提供了Convert to Editable Text（转换为可编辑文本）、Create shapes from Text（使用文本创建形状）、Create Masks from Text（使用文本创建遮罩）、Auto-trace（自动追踪）和Pre-compose（预合成）功能，如图3-104所示。

Convert to Editable Text	
Create Shapes from Text	
Create Masks from Text	
Create Shapes from Vector Layer	
Camera	▶
Auto-trace...	
Pre-compose...	Ctrl+Shift+C

图3-104　创建组

- Convert to Editable Text（转换为可编辑文本）：通过Convert to Editable Text（转换为可编辑文本）命令可以将Photoshop文件层中的文字转换为可以编辑的文字。对于在Photoshop分层格式的PSD中保存的文字层，在没有合并或转换为图层的情况下，导入After Effects中之后，还可以使用转换为可编辑文本命令将其转换为可编辑的文字，对其进行修改或文字属性的操作。
- Create shapes from Text（使用文本创建形状）：通过Create shapes from Text（使用文本创建形状）命令可以为选中的文本创建一个形状。
- Create Masks from Text（使用文本创建遮罩）：通过Create Masks from Text（使用文本创建遮罩）命令可以将文字层中的文字轮廓创建为遮罩轮廓。After Effects可

以将文本的边框轮廓自动转换为遮罩，先选中文字层，然后再选择命令，这样会产生一个有着文字轮廓遮罩的新固态层。文字轮廓转化为遮罩是一个很实用的功能，在转化为遮罩后可以应用特效，制作更加丰富的效果。

- Auto-trace（自动追踪）：After Effects可以按图层画面的Alpha通道、RGB3种颜色的通道或者亮度通道建立Mask遮罩，可以建立单帧的遮罩，也可以在工作区范围内进行连续的动态跟踪建立连续的动态关键帧遮罩，如图3-105所示。

  > Current Frame（当前帧）：可以为当前帧创建遮罩。

  > Work Area（工作区）：在工作区中创建遮罩层关键帧。

  > Channel（通道）：选择遮罩的通道类型。

  > Tolerance（宽容度）：设置遮罩路径优先轨迹与通道图形的接近程度，单位是Pixel（像素）。

  > Minimum Area（最小区域）：设置遮罩路径轨迹与通道图形的最小差值。

  > Threshold（阈值）：用于将灰度图或彩色图像转化为高对比度的黑白二进制图像，指定遮罩轨迹的绘制区域，大于这个参数值的区域被映射为白色，反之则为黑色。

  > Apply to new layer（应用到新图层）：在一个新的固态层中创建遮罩。

- Pre-compose（预合成）：通过Pre-compose（预合成）命令可以在一个合成时间线中直接创建一个新的合成嵌套在其中。在打开的一个合成时间线中，可以选中其中的多个或一个层，然后选择Pre-compose（预合成）菜单命令创建出一个新合成，同时新合成作为一个层代替原来选中的层。Pre-compose（预合成）操作的快捷键为"Ctrl+Shift+C"键，当在第一个合成时间线中选好图层后，按"Ctrl+Shift+C"键即可进行预合成，如图3-106所示。

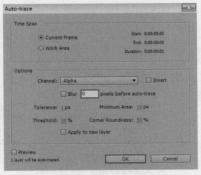

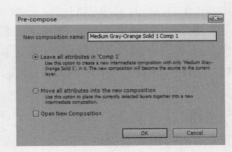

图3-105　自动追踪对话框　　　　　　图3-106　预合成对话框

  > Leave all attributes in（保留当前合成之中的全部属性）：创建一个包含选取层的新嵌套合成层，新的合成层中替换原始素材层，并且保持原始层在合成层中的属性和关键帧不变。

  > Move all attributes into New composition（移动全部属性到新建合成中）：将当前选择的所有素材层全部放在新合成层中，原始素材层的所有属性都转移到新合成层中，新合成层的时间长度与原合成层一致。

  > Open New Composition（打开新建合成组）：创建后打开新的合成预览窗口。

3.5 特效菜单

在After Effects中所有的特殊效果和特殊变化都是通过滤镜特效来实现的，Effects（特效）菜单中的所有命令都可以直接添加到合成项目中的图层上，而且After Effects中的滤镜特效命令可以记录动画，随时间的变化而产生动画。通过滤镜特效的使用，可以将静态图像制作成绚丽的动态影像，特效菜单如图3-107所示。

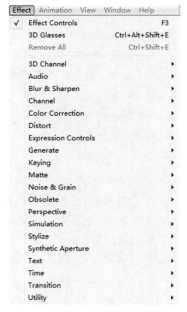

图3-107 特效菜单

3.6 动画菜单

Animation（动画）菜单中的命令与动画关键帧有相关联系，主要用于设置关键帧及关键帧属性的操作，还可以将制作好的动画保存为预置文件，方便以后进行同样操作时调用，如图3-108所示。

1. 预设组

动画菜单中的预设组提供了Save Animation Preset（动画预设保存）、Apply Animation Preset（应用预设动画）、Recent Animation Preset（最近的动画预设）和Browse Presets（浏览预设）功能，如图3-109所示。

图3-108 动画菜单

- Save Animation Preset（动画预设保存）：通过Save Animation Preset（动画预设保存）命令可以将设置好的动画关键帧保存到预设中，供下次设置同类动画时调取使用。在保存预设动画时，

| Save Animation Preset... |
| Apply Animation Preset... |
| Recent Animation Presets ▶ |
| Browse Presets... |

图3-109 预设组

先在时间线中将要保存的所有动画关键帧全部选择，然后选择菜单Save Animation Preset（保存预设动画）命令并保存为"ffx"格式的文件。

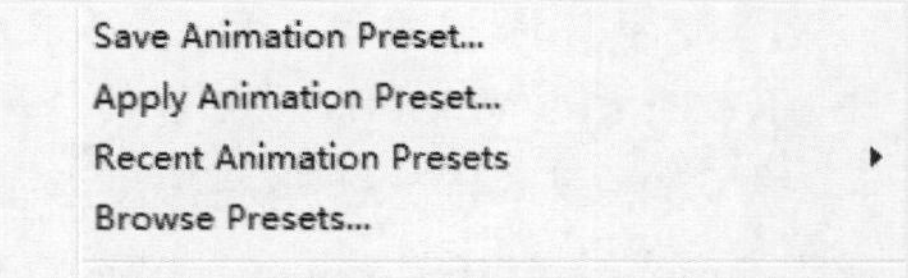

- Apply Animation Preset（应用预设动画）：通过Apply Animation Preset（应用预设动画）命令可以在制作动画时调用已经存在的预设动画。在应用预设动画时，先在时间线中选择目标图层，然后选择菜单Apply Animation Preset（应用预设动画）命令打开选择文件窗口并选择需要的"ffx"文件。

- Recent Animation Preset（最近的动画预设）：通过Recent Animation Preset（最近的动画预设）命令可以在制作动画时调用最近预设的动画记录，在子菜单中有最近使用的预设动画记录，最多可以显示最近使用过的20个预设动画。

- Browse Presets（浏览预设）：通过Browse Presets（浏览预设）命令可以打开预设动画文件夹浏览预设动画的效果，主要调用Adobe Bridge打开预设动画的文件夹，可以很方便地使用强大的多媒体文件查看功能来浏览文件夹内全部的预设动画效果。

2. 关键帧组

动画菜单中的关键帧组提供了以下5种功能，分别为Add Keyframe（添加关键帧）、Toggle Hold Keyframe（冻结关键帧）、Keyframe Interpolation（关键帧插值）、Keyframe Velocity（关键帧速率）和Keyframe Assistant（关键帧助手），如图3-110所示。

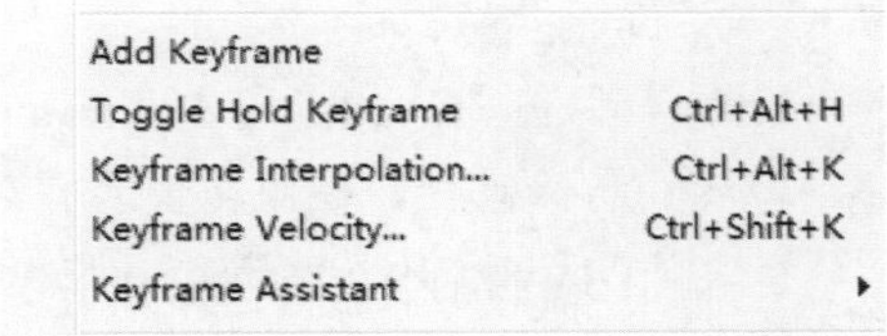

Add Keyframe	
Toggle Hold Keyframe	Ctrl+Alt+H
Keyframe Interpolation...	Ctrl+Alt+K
Keyframe Velocity...	Ctrl+Shift+K
Keyframe Assistant	▶

图3-110 关键帧组

- Add Keyframe（添加关键帧）：通过Add Keyframe（添加关键帧）命令可以为图层选择项的参数添加关键帧。在时间线中先选择某一项参数或同时选中某几项参数，然后选择Add Keyframe（添加关键帧）命令，可以为参数项在当前时间指示线的位置添加关键帧。

- Toggle Hold Keyframe（冻结关键帧）：通过Toggle Hold Keyframe（冻结关键帧）命令可以将所选择的关键帧冻结。在时间线中先选择一个或多个关键帧，然后选择菜单Toggle Hold Keyframe（冻结关键帧）命令，可以将关键帧冻结，使其在之后的时间内没添加新的关键帧之前保持参数不变。

- Keyframe Interpolation（关键帧插值）：通过Keyframe Interpolation（关键帧插值）命令可以对选择的关键帧进行插值调节。在时间线中先选择需要进行插值调节的关键帧，然后选择菜单中的Keyframe Interpolation（关键帧插值）命令打开Keyframe Interpolation（关键帧插值）设置对话框，从中选择需要的关键帧插值方式。默认关键帧之间的动画都是线性的动画方式，很多情况下线性动画表现的过于生硬，通过适当的插值调节之后，可以使这些关键帧动画变得更加流畅和自

然，如图3-111所示。

● Keyframe Velocity（关键帧速率）：通过Keyframe Velocity（关键帧速率）命令可以对选择的关键帧进行速率调节。在时间线中先选择需要进行速率调节的关键帧，然后选择菜单Keyframe Velocity（关键帧速率）命令打开Keyframe Velocity（关键帧速率）设置对话框，从中设置需要的关键帧速率。通过关键帧速率的设置，可以调节从一个关键帧到另一个关键帧之间参数变化的快慢，改善动画运动的快慢节奏，如图3-112所示。

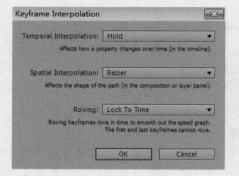

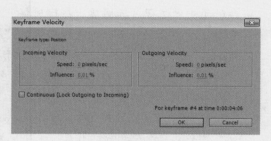

图3-111　关键帧插值设置对话框　　　　　　图3-112　关键帧速率设置对话框

● Keyframe Assistant（关键帧助手）：通过Keyframe Assistant（关键帧助手）命令可以设置关键帧的出入方式等效果，其中有多个常用的关键帧处理子菜单，如图3-113所示。

  ➢ Convert Audio to Keyframes（音频转换为关键帧）：以音频层中的音频波形的高低取样，逐帧转换为有数值大小变化的关键帧。

  ➢ Convert Expression to Keyframes（表达式转换为关键帧）：以表达式中每帧中所产生的数值为依据，将这些数值逐帧转换为数值关键帧。

  ➢ Easy Ease（缓和曲线）：控制关键帧进入和离开时的流畅速度，可以使动画在该关键帧时缓进缓出，消除速度的突然变化，也可以使用键盘快捷键"F9"完成操作。

  ➢ Easy Ease In（缓和淡入）：控制关键帧进入时的流畅速度，可以使动画在进入关键帧时速度减缓，消除速度的突然变化，也可以使用键盘快捷键"Shift+F9"完成操作。

  ➢ Easy Ease Out（缓和淡出）：控制关键帧离开时的流畅速度，可以使动画在离开该关键帧时速度减缓，消除速度的突然变化，也可以使用键盘快捷键"Ctrl+Shift+F9"完成操作。

  ➢ Exponential Scale（指数缩放）：按指数的方式进行缩放。

  ➢ RPF Camera Import（RPF摄影机导入）：导入三维软件所制作文件中的RPF摄影机信息。

  ➢ Sequence Layers（连续图层）：进行多个连续图层的操作，自动将素材排列顺序，如图3-114所示。

  ➢ Time-Reverse Keyframes（关键帧时间反向）：将关键帧的先后顺序反转。

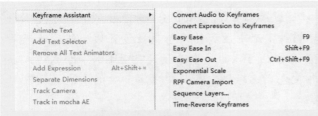

图3-113 关键帧助手子菜单

图3-114 连续图层

3. 字幕组

动画菜单中的字幕组提供了Animate Text（动态字幕）、Add Text Selector（添加文本选择器）和Remove All Text Animators（移除所有的文本动画）功能，如图3-115所示。

图3-115 字幕组

- Animate Text（动态字幕）：通过Animate Text（动态字幕）命令可以给创建的文字添加各种位移、旋转、比例、颜色等动画属性，可以为字幕添加各种动画属性，如图3-116所示所示。

- Add Text Selector（添加文本选择器）：通过Add Text Selector（添加文本选择器）命令可以为After Effects中文字层添加文本选择器。其中有三个子菜单，Range（范围）可以为文字层中的文字添加范围控制，Wiggly（抖动）可以为文字层中的文字添加抖动的动画，Expression（表达式）可以为文字层中的文字添加表达式动画，如图3-117所示。

图3-116 动态字幕

图3-117 添加文本选择器子菜单

- Remove All Text Animators（移除所有的文本动画）：通过Remove All Text Animators（移除所有的文本动画）命令可以将文字层上所有的文本类动画都清除掉。文字层上设置文本动画时，复杂的往往有很多参数，不容易彻底恢复和删除文本动画项，这时可以选择Remove All Text Animators（移除所有文本动画）命令将文字层恢复到未添加动画设置项的状态。

4. 其他组

动画菜单中的其他组提供了Add Expression（添加表达式）、Track Motion（运动跟踪）、Reveal Animating Properties（显示动画属性）和Reveal Modified Properties（显示修改属性）等功能，如图3-118所示。

图3-118 其他组

- Add Expression（添加表达式）：通过Add Expression（添加表达式）命令可以为图层的参数项添加表达式。在时间线中选中图层的某个参数设置项，然后选择菜单Add Expression（添加表达式）命令，可以为这个参数设置项添加一个表达式，在参数设置项的右侧会出现一个表达式填写栏，在其中填写需要的表达式，在影片合成时表达式的使用非常频繁。

- Track Motion（运动跟踪）：通过Track Motion（运动跟踪）命令可以对视频画面中的某一部分进行动态跟踪。在时间线中选择需要进行画面跟踪的图层，然后选择菜单Track Motion（跟踪运动）命令打开设置面板，在其中的Track Motion（跟踪运动）部分进行设置和跟踪操作。

- Track this property（跟踪当前属性）：通过Track this property（跟踪当前属性）命令可以按当前所选参数的属性进行跟踪操作。在时间线中选择一个图层中的一项参数设置项，例如Position（位置）、Scale（缩放）或Rotation（旋转），然后选择菜单Track this property（跟踪当前属性）命令，打开选择跟踪操作对象选择对话框，选择跟踪操作的图层进行相应属性的跟踪操作。

- Reveal Animating Properties（显示动画属性）：通过Reveal Animating Properties（显示动画属性）命令可以显示为选择图层所设置的动画属性。在时间线中选择设置了动画的图层，然后选择菜单Reveal Animating Properties（显示动画属性）命令或者按其快捷键"U"键，可以将其所有设置了动画属性的参数项展开显示出来。

- Reveal Modified Properties（显示修改属性）：通过Reveal Modified Properties（显示修改过的属性）命令可以显示所选图层的所被修改过的参数项。在时间线中选择设置了动画的图层，然后选择菜单Reveal Modified Properties（显示修改属性）命令或者连续按两次快捷键"U"键，可以将其所有修改过的参数项展开显示出来。

3.7 视图菜单

View（视图）菜单可以调整合成预览窗口的显示方式和设置辅助工具，使用户可以更精确地进行一些操作，如图3-119所示。

1. 显示组

视图菜单中的显示组提供了Zoom In（放大）、Resolution（分辨率）、Show Rulers（显示标尺）和Lock Guides（锁定辅助线）等功能，如图3-120所示。

- New Viewer（新视图）：通过New Viewer（新视图）命令可以为合成项目中的预览窗口创建一个新的视图。

- Zoom In（放大）：通过Zoom In（放大）命令可以将当前正在编辑合成项目中的视图放大显示。

- Zoom Out（缩小）：通过Zoom Out（缩小）命令可以将当前正在编辑合成项目中的视图缩小显示。

图3-119 视图菜单

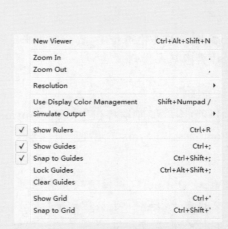

图3-120 显示组

● Resolution（分辨率）：通过Resolution（分辨率）命令可以设置After Effects在合成视图窗口中使用不同尺寸的分辨率显示图像，其中有从高到低四个等级的显示模式。

● Use Display Color Management（使用显示颜色管理）：通过Use Display Color Management（使用显示颜色管理）命令可以使用之前设置的颜色管理模式进行显示。

● Simulate Output（模拟输出）：通过Simulate Output（模拟输出）命令可以编辑合成项目的模拟输出。

● Show Rulers（显示标尺）：通过Show Rulers（显示标尺）命令可以在合成窗口旁边显示标尺以供参考。选择菜单Show Rulers（显示标尺）命令或者按快捷键"Ctrl+R"可以显示或隐藏合成窗口的标尺显示。在显示有标尺的状态下，可以从标尺上拖出参考线，这些操作和Photoshop中的标尺和参考线相似。

● Show Guides（显示辅助线）：通过Show Guides（显示辅助线）命令可以将视图中的辅助线显示出来，一般在设置辅助线时应该参考"信息"面板中的信息。

● Lock Guides（锁定辅助线）：通过Lock Guides（锁定辅助线）命令可以将视图中的参考线进行锁定，使其不被更改。

● Clear Guides（清除辅助线）：通过Clear Guides（清除辅助线）命令可以清除合成窗口中所有的参考线。

● Show Grid（显示网格）：通过Show Grid（显示网格）命令可以在窗口中显示参考网格线。当显示网格后，原菜单变化为Hide Grid（隐藏网格）菜单命令，再次选择时将当前合成窗口中的网格隐藏，如图3-121所示。

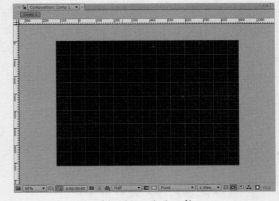

图3-121 显示网格

● Snap to Grid（对齐网格）：通过Snap to Grid（对齐网格）命令可以将合成窗口中的参考网格设置为对齐网格。在合成窗口中进行对象的操作时会很容易吸附到网格上，方便对齐和定位。移动图层位置时，在网格范围内系统会自动吸附，便于对齐图层和网格。

2. 控制组

视图菜单中的控制组提供了View Options（视图选项）、Reset 3D View（重置三维视图）、Look at All Layers（注视所有图层）和Go to Time（到指定时间）等功能，如图3-122所示。

● View Options（视图选项）：通过View Options（视图选项）命令可以打开视图选项设置对话框，可以在其中进行相应的视图选项设置。当在合成窗口中进行合成制作而需要有相应的参考显示辅助制作时，可以打开视图选项对话框，在其中勾选相应的选项。相反当合成窗口中所显示的信息过多时，会影响对画面效果的观察，这时可以对其中一些显示信息的选项取消勾选，如图3-123所示。

图3-122　控制组

图3-123　视图选项

● Show Layer Controls（显示图层控制）：通过Show Layer Controls（显示图层控制）命令可以显示合成项目中图层的Mask（遮罩）边缘等效果。

● Reset 3D View（重置三维视图）：通过Reset 3D View（重置三维视图）命令可以对当前编辑合成的项目三维视图进行重置。

● Switch 3D View（切换到三维视图）：通过Switch 3D View（切换到三维视图）命令可以将当前的三维视图切换到上一次使用过的三维视图，其子菜单有多种视角的摄影机供选择，如图3-124所示。

> ➢ Active Camera（当前摄影机）：合成时间线中当前使用的摄影机。

> ➢ Front（前视图）：系统预设的前方观察的摄影机视图。

> ➢ Left（左视图）：系统预设的左侧观察的摄影机视图。

图3-124　切换到三维视图

- ➢ Top（顶视图）：系统预设的顶部观察的摄影机视图。
- ➢ Back（后视图）：系统预设的后方观察的摄影机视图。
- ➢ Right（右视图）：系统预设的右侧观察的摄影机视图。
- ➢ Bottom（底视图）：系统预设的底部观察的正视图摄影机。
- ➢ Custom View 1（自定义视图1）：系统预设的从左前上方观察的摄影机视图。
- ➢ Custom View 2（自定义视图2）：系统预设的从前上方观察的摄影机视图。
- ➢ Custom View 3（自定义视图3）：系统预设的右前上方观察的摄影机视图。
- Switch to Last 3D View（切换到最后的3D视图）：通过Switch to Last 3D View（切换到最后的3D视图）命令可以切换到最后一次使用的三维视图。
- Look at Selected Layers（查看所选择图层）：通过Look at Selected Layers（查看所选择图层）命令可以在Composition（合成）预览窗口中详细显示当前选择的层。
- Look at All Layers（注视所有图层）：通过Look at All Layers（注视所有图层）命令可以用当前的摄影机以最大化的方式观察所有图层的全貌，同时摄影机的位置参数会产生变化来适配画面。
- Go to Time（前往指定时间）：通过Go to Time（前往指定时间）命令可以将时间指示线的位置精确地移动到指定的时间。选择菜单Go to Time（前往指定时间）命令会打开到指定时间的对话框，在其中输入时间并确定后会将时间移动到指定的位置，如图3-125所示。

图3-125　指定时间设置

3.8 窗口菜单

使用Window（窗口）菜单中的命令可以设置软件中浮动面板的开启或关闭，Window（窗口）菜单中包含的命令如图3-126所示。

1. 工作组

窗口菜单中的工作组提供了Workspace（工作界面）和Assign Shortcut to "Standard" Workspace（为当前工作区设置快捷键）功能，如图3-127所示。

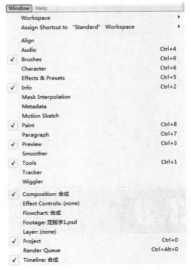

图3-126　窗口菜单

● Workspace（工作界面）：通过Workspace（工作界面）命令可以选择已预置好的工作界面模式，也可以新建、删除或重置工作界面模式。After Effects CS6提供了All Panels（全部面板模式）、Animation（动画模式）、Effects（滤镜模式）、Minimal（最小模式）、Motion Tracking（运动追踪模式）、Paint（绘画模式）、Standard（标准模式）、Text（文字模式）、Undocked Panels（分离面板模式）、New Workspace（新工作界面）、Delete Workspace（删除工作界面）及Rest "Standard"（重置当前的工作界面）模式，可以针对不同的制作需求选择和切换工作界面的模式，也可以自定义适合自己的工作界面模式，如图3-128所示。

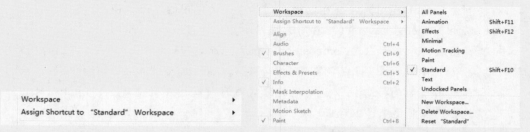

图3-127　工作组　　　　　　　　　　　图3-128　工作界面子菜单

● Assign Shortcut to "Standard" Workspace（为当前工作区设置快捷键）：使用Assign Shortcut to "Standard" Workspace（为当前工作区设置快捷键）命令可以通过快捷键快速切换至其他的工作界面。

2. 隐藏/显示组

窗口菜单中的隐藏/显示组可以控制对齐和分布面板、音频面板、笔触面板、文字面板、滤镜和预设面板、信息面板、运动草图面板、绘图面板、段落面板、精确遮罩插值面板、平滑面板、摇摆面板、时间控制面板、工具面板及跟踪控制面板等的显示或隐藏操作，如图3-129所示。

图3-129　隐藏/显示组

3.9　帮助菜单

帮助菜单中主要提供了一些软件帮助信息，在Adobe的官方网站上用户可以搜索After

Effects CS6 的帮助信息，可以快速方便地查到用户想要的信息，还有一些命令是关于软件注册与激活的相关信息，如图3-130所示。

- About After Effects（关于After Effects）：通过About After Effects（关于After Effects）命令可以显示After Effects软件的相关信息，包括软件版本、内存使用情况、发行公司、产品授权信息等。

- After Effects Help（After Effects帮助）：通过After Effects Help（After Effects帮助）命令可以显示After Effects软件的帮助窗口，快捷键为"F1"键。单击After Effects帮助命令将显示Adobe Help Center

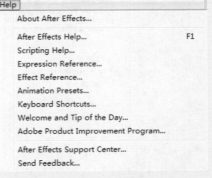

图3-130　帮助菜单

（Adobe帮助中心）窗口，可以通过帮助快速了解该软件的功能和应用，通过向导学习如何使用，还可以搜索感兴趣的部分来学习。

- Scripting Help（脚本帮助）：通过Scripting Help（脚本帮助）命令可以提供After Effects中的脚本编辑参考手册和帮助，并且用户可进入Adobe Help Center（Adobe帮助中心）窗口，学习如何通过脚本编程完成高级的后期特效处理等任务。

- Expression Reference（表达式参考）：通过Expression Reference（表达式参考）命令可以打开After Effects中预置的表达式帮助文档，可以对文档中的表达式进行修改并应用到合成项目中。

- Effects Reference（特效参考）：通过Effects Reference（特效参考）命令可以打开特效的参考文档，便于用户更好地学习使用特效命令。

- Animation Presets（动画预设）：通过Animation Presets（动画预设）命令可以提供After Effects中的预设动画的例程、展示等。After Effects有许多预设的动画效果，用户可以在帮助菜单下的动画预设库来访问Adobe提供的例程展示并加深认识，有利于学习提高。

- Keyboard Shortcuts（快捷键）：通过Keyboard Shortcuts（快捷键）命令可以管理After Effects中的键盘快捷键。通过帮助菜单下的Keyboard Shortcuts（键盘快捷键），用户可进入Adobe Help Center（Adobe帮助中心）窗口，显示软件中定义的键盘快捷键。

- Welcome and Tip of the Day（每日提示）：通过Welcome and Tip of the Day（每日提示）命令可以打开After Effects软件系统弹出的操作提示对话框，提供After Effects中的每日提示信息。初次安装后，启动After Effects软件时默认会出现每日提示，用户可学习到短小、实用的技巧和提示，也可以在帮助菜单下的每日提示对话框中访问，其中包括283条使用提示。

- Adobe Product Improvement Program（产品改进计划）：Adobe Product Improvement Program（产品改进计划）命令是Adobe产品用来了解客户需求，是客户自愿参与的，没有个人信息被收集，如图3-131所示。

图3-131　产品改进计划

- After Effects Support Center（支持中心）：通过After Effects Support Center（支持中心）命令可以连接到Adobe的官方网站。
- Send Feedback（发送反馈）：通过Send Feedback（发送反馈）命令可以进行Adobe产品的特性请求、Bug报告的特性请求和Bug报告的提交表单等操作。

3.10　本章小结

　　菜单在After Effects CS6中的作用非常大，新建项目、存储、操作、合成、效果、动画和输出等功能都必须在菜单中操作，而大部分菜单命令都带有快捷键，会大大提高合成制作的效率。

第4章
视图面板

本章主要介绍After Effects CS6中的视图面板，包括时间线、时间线面板功能区、工具应用、动画浮动面板、信息与跟踪浮动面板、绘画浮动面板和文字浮动面板。

4.1 时间线

在把"项目"面板中的素材拖曳至"时间线"面板并确定剪辑位置后，位于"时间线"面板中的素材会以多层的状态平行存在。每个层都拥有所在层自身的时间控制和属性参数，而每层的参数控制都要在"时间线"面板中完成。

在After Effects软件中，每个层之间的显示关系与Photoshop软件完全相同，位于"时间线"最上面的图层会对下面层产生遮挡；层的使用方法也与Photoshop操作方法相同，将层逐个放置在"时间线"面板中，然后通过对层的排列位置、显示时间、各个功能的参数调整，可以制作出丰富的视觉效果。"时间线"面板的基本功能包括项目名称、时间标签、层名称、层长度等操作，如图4-1所示。

1. 项目名称

"项目名称"标签可以显示当前合成项目的名称，Comp1是默认的项目名称。在创建合成项目时，可以为其设置项目名称，在制作影片时，应根据镜头数量、顺序、功能和时间长度等特点进行名称设置，这样可以使项目名称具有详细的功能说明能力，方便影片合成的操作，如图4-2所示。

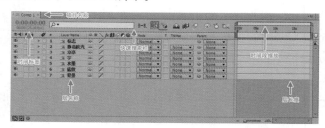

图4-1　时间线面板基本功能

图4-2　项目名称

2. 时间标签

单击"时间标签"后，软件会自动转化为输入模式，可以在时间标签对话框中输入相应的时间，然后单击键盘"Enter"键完成操作。在时间标签下会显示当前所用帧数，以及当前预设每秒传输帧数，如图4-3所示。

3. 层名称与位置

在合成影片需要调整层名称时，可以在"时间线"面板中选择需要更改名称的图层，然后单击鼠标右键，在弹出的菜单中选取最后一项Rename（更改名称）命令，再单击鼠标左键进行确认，如图4-4所示。

图4-3　设置时间标签

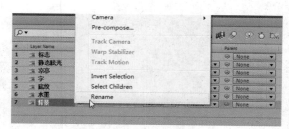

图4-4　设置层名称

在制作中需要移动"时间线"面板中层的排列位置时,可以使用鼠标左键单击层并拖曳至需要调整的位置,然后再释放鼠标左键完成操作,如图4-5所示。

4. 层长度

在"时间线"面板中,使用鼠标左键单击层的开始或结束部分,然后再拖曳鼠标操作,可以缩短或延长层的长度。通过鼠标左键单击层中间部分可以移动层,能够将层的起始显示部分进行调整,如果需要将层向后摆放,则需要向右拖曳鼠标,反之亦然,如图4-6所示。

5. 时间段缩放

使用鼠标左键单击时间段缩放滑块的前端按钮,可以将时间段向后放大;单击时间段缩放滑块的后端按钮,可以将时间段向前放大,以便使时间段显示精度提高。时间段缩放与合成窗口中预览时的缩放不同,时间段的缩放是对显示时间段精密程度的控制,如图4-7所示。

图4-5 调整层位置

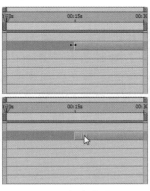

图4-6 长度和位置

图4-7 时间段缩放控制

6. 快速搜索

在After Effects中,素材与特效的搜索功能为工作效率的提升作出了很大的贡献,可以在搜索输入栏中输入需要查找的素材名称或特效名称,计算机会快速地将其查找定位并单独显示在"时间线"面板中。

快速搜索的功能设置,便于解决在后期影片合成时,由于层过多,导致的编辑困难、无法查找特效及层位置不明确等影响工作效率的问题,如图4-8所示。

图4-8 快速搜索功能

4.2 时间线面板功能区

根据"时间线"面板中的各项功能,可以将时间线面板分为6个功能区,分别是显示/锁定、层、板块开关、混合模式/父级链接、时间设置和时间图表区,如图4-9所示。

1. 显示/锁定区

显示/锁定区内的功能命令主要可以设置Video（视频）、Audio（音频）层的显示及层的锁定，如图4-10所示。

图4-9　时间线面板的功能区　　　　　　　　　　图4-10　显示/锁定区

- ● 👁（视频图标）：开启或关闭视频图标可以在合成窗口中显示或隐藏素材层内容。当👁视频图标开启时，层内容会显示在合成窗口中。相反，当👁视频图标关闭时，层内容会在合成窗口中被隐藏。
- ● 🔊（音频图标）：在时间线面板中添加音频层后，层上会显示音频图标，使用鼠标左键单击🔊音频图标，图标将会消失，在预览合成项目时将听不到声音。
- ● 👁（单独显示图标）：选择层并开启单独显示图标后，其他层的视频图标就会变为灰色，在合成窗口中只显示开启👁单独显示图标的层，其他层处于隐藏状态。
- ● 🔒（锁定图标）：开启锁定图标可以将当前选择层设置为锁定状态，将一个层锁定后，不能选择、编辑及调整被锁定层。通常会将已全部制作完成的层设置为锁定状态。

2. 层区域

层区域的功能命令主要可以设置Label（标签）、Source Name（来源名称）及层序号，如图4-11所示。

- ● ▶（卷展图标）：使用鼠标左键单击卷展图标，卷展图标指向下方并显示层的属性，如图4-12所示。

图4-11　层区域　　　　　　　　　　图4-12　展开图层属性

- ● ▣（标签图标）：单击标签图标，在弹出的下拉菜单中会显示16种图层颜色，可以根据需要从中选择需要的颜色，当素材属性不同时（视频素材与平面素材），软件会自动选择颜色进行区分，单击Select Label Group（选择标签组）命令可以将所有相同颜色的层同时选择，如图4-13所示。

● Source Name （来源名称图标）：使用鼠标左键单击来源名称图标将会改变层名称。当素材名称不可以更改时，可以选择并单击键盘"Enter"键更改层名称。

图4-13　设置标签颜色

3. 板块开关区

板块开关区的图标本身的功能不能单独使用，需要与面板上方的5个连动开关按钮连动使用，如图4-14所示。

● （收缩图标）：单击收缩图标可以将选择层隐藏，而图标样式会变为抓图，但时间线面板中的层不产生任何变化，这时要在时间线面板上方单击 收缩按钮，开启收缩功能，如图4-15所示。

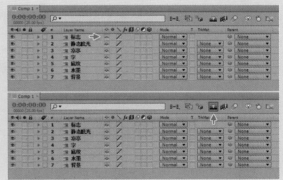

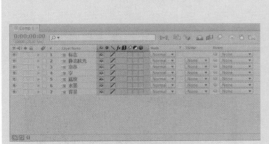

图4-14　板块开关区　　　　　　　　　　　　图4-15　收缩操作

● （塌陷图标）：单击塌陷图标，嵌套层的质量与预览速度会提高，渲染时间从而减少。

● （质量图标）：在实际制作中，可以设置合成窗口中素材的显示质量，使用鼠标左键单击质量图标可以切换高质量与低质量两种显示方式。选择低质量制作时会加快预览速度，提高制作流程；选择高质量制作时图像整体效果会更完整直观的表现，整体合成效果更为真实，而选择方式不同会有不同的制作体验，如图4-16所示。

● （滤镜特效图标）：在层上增加滤镜特效命令后，当前层将显示特效图标，使用鼠标左键单击特效图标后，当前层就取消了特效命令的应用，可以比较制作特效前后的效果，还可以用于比较在相同层上而特效不同的制作效果。

● （帧混合图标）：可以在渲染时对影片进行柔和处理，通常在调整素材播放速率后单击应用。首先在时间线面板中选择动态素材层，然后单击帧混合图标，最后在时间线面板上方开启 帧混合按钮，如图4-17所示。

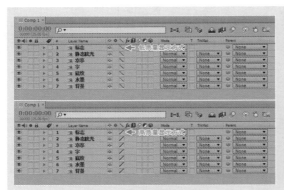

图4-16　显示质量　　　　　　　　　　图4-17　应用帧混合

- ◎（运动模糊图标）：可以在After Effects CS6软件中记录层位移动画时产生模糊效果，在时间线面板上有相对应的所有图层运动模糊按钮。
- ◎（调节层图标）：可以将原层制作成透明层，开启调节层图标后，在调整层下方的这个层上可以同时应用其他效果。
- ◎（三维层图标）：可以将二维层转换为三维层操作，开启三维层图标后，层中将具有Z轴属性，如图4-18所示。
- ◎（线框交互图标）：使用鼠标左键单击线框交互图标，在拖曳图像时不会出现线框，而关闭◎线框交互按钮后，在合成窗口中拖曳图像时将以线框模式移动，如图4-19所示。
- 模拟三维图标：在三维环境中进行制作时，可以将环境中的阴影、摄影机和模糊等功能状态进行屏蔽，如图4-20所示。

图4-18　转换为三维层

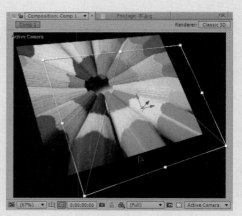

图4-19　线框模式显示

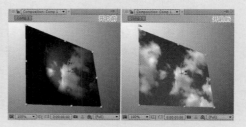

图4-20　模拟三维效果对比

- ⯈ (查看合成图标)：单击查看合成图标可以查看当前的项目名称，如图4-21所示。

图4-21　查看合成

- ◉ (帮助选择图标)：首先选择需要帮助的层，单击帮助选择按钮，如图4-22所示。就会出现一个新的操作界面，界面中有9种不同参数的设置模板，可选择不同的模板进行效果变换。如图4-23所示。

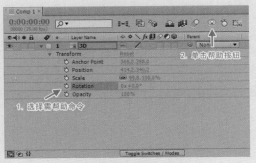

图4-22　帮助选择

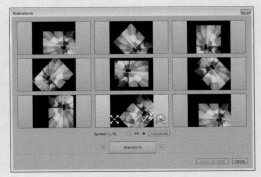

图4-23　选择面板

- ◷ (自动关键帧图标)：单击自动关键帧按钮时，当图标中的图形变为红色时表示已开启，开启后再添加关键帧时，只需选定关键帧开始和结束的位置，软件会自动添加关键帧。
- ⯐ (时间轴显示图标)：单击时间轴显示方式按钮，时间轴变为竖向显示方式，如图4-24所示。

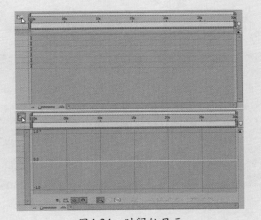

图4-24　时间轴显示

4. 混合模式

混合模式/父级链接区内的功能命令主要可以设置层的Mode（混合模式）、Track Matte（轨迹蒙板）及Parent（父级链接），如图4-25所示。

Mode（混合模式）面板主要用来设置层的混合模式，单击下方🔲按钮可以显示Mode（混合模式）面板，如图4-26所示。

在Mode（混合模式）面板中可以设置层的混合模式。层与层之间的混合可以生成特

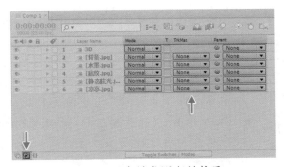

图4-25　混合模式/父级链接区

殊的效果，在时间线面板中选择上层素材，单击层混合模式按钮，弹出菜单如图4-27所示。

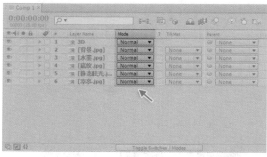

图4-26　开启混合模式面板　　　　　　　　　　图4-27　层混合模式

- Normal（正常）：当不透明度设置为100%时，Normal（正常）模式将根据Alpha通道正常显示当前层，并且层的显示不受其他层的影响；当不透明度设置小于100%时，当前层的每一个像素点的颜色将受到其他层的影响，根据当前的不透明度值和其他层的色彩来确定显示的颜色，如图4-28所示。
- Dissolve（溶解）：Dissolve（溶解）模式可以控制层与层之间半透明或渐变透明区域的像素进行融合显示，如图4-29所示。
- Dancing Dissolve（动态溶解）：Dancing Dissolve（动态溶解）模式可以根据任何像素位置的不透明度进行处理，结果色由基色或混合色的像素随机替换为渐变的颗粒效果，如图4-30所示。

图4-28　正常模式　　　　　图4-29　溶解模式　　　　　图4-30　动态溶解模式

- Darken（变暗）：Darken（变暗）模式主要查看每个通道中的颜色信息，并选择基色或混合色中较暗的颜色作为结果色。将替换比混合色亮的像素，而比混合色暗的像素保持不变，如图4-31所示。
- Multiply（正片叠底）：Multiply（正片叠底）模式可以查看每个通道中的颜色信息，并将基色与混合色进行正片叠底，结果颜色总是较暗的颜色。任何颜色与黑色正片叠底都会产生黑色，任何颜色与白色正片叠底都保持不变。当用黑色或白色以外的颜色绘画时，绘画工具绘制的连续描边将产生逐渐变暗的颜色，这与使用多个标记笔在图像上绘图效果相似，如图4-32所示。
- Color Burn（颜色加深）：Color Burn（颜色加深）模式可以查看每个通道中的颜色信息，并通过增加二者之间的对比度使基色变暗以反映出混合色，与白色混合后不产生变化，如图4-33所示。

图4-31 变暗模式

图4-32 正片叠底模式

图4-33 颜色加深模式

- Classic Color Burn（典型颜色加深）：Classic Color Burn（典型颜色加深）模式通过增加对比度使基色变暗以反映混合色，优于Color Burn（颜色加深）模式，如图4-34所示。
- Linear Burn(线性加深)：Linear Burn(线性加深)模式可以加深查看每个通道中的颜色信息，并通过减小亮度使基色变暗以反映混合色，与白色混合后不产生变化，如图4-35所示。
- Darker Color（颜色较暗）：Darker Color（颜色较暗）模式通过对画面处理得到叠加层图像较暗的效果，叠加层亮部将会完全变暗，如图4-36所示。

图4-34 典型颜色加深模式

图4-35 线性加深模式

图4-36 颜色较暗模式

- Add（增加）：Add（增加）模式可以将当前层影片的颜色相加到下层影片上，得到更为明亮的颜色，混合色为纯黑或纯白时不发生变化，适合制作强烈的光效，如图4-37所示。
- Lighten（变亮）：Lighten（变亮）模式可以查看每个通道中的颜色信息，并选择基色或混合色中较亮的颜色作为结果色。比混合色暗的像素被替换，比混合色亮的像素保持不变，如图4-38所示。
- Screen（屏幕）：Screen（屏幕）模式是将当前层影片与下层影片的互补颜色进行相乘，得到较为明亮的颜色，如图4-39所示。
- Color Dodge（颜色减淡）：Color Dodge（颜色减淡）模式可查看每个通道中的颜色信息，并通过减小二者之间的对比度，使基色变亮以反映出混合色，与黑色混合则不发生变化，如图4-40所示。
- Classic Color Dodge（典型颜色减淡）：Classic Color Dodge（典型颜色减淡）模式通过减小对比度使基色变亮以反映混合色，优于Color Dodge（颜色减淡）模式，如图4-41所示。

- Linear Dodge（线性减淡）：Linear Dodge（线性减淡）模式可以查看每个通道中的颜色信息，并通过增加亮度使基色变亮以反映混合色，与黑色混合则不发生变化，如图4-42所示。

图4-37　增加模式

图4-38　变亮模式

图4-39　屏幕模式

图4-40　颜色减淡模式

图4-41　典型颜色减淡模式

图4-42　线性减淡模式

- Lighter Color（浅色）：Lighter Color（浅色）模式可以自动比较混合色和基色所有通道值的总合，并显示值较大的颜色，不会生成第三种颜色，因为它将从基色和混合色中选取最大的通道值来创建结果色，如图4-43所示。

- Overlay（叠加）：Overlay（叠加）模式可以将当前层影片与下层影片的颜色相乘或覆盖，可以使影片变暗或变亮，主要用于影片之间颜色的融合叠加效果，如图4-44所示。

- Soft Light（柔光）：Soft Light（柔光）模式可以使颜色变暗或变亮，具体取决于混合色，此效果与发散的聚光灯照在图像上相似。如果混合色（光源）比50%灰色亮，则图像变亮，就像被减淡了一样；如果混合色（光源）比50%灰色暗，则图像变暗，就像被加深了一样。使用黑色或白色进行上色处理，可以产生明显变暗或变亮的区域，但不能生成黑色或白色，如图4-45所示。

图4-43　浅色模式

图4-44　叠加模式

图4-45　柔光模式

- Hard Light（强光）：Hard Light（强光）模式可以对颜色进行正片叠底或过滤，具体取决于混合色。此效果与耀眼的聚光灯照在图像上相似。如果混合色（光源）比50%灰色亮，则图像变亮，就像过滤后的效果。这对于向图像添加高光非常有用；如果混合色（光源）比50%灰色暗，则图像变暗，就像正片叠底后的效果，这对于向图像添加阴影非常有用，如图4-46所示。

- Linear Light（线性光）：Linear Light（线性光）模式可以通过减小或增加亮度来加深或减淡颜色，具体取决于混合色。如果混合色（光源）比50%灰色亮，则通过增加亮度使图像变亮；如果混合色比50%灰色暗，则通过减小亮度使图像变暗，如图4-47所示。

- Vivid Light（亮光）：Vivid Light（亮光）模式可以通过减小或增加亮度来加深或减淡颜色，具体取决于混合色。若混合色比50%灰色亮，则通过减小对比度使图像变亮；若混合色比50%灰色暗，则通过增加对比度使图像变暗，如图4-48所示。

图4-46　强光模式　　　　图4-47　线性光模式　　　　图4-48　亮光模式

- Pin Light（点光）：Pin Light（点光）模式根据混合色替换颜色。如果混合色（光源）比50%灰色亮，则替换比混合色暗的像素，而不改变比混合色亮的像素。如果混合色比50%灰色暗，则替换比混合色亮的像素，而比混合色暗的像素保持不变，这对于向图像添加特殊效果非常有用，如图4-49所示。

- Hard Mix（强烈混合）：Hard Mix（强烈混合）模式可以将混合颜色的红色、绿色和蓝色通道值添加到基色的RGB值。如果通道的结果总和大于或等于255，则值为255；如果小于255，则值为0。因此，所有混合像素的红色、绿色和蓝色通道值要么是0，要么是255。此模式会将所有像素更改为主要的颜色，如图4-50所示。

- Difference（差值）：Difference（差值）模式可查看每个通道中的颜色信息，并从基色中减去混合色，或从混合色中减去基色，具体取决于哪一个颜色的亮度值更大；与白色混合将反转基色值，与黑色混合则不产生变化，如图4-51所示。

图4-49　点光模式　　　　图4-50　强烈混合模式　　　　图4-51　差值模式

- Classic Difference（典型差值）：Classic Difference（典型差值）模式从基色中减去混合色或从混合色中减去基色，优于Difference（差值）模式，如图4-52所示。
- Exclusion（排除）：Exclusion（排除）模式可以创建一种与"差值"模式相似但对比度更低的效果，与白色混合将反转基色值，与黑色混合则不发生变化，如图4-53所示。
- Subtract（减去）：Subtract（减去）模式可以查看每个通道中的颜色信息，并从基色中减去混合色。在8位和16位图像中，任何生成的负片值都会剪切为零，如图4-54所示。

图4-52 典型差值模式　　　　　图4-53 排除模式　　　　　图4-54 减去模式

- Divide（分裂）：Divide（分裂）模式可以使底层颜色的色相和饱和度与混合图片的色相和饱和度，进行反差效果处理，使影片出现特殊效果，如图4-55所示。
- Hue（色相）：Hue（色相）模式可以使用基色的明亮度和饱和度以及混合色的色相创建结果色，如图4-56所示。
- Saturation（饱和度）：Saturation（饱和度）模式使用基色的明亮度和色相以及混合色的饱和度创建结果色，在无饱和度区域上用此模式绘画不会产生任何变化，如图4-57所示。

图4-55 分裂模式　　　　　图4-56 色相模式　　　　　图4-57 饱和度模式

- Color（颜色）：Color（颜色）模式使用基色的明亮度以及混合色的色相和饱和度创建结果色，这样可以保留图像中的灰阶，并且对于给单色图像上色和给彩色图像着色都会非常有用，如图4-58所示。
- Luminosity（亮度）：Luminosity（亮度）模式使用基色的色相饱和度以及混合色的亮度创建结果色，效果与Color（颜色）模式相反。该模式是除了Normal（正常）模式外唯一能够完全消除纹理背景干扰的模式，如图4-59所示。
- Stencil Alpha（模板通道）：Stencil Alpha（模板通道）模式可以将当前混合层以

通道的形式提取，方便用于影片的合成，如图4-60所示。

图4-58　颜色模式　　　　　图4-59　亮度模式　　　　　图4-60　模板通道模式

- Stencil Luma（亮度模板）：Stencil Luma（亮度模板）模式可以穿过 Stencil 层的像素显示多个层。当使用此模式时，会处理层中较暗的像素，如图4-61所示。
- Silhouette Alpha（通道轮廓）：Silhouette Alpha（通道轮廓）模式可以通过层的Alpha通道在几层间切出一个图形轮廓，同样用于使用通道合成影片，如图4-62所示。
- Silhouette Luma（亮度轮廓）：Silhouette Luma（亮度轮廓）模式可以通过层上像素的亮度在几层间切出图像轮廓，用于通道合成时，层中将较亮的像素比较暗的像素透明，如图4-63所示。

图4-61　亮度模板模式　　　　图4-62　通道轮廓模式　　　　图4-63　亮度轮廓模式

- Alpha Add（通道添加）：Alpha Add（通道添加）模式可以使用底层与目标的Alpha Channles共同建立一个无痕迹的透明区域，如图4-64所示。
- Luminescent Premul（冷光模式）：Luminescent Premul（冷光模式）模式可以将层的透明区域像素和底层作用，赋予Alpha通道边缘透明和光亮的效果，如图4-65所示。

图4-64　Alpha添加模式　　　　　　图4-65　冷光模式

5. 蒙板面板

Matte是一种使用Blue Screen（蓝屏）或Green Screen（绿屏）合成影片的方式。这种方式在电影制作中比较常见，而在After Effects软件中，一般利用黑色和白色两种颜色进行蒙板操作，其中Matte显示的是白色部分，黑色将被合成为透明状态，Matte（蒙板）面板位于Modes（模式）面板的后方，如图4-66所示。

在After Effects CS6软件中，当时间线面板中存在两个以上的图层时，就会显示可以应用Track Matte（蒙板轨迹）的部分。Modes（模式）面板右侧有一个显示为T的选框，单击选框可以选定Preserve Transparency（保持透明），完成保持透明度操作，如图4-67所示。

图4-66　蒙板面板　　　　　　　　　　　　图4-67　保持透明度

6. 父级链接

Parent（父级链接）可以设置层与层之间的关联，Parent（父级链接）是通过链接的方式在不同层上实现同样的操作，如图4-68所示。

实现链接的方法有两种，一种是在"时间线"面板中选择子级层，然后使用鼠标单击子级层右方Parent（父级链接）面板下的 螺旋线按钮并拖曳至要进行链接的父级层上，如图4-69所示。

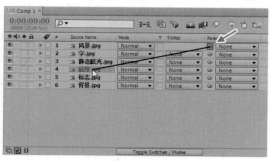

图4-68　父级链接面板　　　　　　　　　　　图4-69　链接层

另一种是在"时间线"面板中选择子级层，然后在 螺旋线按钮右侧的菜单中进行选择，使用鼠标左键单击按钮，在弹出的下拉菜单中设置父级层，如图4-70所示。

7. 时间设置区

时间设置区包括的面板在标准界面下并不会显示，可以在"时间线"面板下方单击 按钮显示时间设置区，时间设置区中包括设置In（输入）、Out（输出）、Duration（持续时间）和Stretch（延伸）的参数，如图4-71所示。

图4-70　链接菜单

图4-71　时间设置面板

- In（输入）：In（输入）可以显示起始时间，单击In的时间码，系统会弹出起点时间对话框，输入需要设定的起始时间，然后单击"OK"按钮完成操作，如图4-72所示。
- Out（输出）：Out（输出）显示层的结束时间，更改结束时间后，层栏的整体长度依然保持原状单击输出的时间码，系统会弹出结束时间对话框，输入需要设定的结束时间，然后单击"OK"按钮完成操作，如图4-73所示。

图4-72　设置起始时间

图4-73　设置结束时间

- Duration（持续时间）：Duration（持续时间）可以显示图层的起始和结束，也就是素材的长度，如图4-74所示。
- Stretch（延伸）：Stretch（延伸）一般用于设置动态素材，设置延伸参数可以改变动态素材的长度，使其加快或减慢。在时间线面板中选择层，然后单击延伸时间码，系统会弹出设置对话框，在伸展参数栏中输入参数即可设置动态素材速度，如图4-75所示。

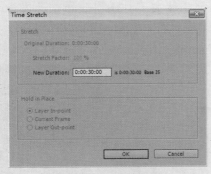

图4-74　设置层长度

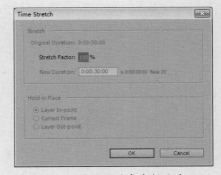

图4-75　设置动态素材速度

8. 时间图表区

时间图表可以直观地表示图层的入点和出点，面板的数值可以显示关键帧的位置和时间关系，还可以调整显示时间范围以及指定创建、预览影片时渲染的时间范围，如图4-76所示。

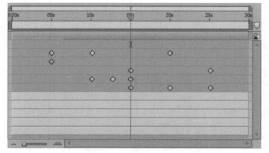

图4-76 时间图表

4.3 工具应用

在After Effects CS6软件中，工具箱中的工具承担了合成操作时的大部分工作。在工具箱中可以按照工具的功能及用途分为基本工具、形状工具和绘图工具，如图4-77所示。

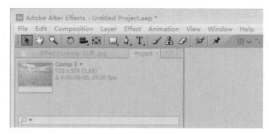

图4-77 工具箱

4.3.1 基本工具组

基本工具组主要包括Selection（选择）工具、Rotation（旋转）工具和Hand（抓手）工具等，如图4-78所示。

- ▶（选择工具）：单击选择工具可以在合成窗口中选择、移动及调整图层和素材等。每次只能选择一个层进行编辑，可以配合键盘"Shift"键单击其他层，进行加选操作。可以配合键盘快捷键"V"切换至选择工具，如图4-79所示。

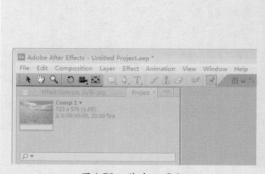

图4-78 基本工具组

图4-79 加选素材

- （抓手工具）：抓手工具的使用方法与Photoshop中的抓手工具相同，可以在合成项目的视图面板中整体移动画面的预览范围，而不是移动素材，只是移动用户的观察位置。
- 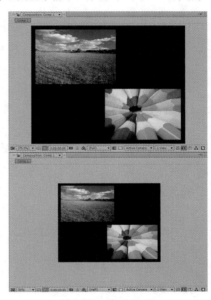（缩放工具）：缩放工具可以放大或缩小预览窗口中画面的显示尺寸，系统默认状态下的缩放工具为放大工具，当单击缩放工具按钮时工具的中心会出现"+"形状，使用鼠标左键在预览窗口中单击后会放大画面，每单击一次的放大比例为100%，如图4-80所示。

在需要缩小画面时，可以选择 缩放工具后配合按住键盘"Alt"键，这时缩放工具的中心会出现"-"形状，使用鼠标左键在预览窗口中单击后会缩小画面，如图4-81所示。

图4-80　放大画面

图4-81　缩小画面

- （旋转工具）旋转工具可以在合成项目的预览窗口中将素材做旋转操作，如图4-82所示。

选择 旋转工具时，工具箱右侧会出现旋转工具的工具属性选项，这两项工具属性可以控制合成项目中开启三维层模式的图层按哪种方式进行旋转操作，如图4-83所示。

图4-82　旋转素材

图4-83　工具属性选项

> ➢ Orientation（方向属性）：旋转工具只允许对X、Y和Z轴中的一个轴向进行旋转操作。

> ➢ Rotation（旋转属性）：旋转工具允许对X、Y和Z轴中的各个轴向进行旋转操作。

- ■（轨迹摄影机工具）：Orbit Camera（轨迹摄影机）工具只有在时间线面板中存在摄影机层时才被激活，使用鼠标左键单击摄影机工具按钮不放，系统会弹出下拉菜单，在菜单中共有4个工具，分别是摄影机整合、盘旋、跟踪Z轴摄影机视图的工具，如图4-84所示。

  > ➢ ■（摄影机整合工具）：可以实现通过鼠标左键控制摄影机旋转，中键控制摄影机移动，右键控制进深摄影机视图的功能。

  > ➢ ◉（盘旋摄影机工具）：可以旋转摄影机视图，使用Orbit Camera（轨迹摄影机）工具可以向任意方向旋转摄影机视图，将其调整到指定位置。

  > ➢ ✛（跟踪XY轴摄影机工具）：Track XY Camera（跟踪XY轴摄影机）工具可以水平或垂直方向移动摄影机视图，会更为准确地进行摄影机操作。

  > ➢ ▤（跟踪Z轴摄影机工具）：可以沿Z轴方向控制摄影机视图，Track Z Camera（跟踪Z轴摄影机）工具并不是改变摄影机本身大小，而是对整体屏幕画面的控制。

- ▦（锚点工具）：锚点工具可以改变图层中心点的位置，更改中心点后图层将按照新的中心点进行旋转、移动及缩放等操作，如图4-85所示。

图4-84　摄影机工具下拉菜单

图4-85　锚点工具

4.3.2　形状工具组

After Effects CS6对之前版本的遮罩工具及钢笔工具进行了扩展，使遮罩工具和钢笔工具具有绘制矢量图形的功能，形状工具组中包括基本几何形状工具、钢笔工具和文字工具，如图4-86所示。

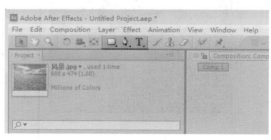

图4-86　形状工具组

● 基本几何形状工具：基本几何形状
工具包括□矩形工具、□圆角矩形
工具、○椭圆形工具、○多边形工
具和☆星形工具，如图4-87所示。

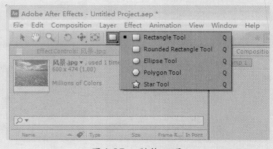

图4-87 形状工具

选择形状工具后，在工具箱面板右侧会出现创建形状或遮罩的按钮▣▣，左侧的星形
按钮表示可以创建形状，右侧的按钮表示可以创建遮罩，在没有选择任何图层时，创建的
是形状图层而不是遮罩，如图4-88所示。

如果在时间线面板中选择图层或固态层，那么使用形状工具只允许创建遮罩。在形状
或遮罩按钮后面还有设置创建遮罩参数和遮罩方式的 Fill:□ Stroke:□ 2px Add:▾ 状态栏，单击
Fill（填充）会弹出参数面板，单击Stroke（描边）会弹出遮罩方式面板，如图4-89所示。

图4-88 绘制形状

图4-89 参数设置

● 钢笔工具：使用▷钢笔工具可以在合成项目的预览窗口中或图层上绘制各种自定
义的路径。

在工具箱面板中▷选择钢笔工具，然后在预览窗口中单击鼠标左键，可以绘制第一个
顶点，拖曳鼠标可以改变顶点的控制及贝兹手柄的长度和方向，确定操作后再释放鼠标左
键即可，准备绘制下一顶点，如图4-90所示。

使用同样的方式绘制其他顶点，绘制时注意控制顶点贝兹手柄的长度和方向，使绘制
的路径平滑圆润，如图4-91所示。

使用钢笔工具可以绘制封闭的曲线，将鼠标移动到曲线的第一个顶点位置，当鼠
标光标出现封闭提示时，单击鼠标左键即可完成封闭曲线路径的绘制操作，如图4-92
所示。

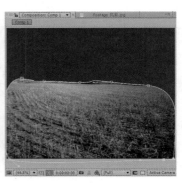

图4-90　绘制第一顶点　　　　　　　图4-91　绘制其他顶点　　　　　　　图4-92　闭合路径

- 文字工具：在工具箱面板中选择 T 横排文字工具或 IT 竖排文字工具，然后在合成窗口中单击鼠标左键进行输入文字操作，单击鼠标后"时间线"面板中会自动出现一个Text（文本）层，完成文字输入后，单击小键盘的"Enter"键即可完成文字输入，如图4-93所示。

在创建完文字并需要进行修改时，可以在After Effects CS6软件右侧的Paragraph（段落面板）和Character（字符）中进行编辑，如图4-94所示。

图4-93　输入文字　　　　　　　　　　图4-94　字符与段落面板

4.3.3　绘图工具组

在使用绘图工具组中的工具前，需要在Paint（绘画）面板和Brush Tips（笔刷）面板中对绘画工具进行设置，绘图工具组中的工具包括 ✎ 画笔工具、🖂 克隆图章工具、✐ 橡皮工具、🖌 火焰效果和 ✐ 木偶角色动画工具，如图4-95所示。

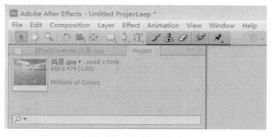

图4-95　绘图工具组

- ✎（画笔工具）：使用画笔工具可以在图层上绘制图像，画笔工具并不能单独使用，需要配合Paint（绘画）面板和Brush Tips（笔刷）面板一起使用。在绘制图像时，首先在时间线面板中双击需要绘制图像的层，打开当前层预览窗口，如图4-96所示。

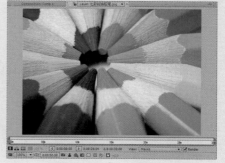

图4-96　层预览窗口

在工具箱中选择✎Brush Tool（画笔）工具并在Paint（绘画）面板和Brush Tips（笔刷）面板设置笔刷样式及笔刷参数，然后在层预览窗口中进行绘图操作，如图4-97所示。

- ♨（克隆图章工具）：After Effects CS6软件中的克隆图章工具与Photoshop中的图章工具相同，可以复制需要的图像并将其填充到其他部分，产生相同的图像内容。克隆图章工具并不能单独使用，需要配合Paint（绘画）面板和Brush Tips（笔刷）面板一起使用。使用克隆图章工具时，首先在时间线面板中双击需要克隆绘制的图像层，打开当前层预览窗口，如图4-98所示。

图4-97　绘制图像

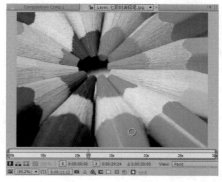

图4-98　当前层预览窗口

在工具箱中选择♨克隆图章工具并在Paint（绘画）面板和Brush Tips（笔刷）面板设置笔刷样式及笔刷参数，在Layer（层）预览窗口中按住"Alt"键就可以设置采样点位置，采样后将鼠标移动至需要产生相同图像的位置，单击鼠标左键完成克隆操作，如图4-99所示。

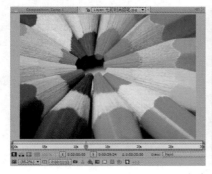

图4-99　克隆图章使用效果

- ✐（橡皮工具）：使用橡皮工具可以擦除图像，可以通过设置笔刷尺寸，增大或缩小区域等属性参数来控制擦出区域的大小，橡皮工具擦出效果如图4-100所示。

图4-100　橡皮擦除效果

- ✎（抠像工具）：使用抠像工具可以更有效的在视频素材中进行抠像操作，提高了制作效率和抠像质量。打开当前层预览窗口为要抠像图层添加命令，然后选择进行抠像的区域，操作时按住鼠标左键进行拖曳，画面会出现绿色笔刷，此时笔刷区域为抠像区域，确定后返回合成面板，如图4-101所示。

- ✐（木偶角色动画工具）：使用木偶角色动画工具可以为任何层添加生动的拟人动画。可以通过木偶角色动画工具定义角色的骨骼关节，进行角色各部分的动画牵引并通过移动大头针来创建关键帧，实现各种动画过程，如图4-102所示。

图4-101　抠像效果

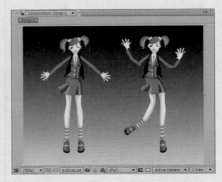

图4-102　木偶角色动画工具

4.4 动画浮动面板

在动画浮动面板中包括Preview（预览）面板、Smoother（平滑）面板和Wiggler（摇摆）面板，如图4-103所示。

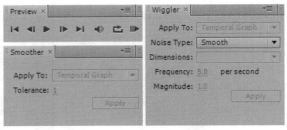

图4-103　动画浮动面板

4.4.1　预览面板

Preview（预览）面板是控制影片播放或寻找画面的工具。

- ⏮按钮：控制跳至影片第一帧画面。
- ◀‖按钮：控制影片倒退一帧。
- ▶按钮：控制观看预览播放画面。
- ‖▶按钮：控制前进一帧。
- ▶‖按钮：控制跳至影片最后一帧画面。
- 🔊按钮：控制打开或关闭音频。
- ↺按钮：控制循环播放画面。
- ▷‖按钮：采用RAM内存方式预览，如图4-104所示。

图4-104　预览面板

4.4.2　平滑面板

Smoother（平滑）面板可以添加关键帧或删除多余的关键帧，平滑临近曲线时可对每个关键帧应用贝赛尔插入。平滑由Motion Sketch（运动拟订）或Motion Math（运动学）生成的曲线并产生了更多关键帧，以消除关键帧跳跃的现象，如图4-105所示。

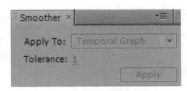

图4-105　平滑面板

4.4.3　摇摆面板

Wiggler（摇摆）面板可对任何依据时间变化的属性增加随意性，通过属性增加关键帧或在现有的关键帧中进行随机插值，使原来的属性值产生一定的偏差，最终产生随机的运动效果，如图4-106所示。

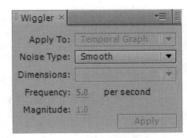

图4-106　摇摆面板

4.5　信息与跟踪浮动面板

信息与跟踪浮动面板中包括Info（信息）面板和Tracker Controls（跟踪控制）面板，如图4-107所示。

图4-107　信息与跟踪浮动面板

4.5.1 信息面板

Info（信息）面板可以显示影片像素的颜色、透明度、坐标，还可以在渲染影片时显示渲染提示信息、上下文的相关帮助提示等。当拖曳图层时，还会显示图层的名称、图层轴心及拖曳产生的位移等信息，如图4-108所示。

图4-108 信息面板

4.5.2 跟踪控制面板

Tracker Controls（跟踪控制）面板可以设置两种跟踪，一种是稳定画面，另一种是对某物体跟踪另外的运动物体，从而会对运动过程产生一种跟随的动画效果，如图4-109所示。

图4-109 跟踪控制面板

- Track Camera（跟踪摄影机）：可以在视频素材下添加跟踪摄影机命令。软件自动形成预览，在预览过后对摄影机进行参数设置和跟踪对象设置，最终完成素材制作。

- Warp Stabilizer（抖动稳定器）：能够让摇晃的、不稳定手持摄影器材拍摄出的连续镜头实现优化的平滑稳定效果。软件自动完成分析要稳定的素材，其操作简单方便，并且Warp Stabilizer在稳定的同时还能够在剪裁、比例缩放等方面得到较好的控制。

- Track Motion（跟踪运动）：在视频素材中可以用于某一点的跟踪，在视频素材中选择跟踪目标进行路径解析，将替代素材进行参数设置，用于覆盖原跟踪目标。

- Stabilize Motion（稳定运动）：在视频素材中可以用于稳定画面的跟踪，在画面中选取相对稳定的区域进行跟踪操作，软件会自动进行分析，让画面达到稳定。

- Motion Source（运动源）：Motion Source（运动源）可以选择创建跟踪的动态层，单击列表按钮，其中将显示合成项目中所有的动态层。

- Current Track（当前轨道）：Current Track（当前轨道）可以显示当前使用的轨道，每个动态层可以包含多个轨道。

- Track Type（跟踪类型）：Track Type（跟踪类型）可以设置针对动态层的跟踪类型。

- Edit Target...（编辑目标）：单击该命令，系统会弹出编辑目标对话框，可以设置跟踪目标，如图4-110所示。

- Options...（属性选项）：单击该命令，系统会弹出属性选项对话框，可以设置运动跟踪的精度及第三方插件，如图4-111所示。

- Analyze（解析）：可以解析动态素材层中的跟踪点。其中◀▮按钮可以倒退一帧来分析当前帧；◀按钮可以从当前帧倒退一直到动态素材层工作区域的起始点进行反向解析；▶按钮可以从当前帧正向一直到动态素材层工作区域的结束点进行常规解析；▮▶按钮可以前进到下一帧解析当前帧。

-  （复位）：可以在当前帧将选择轨道的跟踪范围及搜索范围的跟踪点恢复为默认值。
- Apply （应用）：单击该命令系统会弹出应用对话框，在对话框中可以将跟踪数据应用到目标层或滤镜特效命令的控制点，如图4-112所示。

 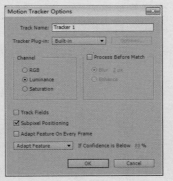 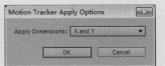

图4-110 编辑目标对话框   图4-111 属性选项对话框   图4-112 应用设置对话框

4.6 绘画浮动面板

绘画浮动面板中包括Paint（绘画）面板和Brushes（笔刷）面板，如图4-113所示。

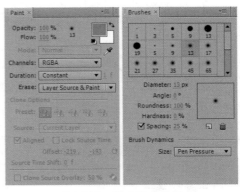

图4-113 绘画浮动面板

4.6.1 绘画面板

Paint（绘画）面板用于画笔的绘制和克隆图章的参数设置，在其中可以修改了绘画使用的颜色、透明度、模式等，如图4-114所示。

- Opacity（不透明度）：可以设置使用画笔绘画时笔刷的不透明度属性，参数设置范围为0～100，即透明至不透明。
- Mode（模式）：可以设置画笔或克隆笔触的混合模式，在使用画笔绘制时，设置模式后，可以计算下面层和颜色的关系，与层混合模式相同。使用不同的混合模式进行图形绘制时，可以产生不同的艺术效果。
- Channels（通道）：可以设置绘画工具影响的图层通道，其中包括RGB、RGBA和

Alpha3种通道模式。

- Duration（持续时间）：可以设置绘制图像的显示时间，其中包括Constant（持续的）、Write On（书写）、Single Frame（单帧）和Custom（自定义）4种模式。
- Preset（预置）：可以选择系统存储的5种不同的克隆预置，每种预置参数各不相同。
- Source（来源）：可以设置需要使用克隆图章工具进行克隆的原图层。
- Aligned（对齐）：可以设置不同笔画采样点克隆位置的对齐方式。
- Lock Source Time（锁定源时间）：可以设置是否复制单帧画面。
- Source Position（源位置）：项目可以设置克隆图章工具采样点的位置。
- Source Time Shift（源时间偏移）：可以设置原素材图层的时间偏移量。
- Clone Source Overlay（克隆源叠加）：可以设置原画面和目标画面不同的叠加混合模式效果。

图4-114　绘画面板

4.6.2　笔刷面板

在Brushes(笔刷)面板中可以设置画笔的笔刷样式、画笔直径和画笔硬度等属性参数，如图4-115所示。

- Diameter（直径）：可以设置笔刷大小，在层窗口中单击鼠标左键并配合键盘"Ctrl"键，拖曳鼠标即可调整笔刷大小。
- Angle（角度）：只有在画笔形状为非圆形状态下才能改变笔刷角度。
- Roundness（圆）：可以设置笔刷为扁圆形状，当参数值为100时，笔刷形状为正圆形，随着参数值的降低，笔刷形状将逐渐压扁。
- Hardness（硬度）：可以设置笔刷的柔和程度，当参数值为100时，笔刷边缘效果清晰，随着参数值的降低，笔刷边缘效果逐渐模糊。
- Spacing（间距）：可以设置笔刷的间隔距离，参数设置范围为0～100，间隔越大笔触将断续显示。

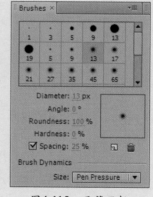

图4-115　画笔面板

4.7　文字浮动面板

文字浮动面板中包括Character（字符）面板和Paragraph（段落）面板，如图4-116所示。

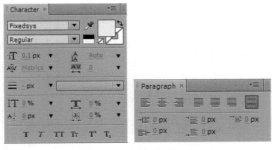

图4-116 文字浮动面板

4.7.1 字符面板

Character（字符）面板可以对文本的字体进行设置，包括设置字体类型、字号大小、字符间距或文本颜色等，如图4-117所示。

图4-117 字符面板

- Fixedsys（字体）：单击字体设置按钮，可以在弹出的下拉菜单中设置文字字体，在制作影片时，可以将不同风格的字体安装至控制面板中的字体文件夹内，丰富字体样式。

- Regular（字体样式）：单击字体样式设置按钮，可以在弹出的下拉菜单中设置文字样式，其中提供了斜体、粗体，粗斜体等样式。

- （吸管工具）：可以吸取画面上的某种颜色作为字体颜色或描边颜色。

- 0.1 px（文字尺寸）：单击文字尺寸设置按钮可以在弹出的下拉列表中设置文字的大小尺寸。

- Auto（文字行间距）：在文字行间距设置按钮的下拉列表中可以设置文本行与行之间的间距，一般情况下，文字行间距默认为Auto（自动）。

- Metrics（字符间距）：单击字符间距设置按钮可以设置增大或减小当前光标左右的字符的间距。

- 0（文字间距）：单击文字间距设置按钮可以在弹出的下拉列表中设置文字当前所选文本中的文字间距。

- - px（描边粗细）：在描边粗细设置按钮的下拉列表中可以设置文字描边的粗细程度。

- 0%（文字垂直缩放）：单击文字垂直缩放设置按钮，在弹出的下拉列表中可以设置文字垂直方向的缩放比例。

- 0%（文字水平缩放）：单击文字水平缩放设置按钮，可以在弹出的下拉列表中设置文字水平方向的缩放比例。

- 0 px（文字基线）：在文字基线设置按钮的下拉列表中，可以设置所选文字在文本框中的基线位置。

- 0%（比例间距）：使用比例间距设置按钮可以对中文或英文字符进行比例间距设置，使字符周围的空间按比例压缩，但字符的垂直和水平缩放保持不变。

- T（文字粗体）：单击文字粗体设置按钮可以将选中的文字显示为粗体文字效果。

- **T**（文字斜体）：单击文字斜体设置按钮可以将选中的文字显示为斜体文字效果。
- **TT**（文字全部大写）：单击文字全部大写设置按钮可以将选中的文字全部显示为大写文字效果。
- **Tr**（文字小型大写）：单击文字小型大写设置按钮可以将选中的文字强制显示为小型大写文字效果。
- **T' T,**（文字上下标）：单击文字上下标设置按钮可以设置文字的上标和下标，通常在制作数学、化学和物理单位时使用。

4.7.2 段落面板

Paragraph（段落）面板可以对文本层中一段、多段或所有段落进行调整，缩进、对齐或间距等操作，如图4-118所示。

- **≡≡≡**（文本对齐）：在预览窗口中选择需要设置的文字，然后单击文本对齐按钮，可以设置文本为居左对齐、居中对齐或居右对齐。

图4-118　段落面板

- **≡≡≡≡≡**（文本分布）：选择文字后，单击文本分布设置按钮，可以设置为文本全部对齐最后一行居左、文本全部对齐最后一行居中、文本全部对齐最后一行居右或文本全部对齐。
- **→≡ 0 px**（文本左缩进）：在文本框中选择需要调整的文字，然后单击文本左缩进设置按钮，输入缩进参数，使文字向左缩进。
- **≡← 0 px**（文本右缩进）：选择需要调整的文字，然后单击文本右缩进设置按钮，输入缩进参数，使文字向右缩进。
- **→≡ 0 px**（文本段前空格）：当在文本框中输入多段文字后，可以将光标放在需要设置段前空格的段落之前，然后单击文本段前空格设置按钮，输入空格距离参数，在段落与段落之间添加空格间距。
- **→≡ 0 px**（文本段后空格）：在文本框中输入多段文字后，当光标在需要设置段后空格的段落之后时单击文本段后空格设置按钮，输入空格距离参数，在段落与段落之间添加空格间距。
- **≡ 0 px**（文本首行缩进）：当文字段落前需要空格时，可以将光标放在需要添加空格文字之前，然后设置文本首行缩进参数，使文本产生首行缩进效果。

4.8 本章小结

本章主要对After Effects CS6软件中的时间线、工具栏和浮动面板进行讲解，包括时间线面板的项目名称、时间标签、层名称、层长度、时间段缩放、快速搜索、显示/锁定、层、板块开关、混合模式、父级链接、时间设置和时间图表。然后对工具栏和浮动面板进行详细讲解功能，使用户能够在合成制作时可以随心所欲地使用软件。

After Effects CS6
完全自学手册

第5章
色彩校正与通道

本章主要介绍After Effects CS6中的色彩校正与通道，包括色彩校正特效、通道特效和三维通道。

5.1 色彩校正特效

After Effects CS6系统自带了许多种颜色校正方式，其中包括改变图像的色调、饱和度和亮度等特效，还可以通过滤镜特效并配合层模式改变图像。

色彩校正可以将导入的素材进行颜色调节。从色彩感观来讲有黑、棕、蓝、红、紫、黄、白等颜色；在素材画面中灰色占据了画面的绝大部分，所以灰色是一个中间色，主要介于白色和黑色之间。

颜色本身也会烘托一定氛围，给人不同感受。黑色是一种神秘的颜色，给人以专一、稳定的感觉；蓝色是平静的大海和晴朗天空的颜色，表示喜欢和睦与安宁，如果是浅蓝色，则表现明快、清爽气息，如果是深蓝色，则表现沉稳、理智的态度；紫色是红色与蓝色的交织色，表现高贵与魅惑的气质。通过颜色校正可以使原素材从本质上产生最受人欢迎的画面视觉效果，如图5-1所示。

Color Correction（色彩校正）特效菜单中提供了大量针对图像颜色调整的滤镜特效,包括自动颜色、亮度对比度、色阶、色彩平衡、曲线、色相及饱和度等，如图5-2所示。

图5-1　色彩校正

图5-2　色彩校正命令

5.1.1　自动颜色

Auto Color（自动颜色）滤镜特效中提供了Temporal Smoothing（时间平滑）、Scene Detect（场景探测）、Black Clip（暗部修剪）、White Clip（亮部修剪）、Snap Neutral Midtones（中间色快速操作）和Blend With Original（与原图混合）等校正颜色信息参数设置。在实际操作中只需给将要调整的素材添加Auto Color（自动颜色），计算机会自动在原素材的基础上从颜色的亮度、对比度等方面进行自动颜色匹配，使原素材从整体上更加自然美观，但Auto Color（自动颜色）不会在色相上改变颜色，如图5-3所示。

图5-3　自动颜色控制面板

- Temporal Smoothing（时间平滑）：Temporal Smoothing（时间平滑）用于设置平滑的时间秒数，在具体使用时对素材画面的饱和度和明暗有细微的变化，其值越大对画面的饱和度和明暗降低的程度越大。
- Scene Detect（场景探测）：选择该项后，可以进行场景检测设置，从而精确控制自动颜色的操作。
- Black Clip（暗部修剪）：Black Clip（暗部修剪）可以对素材画面进行暗部的整体调节，使画面明暗差距拉大，显得画面更具有厚重感。
- White Clip（亮部修剪）：White Clip（亮部修剪）可以很大程度上提升画面亮度，增强画面的颜色明度，使画面颜色更加饱满。
- Snap Neutral Midtones（中间色快速操作）：Snap Neutral Midtones（中间色快速操作）是将中间色调进行吸附设置，在主体颜色上快速地添加同色系的颜色，使画面颜色过渡更加柔和，可以创作出更具冲击的视觉画面效果。
- Blend With Original（与原图混合）：Blend With Original（与原图混合）用于设置混合的初始状态，它相当于颜色的透明板，能单独赋予一层颜色。当调整与原图混合参数时，颜色板可以与素材相融合，最后通过亮部颜色与中间色的结合能使图像整体的色彩产生变化。

5.1.2 自动对比度

Auto Contrast（自动对比度）滤镜特效中提供了Auto Color（自动颜色）滤镜特效中的大部分校正颜色信息参数，通过对Temporal Smoothing（时间平滑）、Scene Detect（场景探测）、Black Clip（暗部修剪）、White Clip（亮部修剪）和Blend With Original（与原图混合）等进行参数调整，使图像在色相和色温没有改变的前提下，图像整体的亮度产生变化。要想达到理想状态还需要从色彩感觉入手，所以色彩的练习对于归纳色彩、分析色彩很有帮助，色彩的设计需要有较强的归纳色彩的能力，应选用较少的色彩来表达丰富的色彩感觉，如图5-4所示。

图5-4 自动对比度控制面板

- Temporal Smoothing（时间平滑）：Temporal Smoothing（时间平滑）用于设置平滑的时间秒数，通过对关键帧的调整可以制作相应的效果。
- Scene Detect（场景探测）：Scene Detect（场景探测）主要与时间平滑配合使用，当时间平滑的值为0时Scene Detect（场景探测）选项不可使用，当值大于0.1时Scene Detect（场景探测）选项可使用。
- Black Clip（暗部修剪）：Black Clip（暗部修剪）可以对素材画面进行暗部的整体调节，在动态效果中暗部修剪的效果能使画面显得更加美观。
- White Clip（亮部修剪）：White Clip（亮部修剪）可以提高画面的亮度，从而使

> 画面颜色的纯度相对提升，画面显现出一种全新的视觉效果。
> - Blend With Original（与原图混合）：Blend With Original（与原图混合）用于设置混合的初始状态，调整画面与原素材混合程度的大小。

5.1.3　自动色阶

　　Auto Levels（自动色阶）滤镜特效中提供了与Auto Contrast（自动对比度）滤镜特效中相同的校正颜色信息参数，通过调整这些参数可以使图像整体的色阶产生变化。例如，对Temporal Smoothing（时间平滑）、Scene Detect（场景探测）、Black Clip（暗部修剪）、White Clip（亮部修剪）和Blend With Original（与原图混合）进行参数调整时，可以有效地改变某些区域的色相与色温，如果需要强对比的特殊效果，可以对参数进行大范围的调整，如果需要柔和统一的效果，可以对参数进行小范围的调整，如图5-5所示。

图5-5　自动色阶控制面板

- Temporal Smoothing（时间平滑）：Temporal Smoothing（时间平滑）用于设置平滑的时间秒数，对画面颜色只有明度的影响，对画面颜色的纯度没有任何改变。
- Scene Detect（场景探测）：Scene Detect（场景探测）与时间平滑息息相关，当时间平滑不被改变时场景探测没有任何效果。
- Black Clip（暗部修剪）：Black Clip（暗部修剪）只加深画面暗部的颜色，能提升暗部颜色饱和度，但不会改变画面亮度的明度及其色相。
- White Clip（亮部修剪）：White Clip（亮部修剪）能在画面中改变除了暗部以外的所有区域，在对浅色素材进行亮部修剪时需要谨慎操作，容易使画面产生曝光。
- Blend With Original（与原图混合）：Blend With Original（与原图混合）控制与原图所混合程度的大小，当值为0时不对原图进行混合，当值为100时混合效果为最大。

5.1.4　亮度与对比度

　　Brightness & Contrast（亮度与对比度）滤镜特效用于调节图像的亮度和对比度，同时调整所有像素的高光、暗部和中间色。其中提供了Brightness（亮度）和Contrast（对比度）两个校正颜色信息参数，可以使画面颜色与明暗达到理想的视觉效果，颜色空间也达到高度协调，如图5-6所示。

图5-6　亮度与对比度控制面板

- Brightness（亮度）：Brightness（亮度）主要通过调节滑块的位置控制画面明度，设置数值为正数时画面将变亮，设置数值为负数时画面将变暗。
- Contrast（对比度）：Contrast（对比度）是指画面中明暗区域最亮和最暗之间不同亮度层级的测量，差异范围越大代表对比越大，差异范围越小代表对比越小；通过对比度的调节，可以使画面暗淡或不清晰的效果有所改善。

5.1.5　广播颜色

Broadcast Colors（广播颜色）滤镜特效用于校正电视屏幕的颜色。其中提供了Broadcast locale（广播现场）、How to Make Color Safe（使用安全色范围）和Maximum Signal Amplitude（最大信号振幅）等校正颜色信息参数，如图5-7所示。

图5-7　广播颜色控制面板

- Broadcast locale（广播现场）：可以在Broadcast locale（广播现场）右侧的下拉列表中选择广播现场的制式，分为NTSC（N制式）和PAL（P制式）。N制式是以美国国家电视系统委员会（National Television System Committee）的缩写命名，这种制式的色度信号调制特点为平衡正交调幅制，即包括了平衡调制和正交调制两种，虽然解决了彩色电视和黑白电视广播相互兼容的问题，但是存在相位容易失真、色彩不太稳定的缺点。PAL（P制式）是英文Phase Alteration Line的缩写，意思是逐行倒相，也属于同时制，它对同时传送的两个色差信号中的一个色差信号采用逐行倒相，另一个色差信号进行正交调制方式，克服了NTSC（N制式）对相位失真的敏感性，从而有效地克服了因相位失真而起的色彩变化。
- How to Make Color Safe（使用安全色范围）：How to Make Color Safe（使用安全色范围）能对画面的某个色系或明暗区域进行安全限制，从而得到符合广播电视行业的播出标准。
- Maximum Signal Amplitude（最大信号振幅）：Maximum Signal Amplitude（最大信号振幅）用于设置信号的安全范围，当信号超出安全范围时将会被限制，从而得到安全范围内的最大信号。

5.1.6　替换颜色

Change Color（替换颜色）滤镜特效可以特定一个颜色，然后替换图像中指定的颜色，也可以设置特定颜色的色相、饱和度、亮度等选项。其中提供了View（观察）、Hue Transform（色相变换）、Lightness Transform（亮度变换）、Saturation Transform（饱和度变换）、Color To Change（颜色替换为）、Matching Tolerance（匹配容差值）、Matching

Softness（匹配柔和）、Match Colors（匹配颜色）和Invert Color Correction Mask（反转颜色校正遮罩）等校正颜色信息参数，通过对这些参数的调节可以使替换过的颜色比较融洽的融合到当前画面当中，如图5-8所示。

图5-8　替换颜色控制面板

- View（观察）：在View（观察）中可以设置校正颜色形式，可以选择Corrected layer（校正层）和Color Correction Mask（颜色校正遮罩），还可以直接对画面进行颜色上的调整与替换。
- Hue Transform（色相变换）：Hue Transform（色相变换）主要对原素材进行色相调整，使画面原素材色相与调整的色相整体达到统一。
- Lightness Transform（亮度变换）：Lightness Transform（亮度变换）主要是原素材进行亮度调整，可以在一定程度上提升画面的明度，使画面显得更加细腻。
- Saturation Transform（饱和度变换）：Saturation Transform（饱和度变换）主要对原素材进行饱和度调整，饱和度的改变对画面质感有很大程度的影响。
- Color To Change（颜色替换为）：Color To Change（颜色替换为）主要用于设置将要对原素材改变的颜色，通常情况下被替换的颜色为同色系效果最佳。
- Matching Tolerance（匹配容差值）：Matching Tolerance（匹配容差值）主要用于设置原素材的颜色差值范围，匹配容差值的大小对替换颜色与被替换颜色在画面中的美观度起着决定性作用。
- Matching Softness（匹配柔和）：Matching Softness（匹配柔和）主要用于对原素材的颜色进行柔和度的控制。
- Match Colors（匹配颜色）：Match Colors（匹配颜色）主要用于设置对原素材的颜色匹配，可以选择Using RGB（使用红绿蓝）、Using Hue（使用色相）或Using Chroma（使用浓度）对原素材进行替换颜色设置，使被匹配的颜色在画面中更加协调。
- Invert Color Correction Mask（反转颜色校正遮罩）：Invert Color Correction Mask（反转颜色校正遮罩）可以快速反转原素材中当前被改变的颜色值区域。值越大反转颜色遮罩的区域越广，值越小反转颜色遮罩的区域越小。

5.1.7　替换为颜色

　　Change to Color（替换为颜色）滤镜特效可以在图像中特定一个颜色，然后替换图像中特定的颜色为另一指定颜色，同时也可以设置特定颜色的色相、饱和度、亮度等颜色信息的容差值。其中的From（从颜色）可以替换为To（到颜色），还可以设置Change（替换方式）、Change By（通过替换）、Tolerance（容差值）、Softness（柔化）和View Correction

Matte（查看校正蒙板）等校正颜色信息参数。例如，将原素材中画面的主体颜色由红色改变为黄色，可以先选取被改变的红色然后选定黄色，再通过调节色相、饱和度、亮度的容差值，使画面从色系上有一个比较大的转变，获得全新的视觉效果，如图5-9所示。

图5-9　替换为颜色控制面板

- From（从颜色）：From（从颜色）主要利用色块和吸管设置对原素材需要被替换的颜色。
- To（到颜色）：To（到颜色）主要利用色块和吸管来设置对原素材中要替换的颜色。
- Change（替换方式）：可以在Change（替换方式）右侧的下拉列表中选择需要被替换颜色的基准，包括Hue（色相）、Hue Lightness（色相和亮度）、Hue Saturation（色相和饱和度）和Lightness Saturation（亮度和饱和度）几个选项，通过对以上参数的调整，可以准确地控制对画面颜色的替换方式。
- Change By（通过替换）：Change By（通过替换）用于设置对原素材颜色的替换方式，也可以是Setting To Color（设置到颜色）或Transforming To Color（转换到颜色）。
- Tolerance（容差值）：Tolerance（容差值）主要是指在被替换的颜色与原素材当前颜色之间融合的程度，可以使被替换颜色在画面中的效果更加理想。
- Softness（柔化）：Softness（柔化）主要用于设置原素材替换颜色后整体颜色的柔和程度。
- View Correction Matte（查看不校正蒙板）：View Correction Matte（查看校正蒙板）是指在该项中将替换后的颜色转变为颜色蒙板。

5.1.8　通道混合

Channel Mixer（通道混合）滤镜特效可以用当前颜色通道的混合值修改一个颜色通道，同时可以控制RGB通道混合中的每个合成图像，制作出富有创意的颜色效果。R（红）、G（绿）、B（蓝）通道混合选项可以控制所有的RGB通道混合，包括所选通道与其他通道的混合程度。通道混合可以合理地使用修正弱点或强调优点，达到完美的效果。在Channel Mixer（通道混合）中通过对R（红）、G（绿）、B（蓝）的应用，可以有效地对其进行单色操作，使画面产生独特风格，如图5-10所示。

图5-10　通道混合控制面板

- Red-Red（红色区域）：Red-Red（红色区域）表示素材的RGB（红、绿、蓝）模式，分别用于调整素材中的红、绿、蓝三个通道，表示某个通道里面的红色在高光、中间色、暗部所占的比例。

- Green-Red（绿色区域）：Green-Red（绿色区域）表示素材的RGB（红、绿、蓝）模式，分别用于调整素材中的红、绿、蓝三个通道，表示某个通道里面的绿色在高光、中间色、暗部所占的比例。
- Blue-Red（蓝色区域）：Blue-Red（蓝色区域）表示素材的RGB（红、绿、蓝）模式，分别用于调整素材中的红、绿、蓝三个通道，表示某个通道里面的蓝色在高光、中间色、暗部所占的比例。
- Monochrome（单色）：当Monochrome（单色）选项被选中时，图像将变为灰色。

5.1.9 颜色平衡

Color Balance（颜色平衡）滤镜特效可以通过图像的R（红）、G（绿）、B（蓝）通道进行调节，分别调节颜色在高亮、中间色调和暗部的强度，以增加色彩的均衡效果。其中提供了Shadow（暗部）通道平衡、Midtone（中间色调）通道平衡、Hilight（高亮）通道平衡和Preserve Luminosity（保持平衡亮度）等校正颜色信息参数。在视觉艺术的表现中，色彩作为独立的设计元素已得到广泛运用，色彩不再是形式和结构，它与点、线、面等形式语言一起构成艺术作品中不可或缺的表现因素，所以颜色平衡在画面中至关重要。通过对Color Balance（颜色平衡）参数的调节，可以使画面的高光、中间色和暗部的颜色达到统一，如图5-11所示。

图5-11　颜色平衡控制面板

- Shadow（暗部）通道平衡：Shadow（暗部）通道平衡主要用来调整素材暗部R（红）、G（绿）、B（蓝）的颜色平衡。
- Midtone（中间色调）通道平衡：Midtone（中间色调）通道平衡主要用来调整素材中间色R（红）、G（绿）、B（蓝）的颜色平衡。
- Hilight（高亮）通道平衡：Hilight（高亮）通道平衡主要用来调整素材高光区域R（红）、G（绿）、B（蓝）的颜色平衡。
- Preserve Luminosity（保持平衡亮度）：在选择Preserve Luminosity（保持平衡亮度）选项后，当修改颜色值时，可以保持原素材的整体亮度值不会改变。

5.1.10 HLS颜色平衡

Color Balance HLS（HLS颜色平衡）滤镜特效提供了Hue（色相）、Lightness（亮度）和Saturation（饱和度）三项校正颜色信息参数。从总体上来看，颜色可用色相、饱和度和亮度来描述，人眼看到的任一颜色光都是这三个特性的综合效果，这三个特性即是色彩三要素，其中颜色与光波的波长有直接关系，亮度和饱和度与光波的幅度有关，这些因素都对颜色的平衡有客观的影响，如图5-12所示。

图5-12 HLS颜色平衡控制面板

- Hue（色相）：Hue（色相）是由于物理性的光反射到人眼视神经上所产生的感觉。色相的不同是由光的波长差别所决定的，这些不同波长的颜色情况，其中波长最长的是红色，最短的是紫色。
- Lightness（亮度）：Lightness（亮度）就是表示颜色所具有的亮度和暗度，也被称为明度，主要用于调整素材的明亮程度。
- Saturation（饱和度）：Saturation（饱和度）用数值表示颜色的鲜艳或鲜明的程度称之为彩度。主要用于调整素材色彩的浓度，通过对Saturation（饱和度）的控制可以做出更加绚丽的颜色效果。

5.1.11 颜色链接

Color Link（颜色链接）滤镜特效可以通过设置Source Layer（来源层）拾取其他层的颜色与当前层进行颜色的链接，得到颜色混合效果。其中还提供了Sample（取样方式）、Clip（修剪）、Stencil Original Alpha（原始通道模板）、Opacity（不透明度）和Blending Mode（混合模式）等校正颜色信息参数。在Color Link（颜色链接）滤镜特效中通过对Clip（修剪）、Opacity（不透明度）和Blending Mode（混合模式）参数的调整，可以使原素材达到理想的画面视觉效果，如图5-13所示。

图5-13 颜色链接控制面板

- Sample（取样方式）：在Sample（取样方式）右侧的下拉列表中可以对原素材进行不同样式的选择，来调节素材颜色。
- Clip（修剪）：Clip（修剪）用于设置对原素材调整的程度，以及与原素材之间的颜色柔和。
- Stencil Original Alpha（原始通道模板）：Stencil Original Alpha（原始通道模板）主要用于对原素材通道模板的选择，方便与添加颜色和原素材之间的颜色连接，使画面颜色统一。
- Opacity（不透明度）：Opacity（不透明度）用于设置所调整素材颜色的不透明程度。
- Blending Mode（混合模式）：Blending Mode（混合模式）类似于叠加模式，主要对原素材和被连接的颜色进行叠加处理。

5.1.12　颜色稳定器

Color Stabilizer（颜色稳定器）滤镜特效可以根据周围的环境改变素材的颜色，使该层素材与周围环境光进行统一。其中提供了Stabilize（稳定方式）、Black Point（黑点）、Mid Point（中间点）、White Point（白点）和Sample Size（取样大小）等校正颜色信息参数，而Stabilize（稳定方式）、Black Point（黑点）、Mid Point（中间点）、White Point（白点）和Sample Size（取样大小）都是以记录动画的方式展现，可以根据周围环境的变化设置时间，使当前画面在一定时间内与周围环境保持统一达到稳定的效果，如图5-14所示。

图5-14　颜色稳定器控制面板

- Stabilize（稳定方式）：在Stabilize（稳定方式）右侧的下拉列表中可以选择稳定的方式，Brightness（亮度）表示在画面中设置一个黑点稳定亮度，Levels（色阶）表示通过画面中设置的黑点和白点来稳定画面的色彩，Curves（曲线）表示通过在画面中设置黑点、中间点和白点来稳定画面色彩。
- Black Point（黑点）：Black Point（黑点）用于在素材中设置一个能长期保持不变的暗点。
- Mid Point（中间点）：Mid Point（中间点）主要用于在原素材的亮点与暗点之间设置一个长期保持不变的中间色调。
- White Point（白点）：White Point（白点）主要是给原素材设置一个长期保持不变的白点。
- Sample Size（取样大小）：Sample Size（取样大小）是用于设置对原素材进行取样的区域尺寸的大小。

5.1.13　渐变映射

Colorama（渐变映射）滤镜特效是以一种自定义的渐变色对图像进行平滑的周期填色，得到一个新的富有节拍的色彩效果。其中提供了Input Phase（输入状态）、Output cycle（输出周期）、Modify（修改）、Pixel Selection（像素选择）、Masking（遮罩）和Blend With Original（与原图混合）等校正颜色信息菜单，在每个菜单中还可以进行细节的参数设置，如图5-15所示。

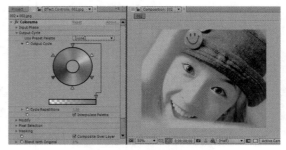

图5-15　渐变映射控制面板

- Input Phase（输入状态）：在Input Phase（输入状态）中有许多其他选项，应用相对简单，主要是对原素材彩色光的相位进行局部的调整，使画面显得协调统一。

- Output cycle（输出周期）：Output cycle（输出周期）的主要作用是对画面的R（红）、G（绿）、B（蓝）颜色选项进行调整，还可以完全对原素材画面的颜色冷暖、主体色调以及透明度进行相应的变化。通过Output cycle（输出周期）可以选择预设的多种色样来改变素材的画面色彩，还可以通过调节三角号来控制输出周期与原素材中相对应的颜色；也可以在色轮上的颜色区域里单击添加三角色块，将三角色块拉出色轮区域即可删除三角色块，通过对三角色块的具体调整，画面中的绿色与红色可以显得柔和与清透。

- Modify（修改）：可以在Modify（修改）右侧的下拉列表中选择修改色轮中的一个颜色或多个颜色，用于控制素材中彩色光的颜色信息。

- Pixel Selection（像素选择）：在Pixel Selection（像素选择）中通过Matching Color（匹配颜色）可以直接影响指定的彩色光颜色，Matching Tolerance（匹配容差值）可以指定素材中彩色光影响的范围，Matching Softness（匹配柔和）主要用来调整彩色光与素材之间的过渡平滑程度，Matching Mode（匹配模式）可以用来指定一种影响彩色光的模式。

- Masking（遮罩）：Masking（遮罩）主要用来指定一个用于控制素材彩色光的遮罩层，通过对其值的调整可以有效地控制遮罩层范围的大小。值越大遮罩范围越广，值越小则遮罩范围越小。

- Blend With Original（与原图混合）：Blend With Original（与原图混合）用于设置修改素材与原图层的混合程度，通过对原图混合的调整可以使渐变映射的效果更突出。

5.1.14　曲线

　　Curves（曲线）滤镜特效是一个非常重要的颜色校正命令，它与Adobe Photoshop中的曲线功能类似，可以通过设置Channel（通道）对图像的RGB复合通道或单一的R（红）、G（绿）、B（蓝）颜色通道进行控制，曲线滤镜特效不仅可以使用高亮、中间色调和暗部三个变量进行颜色调整，而且使用坐标曲线还可以调整0～255之间的颜色灰阶。原色以不同比例混合时会产生其他颜色，在不同的色彩空间系统中有不同的原色组合，可以分为"叠加型"和"消减型"两种系统。例如，按钮 可以给特效窗口的直线均匀地加多个点，便于调节画面高光、中间色、暗部的饱和度与亮度，对于归纳色彩、分析色彩很有帮助。如图5-16所示。

图5-16　曲线控制面板

- Channel（通道）：从Channel（通道）右侧的下拉列表中可以指定被调整图像的颜色通道。

- **曲线工具**：可以在曲线工具右侧的控制曲线条上单击添加控制点，手动调整控制点可以改变素材亮部与暗部的区域分布，将控制点拖出区域范围之外，可以删除控制点。
- **铅笔工具**：可以在铅笔工具左侧的控制区域内绘制一条曲线来控制图像的亮部和暗部效果区域分布。
- **打开**：单击打开按钮，可以打开储存的曲线文件，可以使用打开的曲线文件来控制素材。
- **保存**：保存已经调整好的曲线，以便于以后打开使用。
- **平滑**：主要是对设置的曲线进行平滑操作，多次使用可以对素材设置的曲线进行准确的操作。
- **直线**：主要对素材设置过的曲线进行还原操作，使被调整过的曲线还原到原始状态。

5.1.15　均衡

Equalize（均衡）是一种视觉上的均衡，是依靠画面色彩在整体布局中通过对比、削弱、交织、渗化而产生的均衡。Equalize（均衡）滤镜特效可以对图像的色阶平均化，自动以白色取代图像中最亮的像素；以黑色取代图像中最暗的像素，通过调整Amount to Equalize（均衡数量）参数重新分布亮度值的范围，平均分配白与黑之间的色阶取代最亮与最暗部之间的像素，并可以设置均衡方式，如图5-17所示。

图5-17　均衡控制面板

- **Equalize（均衡）**：用于设置画面颜色均衡的方式，使画面的亮度、饱和度、画面质感、空间感、体积感和明暗等达到一个理想的状态。
- **Amount to Equalize（均衡数量）**：用于设置画面颜色均衡数量的百分比，保持素材画面颜色被调整后还处于协调的状态。

5.1.16　曝光

Exposure（曝光）滤镜特效可以图像的曝光程度调整图像颜色。可以通过设置Channels（通道方式）调整图像的Master（复合通道）或单一的R（红）、G（绿）、B（蓝）通道参数设置。复合通道用传统的摄影术来讲就是在一幅胶片上拍摄几个影像，让一个被摄物体在画面中出现多次，可以拍摄出魔术般无中生有的效果，这也正是它在后期视频画面处理中的独具魅力之处，所以才吸引了很多人使用这种技法。可以利用曝光过度表现高调，高调在人物摄影中使皮肤色彩变淡、色调洁净，在风光摄影中可以产生强烈醒目的气氛；可利用曝光不足表现低调，使影调变暗，从而产生更加丰富的色彩，如图5-18所示。

- Channels（通道方式）：从Channels（通道方式）右侧的下拉列表中可以选择要曝光的通道，Master（复合通道）表示调整整个图像的色彩；在Individual Channels（单个通道）中可以通过下面的参数分别调整红、绿、蓝某个通道的参数大小。

图5-18　曝光控制面板

- Master（复合通道）：Master（复合通道）主要是用来调整整个画面的色彩，其中Exposure（曝光）用来控制画面的曝光程度，Offset（偏移）用来调整画面里曝光的偏移位置，Gamma（伽马）用来调整图像中间色的范围。
- RGB（红绿蓝）：R（红）、G（绿）、B（蓝）是构成画面的三原色。在曝光特效中通过R（红）、G（绿）、B（蓝）参数调整能对画面的高光、中间色、暗部的单独控制做出不同颜色的曝光效果。

5.1.17　伽马/基色/增益

Gamma/Pedestal/Gain（伽马/基色/增益）滤镜特效可以单独调整每个通道的曲线，基色和增益的值为0时表示完全关闭，为1时则完全打开。通过调整Black Stretch（暗部伸展）参数可以重新设置所有通道的暗部像素值，其中还提供了通道/Gamma（伽马）、通道/Pedestal（基色）和通道/Gain（增益）等校正颜色信息参数，通过对通道中R（红）、G（绿）、B（蓝）的调节可以使画面颜色更加丰富，如图5-19所示。

图5-19　伽马/基色/增益控制面板

- Black Stretch（暗部伸展）：Black Stretch（暗部伸展）主要用来控制素材中的深色像素，使画面暗部达到理想的状态。
- Gamma（伽马）：Gamma（伽马）主要用于控制画面颜色通道里的曲线形状，使画面里的R（红）、G（绿）、B（蓝）颜色在一定范围内。
- Pedestal（基色）：Pedestal（基色）主要用于设置画面里通道输出R（红）、G（绿）、B（蓝）的最小值，控制图像的暗部区域。
- Gain（增益）：Gain（增益）主要用于设置通道里R（红）、G（绿）、B（蓝）的最大输出值，控制图像的亮部区域。

5.1.18　色相/饱和度

Hue/Saturation（色相/饱和度）滤镜特效可以很方便地通过复合通道或多个单一通道调整图像的Hue（色相）、Saturation（饱和度）和Lightness（亮度）平衡设置，以及彩色化色相、饱和度和明度设置，其中对黑色和白色改变色相或饱和度都没有效果；Hue/Saturation（色相/饱和度）滤镜特效中还提供了一个简单而又强大的Channel Range（通道范围），可以指定一个通道范围，使指定范围内的颜色起到相应变化而指定范围以外的颜色不变，如图5-20所示。

图5-20　色相/饱和度控制面板

- Channel Control（通道控制）：可以在Channel Control（通道控制）右侧的下拉了列表中选择需要修改的颜色通道。
- Channel Range（通道范围）：通过Channel Range（通道范围）下方的颜色预览区可以看到被调节的颜色范围。上方颜色预览区域显示的是调整前颜色，下方颜色预览区域显示的是调整后颜色。
- Hue（色相）：Hue（色相）是随着通道调整而改变的，色相特征由光源的光谱组成，色彩的色相是色彩最大特征，是指能够比较确切地表示某种颜色的色别名称。色彩的成分越多，色彩的色相也越鲜明，在改变的同时，下方的色谱也会跟着产生改变，调至最低的时候图像就会变为灰度图像，对灰度图像改变色相是没有作用的。
- Saturation（饱和度）：Saturation（饱和度）可以控制图像色彩的浓淡程度，类似电视机中的色彩调节一样，是指色彩的鲜艳程度，也称色彩的纯度。饱和度取决于该颜色中含色成分和消色成分（灰色）的比例，含色成分越大饱和度越大，消色成分越大饱和度越小。
- Master Lightness（亮度）：Master Lightness（亮度）是指画面的明亮程度，主要用来调节画面亮部颜色的明亮程度。

5.1.19　分离颜色

Leave Color（分离颜色）滤镜特效用于保留图像中的指定颜色，去掉其他颜色信息，同时可以通过Color To Leave（保留颜色为）设置，拾取一种颜色并保留其颜色的信息值，从而

得到对图像局部去色的效果。其中提供了Amount To Decolor（去色数量）、Tolerance（容差值）、Edge Softness（柔化边缘）和Match Colors（匹配颜色）等信息参数。由于曝光不正确或者后期调节过度，造成图像色彩出现大片单色并有明显的分界线，这种现象叫做颜色分离。如图5-21所示。

图5-21　分离颜色控制面板

- Amount To Decolor（去色数量）：Amount To Decolor（去色数量）用于控制画面中除要保留颜色以外被去除颜色的百分比。

- Color To Leave（保留颜色为）：Color To Leave（保留颜色为）是在需要改变画面颜色成分时用吸管来设置画面中要保留的颜色。
- Tolerance（容差值）：Tolerance（容差值）主要用来控制画面颜色的容差程度，容差值越大则在画面中需要保留的颜色就越多，容差值越小则在画面中需要保留的颜色就越少。
- Edge Softness（柔化边缘）：Edge Softness（柔化边缘）主要用于调整在画面中需要保留颜色边缘的柔和程度，确保被保留的颜色能够融合在当前画面中。
- Match Colors（匹配颜色）：Match Colors（匹配颜色）主要用于设置被匹配颜色的颜色模式。

5.1.20　色阶

可以使用Levels（色阶）滤镜特效修改图像的高亮、中间调和暗部色调的级别来校正素材的影调，包括反差、明暗与素材层次，以及平衡素材的颜色。色阶可以将输入的颜色级别重新映像到新的输出颜色级别，对于基础图像质量调整来说非常重要。色阶滤镜特效还可以不同的Channel（通道）柱状图对图像的Input Black/White（输入黑色/白色）、Output Black/White（输出黑色/白色）和Gamma（伽马）进行调整，如图5-22所示。

图5-22　色阶控制面板

- Channel（通道）：Channel（通道）主要用于选择在图像中需要调整的通道。
- Input Black/White（输入黑色/白色）：Input Black/White（输入黑色/白色）主要是指在数字图像处理中，在指定区域输入图像亮部和暗部的区域范围。色阶是指亮度，与颜色无关，但最亮的只有白色，最暗的只有黑色。在色阶滤镜特效中把具有某种相同性质（冷暖调、明度、饱和度）的色彩搭配在一起，色相越多越好，最少也要有三种色相以上。比如，同等明度的红、黄、蓝搭配在一起，可以使画面厚重感表现得很突出。
- Output Black/White（输出黑色/白色）：Output Black/White（输出黑色/白色）主要是指在数字图像处理中，在指定区域输出图像亮部和暗部的区域范围。
- Gamma（伽马）：Gamma（伽马）主要是指在数字图像处理中，在指定区域输出图像的中间色调。

5.1.21　色阶单项控制

Levels Individual Controls（色阶单项控制）滤镜特效是在Levels（色阶）滤镜特效的基础上扩展出来的，包括Levels（色阶）滤镜特效的全部功能，并将参数分散到了各个通道。其中除提供了R（红）、G（绿）、B（蓝）和RGB（红绿蓝）复合通道以外还增加了Alpha

通道，在对色阶进行单项控制时选择相邻或相近色相进行搭配，按色相、明度、饱和度三要素的高低程度依次排列颜色，如图5-23所示。

图5-23　色阶单项控制控制面板

- RGB（红绿蓝）：RGB（红绿蓝）是构成画面的三原色，通过对RGB颜色区域的选择调整，可以决定画面的颜色偏向。
- Red、Green、Blue（红色、绿色、蓝色）：Red、Green、Blue（红色、绿色、蓝色）主要是对三色进行不同颜色成分的调整，还可以单独对画面的高光、中间色、暗部进行精确的颜色布局。
- Alpha（通道选择）：Alpha（通道选择）主要是对色阶的不同通道进行选择，叠加出更加理想的效果。

5.1.22　照片过滤器

Photo Filter（照片过滤器）滤镜特效可以通过定义不同的Filter（过滤器）过滤图像中的任意一种颜色。其中还提供了Color（颜色）、Density（密度）和Preserve Luminosity（保持发光度）等信息参数，可以选择素材中被过滤的颜色，调整颜色密度以及发光情况，如图5-24所示。

图5-24　照片过滤器控制面板

- Color（颜色）：在Color（颜色）中可以通过对Filter（过滤器）里面的Custom（自定义）进行设置，选定一种被过滤的颜色。
- Density（密度）：Density（密度）又称光学密度，用透射率或反射率倒数的十进制对数表示；保持发光度就相当于自发光，对画面的明度有决定性的影响，在应用中主要设置过滤器与原素材的混合程度。
- Preserve Luminosity（保持发光度）：Preserve Luminosity（保持发光度）主要使原素材在环境中的亮度不被改变。

5.1.23　映像

PS Arbitrary Map（Photoshop映像）滤镜特效将Photoshop中的映像文件用于当前层，可调整图像的亮度值，重新设定一个确定的亮度区域以减暗或者加亮色调。其中提供了Phase

（相位）和Apply Phase Map To Alpha（应用映像到通道）两项校正颜色信息参数，如图5-25所示。

图5-25　Photoshop映像控制面板

- Phase（相位）：Phase（相位）的应用是以R（红）、G（绿）、B（蓝）颜色像素为参考，相位参数越大，R（红）、G（绿）、B（蓝）在素材中所覆盖的面积越大，相位参数越小，R（红）、G（绿）、B（蓝）在素材中所覆盖的面积越小。
- Apply Phase Map To Alpha（应用映像到通道）：Apply Phase Map To Alpha（应用映像到通道）需要与相位配合使用，类似于颜色透明，单独使用是没有效果的，可以在Apply Phase Map To Alpha（应用映像到通道）选择的前提下调节相位参数，当指针旋转2度时值最大，其画面显示为黑色，指针旋转角度越大值越小。

5.1.24　暗部/亮部

Shadow/Highlight（暗部/亮部）滤镜特效可以通过图像的暗部与亮部范围调整图像明暗度，使图像的明暗丰富地结合，色温更加协调。明暗度是指对表面的暗度或亮度测量的程度，也被称为"白度"。将45°角的光线照在被测表面上，用灰色标记来记录测量其垂直处发散光线的强度，灰色标记上黑色为0%，白色为100%。其中提供了Auto Amounts（自动数量）、Shadow Amount（暗部数量）、Highlight Amount（亮部数量）、Temporal Smoothing（时间平滑）、Scene Detect（场景探测）和Blend With Original（与原图混合）等校正颜色信息参数，而且还提供了More Options（更多选项）菜单，更方便了对图像的明暗度调整。Shadow/Highlight（暗部/亮部）滤镜特效可以通过对亮部数量、暗部数量等参数的调节，使色温达到均衡，画面显得更美观，如图5-26所示。

图5-26　暗部/亮部控制面板

- Auto Amounts（自动数量）：Auto Amounts（自动数量）可以对素材进行自动阴影与高光调整，应用自动数量后Shadow Amount（暗部数量）和Highlight Amount（亮部数量）将不能被使用。
- Shadow Amount（暗部数量）：Shadow Amount（暗部数量）主要用于调整素材的暗部面积大小，以便控制画面的整体效果。
- Highlight Amount（亮部数量）：Highlight Amount（亮部数量）主要用于调整素材的亮部及高光面积大小，以便控制画面的整体效果。

- Temporal Smoothing（时间平滑）：Temporal Smoothing（时间平滑）用于设置平滑的时间秒数，只有在选择Auto Amounts（自动数量）的前提下该项目才可以使用。
- Scene Detect（场景探测）：Scene Detect（场景探测）主要用来对原素材所在的场景进行探测。
- Blend With Original（与原图混合）：Blend With Original（与原图混合）主要用于原素材和场景的混合时范围大小的控制，其值越大，素材与场景混合的也越明显。

5.1.25　着色

　　Tint（着色）滤镜特效可以修改图像的颜色信息，亮度值在两种颜色间对每一个像素进行混合处理。可以通过定义Map Black To（暗部图像）和Map White To（亮部图像）的颜色改变图像颜色，其中提供了Amount To Tint（着色数量）参数，如图5-27所示。

图5-27　着色控制面板

- Map Black To（暗部图像）：Map Black To（暗部图像）可以任意改变素材的暗部颜色，使画面感觉达到理想的状态。
- Map White To（亮部图像）：Map White To（亮部图像）可以任意改变素材亮部的颜色，使画面颜色能更加融合，并且能在一定程度上拉开画面对比突出的空间感。
- Amount To Tint（着色数量）：Amount To Tint（着色数量）通过在颜色窗口选择需要改变的颜色，再通过Amount To Tint（着色数量）的参数决定当前素材的着色程度，着色数量的值越小，被改变颜色的饱和度就越低，当着色数量的值达到最大时，原素材的颜色完全被改变。

5.2　通道特效

　　Channel（通道）最初是用来储存一个图像文件中的选择部分及其他信息的，大家极为熟悉的GIF透明图像，实际上就包含了一个通道，可以显示应用程序哪些部分需要透明，而哪些部分需要显示出来。通道的另一个功能是用于同图像层进行计算合成，从而生成许多不可思议的特效，这个功能主要使用于特效文字的制作中。通道特效菜单控制着图像各个通道的操作，其中提供了针对图像颜色调整的滤镜特效，包括通道混合、通道组合、反转、设置通道、转换通道及固态合成等，如图5-28所示。

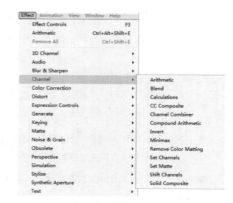

图5-28　通道特效菜单

5.2.1　通道混合

Blend（通道混合）滤镜特效用于调整图像的颜色通道。对"时间线"中的每个层分别使用其自身的Blend（通道混合）滤镜特效，可以创建出层之间的复杂交叉颜色效果。其中提供了Blend With Layer（与层混合）、Mode（混合模式）、Blend With Original（与原图像混合）及If Layer Sizes Differ（如层尺寸不同）等信息参数，如图5-29所示。

图5-29　通道混合控制面板

- Blend With Layer（与层混合）：Blend With Layer（与层混合）将两个不同的层混合在一起。具体应用时是在添加的原素材项目面板下新建一个颜色板，颜色板可以是和原素材同色系且色温有变化的，也可以选择与原素材是不同色系的；通过混合模式和原图像混合程度等参数的调整，可以达到比较理想的画面效果。对上述参数的调节还可以使用和原图像混合程度的 ⑤ 码表与时间线直接配合来完成具有动态性的混合，使画面的视觉冲击效果更强。
- Mode（混合模式）：主要选择原素材层与环境层的混合模式，而不同的混合模式会产生不同的混合效果。
- Blend With Original（与原图像混合）：主要调整原素材与场景混合的程度大小，通过对该项目参数的调整可以有效地控制原素材在场景中的混合效果。
- If Layer Sizes Differ（如层尺寸不同）：主要用于调整素材在场景中的百分比。

5.2.2　通道组合

Channel Combiner（通道组合）滤镜特效可以提取、显示和调整图像的不同通道，并重新组合计算产生不同的颜色效果，还可以在不同的颜色模式间进行转换。其中提供了Source Options（原始选项）等设置选项，在图像颜色通道调节中，如果画面显得太亮并且灰，说明画面缺少饱和度，黑色的部分有很明显的空缺。例如，画面中的头发、眼睛显得不够黑，画面就缺少生动感。Channel Combiner（通道组合）能很好地控制画面的灰度，通过对它的调整就能使画面的黑色部分补充进来，使画面该深的地方"压"下去，该亮的地方"提"起来，这样调色画面显得生动了许多，如图5-30所示。

图5-30　通道组合控制面板

- From（选择类型）：From（选择类型）中提供了不同的颜色交替选择，例如HLS to RGB（色相、亮度、饱和度到红绿蓝）是由R（红）、G（绿）、B（蓝）到色彩模式Hue（色相）、Lightness（亮度）、Saturation（饱和度）之间的颜色类型交

　　替选择。

- Invert（反转）：通过该选项可以对素材颜色进行前后倒置设置，使画面显现出一种不同于原始的视觉效果。
- Solid Alpha（固态通道）：可以对画面的颜色进行融合，使被组合的通道颜色在素材画面里更加融洽。

5.2.3 反转

　　Invert（反转）滤镜特效用于反转图像的颜色信息，可以通过设置Channel（通道）选择不同的通道对图像颜色反转，其中提供了Blend With Original（与原图混合）参数设置。

Invert（反转）滤镜特效可以使在一幅应该呈现出灰色调的画面里，挑选具有鲜明红色或黄色等亮色的纯度进行相对降低。如果降低的值太大，纯色就会出现噪波，可复制原始层，使下面层的色彩影响上面一层，但画面出现的颗粒度不会变，这样画面既保持了原有颗粒度又会提高画面的色彩纯度，如图5-31所示。

图5-31　反转控制面板

- Channel（通道）：主要对不同的合成效果进行选择，可以对画面的色相、色温以及饱和度进行一定程度的控制。
- Blend With Original（与原图混合）：主要用于原素材和场景混合时范围大小的控制，其值越大，素材与场景混合的也越理想，可以对画面进行色彩成分调整，使画面颜色更加丰富。

5.2.4 移除遮罩颜色

　　Remove Color Matting（移除遮罩颜色）滤镜特效用于删除或改变遮罩颜色，当在合成项目中导入包含Alpha通道的素材时，需要去除图像中的光晕，而光晕通常和图像是有很大反差的。通过Remove Color Matting（移除遮罩颜色）特效滤镜可以消除或改变光晕，其中还提供了Background Color（背景颜色）、Clipping（剪裁）参数设置，在画面中删除或改变遮罩颜色时不会破坏画面原有的色彩成分，只是删除或改变遮罩区域的指定颜色，如图5-32所示。

图5-32　移除遮罩颜色控制面板

- Background Color（背景颜色）：主要用于设置需要被剪裁的颜色背景，该项目可以直接使用 吸管工具选定或在颜色面板中指定操作。

- Clipping（剪裁）：主要对在一定范围内的颜色进行剪裁。

5.2.5 设置通道

Set Channels（设置通道）滤镜特效通过复制其他层通道到当前层的指定通道中，可以制作出不同凡响的颜色效果。其中提供了Source Layer（来源层）和Set R（红）、G（绿）、B（蓝）、Alpha、To Source（设置通道至源通道）设置选项，如图5-33所示。

图5-33　设置通道控制面板

- Source Layer（来源层）：主要通过对该层的R（红）、G（绿）、B（蓝）以及Luminance（亮度）、Saturation（饱和度）等选项的设置，改变画面颜色，但对画面颜色的改变还要依据主体色调来调整，至于具体的偏色是红、黄、蓝，要以主体来源层内容决定。
- Set To Source（设置通道至源通道）：主要是指素材中蓝色在画面比重较多，这时将所有中间色调向一种色调倾向，有助于突显主体鲜明的颜色。当整个调色倾向于蓝的时候，红和黄也会跟着有点偏紫或偏绿，最后得到的画面是在蓝基调上的鲜明红黄，暗部色彩的画面颗粒更细腻。

5.2.6 转换通道

Shift Channels（转换通道）滤镜特效使用其他通道替换图像中的R（红）、G（绿）、B（蓝）、A（Alpha）通道，通过设置Take From（获取通道）选择一个通道作为来源通道，将对多个通道的效果组合，所产生的效果是不同的，如图5-34所示。

图5-34　转换通道控制面板

- Take Alpha From（通道转换）：主要控制图片的透明和半透明度，该选项主要通过对不同通道进行R（红）、G（绿）、B（蓝）颜色设置，使得素材颜色产生通道叠加的变化，画面颜色更加丰富。
- Take Red From（红色通道转换）：主要通过对画面颜色中的红色进行设置，使得素材颜色产生通道叠加的变化。
- Take Green From（绿色通道转换）：主要通过对画面颜色中的绿色进行设置，使得素材颜色产生通道叠加的变化。

● Take Blue From（蓝色通道转换）：主要通过对画面颜色中的蓝色进行设置，使得素材颜色产生通道叠加的变化。

5.2.7　单色合成

Solid Composite（单色合成）滤镜特效是在当前层上覆盖一层单色，使用Color（颜色）定义一种颜色，通过对Source Opacity（来源不透明度）、Opacity（不透明度）和Blending Mode（混合模式）的参数设置可以控制定义颜色与图像合成效果，颜色的合成主要是指三原色的合成。其中人眼对红、绿、蓝最为敏感，眼睛就像一个三色接受器体系，大部分的颜色可以通过红、绿、蓝三色按照不同的比例合成产生，如图5-35所示。

图5-35　单色合成控制面板

● Source Opacity（来源不透明度）：主要对素材来源层颜色百分比的控制，使素材整体颜色达到统一。
● Opacity（不透明度）：主要对素材来源层与环境的融合程度，通过对不透明度的调整可以产生新颜色效果处理。
● Blending Mode（混合模式）：主要对素材与周围环境设置不同的混合模式，改变不同的视觉效果。

5.3　三维通道

3D Channel（三维通道）滤镜特效提供了将3D场景融于2D合成中的功能，并且通过修改调整3D场景影响最终的合成效果。三维通道滤镜可以阅读和处理RPF附加通道的信息，主要包括Z轴深度、表面标准、目标标识符、结构匹配、背景颜色和素材标识等信息。可以沿着Z轴遮蔽3D元素、在3D场景中插入其他元素、模糊3D场景中的区域、隔离3D元素、施加深度模糊滤镜和展开3D通道信息作为其他滤镜的参数。

3D Channel（三维通道）滤镜特效中包括3D Channel Extract（三维通道提取）、Depth Matte（深度蒙板）、Depth of Field（景深）、EXtractoR（提取器）、Fog 3D（三维雾）、ID Matte（标识符蒙板）和Identifier（标识符）滤镜特效，如图5-36所示。

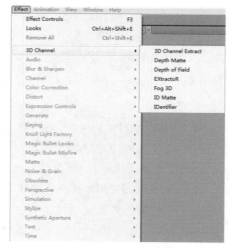

图5-36　三维通道滤镜菜单

5.3.1　三维通道提取

　　3D Channel Extract（三维通道提取）滤镜特效可以使灰度图像或多通道颜色图像中的辅助通道变得可见，并且可以将该滤镜的效果层作为其他滤镜的参数来使用。3D Channel Extract滤镜常用于取得3D通道文件中的Z轴深度信息或取得通道值生成高亮的遮罩，如图5-37所示。

　　在特效控制面板中设置各项属性，可以约束显示或隐藏3D图像中的内容，并得到基于3D通道的丰富变化，控制面板如图5-38所示。

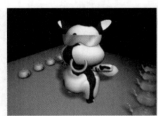

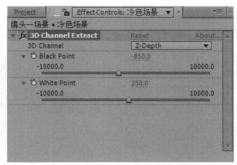

图5-37　3D通道提取效果　　　　　　　　　図5-38　提取三维通道控制面板

- 3D Channel（三维通道）：可以选择要读取图像中三维通道的信息，其下拉列表中包括Z-Depth（Z轴深度）、Object ID（物体ID）、Texture UV（纹理UV）、Surface Normals（表面法线）、Coverage（覆盖范围）、Background RGB（背景RGB）、Unclamped RGB（非固定RGB）和Material ID（材质ID）通道信息。
- Black Point（黑点）：主要用于约束Z轴深度通道中的信息。只有当3D Channel（三维通道）项设置为Z-Depth（Z轴深度）或Unclamped RGB（非固定RGB）时，黑点选项才可以调节数值大小，可以通过设置数值将指定值之前或之后的图像显示为黑色。
- White Point（白点）：White Point（白点）选项的使用方法与Black Point（黑点）选项相同，只是在Z轴深度通道中指定值之前或之后的图像显示为白色。

5.3.2　深度蒙板

　　Depth Matte（深度蒙板）滤镜特效可以读取图像中的Z轴深度信息，并沿Z轴对深度的指定位置截取图像，从而产生蒙板效果，如图5-39所示。

　　可以在深度蒙板控制面板中设置各项属性得到需要的蒙板效果，控制面板如图5-40所示。

- Depth（深度）：可以指定在3D通道图像中沿Z轴截取图像的位置，深度值决定了最终的蒙板效果。
- Feather（羽化）：可以设置遮罩分割画面后的边缘羽化值，设置的羽化数值越大，边缘就越柔和。
- Invert（反转）：勾选Invert（反转）项，可以反转显示当前截取图像产生的深度蒙板。

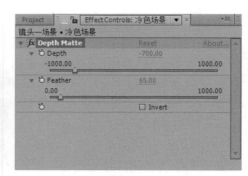

图5-39　深度遮罩效果　　　　　　　　　　　图5-40　深度遮罩控制面板

5.3.3　景深

Depth of Field（景深）滤镜特效可以模拟摄影机在3D场景中某个区域内调整焦距的效果。可以通过适当的属性设置，使焦点以外的范围产生模糊效果，从而模拟摄影机的虚实景深效果，如图5-41所示。

可以在特效控制面板中设置各项属性，从而得到需要的景深效果，控制面板如图5-42所示。

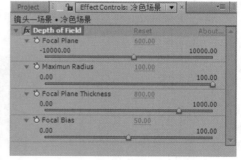

图5-41　景深效果　　　　　　　　　　　图5-42　景深控制面板

- Focal Plane（焦点平面）：可以在3D场景中沿Z轴指定一个特殊的距离或平面作为焦点区域。在操作时，单击3D场景中的不同区域可以确定需要的距离。
- Maximun Radius（最大半径）：可以设置焦点平面外图像的模糊程度，最大半径值越大，景深的效果越强。
- Focal Plane Thickness（焦点平面厚度）：可以设置景深区域的薄厚程度。
- Focal Bias（焦点偏移）：可以设置焦点偏移程度。

5.3.4　提取器

Extractor（提取器）滤镜特效可以显示图像中包含的通道信息，并对黑色和白色进行处理。在操作时，以白色值为开始点，以黑色值为结束点提取通道信息，提取的效果如图5-43所示。

可以在特效控制面板中设置各项属性，控制提取器来约束提取的信息，控制面板如图5-44所示。

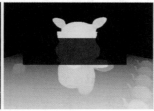

图5-43 提取效果

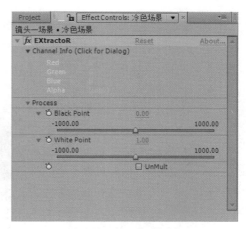

图5-44 提取控制面板

- Channel Info（通道信息）：可以设置Red（红）、Green（绿）、Blue（蓝）和 Alpha（通道）信息，可以通过单击各通道信息来约束提取。
- Process（处理）：可以处理通道信息中的黑色和白色，确定要提取的信息范围。展开Process（处理）卷展栏，其中包括Black Point（黑点）和White Point（白点）两个子信息。通过设置黑点和白点的数值，可以约束提取的信息范围，以白色值为开始点，以黑色值为结束点。

5.3.5 三维雾

Fog 3D（三维雾）滤镜特效提供了将图像沿Z轴制作出雾状效果的功能，可以雾化三维场景，模拟场景中远处部分看起来非常朦胧的视觉效果，如图5-45所示。

通过设置特效控制面板中的各项属性，可以约束雾的颜色、密度、透明度和位置等，对雾的效果进行精细调节，控制面板如图5-46所示。

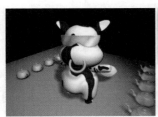

图5-45 Fog 3D效果

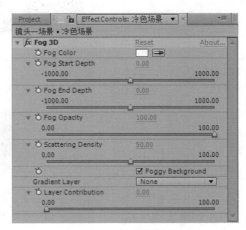

图5-46 三维雾控制面板

- Fog Color（雾效颜色）：可以设置雾效的颜色。可以单击□颜色块按钮，在弹出的颜色拾色器中拾取颜色。也可以使用吸管工具按钮，吸取需要的颜色来指定雾效颜色。
- Fog Start Depth（雾效开始深度）：可以设置雾效在场景中的开始位置。
- Fog End Depth（雾效结束深度）：可以设置雾效在场景中的结束位置。
- Fog Opacity（雾效不透明度）：可以设置雾效的不透明度。设置的数值越大，雾效越不透明；设置的数值越小，雾效越透明。
- Scattering Density（分散密度）：可以设置雾效的密度。Foggy Background（雾效背景）可以设置是否对背景应用雾效；Gradient Layer（渐变层）可以设置雾的渐变层，在下拉列表中列出了合成文件中所有的素材层。
- Layer Contribution（层作用）：通过设置Layer Contribution（层作用）选项，可以控制渐变层对雾密度的影响度。设置的数值越大，渐变层对雾密度的影响越大。

5.3.6 ID蒙板

ID Matte（ID蒙板）滤镜特效提供了隔离3D图像中的组件功能。许多三维程序都使用Object ID（物体ID）来标识场景中的每一个组件，After Effects CS6可以利用这一信息创建一个遮罩，从而遮蔽场景中不需要的物体，效果对比如图5-47所示。

通过在特效控制面板中设置各项属性，可以控制隔离效果，控制面板如图5-48所示。

图5-47 ID蒙板效果

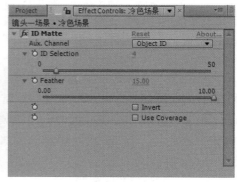

图5-48 ID蒙板控制面板

- Aux Channel（辅助通道）：可以选择场景物体，可以选择使用Object ID（物体ID）或者Material ID（材质ID）。
- ID Selection（选择ID）：可以利用ID编号选择所需的物体。
- Feather（羽化）：可以设置物体边缘的羽化值，设置的羽化值越大物体边缘越圆滑。
- Invert（反转）：勾选Invert（反转）选项后，可以选择除了当前保留物体以外的物体。
- Use Coverage（使用覆盖）：勾选Use Coverage（使用覆盖）选项后，可以删除物体边缘的颜色，从而创建一个清晰的遮罩。

5.3.7 标识符

IDentifier（标识符）滤镜特效提供了对图像中相应的ID通道信息进行标识的功能，

如图5-49所示。

通过在特效控制面板中设置各项属性，可以设置所标识的物体ID数字，以及所标识物体的显示类型，控制面板如图5-50所示。

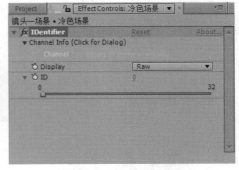

图5-49　标识符效果　　　　　　　　　　图5-50　标识符控制面板

- Channel Info（通道信息）：用于指定所要标识物体的ID数字。
- Display（显示）：可以指定所标识物体的显示类型，其下拉列表中包括了Colors（颜色）、Luma Matte（亮度蒙板）、Alpha Matte（通道蒙板）和Raw（原始）等类型。

5.4　本章小结

本章首先介绍了After Effects中的色彩校正特效和通道特效为合成图像进行修饰的技巧，使影片的色调、饱和度和亮度等信息更加理想化。然后在通道特效部分对常用的通道混合、通道组合、反转、移除遮罩颜色、设置通道、转换通道、单色合成和三维通道进行逐一讲解，使各种素材可以丰富地合成在一起。

第6章
遮罩与抠像

本章主要介绍After Effects CS6中的遮罩和抠像。

6.1 遮罩

遮罩在影像处理领域里扮演着不可缺少的角色，越是专业的软件，它的遮罩功能就越强大。遮罩功能的恰当使用能给作品带来变幻莫测、层见叠出的视觉效果。遮罩按照形式可以分为三种类型，主要有矩形遮罩、椭圆遮罩和贝塞尔曲线遮罩。矩形遮罩可以绘制方形，也是渲染速度最快的；椭圆遮罩可以绘制圆形；贝塞尔曲线可以使用钢笔工具绘制贝塞尔曲线作为遮罩，这种类型的遮罩是最灵活多变的，可以利用 钢笔工具绘制任何形状的遮罩。在After Effects特效菜单中可以为合成素材的每一层制作一个或多个遮罩，使其产生裁切或选择区域，方便素材的融合与影片合成。

6.1.1 遮罩工具

遮罩工具可以作为层绘制任意大小的 矩形遮罩、 圆角矩形遮罩、 椭圆形遮罩、 多边形遮罩和 星形遮罩，也可以直接在合成窗口和层中拖拽绘制标准遮罩图形，在运用遮罩工具绘制时，配合"Shift"键可以绘制正方形和正圆形的遮罩，如图6-1所示。

- 矩形遮罩：使用 矩形遮罩可以在给素材添加遮罩时直接添加标准的矩形遮罩方式。
- 圆角矩形遮罩：使用 圆角矩形遮罩可以在给素材添加遮罩时直接添加圆角矩形遮罩方式。
- 椭圆形遮罩：使用 椭圆遮罩可以在给素材添加遮罩时直接添加标准的椭圆形遮罩方式。
- 多边形遮罩：使用 多边形遮罩可以在给素材添加遮罩时直接添加标准的多边形遮罩方式。

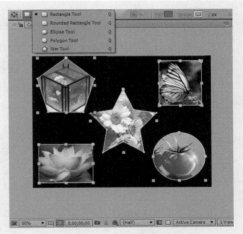

图6-1　遮罩工具

- 星形遮罩：使用 星形遮罩可以在给素材添加遮罩时直接添加标准的星形遮罩方式。

6.1.2 钢笔工具

 钢笔工具主要用于绘制不规则遮罩图形或不闭合的遮罩路径，其快捷键为"G"。利用钢笔工具可以很容易地把图像中一个不规则的物体圈选出来，还可以在时间线记录路径参数和位置动画，钢笔工具中附带了 加点工具和 减点工具等。使用 加点工具可以在绘制不规则遮罩层时添加节点，能使需要遮罩的部分更加精准； 减点工具的使用方法与加点工具恰恰相反，主要用于删减添加的错误的点，如图6-2所示。

- Inverted（翻转遮罩）：在遮罩绘制完毕后，如果需要翻转遮罩，可以直接单击翻转遮罩前的方框，当方框可勾选时就可以翻转遮罩的选择区域，指定遮罩所保留的区域，如图6-3所示。

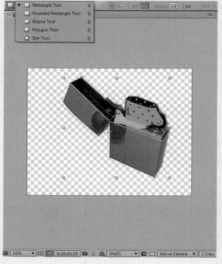

图6-2　钢笔工具

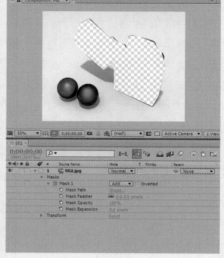

图6-3　翻转遮罩

- Mask Shape（遮罩形状）：Mask Shape（遮罩形状）主要提供了顶部、底部、左侧和右侧4组数据，通过对这4组数据的设置可以有效地控制遮罩顶部、底部、左侧和右侧的尺寸，遮罩尺寸直接影响遮罩的效果，如图6-4所示。

- Mask Feather（遮罩羽化）：Mask Feather（遮罩羽化）是将被遮罩素材范围的边缘进行边缘柔和处理，使被遮罩的素材能够融合到周围的环境中，如图6-5所示。

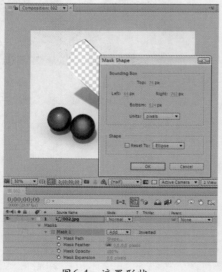

图6-4　遮罩形状

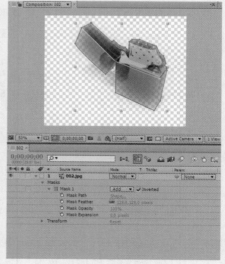

图6-5　遮罩羽化

- Mask Opacity（遮罩不透明度）：可以设置被遮罩区域的透明程度，当透明度值为0时遮罩区域为透明状态，当值为100时为不透明状态，参数值的大小可以根据需要调整，如图6-6所示。

● Mask Expansion（扩展遮罩）：Mask Expansion（扩展遮罩）参数的设置直接影响扩展遮罩的范围，其主要作用是改变遮罩边缘位置与周围环境的距离，如图6-7所示。

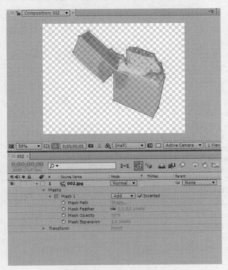

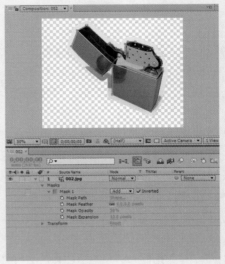

图6-6　遮罩不透明度　　　　　　　　　　　　图6-7　扩展遮罩

6.1.3　遮罩菜单

在After Effects CS6中，任何选区都可以是一个遮罩，无论是使用快捷遮罩、选区工具或其他工具建立的选区，任何对图像的编辑调整等命令都将用于当前激活选区的限制区域，利用遮罩还可以删除选区内的元素。

在"时间线"面板中的素材层上单击鼠标右键，在弹出的Mask（遮罩）菜单中提供了New Mask（新建遮罩）、Mask Shape（遮罩形状）、Mask Feather（遮罩羽化）、Mask Opacity（遮罩不透明度）、Mask Expansion（扩展遮罩）、Reset Mask（重设遮罩）、Remove Mask（移除遮罩）、Remove All Masks（移除所有遮罩）、Mode（遮罩模式）、Inverted（翻转遮罩）、Closed（闭合控制点）、Set First Vertex（遮罩起始点）、Locked（锁定）、Motion Blur（运动模糊）、Feather Falloff（羽化衰减）、Unlock All Masks（解除锁定全部遮罩）、Lock Other Masks（锁定其他遮罩）及Hide Locked Masks（隐藏锁定遮罩）选项，如图6-8所示。

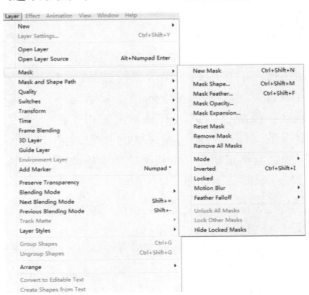

图6-8　遮罩菜单

6.2 抠像

　　"抠像"是指"键控"技术，它是一种在影视制作领域被广泛应用的手段。

　　拍摄影片素材的好坏直接影响后期的抠像合成制作。在使用背景颜色时最好使用纯绿色或纯蓝色。光线也是影响影片效果的重要因素。将演员主体放置在制作的场景中后，一般选择绿色或蓝色的背景进行拍摄，因为演员的皮肤色中不含有绿色和蓝色，要选择与拍摄对象颜色对比明显的背景进行拍摄，这样在后期抠像处理时容易区分。使用抠像功能进行处理可以对作为前景的脚本指定一个颜色范围，这样执行抠像操作后被指定颜色的范围内就产生了透明，如图6-9所示。

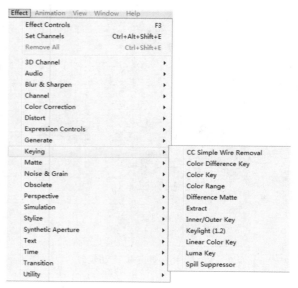

图6-9　抠像命令

6.2.1　颜色差异抠像

　　Color Difference Key（颜色差异抠像）是将指定的颜色划分为AB两个部分并实施抠像操作。其中，在A图像中需要用吸管指定将要变为透明区域的颜色；而在B中也需要指定抠像区域的颜色，不过这个颜色要与A中的颜色不同。通过这样设置就使得蒙板B中指定的抠像颜色变为透明，而蒙板A的图像中不包含第二种不同颜色的区域变为透明。这两种蒙板效果联合起来得到的最终的第三种蒙板效果变为透明。

　　颜色差异抠像的左侧缩略图表示原始图像，右侧缩略图表示蒙板效果，🖋（吸管）按钮用于在原始图像缩略图中拾取抠像颜色，🖋（吸管）按钮用于在蒙板缩略图中拾取透明区域的颜色，🖋（吸管）按钮用于在蒙板缩略图中拾取不透明区域颜色，如图6-45所示。

图6-10　颜色差异抠像

- View（视图）：主要设置不同的图像视图，可以指定某个合成视图区域中显示的合成效果。
- Key Color（抠像颜色）：可以通过吸管拾取透明区域的颜色，在拾取颜色时可以简捷快速地完成对颜色抠像操作。
- Color Matching Accuracy（匹配颜色精度）：用于控制匹配颜色的精确度，使匹配颜色融洽的与原素材相结合，显得画面更加协调美观。

- Screen Matte（蒙板控制）：可以调整通道中的Black（黑色）、White（白色）和Gamma（伽马）的设置，从而修改图像蒙板的透明度。
- Inside Mask（内部遮罩）：主要对内部遮罩层进行调节，控制遮罩的范围。
- Outside Mask（外部遮罩）：主要对外部遮罩层进行调节，控制遮罩的范围。

6.2.2　颜色抠像

Color Key（颜色抠像）是一种比较初级的抠像技术，可以通过设置或指定素材画面的某一像素颜色，而把相应区域的颜色全部去除，从而产生一个透明的通道。通常情况下，这种特效适用于背景颜色单一的素材操作，如图6-11所示。

图6-11　颜色抠像

- Key Color（抠像颜色）：可以通过 ➡（吸管）工具拾取素材里某些特定区域的或透明区域的颜色。
- Color Tolerance（颜色容差值）：用于调节抠像颜色相匹配的颜色范围，该参数值越高，去除的颜色范围就越大，参数值越低，去除的颜色范围就越小。
- Edge Thin（边缘宽度）：可以设置抠像区域的边缘宽度是扩张还是收缩，参数值越大，被抠像区域的边缘扩张范围越大，值越小，则被抠像区域边缘收缩的越大。
- Edge Feather（边缘羽化）：可以设置抠像区域的边缘产生柔和羽化效果，对素材画面的颜色影响相对较小，能保持画面原有的美观度。

6.2.3　颜色范围

Color Range（颜色范围）特效可以通过使用Lab、YUV或RGB模式中指定的颜色范围来创建透明效果。可以使用多种颜色组成的背景图像，如不均匀光照并且包含同种颜色阴影的蓝色或绿色图像也可应用该滤镜特效，经常用在非统一背景颜色画面中，使用它来消除单一的背景颜色时，效果将会更佳，如图6-12所示。

图6-12　颜色范围

- Color Space（颜色空间）：可以设置颜色之间的距离，其中有Lab、YUV、RGB三种选项，每种选项对颜色的不同变化有相应变化。

- Min/Max（最小/最大）：可以对图层的透明区域进行微调设置，使需要调整的图层达到理想的大小范围。
- Fuzziness（模糊度）：用于控制颜色边缘的模糊程度，值越大颜色边缘也就越模糊。

6.2.4 差异蒙板

Difference Matte（差异蒙板）特效的抠像方法比较特殊，它通过对两段不同的素材画面进行比较，然后将两段图像中相同的像素区域去除掉，从而变成透明区域。通常情况下，可以用来去除运动物体的背景，也可以根据在相同背景图像上的两幅图像差异进行抠像操作。通过对比原始层和对比层的颜色值，将原层中与对比层颜色相同的像素删除，从而创建出透明效果。对比层采用原层的背景图像，最典型的应用是静态背景、固定摄影机、固定镜头和曝光的影片中操作，只需要一帧背景素材。效果控制参数如图6-13所示。

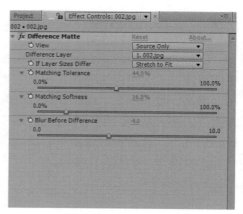

图6-13 差异蒙板

- View（视图）：用于设置不同的图像视图区域。
- Difference Layer（差异层）：可以在素材中设置哪一层将作为对比层进行调整。
- If Layer Sizes Differ（如层尺寸不同）：可以设置对比层与源图像层的大小匹配方式，其中有Center（居中）和Stretch to Fit（拉伸至适应）两种方式。
- Matching Tolerance（匹配容差值）：主要用于设置颜色对比度范围的大小，值越大，包含的颜色信息量越多，值越小，包含的颜色信息量越少。
- Matching Softness（匹配柔和）：用于设置颜色在画面里的柔和程度，匹配柔和的参数值越大，画面越细腻。
- Blur Before Difference（模糊差异层）：可以细微模糊两个控制层中的颜色噪点，使画面显得更加细腻，美观度更强。

6.2.5 提取抠像

Extract（提取抠像）特效根据指定的一个亮度范围产生透明度，并计算出素材画面中所有用于指定亮度相近的像素。通常情况下，可以制作要保留的对象与要抠除图像亮度对比强烈的抠除效果，可以应用在背景包含了多个颜色与亮度不均的影像，其中所有与指定亮度范围相近的像素都将被删除，特别适合去除含有阴影的复杂背景，如图6-14所示。

图6-14 提取抠像

- Histogram（柱形统计图）：主要用于显示图像亮部区域和暗部区域在画面里分布的情况和准确参数调整。
- Channel（通道）：主要用于选择要被提取的颜色通道，以制作良好的透明效果。包括Luminance（亮度）、Red（红色）、Green（绿色）、Blue（蓝色）和Alpha（通道）5个选项，通过对这些选项的准确调整，可以简便地提取通道并精确的控制各通道范围。
- Black Point（黑点）：主要用于设置画面中黑点的范围，若画面黑色区域的值小于设定值，那么该区域将变为透明。
- White Point（白点）：主要用于设置画面中白点的范围，若画面白色区域的值小于设定值，那么该区域将变为透明。
- Black Softness（黑点柔和）：主要用于设置画面黑色区域的柔化程度，对黑点柔和值的控制能准确把握画面柔和与细腻度。
- White Softness（白点柔和）：主要用于设置画面白色区域的柔化程度，对白点柔和值的控制能准确把握画面高光及亮部区域，准确调整画面明度。

6.2.6　内外抠像

Inner/Outer Key（内外抠像）特效是After Effects中一种非常高级的特效，可以得到很好的抠像效果，尤其在一些局部、细节上的表现更是出众，常被使用处理头发、衣服褶皱等。该特效通过层的遮罩路径来确定要隔离的物体边缘，从而把前景物体从背景上隔离出来，而使用的遮罩路径可以十分粗略，不一定精准地匹配在物体四周边缘，如图6-15所示。

图6-15　内外抠像

- Additional Foreground（额外前景色）：可以在下拉列表中选择不同的前景方式。
- Edge Thin（边缘减淡）：主要用于对画面边缘柔和程度的处理，使抠像画面的边缘不生硬而显得更加柔和。
- Edge Feather（边缘羽化）：主要对遮罩边缘相当明显的地方进行消弱和减淡。
- Blend With Original（原图像混合）：主要控制被抠像的区域，也就是前景与背景的柔和程度。

6.2.7　线性颜色抠像

Linear Color Key（线性颜色抠像）特效不仅能够用来处理抠像，还可以用来保护被去除掉或指定区域的图像像素（甚至这一区域的颜色与制定颜色相同）不被破坏。因此，线性颜色抠像的应用相对比较灵活。如果在图像中抠除物体包含被抠像的颜色，当对其进行抠像时，这些区域会变成透明区域，此时通过对图像添加滤镜特效，然后在菜单中选择

【Key Operation（抠像选项）】 → 【Key Colors（抠像颜色）】找回不该去除的部分即可，如图6-16所示。

图6-16 线性颜色抠像

- Preview（预览）：主要用于显示抠像区域所显示的画面颜色范围。
- ✎（吸管工具）：主要用于吸取在图像中需要透明区域的颜色。
- ✎（加选吸管工具）：主要用于在图像中单击拾取增加在画面中抠像的颜色范围。
- ✎（减选吸管工具）：主要用于在图像中单击拾取减少在画面中抠像的颜色范围。
- View（视图）：主要用于设置不同图像视图的区域。
- Key Color（抠像颜色）：主要用于显示或设置从图像中要删除的颜色，其中包括Using RGB（使用RGB颜色）、Using Hue（使用色相）和Using Chroma（使用饱和度）3个选项，通过对这些选项调整可以有效地对画面颜色进行控制。
- Matching Colors（匹配颜色）：主要用于设置抠像所匹配颜色的模式。
- Matching Tolerance（匹配容差）：主要用于设置画面颜色范围的大小。值越大，所包含的颜色信息量越多，值越小，所包含的颜色信息量越少。
- Matching Softness（匹配柔和）：主要用于设置画面颜色的柔和程度。
- Key Operation（抠像选项）：主要用于设置将要对画面进行抠像的颜色。
- Key Colors（抠像颜色）：主要对画面里将要抠像的颜色进行选定。

6.2.8 亮度抠像

Luma Key（亮度抠像）特效可以根据层的亮度对图像进行抠像处理，对于明暗反差很大的图像，可以应用亮度抠像使背景透亮，而层质量设置不会影响滤镜效果，如图6-17所示。

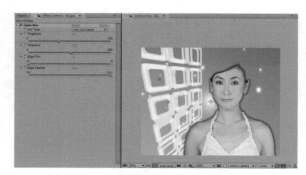

图6-17 亮度抠像

- Key Type（抠像类型）：Key Type（抠像类型）按钮的下拉列表中包括Brighter（亮度）、Darker（暗度）、Similar（相似）和Dissimilar（相异）抠像类型；在Key Type（抠像类型）选择键控类型中Key Out Brighter （键出亮度）的值大于阈值会把较亮的部分变为透明，值小于阈值则会把较暗的部分变为透明。

- Threshold（极限）：可以设置被抠像素材的亮度极限数值。
- Tolerance（容差）：可以指定接近抠像极限数值的像素抠像范围，数值的大小可以直接影响抠像区域，值越小亮度范围也就越小，主要用于控制容差范围。

6.2.9 溢出抑制

Spill Suppressor（溢出抑制）是光线从屏幕反射到图像物体上的颜色，由透明物体中显示的背景颜色。可以去除键控后图像残留抠像色的痕迹，用作删除图像边缘溢出的键控色。这些溢出的键控色常常是由于背景反射造成的，删除对图像抠像后留下溢出颜色痕迹非常实用，如图6-18所示。

图6-18 溢出抑制

- Color To Suppress（溢出颜色）：主要用于在图像中指定溢出的颜色类型，能精确地掌握溢出颜色。
- Suppressor（抑制）：主要用于设置图像的抑制程度。

6.3 本章小结

本章详细介绍了After Effects中的遮罩与抠像，主要包括颜色差异抠像、颜色抠像、颜色范围、差异蒙板、提取抠像、内外抠像、线性颜色抠像、亮度抠像及溢出抑制，通过对遮罩和抠像的学习，可以使各种素材丰富地合成在一起。

第7章
滤镜特效

本章主要介绍After Effects CS6中的滤镜特效，包括滤镜特效简介、Audio音频、Blur & Sharpen模糊与锐化、Distort扭曲、Expression Controls表达式控制、Generate生成、Matte蒙板、Noise & Grain噪波与颗粒、Obsolete旧版插件、Perspective透视、Simulation仿真、Stylize风格化、Text文字、Time时间、Transition切换和Utility实用。

7.1 滤镜特效简介

滤镜特效可以为素材添加特殊效果和更加复杂的绚丽变化，并且滤镜特效可以记录动画。滤镜特效不仅能够对影片进行丰富的艺术加工，还可以提高影片的画面质量和效果。

After Effects CS6软件自带有标准滤镜特效，其中包括Audio（音频）、Blur & Sharpen（模糊与锐化）、Color Correction（颜色校正）、Distort（扭曲）、Keying（键控制）、Matte（蒙板）、Simulation（仿真）、Stylize（风格化）和Text（文字）等，如图7-1所示。

如果要为选择的视频素材添加滤镜特效，需要先在"时间线"中选择准备添加特效的层，然后在Effect（特效）菜单中选择某一项滤镜特效，即可为目标层添加特效，如图7-2所示。

除了通过在Effect（特效）菜单添加滤镜特效以外，还

图7-1　滤镜菜单

可以在"时间线"的目标层上单击鼠标右键，在弹出的菜单中选择需要的Effect（特效），也可以为该目标层添加特效，如图7-3所示。

图7-2　菜单命令添加滤镜

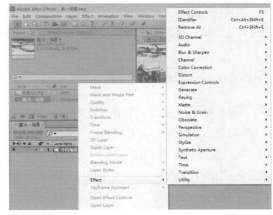

图7-3　右键添加滤镜

7.2 Audio音频

After Effects CS6提供了非常强大的音频素材处理能力。Audio（音频）特效包含Backwards（倒播）、Bass & Treble（低音与高音）、Delay（延迟）、Flange & Chorus（变调与合声）、High-Low pass（高低音过滤）、Modulator（调节器）、Parametric EQ（EQ

参数）、Reverb（回声）、Stereo Mixer（立体声混合）和Tone（音质）滤镜特效。使用该组滤镜特效，可以增强或纠正音频特性并产生效果，使单调的场景富有更强的生命力，如图7-4所示。

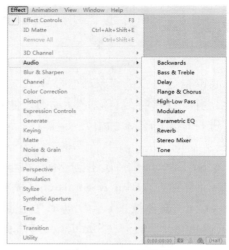

图7-4　音频滤镜菜单

7.2.1　倒播

Backwards（倒播）滤镜特效可以将声音从结束关键帧播放至开始关键帧。通过倒播滤镜特效中提供的Swap Channels（交换通道）设置选项，可以实现反向播放声音的效果。

在特效控制面板中勾选Swap Channels（交换通道），可以将声音在左右立体声道间相互切换；若不勾选此项，则整段音频或所选取的两个关键帧之间的部分会被反转过来，如图7-5所示。

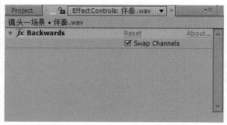

图7-5　倒播控制面板

7.1.2　低音与高音

Bass & Treble（低音与高音）滤镜特效可以对音频层的音调进行基本调整，提升或降低声音中的高低频部分。例如，对于一些在低音方面较差的音频文件，就需要提高低音，得到更理想的音频质量。

在Bass & Treble（低音与高音）滤镜特效的控制面板中，可以设置低音和高音的数值，从而得到工作中需要的音频效果。控制面板如图7-6所示。

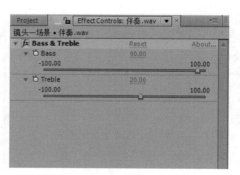

图7-6　低音与高音控制面板

- Bass（低音）：可以将音频层的低音提高或者降低，以适应场景需求；也可以为音频的变化记录动画，制作音频素材的低音变化的过程。当数值变大时可以将低音提高，当数值变小时低音将变得更低。
- Treble（高音）：选项的使用方法与Bass（低音）项相似，可以在混合器中调节高音通道的数值，从而改变其侧重点。

7.2.3 延迟

Delay（延迟）滤镜特效可以在调整之后对音频素材产生重复声音的效果。

通过调整Delay（延迟）滤镜特效中提供的各项参数，可以精确控制整段声音的延迟和调制，模拟声音在阻挡面上弹回的效果，从而产生各种回声效果。控制面板如图7-7所示。

- Delay Time（延迟时间）：在特效面板中设置Delay Time（延迟时间）可以调节原始声音与其回音之间的间隔时间，时间单位为毫秒。该项设置的数值越大，原始声音与其回音之间的间隔时间也就越长；延迟时间设置的数值越小，原始声音与其回音之间的间隔时间也就越短，回声效果越频繁。

- Delay Amount（延迟数量）：可以调整第一次声音延迟的水平，系统默认设置为50%。通过调整延迟数量，可以控制原始声音发送的数量。

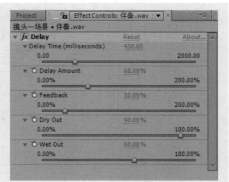

图7-7　延迟控制面板

- Feedback（回音）：可以创建"连续的"的回音效果。通过调整此项参数的大小，可以控制回音信号在延迟航线上反馈的数量，系统默认设置为50%。

- Dry Out（原始音输出）：可以在最后输出时，调节原始声音和处理声音之间的平衡，系统默认设置为75%。主要控制原始声音的输出量，以影响最终原始声音与延迟后的效果音混合播放效果。

- Wet Out（效果音输出）：Wet Out（效果音输出）选项的使用方法和功能与Dry Out（原始音输出）选项相似。其不同之处是，Wet Out（效果音输出）设置的数值，影响延迟处理后的效果音与原始声音的混合播放效果。

7.2.4 变调与合声

Flange & Chorus（变调与合声）滤镜特效将变调和合声两个独立的声音滤镜特效合并到一个滤镜中，将两种分离的音频滤镜效果合成到一起。

Chorus（合声）滤镜可以将一个原始声音复制并作降调处理或将频率稍加偏移，形成一种独特的音频效果声，然后让效果声与原始声音混合播放。对于仅包含单一乐器产生的单一音频信号来说，运用合声特效可以取得较为复杂的混音效果。

Flange（变调）滤镜特效可以使音频产生变调的效果。该滤镜可以将一个原始声音复制并将原频率作一定位移后，通过调整声音分离时间、音调深度，可以产生一种颤抖、紧凑、密集的声音效果。

Flange & Chorus（变调与合声）滤镜的特效控制面板中可以设置各项属性，将合声与变调两种声音特效融合在一起。控制面板如图7-8所示。

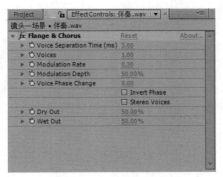

图7-8　变调与合声控制面板

- Voice Separation Time（声音分离时间）：通过设置Voice Separation Time（声音分离时间）选项的数值，可以调节声音的分离时间，主要用于延长尾音，产生一种合唱效果。音频文件若为独唱，则可选取较小的数值；音频文件若为合唱，则可选取较大的数值。
- Voices（声音）：可以设置声音的数量，从而调整整个变调与合声效果的声音数量。
- Modulation Rate（调制频率）：可以设置需要的数值，从而调整回响声音的频率。
- Modulation Depth（调制深度）：可以设置Modulation Depth（调制深度）项的百分比数值，调整回响声音的深度。
- Voice Phase Change（声音换相）：通过设置Voice Phase Change（声音换相）选项的数值，可以调整后续声音间的相位变化。
- Invert Phase（反相）：可以设置反转处理声音的相位。勾选Invert Phase（反相）选项，最终输出的声音侧重于高音频；取消勾选Invert Phase（反相）选项，最终输出的声音则侧重于低音频。
- Stereo Voices（立体声）：可以调整声音在两个通道之间的变换。勾选此项，那么先后出现的每种声音在两个通道间交替出现。取消勾选此项，那么先后出现的每种声音则混合在一起出现。
- Dry Out（原始音输出）：可以在最后输出时调节原始声音输出的数量，一般默认为50%。滤镜特效包含Chorus（合声）滤镜和Flange（变调）滤镜两个声音滤镜，由于两个滤镜的原理都是把原始声音复制并处理成效果音，最后将效果音与原始声音混合在一起播放，所以Dry Out（原始）音输出项的数值将直接影响最终混合播放的声音效果。
- Wet Out（效果音输出）Wet Out（效果音输出）选项的使用方法和功能与Dry Out（原始音输出）选项相似，主要用来调节原始声音和处理声音之间的平衡。Wet Out（效果音输出）项的数值同样影响最终混合播放的声音效果，通常默认为50%。

7.2.5　高低音过滤

High-Low pass（高低音过滤）滤镜特效可以将低频部分或高频部分从声音中滤除，只允许指定的频率通过。

在对该滤镜特效的参数做相应的调整后，可以设置高低音频的极限值，起到增强或削弱声音的作用，从而改变声音侧重点。控制面板如图7-9所示。

- Filter Options（过滤选项）：可以在Filter Options（过滤选项）下拉列表中指定High Pass（高音过滤）或Low Pass（低音过滤）作为过滤方式。High Pass（高音过滤）通常用于过滤外景声音中的噪音，使人声更清晰；Low Pass（低音过滤）通常用于过滤掉声音中的静电或蜂鸣声。
- Cutoff Frequency（终止频率）：可以确定频

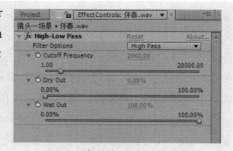

图7-9　高低音过滤控制面板

率的极限值。

- Dry Out（原始音输出）：可以调节最后输出时原始声音和处理声音之间的平衡。
- Wet Out（效果音输出）：可以调节最后输出时原始声音和处理声音之间的平衡，使用方法与之前讲到的类似。

7.2.6 调节器

Modulator（调节器）滤镜特效通过调整声波的频率和振幅，为声音增加颤音和震音效果，产生一个多普勒效果，比如声音逐渐消失的效果。控制面板如图7-10所示。

- Modulation Type（调制类型）：设置 Modulation Type（调制类型）可以确定要使用的颤音类型，选择使用不同的类型可以产生不同颤音效果的声音。调制类型下拉列表中包括Sine（正弦）和Triangle（三角形）两种震颤方式。
- Modulation Rate（调制频率）：可以调整颤音震颤的速度，单位为Hz。设置的频率越高，声音震颤的越快。

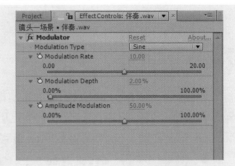

图7-10 调节器控制面板

- Modulation Depth（调制深度）：可以调整颤音颤动的深度。
- Amplitude Modulation（振幅调制）：可以调整声音震颤的幅度。设置振幅越大，声音震颤的幅度越大。

7.2.7 EQ参数

Parametric EQ（EQ参数）滤镜特效可以精确地调整音频声音，可以加强或削弱特定的频率范围。EQ参数滤镜特效设置主要分成Frequency Response（频率响应曲线图）和3种不同的Band X Enabled（波段激活）。每种不同波段中分别提供了Frequency（频率）、Bandwidth（带宽）、Boost/Cut（推进/削减）3项相同的参数设置，当激活不同波段并做相应调整后，频率响应曲线图中会以曲线的形式显示响应的设置情况。其中Band 1显示为红色曲线，Band 2显示为绿色曲线，Band 3显示为蓝色曲线。控制面板如图7-11所示。

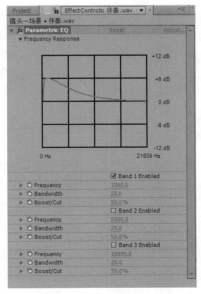

图7-11 EQ参数控制面板

- Band X Enabled（波段激活）：在EQ参数特效控制面板中，Band X Enabled（波段激活）选项可以控制波形及参数的激活状态，选中此选项后，曲线图中将显示该曲线，其效果有效；如果没被选中，则曲线图中不显示该曲线，其调整也是无效的，调整不同波段的属性需要激活不同波段。
- Frequency（频率）：Frequency（频率）选项的数值可以调整所要修改的波段频率，设置的频率值响应在曲线图上表现为最高点（顶点）在水平轴上所对应的数值。
- Bandwidth（带宽）：可以设置频率的带宽。在频率响应曲线图上表现为最高点（顶点）的平滑度。
- Boost/Cut（推进/削减）：可以调节指定带宽的频率幅度值，即频率响应曲线图中的最高点（顶点）的值。

7.2.8 回声

Reverb（回声）滤镜特效能够模拟声音在房间内部传播的情况。在特效控制面板中设置各项属性，可以使声音在一个指定的时间重复，并产生回声，以模拟声音被远处的平面反射回来的效果，能表现出宽阔而真实的回声效果，如图7-12所示。

- Reverb Time（回声时间）：可以指定原始声音和反射声音之间的平均时间。
- Diffusion（扩散）：可以调整原始声音的扩散量，较大的Diffusion（扩散）值会使声音听起来像远离麦克风所发出的效果。
- Decay（衰减）：可以调整声音效果在衰减过程中所花费的时间，较大的衰减值会产生较大的空间效果，Brightness（明亮）可以调整原始声音中的保留信息量，较大的明亮值可以产生空旷的效果或较高反射声音。

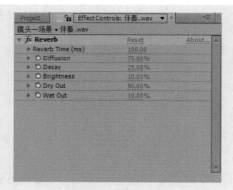

图7-12 回声控制面板

- Dry Out（原始音输出）与Wet Out（效果音输出）：可以设置在最后输出时调节原始声音和处理声音之间的平衡。

7.2.9 立体声混合

Stereo Mixer（立体声混合）滤镜特效可以混合音频层的左右声道，并产生从一个声道到另一个声道完整的音频信号。可以通过调整特效控制面板中各项参数，得到更完美的声音混合效果。控制面板如图7-13所示。

- Left Level（左声道级别）：在特效控制面板中，通过设置Left Level（左声道级别）选项的数值，可以调整音频层声音左声道音量的混合大小。
- Right Level（右声道级别）：可以调整音频层右声道音量的混合大小。
- Left Pan（左声道转换）：通过设置Left Pan（左声道转换）选项的数值，可以控制声音从右声音通道向左声音通道转换成混合的立体声信号。

- Right Pan（右声道转换）：可以控制声音从左声音通道向右声音通道转换成混合的立体声信号。

- Invert Phase（反转相位）：可以转换立体声信号两个声道的相位。勾选此项，可以防止两种相同频率的声音相互掩盖。

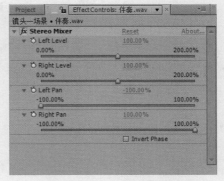

图7-13 立体声混合控制面板

7.2.10 音调

Tone（音调）滤镜特效可以合成固定的音调，产生各种常见的科技声音效果，如轰隆声、铃声、警笛声和爆炸声等，可以通过修改5种音调生成和弦，以产生各种声音。使用该滤镜特效，可以自定义一些喜欢的声音效果，在对音频素材添加这一滤镜特效后，原始声音将会被屏蔽，只有该滤镜合成的声音被播放。控制面板如图7-14所示。

- Waveform Options（波形选项）：可以选择所要使用的波形，其下拉列表中包括Sine（正弦波）、Triangle（三角波）、Saw（锯齿波）和Square（方波）4个波形。

- Frequency X（频率）：可以设置音调的频率点，通过不同的参数设置产生不同的音频效果。从第一声调到第五声调，当参数设置为0时，可以屏蔽某个声调。

- Level（级别）：通过设置Level（级别）项的数值，可以调整音频的幅度。

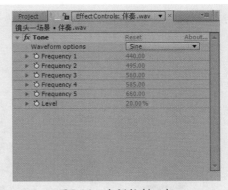

图7-14 音调控制面板

7.3 Blur & Sharpen模糊与锐化

Blur & Sharpen（模糊与锐化）特效可以使图像变得更加模糊或清晰，主要针对图像的相邻像素进行计算来产生效果，可以利用该特效模仿摄影机的变焦以及制作一些其他的特殊效果。

After Effects CS6中的Blur & Sharpen（模糊与锐化）特效菜单中提供了Bilateral Blur（双向模糊）、Box Blur（盒状模糊）、Camera Lens Blur（镜头模糊）、Channel Blur（通道模糊）、Compound Blur（混合模糊）、Directional Blur（方向模糊）、Fast Blur（快速模糊）、Gaussian Blur（高斯模糊）、Radial Blur（放射模糊）、Reduce Interlace Flicker（缩

小隔行颤动）、Sharpen（锐化）、Smart Blur（特殊模糊）和Unsharp Mask（反遮罩锐化）等丰富的针对图像模糊和锐化的滤镜特效，如图7-15所示。

图7-15　模糊与锐化特效菜单

7.3.1　双向模糊

Bilateral Blur（双向模糊）滤镜特效可以对画面中的细节部分进行模糊处理，效果如图7-16所示。

通过在特效控制面板中设置各项属性，可以控制双向模糊的半径大小、容差值以及是否着色，如图7-17所示。

图7-16　双向模糊效果

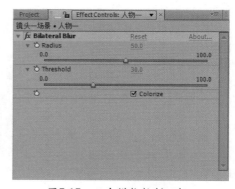

图7-17　双向模糊控制面板

- Radius（半径）：通过设置特效控制面板中的Radius（半径）数值，可以控制模糊的半径大小。设置的半径数值越大，图像的模糊程度也越大，如图7-18所示。
- Threshold（阈值）：Threshold（阈值）项的数值决定了模糊的容差大小。阈值越大，模糊的范围也越大，效果对比如图7-19所示。
- Colorize（着色）：勾选Colorize（着色）选项，图像将以彩色画面显示；取消勾选Colorize（着色）选项，图像以灰度模式显示，如图7-20所示。

图7-18　半径值不同效果对比

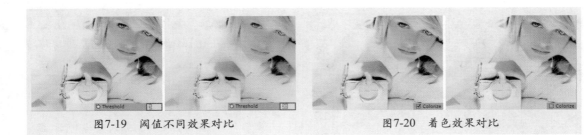

图7-19 阈值不同效果对比　　　　　　图7-20 着色效果对比

7.3.2 盒状模糊

Box Blur（盒状模糊）滤镜特效可以将图像以盒子的形状进行模糊，在图像四周形成一个盒状的像素边缘效果，效果如图7-21所示。

在Box Blur（盒状模糊）滤镜特效的控制面板中，可以设置模糊半径、尺寸与方向等信息，从而控制盒状模糊的最终效果，如图7-22所示。

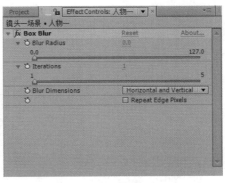

图7-21 盒状模糊效果　　　　　　图7-22 盒状模糊控制面板

- Blur Radius（模糊半径）：通过设置Blur Radius（模糊半径）项的值可以控制模糊区域的大小。
- Iterations（重复）：可以设置重复模糊的次数，重复的次数不同效果对比也不同。重复次数越多，模糊的效果就越柔和，计算机的运算速度也就相对越慢，如图7-23所示。

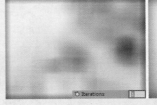

图7-23 重复模糊不同次数的效果

- Blur Dimensions（模糊方向）：可以设置图像的模糊方向，在其下拉列表中包括Horizontal（水平方向）、Vertical（垂直方向）或Horizontal and Vertical（水平与垂直方向）3个方向。

当Blur Dimensions（模糊方向）选项设置为Horizontal and Vertical（水平与垂直方向）时，系统将沿水平方向与垂直方向同时模糊，并将模糊交叉进行处理，得到整体柔和的模糊效果；当Blur Dimensions（模糊方向）选项设置为 Horizontal（水平方向）时，图像将沿水平方向进行模糊，得到具有速度感的图像效果；当Blur Dimensions（模糊方向）选项设置为Vertical（垂直方向）时，图像会沿垂直方向进行模糊，如图7-24所示。

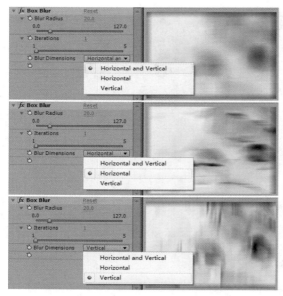

图7-24 模糊方向设置　　　　图7-25 保持边缘清晰

- Repeat Edge Pixels（重复边缘像素）：勾选Repeat Edge Pixels（重复边缘像素）选项，可以将模糊的边缘保持清晰。如图7-25所示，左侧图指的是取消勾选Repeat Edge Pixels（重复边缘像素）选项，图像的边缘被模糊；右侧图指的是勾选Repeat Edge Pixels（重复边缘像素）选项，图像在被模糊的同时，保持图像边缘的清晰。

7.3.3　镜头模糊

Camera Lens Blur（镜头模糊）滤镜特效可以模拟镜头景深产生模糊效果，如图7-26所示。

在Camera Lens Blur（镜头模糊）滤镜特效的参数设置中可以调节Blur Radius（模糊半径）、Map Layer（图层映射）、Map Channel（通道映射）、Invert Blur Map（反转模糊映射）、Blur Focal Distance（模糊焦距）、Iris Shape（光圈形状）、Iris Radius（光圈半径）、Aspect Ratio（纵横比）、Iris Rotation（光圈旋转）、Diffraction Fringe（衍射）以及Threshold（阈值）属性。控制面板如图7-27所示。

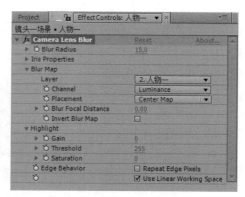

图7-26 镜头模糊效果　　　　图7-27 镜头模糊控制面板

- Blur Radius（模糊半径）：通过设置Blur Radius（模糊半径）选项的值，可以设置模糊效果影响图像中区域的大小。
- Iris Properties（光圈特性）：可以设置光圈形状、纵横比、旋转以及衍射等属性。
  - Shape（形状）选项：可以设置光圈的形状，在右侧的下拉列表中包括了

Triangle（三角形）、Square（四边形）、Pentagon（五边形）、Hexagon（六边形）、Octagon（八边形）、Nonagon （九边形）和Decagon（十边形）等形状。

- ➢ Roundness（完整度）选项：可以设置光圈调整的应用程度。
- ➢ Aspect Ratio（纵横比）选项：可以设置调整图像时，光圈的纵横比。
- ➢ Rotation（旋转）选项：可以设置光圈的旋转角度值。
- ➢ Diffraction Fringe（衍射）选项：在光圈变化时，效果衰减的程度。
- ● Blur Map（模糊映射）：可以设置制作模糊效果的层、映射通道、定位、模糊焦距以及映射反转等信息。
  - ➢ Layer（层）：可以在其右侧的下拉列表中选择一个用来制作镜头模糊的层。
  - ➢ Channel（通道）：可以设置一个进行模糊的通道，其右侧的下拉列表中包括了Luminance（亮度）、Red（红）、Green（绿）、Blue（蓝）和Alpha（通道）等项。
  - ➢ Placement（定位）：提供了当模糊映射层与当前层的大小不同时，如何处理图层之间的大小关系。在其右侧的下拉列表中包括Center Map（居中层）和Stretch Map to Fit（拉伸层到适合）两项处理方式。
  - ➢ Blur Focal Distance（模糊焦距）：可以模拟镜头的景深效果，设置的模糊焦距影响最终的镜头模糊效果。另外，为模糊焦距记录动画，可以模拟镜头焦距变化时，景深随之变化的效果。
  - ➢ Invert Blur Map（反转模糊映射）：可以反转模糊镜头的深度信息。
- ● Highlight（高光）：可以设置增益、阈值、饱和度、边缘方式、重复边缘像素以及使用线性工作空间等项信息。
  - ➢ Gain（增益）：可以设置高光增益的数值。
  - ➢ Threshold（阈值）：可以设置镜面高光的阈值大小。
  - ➢ Saturation（饱和度）：可以设置镜面高光的饱和度值。
  - ➢ Edge Behavior（边缘方式）：勾选Repeat Edge Pixels（重复边缘像素）项，则使图像边缘保持清晰。
  - ➢ Ues Linear Working Space（使用线性工作空间）：可以使图像在应用镜头模糊时，使用线性高光处理。

7.3.4　CC交叉模糊

CC是系列插件的缩写，全称是Cycore FX HD。After Effects CS6将CC系列插件并入软件标准滤镜菜单中，方便对CC系列滤镜的应用。

CC Cross Blur（CC交叉模糊）滤镜特效可以使X轴和Y轴做模糊，并进行交叉混合处理，效果如图7-28所示。

在CC Cross Blur（交叉模糊）滤镜特效的控制面板中，通过设置滤镜的属性可以控制交叉模糊的效果，如图7-29所示。

  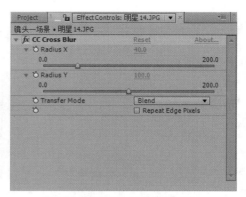

图7-28　CC交叉模糊效果　　　　　　　　　　　图7-29　CC交叉模糊控制面板

- Radius X（X轴半径）：Radius X（X轴半径）数值控制沿X轴模糊的半径大小，数值越大沿X轴模糊的效果越强，如图7-30所示。
- Radius Y（Y轴半径）：通过设置Radius Y（Y轴半径）的数值，可以控制图像沿Y轴模糊的半径大小，数值越大沿Y轴模糊的效果越强，如图7-31所示。

图7-30　设置X轴半径模糊产生效果　　　　　图7-31　设置Y轴半径模糊产生效果

- Transfer Mode（传输模式）：可以设置模糊效果的传输模式，在其右侧的下拉列表中包含了Blend（混合）、Add（叠加）、Screen（溶解）、Multiply（多样）、Lighten（变亮）和Darken（变暗）模式。可以分别选择需要的模式来控制沿X轴和Y轴模糊效果的传输模式，产生不同的效果。如图7-32所示。
- Repeat Edge Pixels（重复边缘像素）：勾选Repeat Edge Pixels（重复边缘像素）项，可以将模糊的边缘保持清晰，如图7-33所示。

 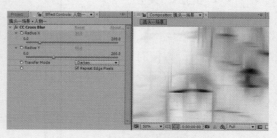

图7-32　传输模式产生效果　　　　　　　　图7-33　勾选重复边缘像素

7.3.5　CC放射模糊

CC Radial Blur（放射模糊）滤镜特效指的是CC系列滤镜中的放射模糊滤镜，此滤镜可以将图像以放射状做模糊处理，效果如图7-34所示。

可以在特效控制面板中设置各项属性，从而控制图像的放射效果，如图7-35所示。

图7-34　CC放射模糊效果

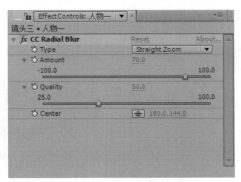

图7-35　CC放射模糊控制面板

- Type（类型）：可以设置图像模糊的放射类型，其右侧的下拉列表中包括Straight Zoom（直接缩放）、Fading Zoom（衰弱缩放）、Centered Zoom（中心缩放）、Rotate（旋转）、Scratch（划痕）和Rotate Fading（旋转衰弱）类型。可以选择需要的类型来约束放射模糊的方式，不同放射方式产生的模糊效果截然不同，效果如图7-36所示。
- Amount（数量）：可以控制放射扩散的程度，数值越大，放射的程度越大。在其他数值不变的情况下，改变数量的数值对比效果如图7-37所示。
- Quality（品质）：可以控制模糊效果的优化质量，数值越大模糊效果也就越好。在其他数值不变的情况下，改变Quality（品质）数值对比效果如图7-38所示。
- Center（中心点）：可以设置模糊效果的中心位置。如果要改变滤镜特效的中心点，有两种设置方法。

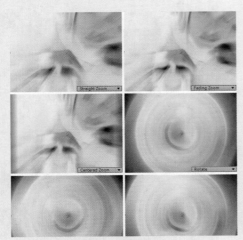

图7-36　不同模糊类型效果

图7-37　数量不同模糊效果对比

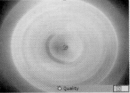

图7-38　品质不同模糊效果对比

方法1 单击 中心点按钮，然后在监视器中的鼠标会变成一个十字状态，用户通过移动十字到指定位置再单击鼠标左键，即可确定十字交叉点为放射模糊的中心点，中心点位置的改变图像模糊效果也会随之改变，如图7-39所示。

方法2 输入 中心点按钮右侧的两个坐标值，可以指定中心点的准确坐标位置。

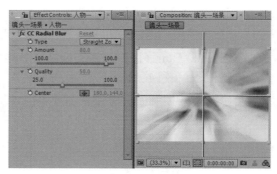

图7-39　设置中心点

7.3.6　CC放射状快速模糊

CC Radial Fast Blur（CC放射状快速模糊）滤镜特效是CC系列滤镜中的快速放射模糊滤镜特效，它将Fast Blur（快速模糊）与Radial Blur（放射模糊）两个模糊滤镜融合为一个滤镜，可以快速将图像以放射状进行模糊处理，如图7-40所示。

在CC Radial Fast Blur（放射状快速模糊）滤镜特效的控制面板中，可以设置Center（中心点）、Amount（数量）和Zoom（缩放）3项属性，从而控制图像的放射状快速模糊效果，如图7-41所示。

图7-40　CC快速放射模糊效果

图7-41　CC快速放射模糊控制面板

- Center（中心点）：可以确定放射状快速模糊的中心点或要模糊的位置。可以使用 中心点按钮，直观地在监视器中的图像上快速确定中心的位置。

- Amount（扩散程度）：通过设置Amount（扩散程度）项的数值，可以控制放射状快速模糊效果的扩散程度。

- Zoom（缩放）：可以设置模糊后的效果图与原始图像的混合方式，在其右侧的下拉列表中包括Standard（标准）、Brightest（最亮）和Darkest（最暗）3种混合方式，如图7-42所示。

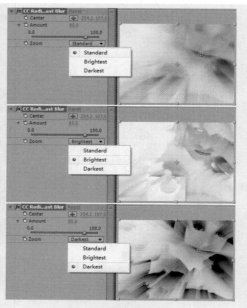

图7-42　缩放混合效果

7.3.7　CC矢量模糊

CC Vector Blur（CC矢量模糊）滤镜特效指的是CC系列滤镜中矢量模糊滤镜特效，如图7-43所示。

通过设置CC矢量模糊特效控制面板中的各项数值，可以调整CC矢量模糊的最终效果，如图7-44所示。

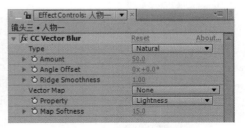

图7-43　CC矢量模糊效果　　　　　　　图7-44　CC矢量模糊控制面板

- Type（类型）：可以设置矢量模糊的类型，不同类型产生的矢量模糊效果不同。其右侧的下拉列表中包括Natural（固有）、Constant Length（恒定长度）、Perpendicular（垂直线）、Direction Center（定向中心）和Direction Fading（定向衰减）模糊类型。

如果Type（类型）项设置为Natural（固有）类型，可以约束图像固有方式模糊，它是软件默认的一种类型；如果类型项设置为Constant Length（恒定长度）模糊类型，可以约束滤镜按照图像的矢量图形以及恒定长度来模糊图像；如果类型项设置为Perpendicular（垂直线）模糊类型，可以约束滤镜按照矢量图形的垂直线来模糊图像；如果Type类型项设置为Direction Center（定向中心）模糊类型，可以约束滤镜按照中心方向来模糊图像；如果类型项设置为Direction Fading（定向衰减）模糊类型，可以约束模糊效果为带有方向性的衰减效果，如图7-45所示。

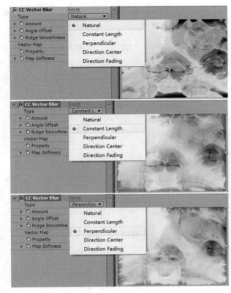

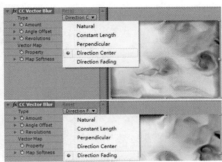

图7-45　类型设置

- Amount（数量）：Amount（数量）选项的数值影响图像矢量模糊的程度，数值越大模糊程度也就越大。

- Angle Offset（角度偏移）：Angle Offset（角度偏移）可以使模糊效果产生角度的偏移，产生包含更加丰富变化的模糊效果。如图7-46所示，左侧图像为0角度偏移的模糊效果，右侧图像在左侧图像的基础上调节角度偏移后所产生的模糊效果。

- Ridge Smoothness（脊线平滑）：Ridge Smoothness（脊线平滑）可以沿图像中矢量图形的脊线来平滑模糊效果，数值越大模糊的图像脊线越明显，脊线周围的模糊效果越柔和，图7-47所示。

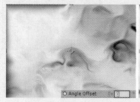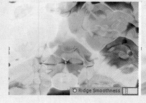

图7-46　角度偏移　　　　　　　　　　　图7-47　脊线平滑

- Vector Map（矢量映射）：在Vector Map（矢量映射）项的下拉列表中可以指定层，使模糊效果矢量映射到指定的层当中。

- Property（属性）：Property（属性）包含Red（红）、Green（绿）、Blue（蓝）、Alpha（通道）、Luminance（照度）、Lightness（亮度）、Hue（色相）和Saturation（饱和度）属性。选择Property（属性）不同，映射的模糊效果也不同，分别选择不同的属性产生不同的模糊效果，如图7-48所示。

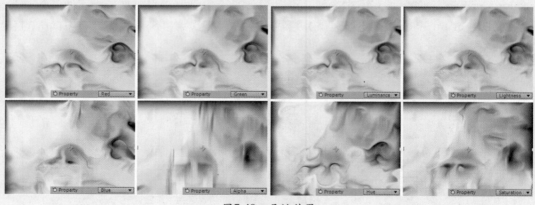

图7-48　属性效果

- Map Softness（映射柔化）：Map Softness（映射柔化）控制矢量模糊效果的柔和度，设置数值越大模糊效果也就越柔和，设置不同的数值效果对比如图7-49所示。

图7-49　映射柔化

7.3.8 通道模糊

Channel Blur（通道模糊）滤镜特效对图像中的R、G、B和Alpha通道进行单独模糊，使用该效果可以制作特殊的发光效果，或使图像的边缘变得模糊，效果如图7-50所示。

图7-50 通道模糊效果

为素材添加Channel Blur（通道模糊）滤镜特效后，可以通过设置R/G/B/Alpha Blurriness（通道/模糊强度）等选项中的数值，为图像添加特别的模糊效果，控制面板如图7-51所示。

此特效可以针对单独的某一通道进行调整，只模糊某一通道的信息。另外，此特效也可以设置多项通道的参数，同时模糊多个通道的信息，将会得到更加复杂的模糊效果，如图7-52所示。

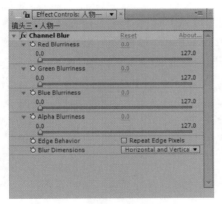

图7-51 通道模糊控制面板　　　　　　　图7-52 多通道模糊强度

- Red Blurriness（红色模糊强度）：设置Red Blurriness（红色模糊强度）项的数值，可以控制图像中单独红色通道被模糊的强度，如图7-53所示。
- Green Blurriness（绿色模糊强度）：通过设置Green Blurriness（绿色模糊强度）项的数值，可以控制图像中单独绿色通道被模糊的强度，如图7-54所示。

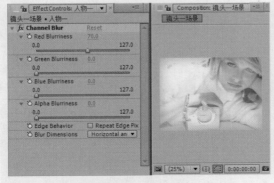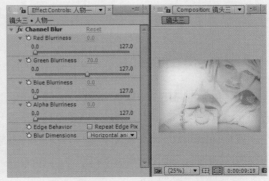

图7-53 红色模糊强度　　　　　　　　　图7-54 绿色模糊强度

- Blue Blurriness（蓝色模糊强度）：通过设置Blue Blurriness（蓝色模糊强度）项的数值，可以控制图像中单独蓝色通道被模糊的强度，如图7-55所示。
- Alpha Blurriness（通道模糊强度）：通过设置Alpha Blurriness（通道模糊强度）项的数值，可以控制图像中Alpha通道被模糊的强度，如图7-56所示。

图7-55　蓝色模糊强度

图7-56　通道模糊强度

- Edge Behavior（边缘方式）：Edge Behavior（边缘方式）选项提供了如何处理实施模糊效果后图像的边缘区域。勾选Repeat Edge Pixels（重复边缘像素）选项，可以复制边缘周围的像素，防止图像边缘变黑，从而保持图像边缘的锐化，如图7-57所示。
- Blur Dimensions（模糊方向）：可以指定模糊方向，其中包括Horizontal and Vertical（水平与垂直）、Horizontal（水平）和Vertical（垂直）3种类型，选择不同的模糊方向将产生不同的模糊效果，如图7-58所示。

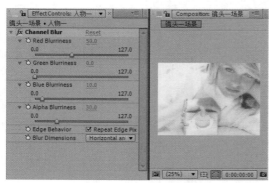
图7-57　保持边缘锐化

图7-58　模糊方向

7.3.9　复合模糊

Compound Blur（复合模糊）滤镜特效可以使用某层的亮度值对当前层进行模糊处理，效果如图7-59所示。

在Compound Blur（复合模糊）特效控制面板中，可以设置模糊层、最大模糊值以及反转模糊等属性，如图7-60所示。

- Blur Layer（模糊层）：可以指定当前合成中的某一层，也可以选择本图层作为模糊映射层，利用其亮度值对当前层进行模糊处理。选择当前合成中的不同层，利用到的亮度值也会不同，而当前层被模糊的效果也不同。

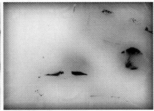
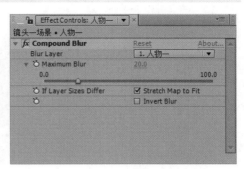

图7-59　复合模糊效果　　　　　　　　图7-60　复合模糊控制面板

以图7-61为例，左侧图为图层2"场景一"，右侧图为当前图层1"人物一"。选择不同的模糊层，利用其亮度值映射到当前层的模糊效果。

当Blur Layer（模糊层）项设置为None（无）时，将不利用图层的亮度值模糊当前图层；当Blur Layer（模糊层）项设置为图层1"人物一"时，将利用图层1的亮度值模糊当前图层；当Blur Layer（模糊层）项设置为图层2"场景一"时，将利用图层2的亮度值模糊当前图层，如图7-62所示。

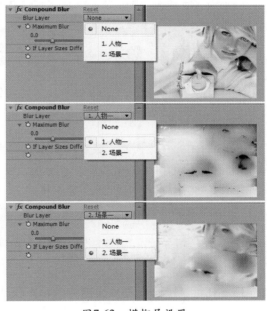

图7-61　图层2和图层1　　　　　　　图7-62　模糊层设置

- Maximum Blur（最大模糊）：通过设置Maximum Blur（最大模糊）项的数值，可以控制最大模糊程度，模糊是以像素为单位，模糊效果对比如图7-63所示。
- If Layer Sizes Differ（如图层尺寸不同）：If Layer Sizes Differ（如图层尺寸不同）项提供了当模糊映射层与当前图层大小不相同时，如何处理图层之间的关系。此选项中提供了Stretch to Fit（伸展至适合）选项，可以将模糊映射层伸展与当前图层进行匹配处理，从而更好地完成模糊当前图层的处理。
- Invert Blur（反转模糊）：勾选Invert Blur（反转模糊）选项则将模糊的效果进行反转，取消勾选Invert Blur（反转模糊）选项与勾选Invert Blur（反转模糊）选项模糊效果对比如图7-64所示。

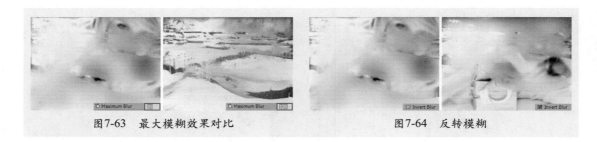

图7-63 最大模糊效果对比　　　　　　　图7-64 反转模糊

7.3.10 方向模糊

Directional Blur（方向模糊）滤镜特效可以使图像沿着指定的方向产生模糊效果，该滤镜特效通过模糊方向的变化使图像产生一种速度感，效果如图7-65所示。

在Directional Blur（方向模糊）滤镜特效控制面板中，可以设置模糊的方向和模糊的长度，如图7-66所示。

图7-65 方向模糊模糊　　　　　　　图7-66 方向模糊控制面板

● Direction（方向）：设置Direction（方向）项的角度值，可以控制模拟运动的方向。
● Blur Length（模糊长度）：通过设置Blur Length（模糊长度）项的数值，可以调整模糊特效的模糊长度，从而模拟出具有动感的效果。设置数值越大，模拟动感的效果也就越强。

7.3.11 快速模糊

Fast Blur（快速模糊）滤镜特效可以快速模糊图像使图像更柔和，并起到消除图像噪点的作用，效果如图7-67所示。

在Fast Blur（快速模糊）滤镜特效控制面板中，可以设置模糊强度、模糊方向以及边缘的模糊处理等属性，如图7-68所示。

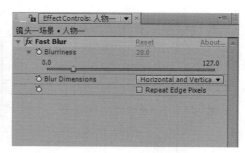

图7-67 快速模糊效果　　　　　　　图7-68 快速模糊

- Blurriness（模糊强度）：通过设置Blurriness（模糊强度）项的数值，可以调整图像的模糊程度，数值越大图像越模糊。
- Blur Dimensions（模糊方向）：可以设置图像的模糊方向，在其右侧的下拉列表中包括Horizontal and Vertical（水平与垂直）、Horizontal（水平）和Vertical（垂直）3个模糊方式。选择不同的模糊方向，图像会产生不同的模糊效果。

Horizontal and Vertical（水平与垂直）是软件默认的模糊方式，可以使图像沿水平方向和垂直方向同时模糊并将模糊效果交叉处理；模糊方向设置为Horizontal（水平）时图像沿水平方向模糊；模糊方向设置为Vertical（垂直）时图像沿垂直方向模糊，效果如图7-69所示。

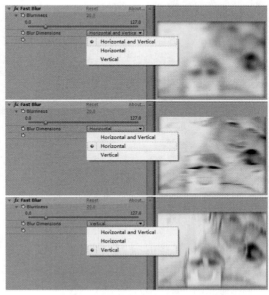

图7-69　模糊方向设置

- Repeat Edge Pixels（重复边缘像素）：勾选Repeat Edge Pixels（重复边缘像素）选项，可以复制边缘周围的像素，防止图像边缘变黑，从而保持图像边缘的锐化，如图7-70所示。

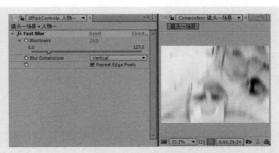

图7-70　边缘锐化

7.3.12　高斯模糊

Gaussian Blur（高斯模糊）滤镜特效是After Effects CS6中最常用也是最有使用价值的模糊滤镜特效之一。通过该滤镜特效可以模糊、柔和图像并消除图像噪点，效果如图7-71所示。

在Gaussian Blur（高斯模糊）滤镜特效的控制面板中，可以设置模糊强度和模糊方向，从而控制高斯模糊的效果，如图7-72所示。

- Blurriness（模糊强度）：通过设置Blurriness（模糊强度）项的数值，可以设置图像的模糊程度，最小值为0，最大值为50。设置模糊数值越大，图像模糊程度越高，图像也就越柔和，消除图像中的噪点也越多。

- Blur Dimensions（模糊方向）：可以设置高斯模糊的方向，在其右侧的下拉列表中包括了Horizontal and Vertical（水平与垂直）、Horizontal（水平）和Vertical（垂直）3个模糊方式。

图7-71　高斯模糊效果

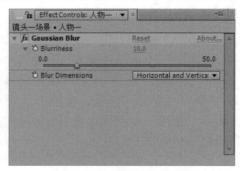

图7-72　高斯模糊控制面板

7.3.13　放射模糊

Radial Blur（放射模糊）滤镜特效可以在层中围绕特定的点为图像增加移动或旋转模糊的效果，如图7-73所示。

在Radial Blur（放射模糊）滤镜特效控制面板中，可以设置放射模糊的数量、中心、类型以及抗锯齿等属性，如图7-74所示。

图7-73　放射模糊效果

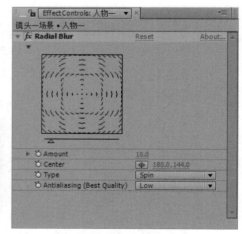

图7-74　放射模糊控制面板

- Amount（数量）：Amount（数量）可以控制图像的模糊程度。模糊程度在不同的Type（类型）中表示不同的具体含义。在选择Spin（自旋）类型的状态下，Amount（数量）值表示旋转模糊的程度；而在Zoom（缩放）类型的状态下，Amount（数量）值表示缩放模糊的程度。
- Center（中心）：可以设置模糊效果中心点的位置。单击 按钮，在合成窗口中图像上会出现一个十字状态，然后单击鼠标左键即可确定中心点。也可以在 ⊕ 中心点按钮右侧的坐标值处输入数值确定中心点。另外，可以直接拖拽特效控制面板中的放射方形图，以确定放射模糊在图像中的位置。

- Type（类型）：可以设置放射模糊的类型，其右侧的下拉列表中提供了Spin（自旋）和Zoom（缩放）两种模糊类型。

在保持其他属性不变的情况下，当Type（类型）项设置为Spin（自旋）时，图像在放射模糊过程中将旋转着放射；当Type（类型）项设置为Zoom（缩放）时，图像在放射模糊过程中表现出缩放的效果，如图7-75所示。

- Antialiasing（抗锯齿）：主要控制图像显示的效果，仅在图像的Best Quality（最好品质）下起作用，如图7-76所示。

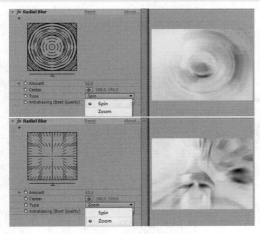

图7-75 模糊类型

图7-76 最好品质

Antialiasing（抗锯齿）选项右侧的下拉列表中包括Low（低）和High（高）两个级别的显示效果，如图7-77所示，左侧图中显示为低级别抗锯齿时图像的模糊效果，右侧图中显示为高级别抗锯齿时图像的模糊效果。

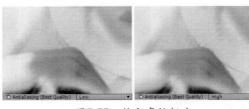

图7-77 低和高抗锯齿

7.3.14 降低隔行扫描闪烁

Reduce Interlace Flicker（降低隔行扫描闪烁）滤镜特效可以消除隔行闪烁现象，以降低图像中的高色度来消除细线、残影及闪烁效果，主要用于动态视频，如图7-78所示。

在Reduce Interlace Flicker（降低隔行扫描闪烁）滤镜特效控制面板中，可以设置Softness（柔化）选项的程度，从而消除图像中细线、残影及闪烁效果，如图7-79所示。

通过设置Softness（柔化）项的数值，可以精确调整图像的柔和度，使图像柔和。数值的微调区间在0～3之间。如果这区间仍然达不到需要的柔和效果，可以调节更大的数值来完成操作。

图7-78　降低隔行扫描闪烁效果

图7-79　降低隔行扫描闪烁面板

7.3.15　锐化

　　Sharpen（锐化）滤镜特效通过增加相邻像素点之间的对比度，从而使图像变得更加清晰，特别适合应用在玻璃、金属等反差较大的图像中，如图7-80所示。

　　在Sharpen（锐化）滤镜特效控制面板中，可以设置锐化数量来控制锐化程度，如图7-81所示。

图7-80　锐化效果

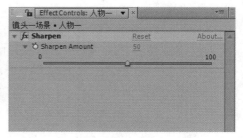

图7-81　锐化控制面板

　　通过设置Sharpen Amount（锐化数量）选项的数值可以控制图像的锐化的程度，设置数值越大产生的清晰效果也就越强，但数值过大画面将产生噪点。

7.3.16　智能模糊

　　Smart Blur（智能模糊）滤镜特效可以精确地模糊图像。除图像边线部分以外的其他部分，只在对比值低的颜色上设置模糊效果，效果如图7-82所示。

　　在Smart Blur（智能模糊）滤镜特效控制面板中，通过设置模糊半径、阈值以及滤镜效果的应用模式等属性，可以精确地控制模糊效果，如图7-83所示。

图7-82　智能模糊效果

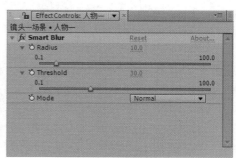

图7-83　智能模糊控制面板

- Radius（半径）：可以控制模糊像素的范围。设置的半径数值越大，图像应用模糊的像素也就越多。
- Threshold（阈值）：可以控制相似颜色的范围，模糊效果只作用在阈值范围内的区域。
- Mode（模式）：可以设置滤镜效果的应用方法，其右侧的下拉列表中包括了Normal（正常）、Edge Only（只有边缘）和Overlay Edge（覆盖边缘）3种模式。

当Mode（模式）选项设置为Normal（正常）时，模糊效果将正常的应用在图像中；当Mode（模式）选项设置为Edge Only（只有边缘）时，图像将屏蔽其他像素并保留边缘形状，模糊效果仅作用于边缘；当Mode（模式）选项设置为Overlay Edge（覆盖边缘）时，模糊效果将以覆盖边缘的方式应用于图像，如图7-84所示。

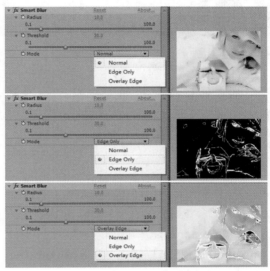

图7-84　模式设置

7.3.17　反遮罩锐化

Unsharp Mask（反遮罩锐化）滤镜特效也就是一般印刷中经常提到的USK锐化，主要通过增加定义边缘颜色的对比度产生边缘遮罩锐化效果，如图7-85所示。

在Unsharp Mask（反遮罩锐化）滤镜特效的控制面板中，可以设置数量、半径以及厚度等属性来控制锐化效果，如图7-86所示。

图7-85　反遮罩锐化效果

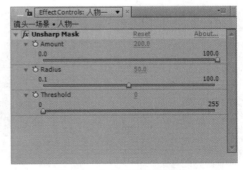

图7-86　反遮罩锐化控制面板

- Amount（数量）：通过设置Amount（数量）项的数值，可以控制图像边缘颜色的对比程度。设置的数值越大，图像锐化程度越高。
- Radius（半径）：可以控制边缘颜色锐化的范围大小。设置的半径数值越大，图像应用锐化效果的像素也就越多。

- Threshold（阈值）：通过设置Threshold（阈值）项的数值，可以指定一个像素值作为锐化的目标区域。阈值最小值为0，最大值为255，对应256像素值。阈值决定了锐化效果在相似颜色的范围内只作用在指定的像素值范围内。

7.4 Distort扭曲

Distort（扭曲）特效主要应用不同的形式对图像进行扭曲变形处理，创造出各种变形效果。该组特效中包括Bezier Warp（贝塞尔弯曲）、Bulge（凸镜）、Corner Pin（边角定位）、Displacement Map（贴图置换）、Liquify（液化）、Magnify（放大）、Mesh Warp（网格变形）、Mirror（镜像）、Offset（偏移）、Optics Compensation（光学补偿）、Polar Coordinates（极坐标转换）、Reshape（重塑）、Ripple（涟漪）、Smear（涂抹）、Spherize（球面化）、Transform（变换）、Turbulent Displace（絮乱置换）、Twirl（扭转）、Warp（弯曲）和Wave Warp（波浪变形）等多项扭曲滤镜特效，如图7-87所示。

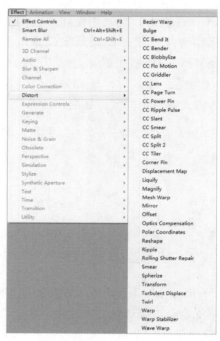

图7-87　扭曲特效菜单

7.4.1 贝塞尔弯曲

Bezier Warp（贝塞尔弯曲）滤镜特效是在层的边界上沿一条封闭的Bezier（贝塞尔）曲线改变图像形状。层的4个角分别为效果控制点，每一个角有3个控制点（一个顶点和两条切线控制点），每个顶点用于控制层角的位置，切线用于控制层边缘的曲度。通过调整顶点以及切线，可以改变图像的扭曲程度，产生非常平滑的扭曲效果，如图7-88所示。

在Bezier Warp（贝塞尔弯曲）滤镜特效中，可以设置各项属性来控制图像的变形效果，如图7-89所示。

图7-88　贝塞尔弯曲效果

- X Vertex（顶点）：可以调整数值控制图像各顶点的位置，包括Top Left Vertex（左上角顶点）、Right Top Vertex（右上角顶点）、Bottom Right Vertex（右下角顶点）和Left Bottom Vertex（左下角顶点）选项的顶点属性，可以使用 ⊕ 中心点按钮或右侧坐标值来设置顶点的位置。

- X Tangent（切线点）：可以调整数值控制图像中各切线点的位置，包括Top Left Tangent（上左切线）、Top Right Tangent（上右切线）、Right Top

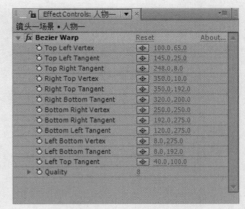

图7-89　贝塞尔弯曲控制面板

Tangent（右上切线）、Right Bottom Tangent（右下切线）、Bottom Right Tangent（下右切线）、Bottom Left Tangent（下左切线）、Left Bottom Tangent（左下切线）和Left Top Tangent（左上切线）选项的切线点属性。为图像添加贝塞尔弯曲特效后，在合成窗口图像上将显示出曲线的各个控制点，也可以直接拖动控制点来确定其位置。

- Quality（品质）：通过设置Quality（品质）项的数值，可以设置图像边缘与贝塞尔曲线的接近程度，设置的品质数值越高，图像边缘就越接近塞尔曲线。

7.4.2　凹凸镜

Bulge（凹凸镜）滤镜特效以效果点为基准，对指定的效果点周围进行缩放处理，使图像产生凹凸的效果，可以利用该特效制作放大镜效果，如图7-90所示。

在Bulge（凹凸镜）滤镜特效的控制面板中，可以设置各项属性来控制变形效果，如图7-91所示。

图7-90　凹凸镜效果

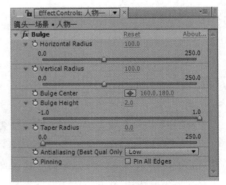

图7-91　凹凸镜控制面板

- Horizontal Radius（水平半径）：通过在特效控制面板中设置Horizontal Radius（水平半径）的参数，可以控制凹凸部分的水平半径大小。

- Vertical Radius（垂直半径）：通过设置Vertical Radius（垂直半径）选项的数值，可以控制凹凸部分的垂直半径大小。

- Bulge Center（凹凸中心）：可以设置凹凸镜的中心坐标位置。使用 [◈] 中心点按钮或输入坐标值可以设置凹凸区域的中心点位置。另外，在合成窗口图像上直接移动凹凸镜效果的控制器也可以确定中心点位置。
- Bulge Height（凹凸高度）：可以控制图像凹凸的程度。正值为向外凸起，设置的凹凸高度数值越大，凸起效果越明显。负值为向内凹进，设置的凹凸高度数值越小，图像向内凹进的程度越大。
- Taper Radius（锥形半径）：可以设置凹凸面的凸起或凹陷程度。设置锥形半径的数值越大，凸起或凹陷的范围越大。
- Antialiasing（抗锯齿）：可以设置图像的边界平滑程度，在其右侧的下拉列表中包括Low（低）和High（高）两个级别。该项参数仅针对高质量图像产生效果。
- Pinning（固定）：Pinning（固定）选项滤镜特效主要针对图像边界的处理，勾选Pin All Edges（固定边缘）选项可以防止图像的边界发生扭曲。

7.4.3　CC扭曲滤镜

在After Effects CS6中除了标准滤镜外，还提供了大量的CC系列滤镜，只有在标准版本以上的After Effects软件中才会出现。After Effects CS6中提供的CC系列滤镜可以制作出更加多样、更加丰富的变形效果，其中包括CC Bend It（弯曲）、CC Bender（弯曲器）、CC Blobbylize（融化溅落点）、CC Flo Motion（两点扭曲）、CC Griddler（网格变形）、CC Lens（透镜）、CC Page Turn（卷页）、CC Power Pin（动力角点）、CC Ripple Pulse（涟漪扩散）、CC Slant（倾斜）、CC Smear（涂抹）、CC Split（分割）、CC Split 2（分割2）和CC Tiler（平铺）滤镜，如图7-92所示。

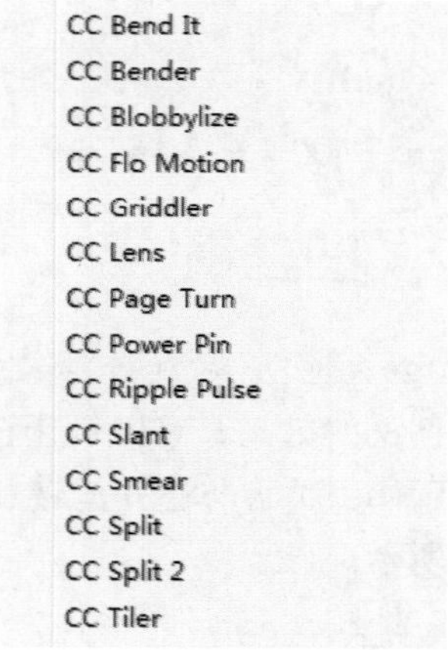

CC Bend It
CC Bender
CC Blobbylize
CC Flo Motion
CC Griddler
CC Lens
CC Page Turn
CC Power Pin
CC Ripple Pulse
CC Slant
CC Smear
CC Split
CC Split 2
CC Tiler

图7-92　CC扭曲滤镜

7.4.4　边角固定

Corner Pin（边角固定）滤镜特效可以利用图像4个边角坐标位置的变化对图像进行变形处理，主要用于根据需要定位图像。此滤镜特效可以用来位移、伸缩、倾斜和扭曲图形，也可以用来模拟透视效果，效果如图7-93所示。

在Corner Pin（边角固定）滤镜的特效控制面板中，可以设置各项属性来约束图像的变形效果，如图7-94所示。

在控制面板中分别设置Upper Left（左上）、Upper Right（右上）、Lower Left（左下）和Lower Right（右下）4个定位点的坐标数值，可以使图像产生透视变形效果。也可以单击 [◈] 中心点按钮，在合成窗口的图像中直接拖动中心点来确定边角定位点的位置。

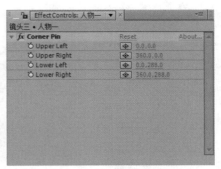

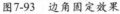

图7-93　边角固定效果　　　　　　　　图7-94　边角固定控制面板

7.4.5　贴图置换

　　Displacement Map（贴图置换）滤镜特效可以指定一个层作为置换贴图层，应用贴图置换层的某个通道值对图像进行水平或垂直方向的变形。这种由置换图产生变形的滤镜效果变化非常大，其变化完全依赖于位移图及选项的设置，可以指定合成文件中任何层作为置换图，效果如图7-95所示。

　　在Displacement Map（贴图置换）滤镜特效的控制面板中，可以设置各项属性控制图像的变形效果，如图7-96所示。

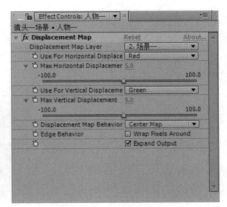

图7-95　置换贴图效果　　　　　　　　图7-96　贴图置换控制面板

- Displacement Map Layer（置换贴图层）：通过设置特效控制面板中的Displacement Map Layer（置换贴图层）项，可以指定一个层作为置换贴图的层。
- Use For Horizontal Displacement（水平置换通道）：可以指定用于水平置换的通道，其右侧的下拉列表中包括Red（红）、Green（绿）、Blue（蓝）、Alpha（通道）、Luminance（照度）、Hue（色相）、Lightness（亮度）、Saturation（饱和度）、Full（全部）、Half（一半）及Off（关闭）选项，如图7-97所示。
- Max Horizontal Displacement（最大水平置换量）：可以设置最大水平变形的置换程度，置换是以像素为单位，设置的数值越大置换效果也越明显。
- Use For Vertical Displacement（垂直置换通道）：可以指定用于垂直置换的通道，与Use For Horizontal Displacement（水平置换通道）项使用相似，只是方向不同。

- Max Vertical Displacement（最大垂直置换量）：可以设置最大垂直变形的置换程度。
- Displacement Map Behavior（置换方式）：当置换层与特效图像层的大小不相同时，有3种置换方式处理图层之间的关系，其右侧的下拉列表中包括Center Map（居中）、Stretch Map to Fit（拉伸层到适合）和Tile Map（平铺层）置换方式，如图7-98所示。

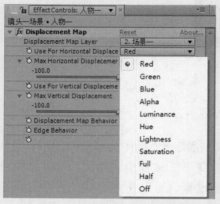

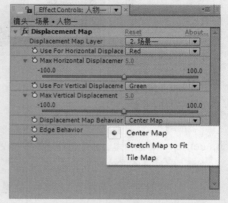

图7-97 水平置换通道下拉列表　　　　　　图7-98 置换方式

- Edge Behavior（边缘方式）：Edge Behavior（边缘方式）选项是当图像应用滤镜效果时边缘像素的处理方式。勾选Wrap Pixels Around（像素包围）项，图像空白区域以边缘的相邻像素填充。
- Expand Output（扩展输出）：可以将应用滤镜后的图像边缘扩展输出，软件默认为勾选状态。

7.4.6　液化

Liquify（液化）滤镜特效可以在图像中产生液态变形的效果，并提供了弯曲、旋转、收缩和膨胀等多项液化方式。通过灵活使用这些液化方式及精确控制滤镜特效参数，可以随意控制制作图像扭曲的艺术效果，如图7-99所示。

在Liquify（液化）滤镜特效控制面板中，可以设置各项属性来约束图像的液化效果，如图7-100所示。

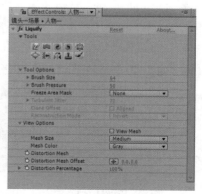

图7-99 液化效果　　　　　　　　图7-100 液化控制面板

● Tools（工具）：在特效控制面板中的Tools（工具）选项中提供了多个不同方式的液化工具，可以制作出丰富的艺术效果。使用工具栏中的相关工具，直接在图像中拖动鼠标即可使图像产生自由的变形效果。工具栏中有 Warp（弯曲）、 Turbulence（湍流）、 Twirl Clockwise（顺时针旋转）、 Twirl Counterclockwise（逆时针旋转）、 Pucker（收缩）、 Bloat（膨胀）、 Shift Pixels（位移像素）、 Reflection（镜像）、 Clone（克隆）和 Reconstruction（重建）工具。

单击工具图标后，在合成窗口显示的图像中拖动鼠标，可以使图像产生变形效果，使用效果对比如图7-101所示。

● Tool Options（工具选项）：可以设置被选择的各工具属性，其卷展栏下包括Brush Size（笔刷尺寸）、Brush Pressure（笔刷压力）和Turbulent Jitter（絮乱抖动）等属性。选择不同的工具，此选项下可修改的属性也不尽相同。

> Brush Size（笔刷尺寸）：可以设置变形效果影响图像的区域大小；数值越大，变形效果影响图像区域的半径越大。

> Brush Pressure（笔刷压力）：数值的大小影响图像的变形程度，以及变形效果作用于图像的敏感度。

> Freeze Area Mask（冻结遮罩范围）：通过在其右侧的下拉列表中指定遮罩，可以冻结变形一个范围。

> Turbulent Jitter（絮乱抖动）：只有在应用 湍流液化工具时才可用，用来设置图像絮乱的程度，数值越大絮乱效果越明显。

> Clone Offset（克隆偏移）：只有在应用 克隆液化工具时才可用，勾

图7-101　工具效果

选Aligned（对齐）项，变形效果将以对齐的形式应用于图像。

> Reconstruction Mode（重建模式）：只在应用 重建液化工具时才可用，可以在其右侧的下拉列表中选择一种重建方式，其中包括Revert（恢复）、Displace（置换）、Amplitwist（放大扭曲）和Affine（仿射）四种重建方式。

● View Options（显示选项）：View Options（显示选项）提供了滤镜特效关于网格显示的各项属性，包括View Mesh（显示网格）、Mesh Size（网格尺寸）和Mesh Color（网格颜色）属性。

> ➤ View Mesh（显示网格）：
> 勾选该选项后，图像以网格线显示，图像中执行Liquify（液化）区域的液化状态以网格线变形来反应，如图7-102所示。

图7-102　网格显示

> ➤ Mesh Size（网格尺寸）：可以指定网格的大小级别，仅在勾选View Mesh（显示网格）项后才可用，其右侧的下拉列表中包括Small（小）、Medium（中）和Large（大）3个级别。
> ➤ Mesh Color（网格颜色）：可以设置网格的颜色，仅在勾选View Mesh（显示网格）项后才可用，其右侧的下拉列表中包括Red（红）、Yellow（黄）、Green（绿）、Cyan（青）、Blue（蓝）、Magenta（品红）和Gray（灰）颜色。

- Distortion Mesh（扭曲网格）：可以设置网格变形并制作网格的扭曲动画效果。
- Distortion Mesh Offset（扭曲网格偏移）：可以设置网格的位置偏移量。
- Distortion Percentage（扭曲百分比）：可以设置变形的百分比率，数值越大变形效果越明显。

7.4.7　放大

Magnify（放大）滤镜特效能够将局部区域放大，并且放大后的画面可以应用层模式叠加到原始图像上，模拟放大镜的扭曲变形效果，如图7-103所示。

在Magnify（放大）滤镜特效控制面板中，可以设置各项属性来控制图像的放大效果，如图7-104所示。

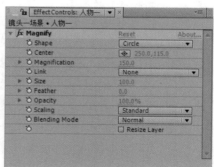

图7-103　放大效果

图7-104　放大控制面板

- Shape（形状）：可以设置放大镜的形状，其右侧的下拉列表中包括Circle（圆形）和Square（正方形）两种放大形状，效果对比如图7-105所示。
- Center（中心）：可以设置放

图7-105　圆形和正方形放大效果

大区域中心的位置。可以使用 ⊕ 中心点按钮，在合成窗口中的图像上单击鼠标 "左"键直接确定中心的位置。也可以设置 ⊕ 中心点按钮右侧的坐标值，来准确定位放大区域的中心位置。

- Magnification（放大倍率）：通过设置 Magnification（放大倍率）项的数值，可以设置图像指定区域放大的倍率，即百分比值。
- Link（链接）：可以设置放大镜与放大倍率的关系，其右侧的下拉列表中包括 None（无）、Size To Magnification（尺寸放大）和 Size & Feather To Magnification（尺寸羽化放大）。

当 Link（链接）项设置为 None（无）时，图像将正常放大；当 Link（链接）项设置为 Size To Magnification（尺寸放大）时，图像放大区域将尺寸再次放大的效果显示在原始图像上；当 Link（链接）项设置为 Size & Feather To Magnification（尺寸羽化放大）时，图像放大区域将尺寸再次放大并羽化的效果显示在原始图像上，前提是放大区域存在羽化效果。链接效果如图 7-106 所示。

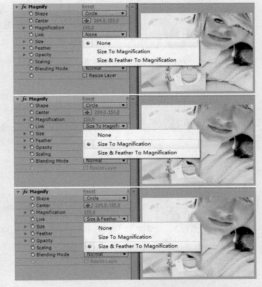

- Size（尺寸）：Size（尺寸）数值的大小影响放大区域的范围大小，数值越大被放大的区域越大。
- Feather（羽化）：可以设置放大区域的边缘柔化程度，数值越大边缘越柔和。
- Opacity（不透明度）：可以设置放大区域的不透明度，数值越大放大区域越不透明。
- Scaling（缩放比例）：Scaling（缩放比例）选项右侧的下拉列表中包括 Standard（标准）、Soft（柔和）和 Scatter（分散）缩放比例。
  - ➤ Standard（标准）：表示图像放大区域以正常缩放效果显示。
  - ➤ Soft（柔和）：表示图像放大区域产生一定的柔化效果显示。

图 7-106　链接设置

  - ➤ Scatter（分散）：表示图像边缘产生分散效果。
- Blending Mode（混合模式）：在 Blending Mode（混合模式）选项的下拉列表中，可以选择一种混合模式，将放大后的画面叠加到原始图像上，与层混合模式相同。
- Resize Layer（重置图层尺寸）：勾选 Resize Layer（重置图层尺寸）选项，可以重新设置图层的尺寸大小，只有在 Link（链接）项设置为 None（无）时 Resize Layer（重设图层尺寸）选项才可用。

7.4.8　网格变形

Mesh Warp（网格变形）滤镜特效可以在层上使用网格贝塞尔切线控制图像的变形区

域，网格越密，对图像变化的控制也就越精细。使用Mesh Warp（网格变形）滤镜特效也可以在多个图像和层之间产生平稳过渡效果，通过对该特效和层的不透明度关键帧设置，可以在层与层之间制作过渡动画，效果如图7-107所示。

在Mesh Warp（网格变形）滤镜特效的控制面板中，可以设置网格的行数、列数、品质以及记录网格扭曲的动画等属性，如图7-108所示。

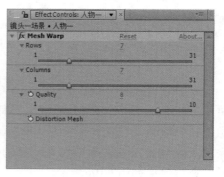

图7-107　网格变形效果　　　　　　　图7-108　网格变形控制面板

- Rows（行）：可以设置横向的网格线数，数值越大横向的网格线越多。
- Columns（列）：可以设置竖向的网格线数，数值越大竖向的网格线越多。
- Quality（品质）：可以控制图像变形后的平滑效果，设置的数值越大，图像的变形效果越平滑。
- Distortion Mesh（扭曲网格）：可以记录对网格的调整动画。单击◎按钮，在监视器中的图像上调整网格锚点，即可以记录动画。

7.4.9　镜像

Mirror（镜像）滤镜特效可以使图像产生对称效果，如图7-109所示。

在Mirror（镜像）滤镜特效控制面板中，可以设置镜像的反射中心和反射角度，如图7-110所示。

图7-109　镜像效果　　　　　　　　图7-110　镜像控制面板

- Reflection Center（反射中心）：可以设置参考线的位置。使用 ⊕ 中心点按钮，或者输入坐标值都可以确定镜像的参考线位置。
- Reflection Angle（反射角度）：通过设置Reflection Angle（反射角度）选项的角度值，可以设置参考线的倾斜角度，从而影响镜像效果。

7.4.10 偏移

Offset（偏移）滤镜特效主要用于在图层画面的指定位置产生画面偏移效果，如图7-111所示。

在Offset（偏移）滤镜特效控制面板中，可以设置图像的移动位置和移位后图像与原始图像混合程度，如图7-112所示。

图7-111　偏移效果

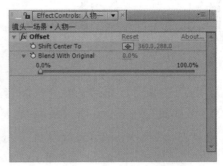

图7-112　偏移控制面板

- Shift Center（位移中心）：主要用于设置原图像的偏移中心。可以使用 中心点按钮，在合成窗口中直接单击鼠标左键来确定位移的中心位置；也可以设置坐标值来更精确的使图像产生位移。
- Blend With Original（与原始图像混合）：设置Blend With Original（与原始图像混合）项的百分比数值，可以控制偏移的图像与原图像混合的程度。

7.4.11 光学补偿

Optics Compensation（光学补偿）滤镜特效用于模拟摄影机的光学透视效果，效果如图7-113所示。

在Optics Compensation（光学补偿）滤镜特效控制面板中，用户可以设置可视区域、视野方向以及视觉中心等属性，从而调整光学补偿效果，如图7-114所示。

图7-113　光学补偿效果

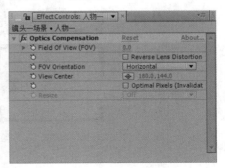

图7-114　光学补偿控制面板

- Field Of View（可视区域）：Field Of View（可视区域）的缩写为FOV，此选项可以设置镜头视野的范围，设置的数值越大光学变形的程度越大。保持其他设置不变，将可视区域设置不同的数值，光学变形效果对比如图7-115所示。

- Reverse Lens Distortion（镜头扭曲反转）与Resize（重置尺寸）：可以用来反转镜头扭曲效果，勾选与取消勾选此项图像效果对比如图7-116所示。

图7-115　可视区域影响光学变形　　　　图7-116　镜头扭曲反转

只有勾选Reverse Lens Distortion（镜头扭曲反转）选项后Resize（重置尺寸）选项才可用，可以用来对反转后光学补偿调整大小。在其右侧的下拉列表中包括Off（关闭）、Max 2X（最高2倍）、Max 4X（最高4倍）和Unlimited（无限制）。

- FOV Orientation（视野方向）：可以设置视野的方向，在其右侧的下拉列表中包括Horizontal（水平）、Vertical（垂直）和Diagonal（对角线）3个方向，如图7-117所示。
- View Center（视觉中心）：可以设置视觉中心的位置，与传统摄影机的设置完全相同。
- Optimal Pixels Invalidates Reversal（最佳像素逆转无效）：勾选Optimal Pixels Invalidates Reversal（最佳像素逆转无效）选项后，可以对变形的像素进行最佳优化处理。保持其他属性不变，勾选此项前后效果对比如图7-118所示。

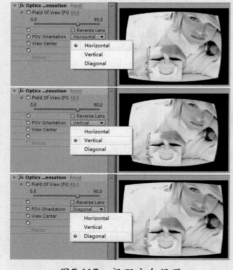

图7-117　视野方向设置　　　　　　　　图7-118　最佳像素逆转无效效果

7.4.12　极坐标

Polar Coordinates（极坐标）滤镜特效是将图像的直角坐标转化为极坐标，以产生扭曲效果如图7-119所示。

在Polar Coordinates（极坐标）滤镜特效中，可以设置扭曲的程度和坐标转换方式，从而控制极坐标效果，如图7-120所示。

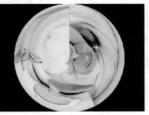

图7-119　极坐标效果

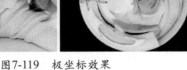

图7-120　极坐标特效控制面板

- Interpolation（插值）：Interpolation（插值）选项的百分比数值，可以设置扭曲的程度。根据设置数值的不同，图像将以指定的变换类型扭曲图像，数值越大扭曲程度越大，如图7-121所示。

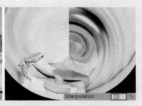

图7-121　插值影响扭曲程度

- Type of Conversion（变换类型）：可以设置图像的坐标变换方式，在其右侧的下拉列表中包括Polar to Rect（极坐标到矩形）和Rect to Polar（矩形到极坐标）两种变换方式。

当Type of Conversion（变换类型）选项设置为Rect to Polar（矩形到极坐标）时，可以将直角坐标转化为极坐标；当Type of Conversion（变换类型）选项设置为Polar to Rect（极坐标到矩形）时，可以将极坐标转化为直角坐标，图像扭曲效果如图7-122所示。

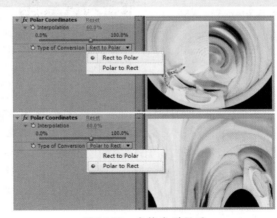

图7-122　变换类型设置

7.4.13　变形

Reshape（变形）滤镜特效需要借助当前层上的多个遮罩控制图像扭曲效果，主要通过多个遮罩重新限定图像形状，从而使图像产生变形效果，如图7-123所示。

在Reshape（变形）滤镜特效控制面板中，可以设置关于图像变形的Source Mask（来源遮罩）、Destination Mask（目标遮罩）、Boundary Mask（遮罩界限）、Percent（百分比）、Elasticity（弹性）、Correspondence Points（对应点）以及Interpolation Method（插值法）属性，如图7-124所示。

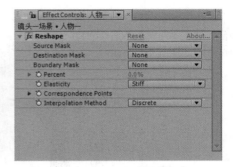

图7-123　变形效果　　　　　　　　　　　图7-124　变形特效控制面板

- Source Mask（来源遮罩）：可以在Source Mask（来源遮罩）选项右侧的下拉列表中选择当前层上的某个遮罩作为变形的来源遮罩。只有当前层上存在遮罩，来源遮罩项的下拉列表中才可以选择遮罩。为当前层指定来源遮罩Mask 1，遮罩颜色为黄色，如图7-125所示。
- Destination Mask（目标遮罩）：可以设置某个遮罩区域作为变形特效的目标区域，变形效果的目标必须为当前层上的某个遮罩。为当前层指定来源遮罩Mask 3，遮罩颜色为蓝色，如图7-126所示。

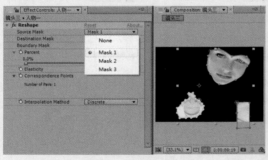

图7-125　设置来源遮罩　　　　　　　　　图7-126　设置目标遮罩

- Boundary Mask（边界遮罩）：在Boundary Mask（边界遮罩）选项右侧的下拉列表中，用户可以选择变形的边界遮罩区域。
- Percent（百分比）：可以调节变形的百分比程度。百分比数值最小值为0，来源遮罩不产生变形。百分比数值最大值为100，来源遮罩将完全变形到目标遮罩区域。此项数值可以记录动画，将演示来源遮罩向目标遮罩变形的过程。

当Percent（百分比）项的数值设置为25和100时，来源遮罩将完全变形到目标遮罩区域，产生的变形效果如图7-127所示。

- Elasticity（弹性）：可以设置图像与遮罩形状的过渡程度，其右侧的下拉列表中包括Stiff（坚硬）、Less Stiff（稍硬）、Below Normal（低于正常）、Normal（正常）、Absolutely Normal（绝对正常）、Above Average（高于正常）、Loose（松散）、Liquid（液态）和Super Fluid（超液态）多种过渡命令，如图7-128所示。
- Correspondence Points（对应点）：Correspondence Points（对应点）选项的数值可以显示来源遮罩和目标遮罩对应点的数量，对应点越多渲染时间越长。

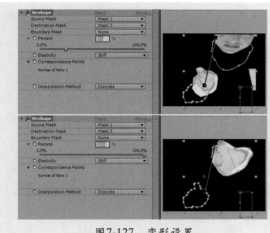
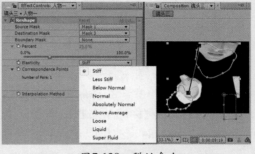

图7-127 变形设置　　　　　　　　图7-128 弹性命令

　　为当前层指定了来源遮罩和目标遮罩后，在合成窗口中来源遮罩向目标遮罩变形，两个遮罩间产生一条指向线，线的两端为两个遮罩的对应点，如图7-129所示。

- ● Interpolation Method（插值法）：用于设置变形的过渡方式，其右侧的下拉列表中包括了Discrete（非连续）、Linear（线性）和Smooth（平滑）3种插值方式。

图7-129 对应点

  - ➢ Discrete（非连续）：表示在第一帧中计算变形，产生最精确的变形效果，但需要较长的渲染时间。
  - ➢ Linear（线性）：表示关键帧之间以平稳变化的方式过渡。
  - ➢ Smooth（平滑）：表示使用平滑方式进行变形过渡。

7.4.14　涟漪

　　Ripple（涟漪）滤镜特效可以使图像产生涟漪效果。在画面中指定一个圆心位置，波纹以圆心向外扩散，如图7-130所示。

　　在Ripple（涟漪）滤镜特效的控制面板中，可以约束波纹的半径、密度、运动速度等属性，从而得到需要的波纹运动效果，如图7-131所示。

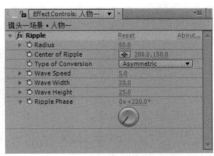

图7-130 涟漪效果　　　　　　　　图7-131 涟漪控制面板

- Radius（半径）：可以设置涟漪波纹的半径，当波纹半径的数值过大时，会影响到图像边缘的形状。
- Center of Ripple（波纹中心）：可以设置波纹的中心位置。使用 ⊕ 中心点按钮，可以在合成窗口中直观地确定波纹的中心点位置；或在 ⊕ 中心点按钮右侧输入坐标值，可以精确地指定波纹的中心位置。
- Type of Conversion（变化类型）：可以设置波纹的变化类型，其右侧的下拉列表中提供了Asymmetric（不对称）和Symmetric（对称）两种扭曲类型。

保持其他属性不变，当Type of Conversion（变化类型）选项设置为Asymmetric（不对称）时，波纹以不对称的状态扭曲图像；当Type of Conversion（变化类型）选项设置为Symmetric（对称）时，波纹以对称的状态扭曲图像，如图7-132所示。

- Wave Speed（波浪速度）：可以控制波纹的运动速度。设置的数值越大，波纹波动的也就越频繁。
- Wave Width（波浪宽度）：可以控制波峰与波峰之间的宽度距离，影响波纹的密度。数值越大波峰的宽度越大，范围内的波纹显得稀疏；反之，数值越小范围内的波纹显得密集。
- Wave Height（波浪高度）：可以控制波纹扭曲的强度，数值越大波纹扭曲的程度越大。当Wave Height（波浪高度）项设置为20和150时波纹扭曲的对比效果如图7-133所示。

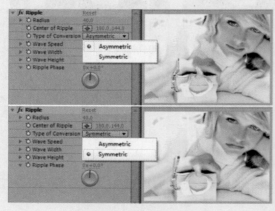

图7-132　变化类型设置　　　　　　图7-133　波浪高度扭曲效果

- Ripple Phase（涟漪相位）：可以调整波形相位，在涟漪的任意点插入波纹，从而制作出更加复杂的扭曲效果。

7.4.15　变形修复拾取器

Rolling Shutter Repair（变形修复拾取器）滤镜特效可以将变形的图像修复到正常状态，效果如图7-134所示。

在Rolling Shutter Repair（变形修复拾取器）特效控制面板中，可以设置各项属性控制修复效果，如图7-135所示。

  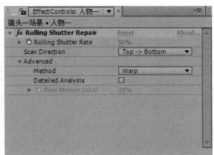

图7-134　变形修复拾取器效果　　　　　　　图7-135　控制面板

- Rolling Shutter Rate（变形拾取比率）：可以设置变形效果拾取到图像的多少。
- Scan Direction（扫描方向）：可以设置变形修复的扫描方向，其右侧的下拉列表中包括Top→Bottom（从顶至底）、Bottom→Top（从底至顶）、Lef→Right（从左至右）和Right→Left（从右至左）。
- Advanced（高级选项）：可以设置Method（方式）、Detailed Analysis（详细分析）和Pixel Motion Detail（像素运动细节）属性。Method（方式）项包括Warp（弯曲）和Pixel Motion（像素运动），Detailed Analysis（详细的分析）选项只有在Warp（弯曲）模式下才可用，Pixel Motion Detail（像素运动细节）选项只有在Method（方式）项设置为Pixel Motion（像素运动）模式时才可用。

7.4.16　涂抹

Smear（涂抹）滤镜特效可以在图像中定义一个区域，然后移动该区域到一个新的位置，通过定义区域延伸或变形来改变周围的图像。Smear（涂抹）滤镜特效使用遮罩来控制变形区域，该特效的层至少要有两个遮罩来定义变形区域，如图7-136所示。

在Smear（涂抹）滤镜特效控制面板中，可以设置各项属性来控制涂抹效果，控制面板如图7-137所示。

  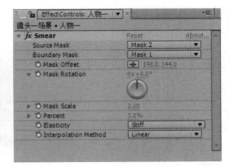

图7-136　涂抹效果　　　　　　　图7-137　涂抹控制面板

- Source Mask（来源遮罩）：可以在其右侧的下拉列表中指定一个遮罩作为来源遮罩。
- Boundary Mask（边界遮罩）：可以在其右侧的下拉列表中指定一个遮罩作为边界遮罩。
- Mask Offset（遮罩偏移）：可以控制遮罩偏移的位置。可以使用 中心点按钮，直观地在合成窗口中确定偏移的位置； 中心点按钮右侧的坐标值可以准确地确定遮罩偏移位置。另外，此选项也可以记录遮罩偏移的位置动画。

- Mask Rotation（遮罩旋转）：可以控制偏移遮罩的旋转角度，使图像产生更加复杂的扭曲效果。
- Percent（百分比）：可以控制Smear（涂抹）特效实际应用的百分比。当该参数为50%时，特效执行偏移、旋转和缩放等设置效果的一半。
- Elasticity（弹性）：可以控制特效应用区域的边缘弹性，其右侧的下拉列表中包括Stiff（坚硬）、Less Stiff（稍硬）、Below Normal（低于正常）、Normal（正常）、Absolutely Normal（绝对正常）、Above Average（高于正常）、Loose（松散）、Liquid（液态）和Super Fluid（超液态）多种弹性命令。
- Interpolation Method（插值法）：可以控制关键帧之间涂抹特效的插值方法。

7.4.17　球面化

Spherize（球面化）滤镜特效可以使图像产生如同包围到不同半径的球面上的变形效果，如图7-138所示。

在Spherize（球面化）滤镜特效的控制面板中，可以设置球面半径的大小和球体的中心位置，如图7-139所示。

图7-138　球面化效果

图7-139　球面化控制面板

- Radius（半径）：可以设置图像球面化变形的半径大小。
- Center of Sphere（球面中心）：可以设置图像变形的球体中心位置。

7.4.18　变换

Transform（变换）滤镜特效用于在图像中产生二维的变换效果，从而增加了层的变换属性，如图7-140所示。

在Transform（变换）滤镜特效的控制面板中，可以设置各项属性，从而控制最终的变换效果，如图7-141所示。

- Anchor Point（定位点）和Position（位置）：可以设置定位点和轴的位置，可以使用 中心点按钮或者输入坐标值来完成定位。
- Uniform Scale（等比缩放）与Scale（缩放）：在勾选Uniform Scale（等比缩放）选项后，再设置Scale（缩放）选项的数值，可以在X轴和Y轴保持相同比例的情况下放大或缩小。取消勾选Uniform Scale（等比缩放）选项，Scale（缩放）选项将有两项可用，可以分别在X轴和Y轴设置不同的缩放数值。

- Skew（倾斜）：可以模拟图像在三维空间里倾斜的效果。Skew（倾斜）选项的最小值为-70、最大值为70。
- Skew Axis（倾斜轴）：当图像存在三维空间里倾斜效果时，Skew Axis（倾斜轴）选项可以设置轴的角度变换。当Skew（倾斜）选项数值为0时，倾斜轴不产生效果。
- Rotation（旋转）：可以设置图像在二维空间的旋转变化。
- Opacity（不透明度）：可以设置变换效果的不透明度，设置的数值越小变换效果越透明。
- Use Composition's Shutter Angle（使用合成的快门角度）：勾选Use Composition's Shutter Angle（使用合成的快门角度）选项，快门角度使用的是计算机自动计算出的角度。
- Shutter Angle（快门角度）：可以随意设置当前需要的快门角度。

图7-140 变换效果

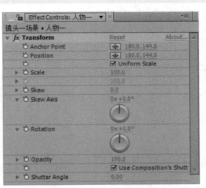

图7-141 变换控制面板

7.4.19 絮乱置换

Turbulent Displace（絮乱置换）滤镜特效可以使图像产生各种凸起、旋转等絮乱不安的效果。该特效可以在图像上增加分形噪波，然后扭曲图像，效果如图7-142所示。

Turbulent Displace（絮乱置换）滤镜特效控制面板中，可以设置置换类型、置换数量、半径尺寸、偏移以及边缘等属性，控制面板如图7-143所示。

图7-142 絮乱置换效果

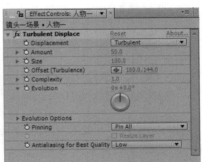

图7-143 絮乱置换控制面板

- Displacement（置换）：在特效控制面板中Displacement（置换）选项可以设置图像置换变形的方式，其右侧的下拉列表中包括Turbulent（絮乱）、Bulge（凸出）、Twist（扭曲）、Turbulent Smoother（絮乱平滑）、Bulge Smoother（凸出平滑）、Twist Smoother（扭曲平滑）、Vertical Displacement（垂直置换）、Horizontal Displacement（水平置换）和Cross Displacement（交叉置换）置换方式。

设置Amount（数量）为150，使图像产生扭曲效果，保持其他属性不变，置换方式的不同，最终图像絮乱效果不同。当置换选项设置为Turbulent（絮乱）时，图像以絮乱方式扭曲图像。不同的量换方式产生的图像絮乱效果如图7-144所示。

- Amount（数量）：可以控制图像扭曲变形的数量。设置的数值越大，图像产生的变形扭曲越严重。
- Size（尺寸）：可以控制变形扭曲的幅度大小。设置尺寸的数值越大，图像变形扭曲幅度越大。
- Offset（偏移）：可以控制图像扭曲变形的偏移量，从而在图像扭曲变形的基础上得到更加复杂的扭曲效果。

保持其他属性不变，改变偏移位置，使用中心点按钮在合成窗口中直接单击鼠标左键，或者改变坐标值确定偏移位置，图像变形效果如图7-145所示。

图7-144　置换设置

图7-145　偏移效果

- Complexity（复杂性）：可以控制絮乱的细节程度，调整该参数数值可以控制变形图像的细节精确度。设置的数值越大，图像絮乱效果越复杂。

在Complexity（复杂性）项设置为1和6时，图像扭曲变形的细节效果对比如图7-146所示。

- Evolution（演化）：可以控制絮乱效果在时间上的变化，设置角度的变化，使图像产生扭曲变形，通常用来记录图像扭曲的演化过程。

当Evolution（演化）选项设置为0时，图像开始演化，作为整个演化过程的第一帧；当Evolution（演化）项设置为70时，作为图像演化的最终效果，即整个演化过程的最后一帧，效果如图7-147所示。

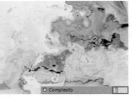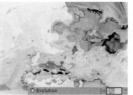

图7-146　复杂性设置效果　　　　　　　　　　图7-147　演化设置效果

- Evolution Options（演化选项）：可以设置特效演化的渲染方式、层大小的处理以及品质级别。
  - ➢ Cycle Evolution（循环演化）：可以使特效的演化值以循环的方式渲染。
  - ➢ Cycle in Evolutions（循环自转）：可以设置循环数量，只有在勾选Cycle Evolution（循环演化）项时才可用。
  - ➢ Random Seed（随机种子）：可以设置图像扭曲变形的随机性。
- Pinning（固定）：可以控制特效锁定图像边缘的方式，以便保持图像的原始位置不变，其右侧的下拉列表中包括None（无）、Pin All（全部固定）、Pin Horizontal（水平固定）、Pin Vertical（垂直固定）、Pin Left（固定左侧）、Pin Right（固定右侧）、Pin Top（固定顶边）、Pin Bottom（固定底边）、Pin All Locked（锁住全部固定）、Pin Horizontal Locked（锁住水平固定）、Pin Vertical Locked（锁住垂直固定）、Pin Left Locked（锁住固定左侧）、Pin Right Locked（锁住固定右侧）、Pin Top Locked（锁住固定顶边）和Pin Bottom Locked（锁住固定底边）方式。
  - ➢ None：图像扭曲时将不对边缘控制。
  - ➢ Pin All（全部固定）：图像扭曲时将图像的边缘全部锁定，图像的所有边缘保持原始位置不变。
  - ➢ Pin Horizontal（水平固定）：图像扭曲时将图像水平方向的边缘保持原始位置。
  - ➢ Pin Vertical（垂直固定）：图像扭曲时将图像垂直方向的边缘全部锁定，保持原始位置不变。
  - ➢ Pin Left（固定左侧）：图像扭曲时将图像左侧的边缘锁定，保持原始位置不变。
  - ➢ Pin Right（固定右侧）：图像扭曲时将图像右侧的边缘锁定，以保持原始位置不变。
  - ➢ Pin Top（固定顶边）：图像扭曲时将图像的顶部边缘锁定，以保持原始位置不变。
  - ➢ Pin Bottom（固定底边）：图像扭曲时将图像的底部边缘锁定，以保持原始位置不变。
  - ➢ Pin All Locked（锁住全部固定）：图像扭曲时将图像的边缘全部锁定，以保持原始位置。
  - ➢ Pin Vertical Locked（锁住垂直固定）：图像扭曲时将图像垂直方向的边缘锁住，以保持原始位置。
  - ➢ Pin Left Locked（锁住固定左侧）：图像扭曲时将图像左侧的边缘锁住，以保持原始位置。

> ➤ Pin Right Locked (锁住固定右侧): 图像扭曲时将图像右侧的边缘锁住,以保持原始位置。
> ➤ Pin Top Locked (锁住固定顶边): 图像扭曲时将图像顶部的边缘锁住,以保持原始位置。
> ➤ Pin Bottom Locked (锁住固定底边): 图像扭曲时将图像底部的边缘锁住,以保持原始位置。控制边缘的设置效果如图7-178所示。

- Antialiasing for Best Quality (抗锯齿最佳品质): 可以设置图像演化效果保持最佳品质的级别,其右侧的下拉列表中包括Low (低)和High (高)项。

图7-178 控制边缘设置

7.4.20 旋转

Twirl (旋转)滤镜特效围绕指定的点旋转图像,从而得到类似旋涡般的效果,如图7-149所示。

在Twirl (旋转)滤镜特效的控制面板中,可以设置旋转的角度、扭曲半径和扭曲中心等属性来控制旋转效果,如图7-150所示

图7-149 旋转效果

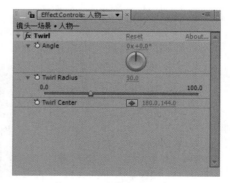

图7-150 旋转控制面板

- Angle (角度): 可以设置图像围绕指定点旋转的角度,正值为顺时针,负值为逆时针。
- Twirl Radius (扭曲半径): 可以调节旋涡的半径大小,从而影响图像旋转扭曲的区域大小。
- Twirl Center (扭曲中心): 可以设置旋转的中心位置,即模拟旋涡效果的中心位置。旋涡中心可以记录动画以演示旋涡的移动过程。

7.4.21 弯曲

Warp（弯曲）滤镜特效可以利用拱形、弧形、波形等15种形状的几何形定制弯曲变形的图像效果，如图7-151所示。

在Warp（弯曲）滤镜特效的控制面板中，可以设置弯曲类型、弯曲轴、曲度、水平方向的扭曲程度以及垂直方向的扭曲程度，控制面板如图7-152所示。

图7-151　弯曲效果

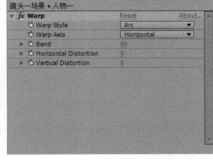

图7-152　弯曲控制面板

- Warp Style（弯曲类型）：可以设置滤镜效果的弯曲形状，其右侧的下拉列表中包括Arc（圆弧）、Arc Lower（下弦）、Arc Upper（上弦）、Arch（弓形）、Bulge（凸起）、Shell Lower（贝壳状向下）、Shell Upper（贝壳状向上）、Flag（旗帜）、Wave（波形）、Fish（鱼）、Rise（上升）、Fish Eye（鱼眼）、Inflate（膨胀）、Twist（扭曲）和Squeeze（挤压）等弯曲形状，如图7-153所示。

- Warp Axis（弯曲轴）：可以设置滤镜弯曲效果应用的坐标轴，其右侧的下拉列表中包括Horizontal（水平）和Vertical（垂直）坐标轴。

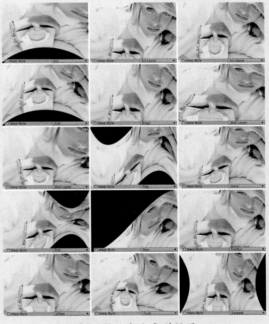

图7-153　弯曲类型设置

当Warp Axis（弯曲轴）项设置为Horizontal（水平）时，滤镜的弯曲效果应用在水平轴；当Warp Axis（弯曲轴）项设置为Vertical（垂直）时，滤镜的弯曲效果应用在垂直轴，如图7-154所示。

- Bend（曲度）：可以控制图像弯曲形状的弯曲程度大小。设置的曲度值越大，图像弯曲变形的形状越弯曲。设置曲度值40和100的图像弯曲程度对比效果如图7-155所示。

- Horizontal Distortion（水平扭曲）：可以控制弯曲变形效果在水平方向的扭曲程度。

最小值为-100，最大值为100。当水平扭曲设置为0时，图像不产生扭曲效果。

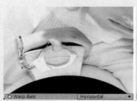

图7-154 弯曲轴设置

图7-155 曲度设置

当水平扭曲设置为负值时，图像向左侧边扭曲，将扭曲值设为-100时，图像向左侧边扭曲达到极限，则图像顶边与底边相交；将水平扭曲设置为正值时，图像向右侧边扭曲，扭曲值设为-100时，图像向右侧边扭曲达到极限，图像顶边与底边相交，如图7-156所示。

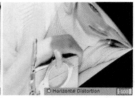

图7-156 水平扭曲设置

- Vertical Distortion（垂直扭曲）：可以控制弯曲变形效果在垂直方向的扭曲程度，其使用方法及功能与水平扭曲选项相似。

7.4.22 弯曲稳定器

Warp Stabilizer（弯曲稳定器）滤镜特效是针对动态画面的特效，通过对动态素材的每一帧进行分析，可以设置图像扭曲效果稳定属性以及边界的处理方式，从而调整图像的弯曲效果，如图7-157所示。

在Warp Stabilizer（弯曲稳定器）滤镜特效的控制面板中，可以设置各项属性来约束图像的弯曲效果，如图7-158所示。

图7-157 弯曲稳定器效果

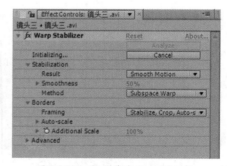

图7-158 弯曲稳定器控制面板

- Analyze（分析）：以帧的形式分析被添加此滤镜特效的文件，只有文件为动态素材时，分析选项才为可用状态，否则以灰色显示。

Analyze（分析）素材分为两个步骤进行，在合成窗口中显示出蓝色框和黄色提示框。在分析素材时，合成窗口中的蓝色框中显示了Analyzing in background（Step 1 of 2）在背景中分析（2个步骤中的步骤1），可以直观判断正在进行的是两个分析步骤中的步骤1，即在背景中以帧的形式分析素材，如图7-159所示。

在合成窗口中的黄色框中显示Stabilizing（Step 2 of 2）稳定（2个步骤中的步骤2）时，

可以直观判断正在进行的是两个分析步骤中的步骤2，也就是已经分析完成，并正在使其稳定。在稳定过程中，Stabilization（稳定）选项后的省略号在闪烁，直到稳定运算完成，如图7-160所示。

图7-159　分析步骤1

图7-160　分析步骤2

- Stabilization（稳定）：Stabilization（稳定）选项包含Result（结果）、Smoothness（平滑度）和Method（方法）三项子属性。
  - Result（结果）：可以设置动态图像弯曲后最终显示的效果，其右侧的下拉列表中包括Smooth Motion（平滑运动）和NO Motion（无运动）两种结果。
  - Smoothness（平滑度）：可以设置动态图像弯曲的平滑程度，此项只有Result（结果）项设置为Smooth Motion（平滑运动）时才有效。
  - Method（方法）：可以设置动态图像的弯曲方法，其右侧的下拉列表中包括Position（位移）、Position Scale Rotation（位移缩放旋转）、Perspective（透视）和Subspace Warp（空间变形）弯曲方法。
- Borders（边界）：Borders（边界）选项提供了图像边框在弯曲时可以约束的属性，包括Framing（边框）、Auto-scale（自动缩放）和Additional scale（额外缩放）三项属性。
  - Framing（边框）：提供了图像变形时对边框的约束方式，其右侧的下拉列表中包括Stabilize Only（仅稳定）、Stabilize Crop（稳定物）、Stabilize Crop Auto-scale（稳定物自动缩放）和Stabilize Synthesize Edges（稳定综合边缘）。
  - Auto-scale（自动缩放）：可以设置自动缩放的最大程度及预留的安全区域。Maximum Scale（最大缩放）项可以设置自动缩放的最大缩放程度，Action-safe Margin（安全区域）选项可以设置自动缩放时预留的安全区域，Auto-scale（自动缩放）项只有当Framing（边框）项设置为Auto-scale（稳定物自动缩放）或Stabilize Synthesize Edges（稳定综合边缘）时才为可用状态。
  - Additional scale（额外缩放）：其数值控制图像在弯曲变形时，在缩放的基础上额外缩放幅度。
- Advanced（微调）：将Advanced（微调）选项展开后可以进一步调整多项参数。

7.4.23　波浪变形

Wave Warp（波浪变形）滤镜特效可以在指定的范围内随机产生弯曲的波浪效果，如图7-161所示。

在Wave Warp（波浪变形）滤镜特效控制面板中，可以设置各项属性来控制波浪变形的效果，如图7-162所示。

图7-161 波浪变形效果

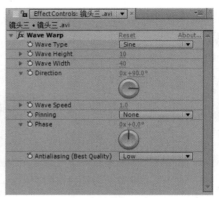

图7-162 波浪变形控制面板

- Wave Type（波浪类型）：可以设置波浪的形状，其右侧的下拉列表中包括Sine（正弦）、Square（正方形）、Triangle（三角形）、Sawtooth（锯齿）、Cirle（圆周）、Semicercle（半圆形）、Uncircle（逆向圆周）、Noise（噪波）及Smooth Noise（平滑噪波）波浪类型，如图7-163所示。
- Wave Height（波浪高度）：可以控制波浪的高度，可以根据需要适当的调整。

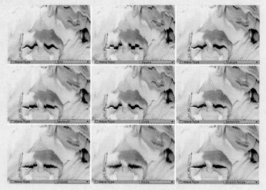

图7-163 波浪类型设置

可以设置一个低波浪高度值和一个高波浪高度值，查看产生的波浪效果对比。当波浪高度的值设置为5和30产生的波浪效果对比如图7-164所示。

- Wave Width（波浪宽度）：可以控制波浪的宽度，可以根据需要适当的调整。

可以设置一个低波浪宽度值和一个高波浪宽度值，查看产生的波浪效果对比。当波浪宽度的值设置为20和40所产生的波浪效果对比如图7-165所示。

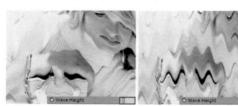

图7-164 波浪高度设置

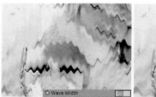

图7-165 波浪宽度设置

- Direction（方向）：可以设置需要的角度来控制波浪的方向。

通过设置不同的方向角度值，图像的扭曲效果也不同，可以对比两个方向值产生的扭曲效果，查看方向值对波浪方向的控制。设置Direction（方向）项的值为40和120时图像扭曲效果对比如图7-166所示。

- Wave Speed（波浪速度）：可以控制波浪的运动速度。通过设置两个波浪速度值，对比波浪的运动状态，可以查看速度值对波浪运动速度的影响。

设置一个低速度值2和一个相对高的速度值6，波浪的运动效果对比如图7-167所示。

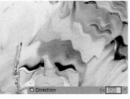　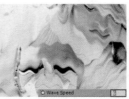

图7-166　方向值设置　　　　　　　　图7-167　波浪速度设置

- Pinning（固定）：可以固定图像的边缘，图像波浪变形时使边缘保持在原始位置，其右侧的下拉列表中包括了None（无）、All Edges（所有边缘）、Center（中心）、Left Edge（左边）、Top Edge（顶边）、Right Edge（右边）、Bottom Edge（底边）、Horizontal Edges（水平边）和Verticals Edges（垂直边）。其使用方法及功能与Turbulent Displace（絮乱置换）滤镜特效中的Pinning（固定）选项相似。
- Phase（相位）：用于将波浪效果改变到新的位置，可以在波浪形成过程中的任意位置插入波纹。
- Antialiasing Best Quality（抗锯齿最好质量）：可以设置图像变形扭曲后的画面质量，仅在图像最好质量模式下才有效果。其右侧的下拉列表中包括Low（低）、Medium（中）和High（高）3个级别，如图7-168所示。

图7-168　抗锯齿最好质量

7.5　Expression Controls表达式控制

　　Expression Controls（表达式控制）滤镜特效提供了在时间线的层属性中添加表达式控制效果的功能，其中包括3D Point Control（三维点控制）、Angle Control（角度控制）、Checkbox Control（复选框控制）、Color Control（色彩控制）、Layer Control（层控制）、Point Control（点控制）和Slider Control（滑块控制）选项控制命令，如图7-169所示。

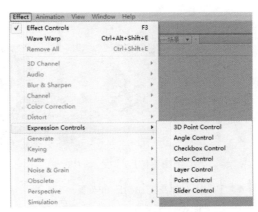

图7-169　表达式控制菜单

7.6 Generate生成

Generate（生成）特效滤镜可以在层上创建一些特殊的效果，包括一些自然界中的模拟效果，如闪电、云层噪波等，其中大部分特效在层质量不同的情况下，效果也有所不同。该组特效中提供了4-Color Gradient（四色渐变）、Advanced Lightning（高级闪电）、Audio Spectrum（音频声谱）、Audio Waveform（音频波形）、Beam（光束）、Cell Pattern（单元样式）、Checkerboard（棋盘格）、Circle（圆形）、Ellipse（椭圆）、Eyedropper Fill（滴管填充）、Fill（填充）、Fractal（分形）、Grid（网格）、Lens Flare（镜头光晕）、Lightning（闪电）、Paint Bucket（油漆桶）、Radio Waves（无线电波）、Ramp（渐变）、Scribble（涂鸦）、Stroke（描边）、Vegas（勾画）和Write-on（书写）多项滤镜特效，如图7-170所示。

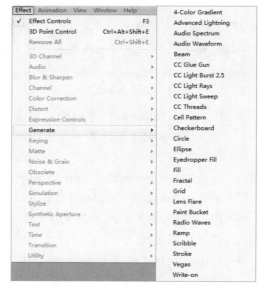

图7-170 生成特效菜单

7.6.1 四色渐变

4-Color Gradient（四色渐变）滤镜特效可以在层上指定4种颜色，并且利用不同的混合模式创建出多种不同风格的渐变效果，如图7-171所示。

在4-Color Gradient（四色渐变）滤镜特效控制面板中，可以设置Positions & Colors（位置/颜色）、Blend（混合）、Jitter（抖动）、Opacity（不透明度）和Blending Mode（混合模式）属性，如图7-172所示。

图7-171 四色渐变效果

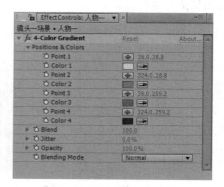

图7-172 四色渐变控制面板

- Positions & Colors（位置/颜色）：可以设置4种颜色以及分布位置。
  - Point（点）：可以设置颜色分布的位置。用户使用 ⊕ 中心点按钮，直观地在合成窗口中的画面上确定位置；还可以直接修改 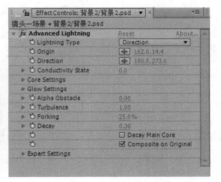 中心点按钮右侧的坐标值精确地指定位置。

> Color（颜色）：可以指定颜色。使用 颜色块按钮，可以在弹出的颜色拾取器中拾取颜色，也可以使用 吸管工具吸取需要的颜色。

- Blend（混合）：可以设置4种颜色间相互混合程度。设置的混合值越高，4种颜色之间相互混合的程度越高。
- Jitter（抖动）：可以控制颜色的不稳定性，参数值越小，色彩的稳定性就越大。
- Opacity（不透明度）：通过设置Opacity（不透明度）项的数值，可以控制色彩的不透明度，设置的数值越小色彩越透明。
- Blending Mode（混合模式）：可以在其右侧的下拉列表中设置色彩与图像之间的混合模式，使用方法与层叠加模式相同。

7.6.2 高级闪电

Advanced Lightning（高级闪电）滤镜特效可以模拟自然界真实的闪电效果。该特效与 Lightning（闪电）滤镜特效略有不同，该特效具有更多细节的调节选项，通过适当调整各选项参数可以产生更真实的闪电效果，如图7-173所示。

在Advanced Lightning（高级闪电）滤镜特效控制面板中，可以设置各项属性来约束闪电效果，如图7-174所示。

图7-173　高级闪电效果

图7-174　高级闪电控制面板

- Lightning Type（闪电类型）：可以设置闪电的类型，其中提供了Direction（方向）、Strike（击打）、Breaking（断裂）、Bouncey（弹力）、Omni（全方位）、Anywhere（随机）、Vertical（垂直）及Two-Way Strike（双向击打）8种类型，如图7-175所示。
  > Direction（方向）：闪电带有方向性。
  > Strike（击打）：可以模拟闪电击打下来的效果。
  > Breaking（断裂）：可以模拟闪电分叉的效果。
  > Bouncey（弹力）：可以模拟闪电带有弹性的效果。
  > Omni（全方位）：可以记录闪电全方位的闪动效果，模拟闪电躁动的力量感。
  > Anywhere（随机）：可以模拟随机性的闪电效果。

> Vertical（垂直）：仅产生垂直方向的闪电效果。
> Two-Way Strike（双向击打）：产生的闪电由两个方向向中间击打，模拟闪电间相撞的效果。

图7-175　闪电类型设置

- Origin（原点）：可以设置闪电的起始点，可以使用原点项右侧的 ⊕ 中心点按钮或输入坐标值，在合成窗口中确定闪电开始的位置，如图7-176所示。
- Direction（方向）与Outer Radius（外部半径）：可以设置闪电运动的方向。使用 ⊕ 中心点按钮或输入坐标值，可以确定闪电运动的方向，如图7-177所示。

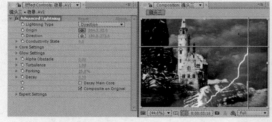

图7-176　闪电原点的设置

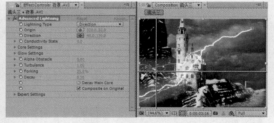

图7-177　闪电方向

当Lightning Type（闪电类型）选项设置为Omni（全方位）或Anywhere（随机）时，Direction（方向）选项属性变为Outer Radius（外部半径），可以控制闪电从原点出发后的运动距离。使用 ⊕ 中心点按钮或输入坐标值，可以确定闪电从原点出发后的运动距离，如图7-178所示。

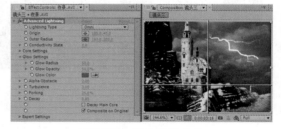

图7-178　设置外部半径

- Conductivity State（传导状态）：可以控制闪电路径的传导状态。
- Core Settings（中心设置）：可以控制闪电的核心参数，其卷展栏下包括Core Radius（中心半径）、Core Opacity（中心不透明度）和Core Color（中心颜色）。
  > Core Radius（中心半径）：可以设置闪电的粗细程度。设置的半径数值越大闪电越粗，通过设置不同的半径值对比闪电效果，可以查看半径数值对闪电粗细程度的影响。当设置Core Radius（中心半径）值为3和8时，闪电效果对比如图7-179所示。

➢ Core Opacity（中心不透明度）：可以设置闪电中心效果的不透明度，并不影响闪电的光晕效果，设置的数值越小闪电中心效果越透明。当Core Opacity（中心不透明度）项设置为20和80时，闪电中心的不透明效果对比如图7-180所示。

图7-179　中心半径设置　　　　　　　　图7-180　中心不透明度设置

➢ Core Color（中心颜色）：可以设置闪电的颜色。使用□颜色块按钮，在弹出的颜色拾取器中指定颜色，也可以使用▬吸管工具为闪电指定颜色。

● Glow Settings（光晕设置）：可以控制闪电的光晕效果。展开该选项的卷展栏，可以控制Glow Radius（光晕半径）、Glow Opacity（光晕不透明度）和Glow Color（光晕颜色）。

➢ Glow Radius（光晕半径）：可以设置闪电光晕的范围大小。

➢ Glow Opacity（光晕不透明度）：可以设置闪电光晕的不透明度，设置的数值越小，光晕越透明。

➢ Glow Color（光晕颜色）：通过□颜色块按钮或▬吸管工具为光晕指定颜色。

● Turbulence（动荡）：可以控制闪电动荡的剧烈程度，当模拟闪电的爆烈效果。

Turbulence（动荡）项设置为1和3时，闪电的动荡效果对比如图7-181所示。

● Forking（分叉）：可以控制闪电的分叉数量。设置分叉的百分比数值越大，闪电分叉越多。

当设置Forking（分叉）项为0时，闪电不分叉，只有柱状闪电；当设置Forking（分叉）项为50时，核心闪电产生多条分叉，如图7-182所示。

图7-181　动荡设置　　　　　　　　图7-182　分叉设置

● Decay（衰减）：可以控制闪电分叉的衰减程度。设置的衰减数值越大，闪电分叉衰减程度越大。

在其他参数不变的状态下，当设置Decay（衰减）项为0.3和0.8时，闪电的分叉衰减效果对比如图7-183所示。

● Decay Main Core（衰减主要核心）：勾选Decay Main Core（衰减主要核心）选项，调节Decay（衰减）项的数值，可以控制闪电的主要核心和光晕同时衰减。

取消勾选Decay Main Core（衰减主要核心）和勾选Decay Main Core（衰减主要核心）项的闪电效果对比如图7-184所示。

图7-183　衰减设置　　　　　　　　　　图7-184　衰减主要核心设置

- Composite on Original（与原图像混合）：勾选Composite on Original（与原图像混合）选项，可以使闪电效果与原图像混合显示，如图7-185所示。

- Expert Settings（高级设置）：可以进一步对闪电的分叉效果进行调

图7-185　与原图像混合设置

整，展开卷展栏后，用户可以设置Complexity（复杂度）、MinForkdistance（最小分叉距离）、Termination Threshold（结束界限）、Main Core Collision Only（仅主核心振动碰撞）、Fractal Type（不规则分型类型）、Core Drain（核心消耗）、Fork Strength（分叉强度）和Fork Variation（分叉变化）。

7.6.3　音效声谱

Audio Spectrum（音效声谱）滤镜特效用于产生音频频谱，将看不见的声音图像化，能够有效推动音乐的感染力，如图7-186所示。

在Audio Spectrum（音效声谱）滤镜特效控制面板中，可以设置各项属性来控制音频以声谱的形式表现出来的效果，如图7-187所示。

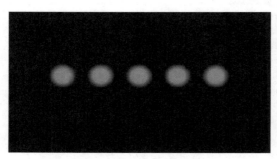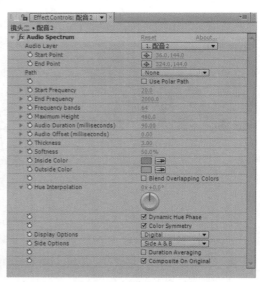

图7-186　音效声谱效果　　　　　　　　图7-187　音效声谱控制面板

- Audio Layer（音频层）：可以设置用于声谱化的音频层。
- Start Point（开始点）：可以设置声谱的开始位置。使用 ◈ 中心点按钮或输入坐标值，可以设置声谱的开始位置，如图7-188所示。
- End Point（结束点）：可以设置声谱的结束位置，使用 ◈ 中心点按钮或输入坐标值，可以设置声谱的结束位置，如图7-189所示。

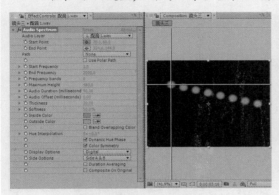

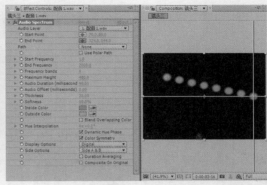

图7-188　设置开始位置　　　　　　　　　图7-189　设置结束位置

- Path（路径）：可以在Path（路径）项右侧的下拉列表中选择层中的遮罩作为声谱的显示路径，如图7-190所示。
- Use Polar Path（使用两极路径）：可以控制声谱在路径的极点显示，如图7-191所示。

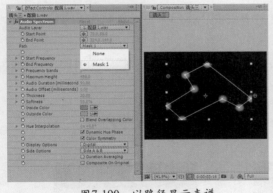

图7-190　以路径显示声谱　　　　　　　　　图7-191　两极路径显示

- Frequency Bands（频率次数）：可以控制频率发生的次数。通过设置两个频率发生次数，比较音频声谱化的效果，可以查看频率发生次数对声谱的影响。

当Frequency Bands（频率次数）项设置为12和38时，音频声谱化的效果对比如图7-192所示。

- Maximum Height（最大高度）：通过设置Maximum Height（最大高度）选项的数值，可以以像素为单位控制频率的最大高度。
- Audio Duration（音频持续时间）：通过设置Audio Duration（音频持续

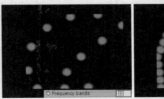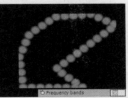

图7-192　频率次数

时间）选项的数值，可以以毫秒为单位控制音频的持续时间，用于计算声谱。

- Audio Offset（音频偏移量）：通过设置Audio Offset（音频偏移量）选项的数值，可以以毫秒为单位控制音频的时间偏移量。
- Thickness（厚度）：可以控制声谱的层次、厚度。通过设置两个不同的厚度值，比较音频声谱化的效果，可以查看厚度值对声谱的影响。

当Thickness（厚度）项设置为3和20时，音频声谱化的效果对比如图7-193所示。

- Softness（柔和度）：可以设置音频声谱化的柔和程度。通过设置两个不同的柔和度值，对比声谱效果，可以查看柔和度值对声谱的影响。

当Softness（柔和度）项设置为0和20时，声谱效果对比如图7-194所示。

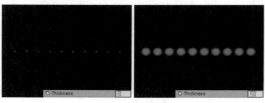

图7-193　厚度设置　　　　　　　　　　　图7-194　柔和度设置

- Inside Color（内部颜色）与Outside Color（外部颜色）：Inside Color（内部颜色）选项可以设置声谱内部的颜色，Outside Color（外部颜色）选项可以设置声谱外部的颜色，如图7-195所示。
- Hue Interpolation（颜色插值）：可以旋转色调彩色空间显示声谱颜色。通过设置两个不同的角度值，对比音频的声谱化效果，可以查看颜色不同插值对声谱的影响。

当设置Hue Interpolation（颜色插值）的值为275和-54时，音频声谱效果对比如图7-196所示。

- Display Options（显示选项）：可以控制声谱的显示方式，其右侧的下拉列表中包括Digital（数字）、Analog Lines（模拟线）和Analog dots（模拟点）3种显示方式，如图7-197所示。

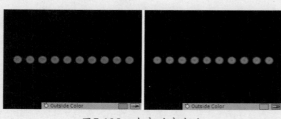

图7-195　内部外部颜色

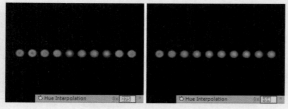

图7-196　颜色插值设置

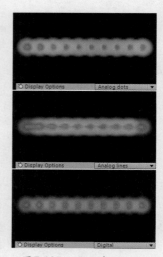

图7-197　显示选项设置

- Side Options（侧选项）：可以控制声谱在路径上的显示方位，其中可以设置为在路径上方显示、在路径下方显示或在路径的上下方同时显示。

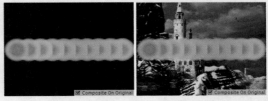

- Composite On Original（与原图像混合）：可以控制效果是否与图像混合，如图7-198所示。

图7-198 与原图像混合

7.6.4 音频波形

Audio Waveform（音频波形）滤镜特效是一个制作视频效果的滤镜，可以将指定的声音素材以波形的形式图像化。图像化的音效波形可以沿层路径显示或与其他层叠加显示，如图7-199所示。

在音频波形特效的控制面板中设置各项属性，可以控制音频波形化显示的效果，如图7-200所示。

图7-199 音效波形效果　　　　图7-200 音频波形控制面板

- Audio Layer（音频层）：在Audio Layer（音频层）选项的下拉列表中可以指定要波形化的音频层。
- Start Point（开始点）：可以设置波形的开始位置。
- End Point（结束点）：可以设置波形的结束位置。
- Path（路径）：可以选择当前层中某个遮罩作为声谱的显示路径。
- Displayed Samples（采样显示）：可以设置音频波形显示的采样多少。
- Maximum Height（最大高度）：以像素为单位控制频率的最大高度。
- Audio Duration（音频持续时间）：可以设置以毫秒为单位控制音频的持续时间，用于计算声谱。
- Audio Offset（音频偏移量）：可以设置音频的时间偏移量，以毫秒为单位。
- Thickness（厚度）：可以控制声谱的层次与厚度。
- Softness（柔和）：可以设置波形的柔化程度，数值越大波形越柔和。
- Random Seed（随机种子）：可以设置波形显示的随机数量。
- Inside Color（内侧颜色）：可以设置波形的内侧颜色。使用□颜色块按钮或吸管工具按钮，可以指定波形内侧显示的颜色。

● Outside Color（外侧颜色）：可以设置波形的外侧颜色。使用□□颜色块按钮或→ 吸管工具按钮，可以指定波形外侧显示的颜色。

● Waveform Options（波形选项）：在Waveform Options（波形选项）下拉列表中包括Mono（单声道）、Left（左）声道和Right（右）声道。

● Display Options（显示选项）：在Display Options（显示选项）选项下拉列表中可以指定波形的显示方式，包括Digital（数字）、Analog lines（模拟线）和Analog dots（模拟点）3种显示方式。

● Composite On Original（与原始图像混合）：勾选Composite On Original（与原始图像混合）选项，波形效果与图像混合显示。如果取消勾选此项，则单独显示波形效果。

7.6.5 光束

Beam（光束）滤镜特效可以通过在图像上创建光束图形，模拟激光或光束的移动效果，如图7-201所示。

在Beam（光束）滤镜特效的控制面板中，可以设置各项属性来约束光束的移动效果，属性的功能与使用方法和Audio Waveform（音频波形）滤镜特效中的属性相似，如图7-202所示。

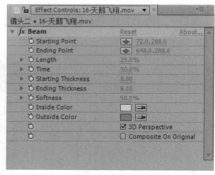

图7-201　光束效果　　　　　　　　　　图7-202　光束控制面板

● Start Point（开始点）：通过设置Start Point（开始点）选项的数值可以设置光束的开始位置。

● End Point（结束点）：通过设置End Point（结束点）选项的数值可以设置光束的结束位置。

● Length（长度）：通过设置Length（长度）选项的百分比值可以设置激光或光束的长度。

● Time（时间）：通过设置Time（时间）选项的百分比值可以设置激光或光束从起始位置到结束位置的运动时间。

● Starting Thickness（起始点厚度）：可以设置光束起点的宽度，并可以将光束设置为梯形。

- Ending Thickness（结束点厚度）：可以设置结束点光束的宽度，也可以将光束设置为梯形。
- Softness（柔和）：通过设置Softness（柔和）项的数值，可以控制激光或光束边缘柔化程度，数值越大光束边缘越柔和。
- Inside Color（内侧颜色）：可以设置光束的内侧颜色。使用☐颜色块按钮或📥吸管工具按钮，可以指定光束内侧显示的颜色。
- Outside Color（外侧颜色）：可以设置光束的外侧颜色。使用☐颜色块按钮或📥吸管工具按钮，可以指定光束外侧显示的颜色。
- 3D Perspective（三维透视）：勾选3D Perspective（三维透视）选项，光束会产生具有Z轴向的三维纵深透视。
- Composite On Original（与原始图像混合）：勾选Composite On Original（与原始图像混合）选项，激光或光束效果与图像混合显示。如果取消勾选此项，则单独显示激光光束效果。

7.6.6 CC生成滤镜

在Generate（生成）特效滤镜菜单中提供了许多CC系列滤镜命令，其中包括CC Glue Gun（CC喷胶枪）、CC Light Burst 2.5（CC突发光2.5）、CC Light Rays（CC光线）、CC Light Sweep（CC扫光）和CC Threads（CC线性光）滤镜命令，在标准版的After Effects CS6中并没有这些CC滤镜，而属于完整的大师版之中。

7.6.7 单元样式

Cell Pattern（单元样式）滤镜特效可以自由创建多种高质量的细胞单元状图案，如图7-203所示。

在Cell Pattern（单元样式）滤镜特效中，可以设置各项属性来影响最终的单元图案效果，如图7-204所示。

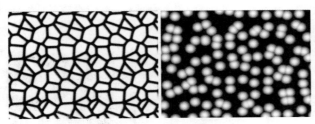

图7-203　单元样式效果

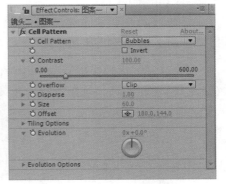

图7-204　单元样式控制面板

- Cell Pattern（单元样式）：可以设置图案类型，其右侧的下拉列表中包括Bubbles（气泡）、Crystals（结晶）、Plates（板块）、Static Plates（静态板块）、

Crystallize（结晶化）、Pillow（枕状）、Crystals HQ（高品质结晶）、Plates HQ（高品质板块）、Static Plates HQ（高品质静态板块）、Crystallize HQ（高品质结晶化）、Mixed Crystals（混合结晶）和Tubular（管状），如图7-205所示。

> Bubbles（气泡）：在图像中可以创建气泡形状的单元图案。
> Crystals（结晶）：在图像中可以创建结晶形状的单元图案。
> Plates（板块）：在图像中可以创建板块形状的单元图案。
> Static Plates（静态板块）：在图像中可以创建静态板块的单元图案。
> Crystallize（结晶化）：在图像中可以创建结晶化的单元图案。
> Pillow（枕状）：在图像中可以创建枕状的单元图案。
> Crystals HQ（高品质结晶）：在图像中可以创建高度清晰的结晶单元图案。
> Plates HQ（高品质板块）：在图像中可以创建高度清晰的板块单元图案。
> Static Plates HQ（高品质静态板块）：在图像中可以创建高度清晰的静态板块单元图案。
> Crystallize HQ（高品质结晶化）：在图像中可以创建高度清晰的结晶化单元图案。
> Mixed Crystals（混合结晶）：在图像中可以创建结晶混合显示的单元图案。
> Tubular（管状）：在图像中可以创建管状的单元图案。

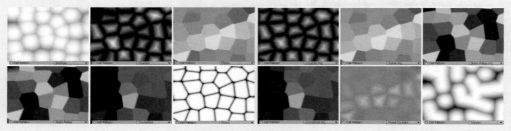

图7-205　单元样式设置

- Invert（反转）：可以使单元图案效果反转，勾选此项效果对比如图7-206所示。
- Contrast（对比度）：可以控制图案的对比度。设置的数值越大，单元图案的对比程度越强。

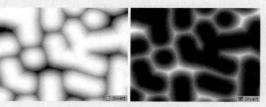

图7-206　反转单元图案

当为单元图案效果设置一个相对低的Contrast（对比度）值200和一个相对高的Contrast（对比度）值500时，单元图案的效果对比如图7-207所示。

- Overflow（溢出）：可以为单元样式设置溢出类型，其右侧的下拉列表中包括Clip（修剪）、Soft Clamp（软夹）和Wrap Back（回绕）3种溢出类型。只有当Cell Pattern（单元样式）选项设置为Bubbles（气泡）、Crystals（结晶）、Pillow（枕状）、Crystals HQ（高品质结晶）、Mixed

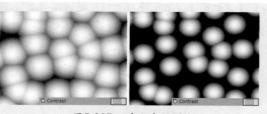

图7-207　对比度设置

Crystals（混合结晶）和Tubular（管状）时才可用。通常Clip（修剪）方式为默认溢出类型，可以将单元图案溢出部分修剪掉。

将Overflow（溢出）设置为Soft Clamp（软夹）类型，可以使单元图案溢出部分柔和的互相夹住，使细胞单元拥挤在一起；将Overflow（溢出）设置为Wrap Back（回绕），可以使单元图案溢出部分从背面包围单元图案，如图7-208所示。

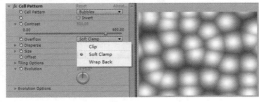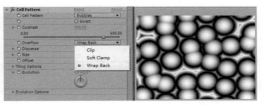

图7-208　溢出设置

● Disperse（分散）：可以控制单元图案的分散程度。最小值为0，最大值为1.5。

当设置Disperse（分散）项为0时，单元图案正常排列；当设置Disperse（分散）项为最大值1.5时，单元图案将最大程度地分散排列，其效果对比如图7-209所示。

● Size（尺寸）：可以控制单元图案的尺寸大小。通过设置两个不同的尺寸值，比较单元图案效果，可以查看尺寸的大小对单元图案的影响。

当单元图案设置的Size（尺寸）值为150和10时，单元图案效果对比如图7-210所示。

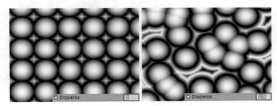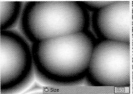

图7-209　分散排列设置　　　　图7-210　尺寸设置

● Offset（偏移）：可以为单元图案设置偏移位置，通常用来记录单元图案的偏移动画。使用中心点按钮或输入坐标值，可以确定单元图案的偏移位置，如图7-211所示。

● Tiling Options（平铺选项）：可以设置单元图案在水平和垂直方向的平铺状态。勾选Enable Tiling（使用平铺）项，水平和垂直单元的参数才为可用状态，如图7-212所示。

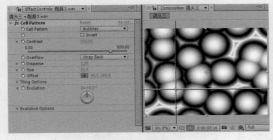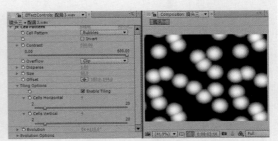

图7-211　设置偏移　　　　图7-212　使用平铺选项

当设置Cells Vertical（垂直单元）的数值为20和50时，可以使上侧的单元图案产生变化，通常用于记录动画，如图7-213所示。

- Evolution（演化）：可以控制单元图案的演化角度，通常用于记录单元图案的演化动画。通过设置两个演化角度，对比演化效果，可以查看演化角度值对单元图案的影响。

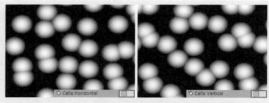

图7-213　垂直单元设置

设置Evolution（演化）项的角度值为30，单元图案效果可以作为演化动画的开始帧；设置Evolution（演化）项的角度值为110，单元图案效果可以作为演化动画的结束帧，如图7-214所示。

- Evolution Options（演化选项）：可以设置单元图案的循环和随机种子数。在勾选Cycle Evolution（循环演化）选项后，Cycle in Revolutions（循环周期）才为可用状态，设置循环次数以及Random Seed（随机种子）的数值，得到单元图案的循环效果如图7-215所示。

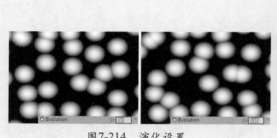

图7-214　演化设置

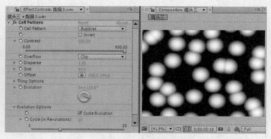

图7-215　循环演化

7.6.8　棋盘格

Checkerboard（棋盘格）滤镜特效可以在层上创建高质量的棋盘格图案，并可以利用丰富的混合模式与原始层进行混合，得到更多的视觉效果，如图7-216所示。

在Checkerboard（棋盘格）滤镜特效的控制面板中，可以设置各项属性控制图像的棋盘格效果，如图7-217所示。

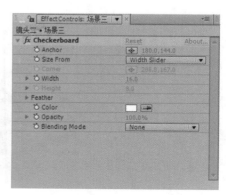

图7-216　棋盘格效果

图7-217　棋盘格控制面板

- Anchor（锚点）：可以控制棋盘格图案的起始点或定位点位置。
- Size From（尺寸来自）：可以定义特效方格大小的方式，其右侧的下拉列表中包括Corner Point（角点）、Width Slider（宽度滑块）和Width & Height Sliders（宽度与高度滑块）。
- Corner（角）：可以控制角点与定位点之间的空间关系。
- Width（宽度）：可以控制棋盘格图案的水平宽度，只有当Size From（尺寸来自）项设置为Width Slider（宽度滑块）或Width & Height Sliders（宽度与高度滑块）时才为可用状态。
- Height（高度）：可以控制棋盘格图案的垂直高度，只有当Size From（尺寸来自）项设置为Width & Height Sliders（宽度与高度滑块）时才为可用状态。
- Feather（羽化）：可以控制棋盘格图案的边缘羽化程度，展开其卷展栏后，可以单独控制棋盘格图案Width（宽度）与Height（高度）的羽化程度。
- Color（颜色）：可以设置棋盘格图案的颜色。可以使用□颜色块按钮或 吸管工具为棋盘格指定颜色。
- Opacity（不透明度）：可以控制棋盘格图案的不透明度。设置的数值越小，棋盘格图案越透明。
- Blending Mode（混合模式）：可以设置棋盘格图案与原始层之间的混合模式。

7.6.9　圆形

Circle（圆形）滤镜特效可以在图像中创建一个圆形或环形的图案，效果如图7-218所示。

在Circle（圆形）滤镜特效控制面板中设置各项属性，可以控制圆的效果，如图7-219所示。

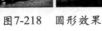

图7-218　圆形效果

图7-219　圆形控制面板

- Center（中心）：可以设置圆形的中心位置。可以使用 中心点按钮或输入坐标值来设置圆形的位置。
- Radius（半径）：可以设置圆形的半径大小。
- Edge（边缘）：可以设置圆形的边缘形式，其右侧的下拉列表中包括None（无）、Edge Radius（边缘半径）、Thickness（厚度）、Thickness Radius（厚度半径）、Thickness & Feather Radius（厚度羽化半径）边缘形式。

- Edge Radius（边缘半径）：可以设置圆形内侧边缘半径大小。
- Feather（羽化）：可以设置圆形的边缘羽化程度。
- Invert Circle（反转圆）：可以设置是否开启反转圆，开启反转圆后，按圆形以外区域显示图形。
- Color（颜色）：可以设置圆形的颜色。
- Opacity（不透明度）：可以设置圆形的不透明程度。
- Blending Mode（混合模式）：可以设置圆形与原图像的混合模式，其下拉列表中包括众多的叠加混合命令。

7.6.10 椭圆

Ellipse（椭圆）滤镜特效可以在图像中创建一个椭圆形图案，效果如图7-220所示。

在Ellipse（椭圆）滤镜特效控制面板中，可以设置各项属性控制椭圆的效果，如图7-221所示。

图7-220　椭圆效果　　　　　　　　　图7-221　椭圆控制面板

- Center（中心）：可以设置椭圆形的中心位置。
- Width（宽）：可以设置椭圆形状水平方向的宽度。
- Height（高）：可以设置椭圆形状垂直方向的高度。
- Thickness（厚度）：可以设置椭圆形状内侧边与外侧边之间的厚度。
- Softness（柔化）：可以设置椭圆的边缘羽化程度，设置的数值越大边缘越柔和。
- Inside Color（内侧颜色）：可以设置椭圆图案的内侧颜色。使用□颜色块按钮或吸管工具按钮，可以指定椭圆图案内侧显示的颜色。
- Outside Color（外侧颜色）：可以设置椭圆图案的外侧颜色。使用□颜色块按钮或吸管工具按钮，可以指定椭圆图案外侧显示的颜色。
- Composite On Original（与原始图像混合）：勾选Composite On Original（与原始图像混合）选项，椭圆图案效果与图像混合显示。取消勾选此项，则单独显示椭圆图案效果。

7.6.11 滴管填充

Eyedropper Fill（滴管填充）滤镜特效可以在图像中指定样本颜色，然后使样本颜色填充到原始层中，如图7-222所示。

在Eyedropper Fill（滴管填充）滤镜特效的控制面板中，可以设置采样点、采样半径、平均像素颜色以及混合模式等属性，如图7-223所示。

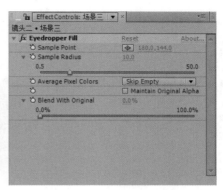

图7-222　滴管填充效果　　　　　　　图7-223　滴管填充控制面板

- Sample Point（采样点）：可以设置颜色采样点的位置，可以使用 ⊕ 中心点按钮或输入坐标值即可完成。
- Sample Radius（采样半径）：可以设置采样的半径大小。
- Average Pixel Colors（平均像素颜色）：可以设置采样区域内的采样方式，其右侧的下拉列表中包括Skip Empty（跳过空白）、All（全部）、All Premultiplied（全部预乘）和Including Alpha（包含通道）。
- Blend With Original（与原始图像混合）：可以设置采样颜色与原始层混合程度。

7.6.12　填充

Fill（填充）滤镜特效可以在遮罩区域填充指定的颜色，效果如图7-224所示。

在Fill（填充）滤镜特效控制面板中，可以设置各项属性控制填充的目标遮罩、填充颜色和填充效果的透明度等属性，从而约束最终的填充效果，如图7-225所示。

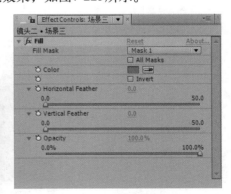

图7-224　填充效果　　　　　　　图7-225　填充控制面板

- Fill Mask（填充遮罩）：在Fill Mask（填充遮罩）选项的下拉列表中可以指定当前层中需要填充颜色的遮罩。勾选All Mask（全部遮罩）选项，则填充当前层中所有的遮罩。

- Color（颜色）：可以设置填充的颜色。使用 ▢ 颜色块按钮或者 ▱ 吸管工具按钮都可以指定颜色。
- Invert（反转）：勾选Invert（反转）项，填充区域将变成指定遮罩以外的区域，反转效果如图7-226所示。

图7-226　反转效果

- Horizontal Feather（水平羽化）：可以设置填充效果沿水平方向的羽化程度。
- Vertical Feather（垂直羽化）：可以设置填充效果沿垂直方向的羽化程度。
- Opacity（不透明度）：Opacity（不透明度）选项的数值大小控制填充效果的不透明程度，数值越小填充效果越透明。

7.6.13　分形

Fractal（分形）滤镜特效可以为影片创建奇幻的纹理效果，尤其是在记录Fractal（分形）滤镜特效的动画时，可以产生很绚丽的万花筒般的效果，如图7-227所示。

在Fractal（分形）滤镜特效的控制面板中，可以设置其各项属性来约束最终的分形效果，如图7-228所示。

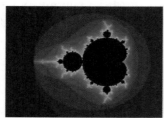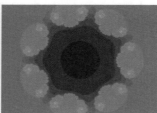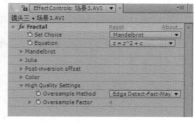

图7-227　分形效果　　　　　　　　　　　　图7-228　分形控制面板

- Set Choice（设置选择）：可以在Set Choice（设置选择）项右侧的下拉列表中选择要使用的分形方式，包括Mandelbrot、Mandelbrot Inverse、Mandelbrot Over Julia、Mandelbrot Inverse Over Julia、Julia和Julia Inverse项，如图7-229所示。

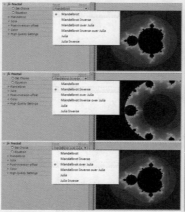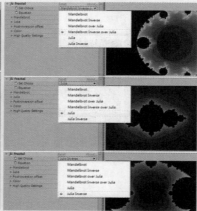

图7-229　设置选择

- Equation（方程式）：可以设置分形所使用的方程式，其右侧的下拉列表中包括Z=Z^2+C、Z=Z^3+C、Z=Z^5+C和Z=Z^7+C，如图7-230所示。

- Mandelbrot：在Mandelbrot选项展开卷展栏后，可以对分形进行X、Y坐标位置、Magnification（放大）等参数设置。

- Julia：Julia选项的使用方法与功能设置和Mandelbrot项相似，只是显示效果有所不同。

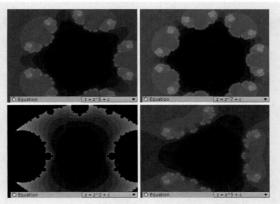

图7-230　方程式设置

- Post-Inversion Offset（倒置后的偏移量）：以X、Y轴控制分形倒置后的偏移量。

- Color（颜色）：展开Color（颜色）选项的卷展栏，可以控制Overlay（叠加）、Transparency（透明度）和Hue（色调）等多项细节参数。

- High Quality Settings（高质量设置）：可以在High Quality Settings（高质量设置）选项菜单中设置分形的采样方式和采样因子的数量，从而控制分形的质量。

7.6.14　网格

Grid（网格）滤镜特效可以在画面中产生网格效果，如图7-231所示。

在Grid（网格）滤镜特效控制面板中，可以设置其各项属性来约束网格效果，如图7-232所示。

图7-231　网格效果

图7-232　网格控制面板

- Anchor（定位点）：可以设置网格的位置点，设置不同的定位点，网格效果的疏密也不同。

- Size From（尺寸来自）：可以选择网格尺寸方式，其右侧的下拉列表中包括Corner Point（角点）、Width Slider（宽度滑块）和Width & Height Sliders（宽度与高度滑块）。

- Comer（角）：可以设置边角点的位置。只有当Size From（尺寸来自）选项设置为Corner Point（角点）时此项才可用。

- Width（宽度）：可以设置网格的宽度，只有当Size From（尺寸来自）选项设置为Width Slider（宽度滑块）或Width & Height Sliders（宽度与高度滑块）时才可用。
- Height（高度）：可以设置网格的高度，只有当Size From（尺寸来自）选项设置为Width & Height Sliders（宽度与高度滑块）时才可用。
- Border（边缘）：可以设置网格线的精细度，数值越大网格越粗。
- Feather（羽化）：可以设置网格线的柔化度。其卷展栏下包括Width（宽度）和Height（高度）两项属性。Width（宽度）选项可以设置垂直方向网格线的柔和度。Height（高度）选项可以设置水平方向网格线的柔和度，其使用方法与Width（宽度）项相似。

当Width（宽度）的值设置为0和20时，网格的羽化效果对比如图7-233所示。

- Invert Grid（反转网格）：勾选Invert Grid（反转网格）选项，可以反转显示网格效果，如图7-234所示。

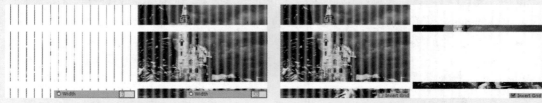

图7-233 羽化设置　　　　　　　　　　　　　　图7-234 反转网格

- Color（颜色）：可以设置网格的颜色。使用☐颜色块按钮或者吸管工具按钮，都可以指定颜色。
- Opacity（不透明度）：通过设置Opacity（不透明度）选项的数值大小，可以控制网格效果的不透明程度，数值越小越透明。
- Blending Mode（混合模式）：可以设置网格与原图像的混合模式，其右侧的下拉列表中包括多项叠加混合命令。

7.6.15　镜头光晕

Lens Flare（镜头光晕）滤镜特效可以模拟摄影机的镜头光晕，制作出光斑照射的效果，如图7-235所示。

在Lens Flare（镜头光晕）滤镜特效控制面板中，可以设置光晕的中心、亮度、镜头类型以及混合程度等属性，控制镜头的光晕效果，如图7-236所示。

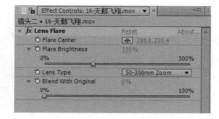

图7-235　镜头光晕效果　　　　　　　　　　　图7-236　镜头光晕控制面板

- Flare Center（光晕中心）：可以控制光晕的中心位置。
- Flare Brightness（光晕亮度）：通过设置Flare Brightness（光晕亮度）选项的百分比值，可以控制光晕的明亮程度。当最小值为0时光晕效果消失，当最大值为300时光晕达到最大亮度，通常不建议使用最大值。
- Lens Type（镜头类型）：可以设置摄影机镜头的类型，其右侧下拉列表中包括50-300 mm Zoom（50-300 mm变焦）、35 mm Prime（35 mm定焦）和105 mm Prime（105 mm定焦）。
- Blend With Original（与原始图像混合）：可以设置光晕效果与原始图像的混合程度，设置的混合程度越高，光晕效果越淡。

7.6.16　油漆桶

Paint Bucket（油漆桶）滤镜特效可以根据指定区域创建轮廓或填充的效果，如图7-237所示。

在Paint Bucket（油漆桶）滤镜特效控制面板中，可以设置各项属性来综合约束油漆桶的效果，控制面板如图7-238所示。

图7-237　油漆桶效果　　　　　　　　　　图7-238　油漆桶控制面板

- Fill Point（填充点）：可以通过拾取相近颜色的方式设置图像中需要填充颜色的区域。
- Fill Selector（填充选择）：可以设置填充颜色的通道类型，通过选择不同的通道类型控制需要填充颜色的区域范围。其右侧的下拉列表中包括Color & Alpha（颜色与通道）、Straight Color（直接色彩）、Transparency（透明度）、Opacity（不透明度）和Alpha Channel（通道）。
- Tolerance（容差）：可以控制指定填充颜色的区域像素范围。通过设置不同的容差值，填充颜色的区域像素范围会受不同影响。

当Tolerance（容差）设置为20和40时，填充颜色的像素范围对比如图7-239所示。

- View Threshold（查看界限）：勾选View Threshold（查看界限）项，可以查看填充区域与非填充区域的界限，图像以黑白模式显示，白色为填充区域像素，黑色为非填充区域像素，如图7-240所示。
- Stroke（描边）：可以设置填充颜色区域的边缘处理方式，其右侧的下拉列表中包括Antialias（抗锯齿）、Feather（羽化）、Spread（扩散）、Choke（阻塞）和Stroke（描边）。

图7-239 容差设置

图7-240 查看界限

- Invert Fill（反转填充）：可以反转填充区域，使已被填充区域与未被填充区域反转，如图7-241所示。

图7-241 反转填充

- Color（颜色）：可以设置需要填充的颜色。使用☐颜色块按钮或者☞吸管工具按钮都可以指定颜色。

- Opacity（不透明度）：可以控制填充区域的不透明程度，设置的数值越大效果越不透明。

- Blending Mode（混合模式）：可以控制填充区域的颜色与原始图像之间的混合模式，与层叠加模式相似。

7.6.17 无线电波

Radio Waves（无线电波）滤镜特效是一种由圆心向外扩散的波纹效果，类似无线电波传递发散的动画效果，如图7-242所示。

在Radio Waves（无线电波）滤镜特效控制面板中，可以设置各项属性约束无线电波的效果，如图7-243所示。

图7-242 无线电波效果   图7-243 无线电波控制面板

- Producer Point（发射点）：可以设置无线电波的发射点位置。
- Render Quality（渲染质量）：可以控制渲染的质量，数值越大则渲染质量越高。
- Wave Type（波纹样式）：可以设置波纹的样式，在其右侧的下拉列表中可以选择Polygon（多边形）、Image Contours（图像轮廓）和Mask（遮罩）3种波纹样式。

- Wave Motion（波纹运动）：展开Wave Motion（波纹运动）选项卷展栏，可以设置电波动画的各项参数，包括Frequency（频率）、Expansion（扩展）、Orientation（定位）、Direction（方向）、Velocity（速度）、Spin（自旋）、Lifesoan（寿命）以及Reflection（反射）选项。

  - Frequency（频率）：控制电波运动的频率，设置的数值越大，同一时间内电波越多。

  - Expansion（扩展）：可以控制电波扩展范围的大小。设置的数值越大，电波扩展的范围越大。

  - Orientation（定位）：可以设置电波运动的方位。

  - Velocity（速度）：可以设置电波运动的速度，设置的数值越大，电波运动的越快。

  - Lifesoan（寿命）：可以设置电波运动的时间，以秒为单位。

  - Reflection（反射）：勾选该选项后电波在运动时可以产生反射。

- Stroke（描边）：可以设置波纹的形状、颜色以及不透明度等信息。其卷展栏下包括了Profile（轮廓）、Color（颜色）、Opacity（不透明度）、Fade-in Time（淡入时间）、Fade-out Time（淡出时间）、Start Width（开始宽度）和End Width（结束宽度）属性。

7.6.18 渐变

Ramp（渐变）滤镜特效可以在图像上创建一个线性渐变或放射性渐变斜面，并可以将其与原始图像相融合，如图7-244所示。

在Ramp（渐变）滤镜特效控制面板中，可以设置各项属性来约束添加的渐变斜面效果，如图7-245所示。

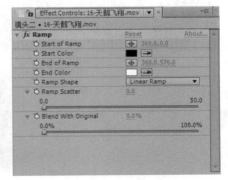

图7-244　渐变效果　　　　　图7-245　渐变控制面板

- Start of Ramp（渐变开始于）：可以设置渐变的开始位置。可以使用⊕中心点按钮或输入坐标值确定渐变的开始位置。

- Start Color（开始颜色）：可以设置渐变的开始颜色。可以使用▭颜色块按钮或▱吸管工具指定渐变开始的颜色。

- End of Ramp（渐变结束于）：可以设置渐变的结束位置。其使用方法与Start of

Ramp（渐变开始于）相同。

- End Color（结束颜色）：可以设置渐变的结束颜色。其使用方法与Start Color（开始颜色）相同。
- Ramp Shape（渐变类型）：可以设置渐变的类型，其右侧的下拉列表中提供了Linear Ramp（线性渐变）和Radial Ramp（放射性渐变）两种类型。
- Ramp Scatter（渐变扩散）：可以控制渐变层的色彩分散程度，该参数设置过高可以使渐变产生颗粒效果。
- Blend With Original（与原始图像混合）：通过设置Blend With Original（与原始图像混合）项的数值，可以控制渐变效果与原始图像之间的混合程度。设置的数值越大，渐变效果越淡。

7.6.19 涂鸦

Scribble（涂鸦）滤镜特效可以根据层上的遮罩来填充或描边，创建类似手工涂绘的效果，如图7-246所示。

在Scribble（涂鸦）滤镜特效的控制面板中，可以设置各项属性来控制手工涂绘的效果，如图7-247所示。

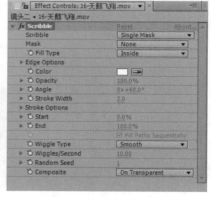

图7-246 涂鸦效果　　　　　　图7-247 涂鸦控制面板

- Scribble（涂鸦）：可以设置特效使用遮罩的方式，其下拉列表中包括None（无）、Single Mask（单一遮罩）、All Mask（全部遮罩）和All Mask Using Modes（全部遮罩使用模式）。
- Mask（遮罩）：可以设置选择使用的遮罩，只有Scribble（涂鸦）选项设置为Single Mask（单一遮罩）时，此选项才可用。
- Fill Type（填充类型）：可以确定特效对遮罩路径的涂写方式，其右侧的下拉列表中包括Inside（内侧）、Centered Edge（边缘中心）、Inside Edge（边缘内侧）、Outside Edge（边缘外侧）、Left Edge（左侧边）和Right Edge（右侧边）。当Fill Type（填充类型）设置为Centered Edge（边缘中心）时，将以边缘作为填充区域的中心。
- Edge Options（边缘选项）：可以控制涂鸦线条的边缘末端处理方式。该选项卷展栏下可以控制边缘宽度、线条的拐角形状以及角连接的时间限制等参数。此选项只有在Fill Type（填充类型）设置为除Inside（内侧）外的其他填充类型时才可用。

- Color（颜色）：可以设置涂鸦线条的颜色。
- Opacity（不透明度）：可以控制涂鸦线条的不透明度。设置的数值越大，涂鸦线条越清晰。
- Angle（角度）：通过设置Angle（角度）的值，用户可以控制涂鸦线条的角度。
- Stroke Width（描边宽度）：通过设置Stroke Width（描边宽度）选项的数值，可以控制描边的宽度。
- Stroke Options（描边选项）：可以控制描边的Curviness（曲线）、Curviness Variation（曲线变化）、Spacing（间隔）、Spacing Variation（间隔变化）、Path Overlap（路径重叠）以及Path Overlap Variation（路径重叠变化）参数。
- Start（开始）：可以控制涂鸦线条的开始点。设置需要的百分比值后，即可设置涂鸦线条的开始点位置。
- End（结束）：可以控制涂鸦线条的结束点。其设置涂鸦线条方法与设置Start（开始）选项相似。
- Wiggle Type（摆动类型）：可以设置涂鸦线条的动画类型，其右侧的下拉列表中包括Static（静态）、Smooth（平滑）和Jumpy（跳跃）。
- Wiggles/ Second（摆动/秒）：可以控制涂鸦线条每秒产生的次数。
- Random Seed（随机种子）：可以控制随机线条生成的数量。
- Composite（合成）：可以控制滤镜效果与原始图像的合成方式，其右侧的下拉列表中包括On Original Inage（在原始图像上）、On Transparent（在透明通道）和Reveal Original Inage（显示原始图像）。

7.6.20　描边

Stroke（描边）滤镜特效可以沿指定的路径产生描边效果。通过记录关键帧动画，可以模拟书写或绘画等过程性的动画，如图7-248所示。

在Stroke（描边）滤镜特效的控制面板中，可以设置各项属性来调整描边效果，如图7-249所示。

图7-248　描边效果

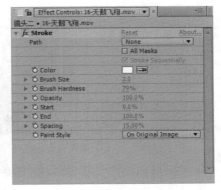

图7-249　描边控制面板

- Path（路径）：可以指定一个遮罩作为描边的路径。
- All Masks（全部遮罩）：可以控制是否使用全部的遮罩作为描边路径。
- Stroke Sequentially（顺序描边）：可以连续进行描边。
- Color（颜色）：可以设置笔画的颜色，可以使用□颜色块按钮或▦吸管工具来选择颜色。
- Brush Size（画笔尺寸）：可以控制画笔笔触的尺寸大小。
- Brush Hardness（画笔硬度）：通过设置Brush Hardness（画笔硬度）选项的百分比值。可以控制画笔的笔刷边缘柔软程度。
- Opacity（不透明度）：可以控制描边效果的不透明程度。设置的不透明度值越小，描边效果越透明。
- Start（开始）：通过设置Start（开始）选项的百分比值，可以控制描边效果的开始点在路径中的位置。
- End（结束）：通过设置End（结束）选项的百分比值，可以控制描边效果的结束点在路径中的位置。
- Spacing（间距）：可以控制笔触之间的间隔距离。
- Paint Style（绘制风格）：可以控制描边效果的类型，其右侧的下拉列表中包括On Original Inage（在原始图像上）、On Transparent（在透明通道）和Reveal Original Inage（显示原始图像）3种风格。

7.6.21　勾画

Vegas（勾画）滤镜特效可以沿着图像的轮廓或指定的路径创建艺术化的勾画效果，如图7-250所示。

在Vegas（勾画）滤镜特效控制面板中，可以设置各项属性来约束勾画滤镜的效果，控制面板如图7-251所示。

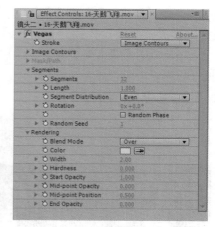

图7-250　勾画效果　　　　　图7-251　勾画控制面板

- Stroke（描边）：可以设置描边方式，其右侧的下拉列表中提供了Image Contours（图像轮廓）和Mask/Path（遮罩/路径）两种方式。

- Image Contours（图像轮廓）：只有在Stroke（描边）选项设置为Image Contours（图像轮廓）时，Image Contours（图像轮廓）才可用。展开Contours（图像轮廓）卷展栏，可以设置Input Layer（输入层）、Channel（通道）以及Threshold（阈值）属性。

- Mask/Path（遮罩/路径）：只有当Stroke（描边）选项设置为Mask/Path（遮罩/路径）时才可用。展开卷展栏后，可以在Path（路径）属性右侧下拉列表中选择当前层中的遮罩作为描边路径。

- Segments（分段）：在Segments（分段）卷展栏下可以对勾画的线段进行Segments（分段）、Length（长度）、Segments Distribution（分布状态）以及Ratation（旋转）等多项参数进行设置。

- Rendering（渲染）：可以控制勾画线段的渲染设置。在其卷展栏下可以设置Blend Mode（混合模式）、Color（颜色）、Width（宽度）、Hardness（硬度）、Start Opacity（开始不透明度）、Mid-point Opacity（中间点不透明度）、Mid-point Position（中间点位置）和End Opacity（结束不透明度）等属性来约束渲染。

7.6.22 书写

Write-on（书写）滤镜特效可以设置用画笔在画面中绘画的动画，模拟笔迹和绘制过程，如图7-252所示。

在Write-on（书写）滤镜特效控制面板中，可以设置Brush Position（画笔位置）、Color（颜色）、Brush Size（画笔尺寸）、Brush Hardness（画笔硬度）、Brush Opacity（画笔不透明度）、Brush Length（画笔长度）、Brush Spacing（画笔间隔）、Paint Time Properties（绘制时间属性）、Brush Time Properties（画笔时间属性）及Paint Style（绘制风格）等属性来控制书写效果，如图7-253所示。

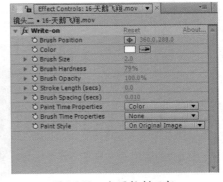

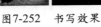
图7-252　书写效果

图7-253　书写控制面板

- Brush Position（画笔位置）：可以设置画笔在图像中的位置。
- Color（颜色）：可以设置画笔的颜色。使用□颜色块按钮或□吸管工具，可以完成对画笔颜色的设置。
- Brush Size（画笔尺寸）：用于设置画笔笔触的大小。
- Brush Hardness（画笔硬度）：用于设置画笔笔触的硬度，设置的硬度值越大，画笔书写的效果越明显。

- Brush Opacity（画笔不透明度）：可以控制笔触的不透明程度，设置的笔触不透明度值越大，属性效果越明显。
- Brush Length（画笔长度）：可以设置书写时笔触的长度，通常用于模拟绘画效果。
- Brush Spacing（画笔间隔）：可以设置笔画与笔画之间的距离。
- Paint Time Properties（绘制时间属性）：可以在其右侧的下拉列表中选择时间属性的表现方式，包括None（无）、Color（颜色）和Opacity（不透明度）3种表现方式。
- Brush Time Properties（画笔时间属性）：可以在其右侧下拉列表中指定影响笔触时间属性的因素，包括None（无）、Size（尺寸）、Hardness（硬度）以及Size & Hardness（尺寸与硬度）等因素。
- Paint Style（绘制风格）：可以设置书写效果与原始图像的绘制风格，其右侧的下拉列表中包括On Original Inage（在原始图像上）、On Transparent（在透明通道）和Reveal Original Inage（显示原始图像）3种样式。

7.7　Matte蒙板

Matte（蒙板）滤镜特效组包括Matte Choker（蒙板抑制）、mocha shape（咖啡的形状）、Refine Matte（精炼蒙板）和Simple Choker（简易抑制）滤镜命令，如图7-254所示。

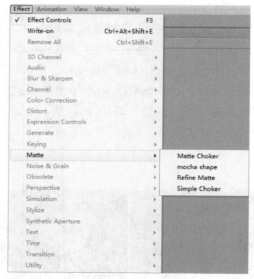

图7-254　蒙板菜单

7.7.1　蒙板抑制

Matte Choker（蒙板抑制）滤镜特效主要用于对带有Alpha通道的图像进行控制，可以收缩和描绘Alpha通道图像的边缘，效果如图7-255所示。

在Matte Choker（蒙板抑制）滤镜特效控制面板中，可以设置多项属性来控制蒙板抑制的效果，如图7-256所示。

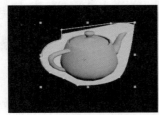
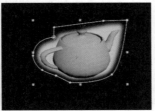

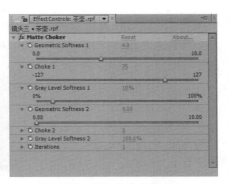

图7-255　蒙板抑制效果　　　　　　　　图7-256　蒙板抑制控制面板

- Geometric Softness（几何柔化）：用于设置边缘柔化的程度，X指的是柔化次数，此滤镜可以几何柔化两次，设置第一次柔化的值，X就是1。
- Chock（抑制）：用于设置抑制的程度。X值指的是抑制的次数，第一次抑制时，Chock 1的值决定抑制图像的程度。正值图像收缩，负值图像扩展。
- Gray Level Softness X（X灰度级别柔化）：用于设置边缘的柔和程度，X值的使用方法与Chock X（X抑制）使用方法相同。设置的柔化值越大，边缘柔和程度越强烈。
- Iteration（重复次数）：用于设置蒙板收缩或描绘边缘的重复次数。

7.7.2　精炼蒙板

Refine Matte（精炼蒙板）滤镜特效主要通过设置参数属性来调整蒙板与背景之间的衔接过渡，使画面过渡得更加柔和，如图7-257所示。

在Refine Matte（精炼蒙板）滤镜特效控制面板中，可以设置属性参数，如图7-258所示。

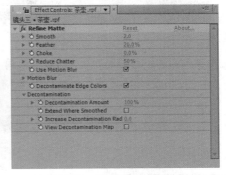

图7-257　蒙板与背景过渡　　　　　　　图7-258　精炼蒙板控制面板

- Smooth（平滑）：用于设置蒙板与背景之间过渡的平滑程度。
- Feather（羽化）：用于设置蒙板与背景之间过渡的边缘羽化程度。
- Choke（抑制）：Choke（抑制）选项的数值用于控制蒙板收缩或扩展的程度，正值蒙板收缩，负值蒙板扩展。
- Reduce Chatter（震颤衰减）：用于设置蒙板与背景过渡时减少震颤的幅度，主要针对运动模糊状态。
- Use Motion Blur（使用运动模糊）：可以控制是否使用运动模糊。

- Motion Blur（运动模糊）：Motion Blur（运动模糊）选项仅在Use Motion Blur（使用运动模糊）选项处于勾选状态下才可用。展开其卷展栏，可以设置Samples Per Frame（帧采样）、Shutter Angle（快门角度）和Higher Quality（高质量）等属性参数，调整运动模糊的效果。
- Decontaminate Edge Colors（清除边缘颜色）：可以控制是否开启清除边缘颜色的功能。
- Decontamination（清除）：可以设置Decontamination Amount（清除数量）、Extend Where Smoothed（扩展平滑部分）以及Increase Decontamination Radius（增加衰弱半径）等属性，仅在勾选Decontaminate Edge Colors（清除边缘颜色）选项的状态下才可用。

7.7.3 简易抑制

Simple Choker（简易抑制）滤镜特效与Matte Choker（蒙板抑制）滤镜特效相似，只能作用于Alpha通道，通过使用增量缩小或扩大蒙板的边界，以此来创建蒙板效果，如图7-259所示。

在Simple Choker（简易抑制）滤镜特效控制面板中，可以设置View（查看）和Choke Matte（蒙板抑制）两项属性参数，如图7-260所示。

图7-259　简易抑制扩大蒙板

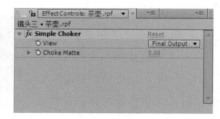

图7-260　简易抑制控制面板

- View（查看）：可以设置简易抑制效果的查看方式，其右侧的下拉列表中包括Final Output（最终输出）和Matte（蒙板）两种查看方式。
- Choke Matte（蒙板抑制）：可以设置对蒙板的收缩或扩展的程度。设置的正值越大蒙板收缩程度越大，设置的负值越小蒙板的扩展程度越大。

7.8 Noise & Grain 噪波与颗粒

Noise & Grain（噪波与颗粒）滤镜特效可以在影片中适当添加杂点及颗粒，从而创建出划痕或者一些比较特殊的纹理效果。Noise & Grain（噪波与颗粒）特效是一组非常具有实用价值的特效，尤其是将静态图像与影片合成的时候，往往需要为过分清晰的图像增加一些噪波，或者为一些带有划痕的图像进行噪波清除，使图像得到理想的效果。该组特效包括Add Grain（添加颗粒）、Dust & Scratches（蒙尘与划痕）、Fractal Noise（分形噪波）、Match Grain（匹配颗粒）、Median（中间值）、Noise（噪波）、Noise Alpha（通道噪波）、Noise HLS（HLS噪波）、Noise HLS Auto（自动HLS噪波）、Remove Grain（去除颗粒）、和Turbulent Noise（絮乱噪波）滤镜特效，如图7-261所示。

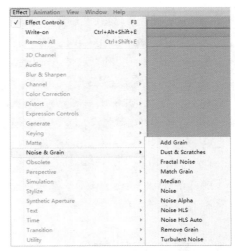

图7-261 噪波与颗粒特效菜单

7.8.1 添加颗粒

Add Grain（添加颗粒）滤镜特效可以为图像增加不同形状及颜色组合的颗粒效果，如图7-262所示。

在Add Grain（添加颗粒）滤镜特效控制面板中，通过设置各项属性可以调整添加的颗粒效果，如图7-263所示。

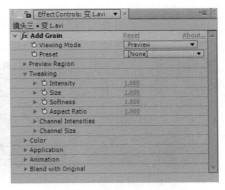

图7-262 添加颗粒效果　　图7-263 添加颗粒控制面板

- Viewing Mode（查看模式）：可以控制颗粒效果在合成中的显示方式，其右侧的下拉列表中包括Preview（预览）、Blending Matte（蒙板混合）和Final Output（最终输出）。
- Preset（预置）：可以从右侧下拉列表中选择设置颗粒以不同的胶片形式显示。
- Preview Region（预览区域）：展开Preview Region（预览区域）选项卷展栏，可以设置颗粒效果的Center（中心）、Width（宽度）和Height（高度）以及Box Color（边框颜色）属性。
- Tweaking（调整）：展开Tweaking（调整）选项卷展栏，可以对颗粒的Intensity（强度）、Size（尺寸）、Softness（柔和度）、Aspect Ration（纵横比）、Channel Intensities（通道强度）以及Channel Size（通道尺寸）参数进行设置。

- Color（颜色）：展开Color（颜色）选项卷展栏，可以控制颗粒的Tint Color（着色）、Tint Amount（着色量）以及Saturation（饱和度）色彩信息。
- Application（应用）：在Application（应用）卷展栏下，可以控制颗粒效果整体或各颜色通道的Blending Mode（混合模式）、Shadows（暗部）、Midtones（中间值）、Highlights（亮部）以及Channel Balance（通道平衡）信息。
- Animation（动画）：在Animation（动画）菜单中可以对颗粒效果的动画信息进行控制，包括Animation Speed（动画速度）、Animation Smoothly（平滑动画）和Random Seed（随机种子）项。
- Blend With Original（与原始图像混合）：可以控制颗粒效果与原始图像之间的混合程度。

7.8.2 蒙尘与划痕

Dust & Scratches（蒙尘与划痕）滤镜特效通过修补像素来减少图像中的噪波，得到隐藏图像中瑕疵的效果，如图7-264所示。

在Dust & Scratches（蒙尘与划痕）滤镜特效控制面板中，可以通过对Radius（半径）、Threshold（阈值）和Operate on Alpha channel（应用在Alpha通道）参数进行调整，控制蒙尘与划痕的效果，如图7-265所示。

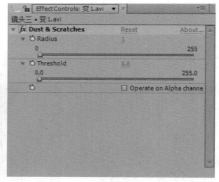

图7-264　蒙尘与划痕效果　　　　　　　　图7-265　蒙尘与划痕控制面板

- Radius（半径）：可以用来设置蒙尘与划痕的半径值，控制修补不同像素的范围。
- Threshold（阈值）：可以用来设置蒙尘与划痕的极限，值越大，产生的蒙尘与划痕效果越不明显。
- Operate on Alpha channel（应用在Alpha通道）：勾选Operate on Alpha channel（应用在Alpha通道）选项，蒙尘与划痕效果应用在Alpha通道中。

7.8.3 分形噪波

Fractal Noise（分形噪波）滤镜特效可以为影片增加分形噪波，用于创建一些复杂的物体及纹理效果。该滤镜可以模拟自然界真实的烟尘、云雾和流水等多种效果，如图7-266所示。

在Fractal Noise（分形噪波）滤镜特效控制面板中，可以通过对Fractal Type（分形类型）、Noise Type（噪波类型）、Contrast（对比度）、Brightness（亮度）、Overflow（溢出）、Complexity（复杂性）、Evolution（演化）、Opacity（不透明度）和Blending Mode（混合模式）等参数进行调整，来控制分形噪波的效果，如图7-267所示。

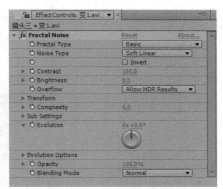

图7-266　分形噪波效果　　　　　　　　　　图7-267　分形噪波控制面板

- Fractal Type（分形类型）：可以用于设置分形的类型，通过此选项可以快速制作常用的分形效果。
- Noise Type（噪波类型）：可以设置需要使用的噪波类型，其下拉列表中包括Block（块）、Linear（线性）、Soft Linear（柔和线性）和Spline（曲线性）4种噪波类型。
- Invert（反转）：可以控制是否反转显示分形噪波效果。
- Contrast（对比度）：可以控制分形噪波效果的对比程度。
- Brightness（亮度）：可以控制分形噪波效果的明亮程度。
- Overflow（溢出）：可以用于设置图像边缘溢出部分的修整方式，其右侧的下拉列表中包括Clip（修剪）、Soft Clamp（软夹）和Warp Back（回绕）3种修整方式。
- Complexity（复杂性）：可以用于控制分形噪波的复杂程度，值越大噪波越复杂。
- Evolution（演化）：可以控制噪波的分形变化，也可以得到随机运动动画。
- Opacity（不透明度）：可以设置控制分形噪波的不透明程度。
- Blending Mode（混合模式）：可以用于设置分形噪波效果与原始图像间的叠加模式，与层的混合模式用法相同。

7.8.4　匹配颗粒

Match Grain（匹配颗粒）滤镜特效可以从一个已经添加噪点颗粒的原始图像上读取噪点颗粒信息，添加到本层上，并可以再次对噪点颗粒进行调整，效果如图7-268所示。

在Match Grain（匹配颗粒）滤镜特

图7-268　匹配颗粒效果

效控制面板中，可以综合设置各项属性，从而调整匹配颗粒的效果，如图7-269所示。

- Viewing Mode（查看模式）：在Viewing Mode（查看模式）选项中可以选择观察噪点颗粒的模式，其右侧的下拉列表中包括Preview（预览）、Noise Samples（噪波采样）、Compensation Samples（补偿采样）、Blending Matte（混合蒙板）和Final Output（最终输出）查看模式。

- Noise Source Layer（噪波来源层）：可以设置作为采样层的来源图层。

- Preview Region（预览区域）：可以设置预览的范围。

- Compensation For Existing Noise（补偿现有噪波）：可以设置补偿数值。

- Tweaking（调整）：可以设置Intensity（强度）、Size（尺寸）、Softness（柔和度）、Aspect Ratio（纵横比）、Channel Intensities（通道强度）和Channel Size（通道尺寸）参数。

- Color（颜色）：可以设置噪点颗粒的颜色、单色或彩色效果。展开其卷展栏，可以设置Monochromatic（单色）、Saturation（饱和度）、Tint Amount（着色量）以及Tint Color（着色）等属性。如果勾选Monochromatic（单色）选项，则Saturation（饱和度）选项将不可设置，Tint Amount（着色量）选项可以设置颗粒的着色数量，Tint Color（着色）选项可以为颗粒指定颜色。

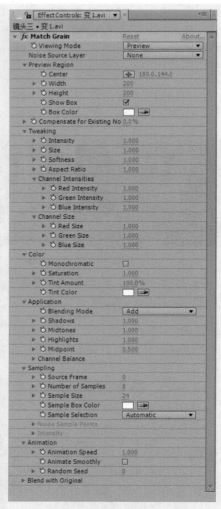

图7-269　匹配颗粒控制面板

- Application（效果）：可以设置Blending Mode（混合模式）、Shadows（暗部）、Midtones（中间值）、Highlights（亮部）、Midpoint（中间点）以及Channel Balance（通道平衡）参数。

- Sampling（采样）：可以设置Source Frame（来源帧）、Number of Samples（采样数量）、Sample Size（采样尺寸）、Sample Box Color（采样框颜色）和Sample Selection（采样选择）参数。

- Animation（动画）：可以设置噪点颗粒的Animation Speed（动画速度）、Animate Smoothly（平滑动画）和Random Seed（随机种子）属性参数。

- Blend with Original（与原始图像混合）：可以设置Amount（数量）、Combine Match and Mask Using（结合匹配和遮罩）、Blur Matte（模糊蒙板）、Color Matting（颜色匹配）及Masking Layer（遮罩图层）等属性。

7.8.5 中间值

Median（中间值）滤镜特效可以设置将半径范围内的像素值融合在一起，形成新的像素值来代替原始像素，如图7-270所示。

在Median（中间值）滤镜特效控制面板中，可以设置中间值的半径以及是否将效果应用于Alpha通道，约束融合像素的效果，如图7-271所示。

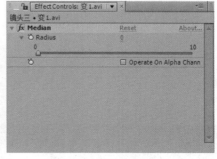

图7-270 中间值效果   图7-271 中间值控制面板

- Radius（半径）：可以设置周围像素产生融合作用的范围。
- Operate On Alpha Channel（使用Alpha通道）：可以设置是否将效果应用于Alpha通道。

7.8.6 噪波

Noise（噪波）滤镜特效可以为图像增加细小的彩色或单色杂点，以消除图像中明显的阶层感。由于变化比较细微，所以在增加杂点后仍然可以保持图像轮廓的清晰度，如图7-272所示。

在Noise（噪波）滤镜特效控制面板中，可以设置Amount of Noise（噪波数量）、Noise Type（噪波类型）以及Clipping（修剪）等属性，从而消除图像中的阶层感，如图7-273所示。

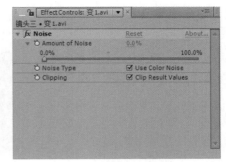

图7-272 噪波效果   图7-273 噪波控制面板

- Amount of Noise（噪波数量）：可以控制噪波的数量，通过随机的置换像素控制杂点的数量，值越大产生的噪波也就越多。
- Noise Type（噪波类型）：可以用来设置噪波是单色还是彩色，选中Use Color

Noise（使用颜色噪波）选项可以将噪波设置成彩色效果。
- Clipping（修剪）：可以决定杂点是否影响色彩像素的出现。

7.8.7 通道噪波

Noise Alpha（通道噪波）滤镜特效可以向图像的Alpha通道中添加噪点，以创建出需要的效果，如图7-274所示。

在Noise Alpha（通道噪波）滤镜特效控制面板中，可以设置各项属性来控制在Alpha通道中添加的噪点效果，如图7-275所示。

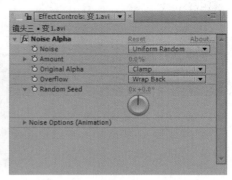

图7-274　通道噪波效果　　　　　　　图7-275　通道噪波控制面板

- Noise（噪波）：可以选择形成噪点的方式。其下拉列表中包括Uniform Random（均匀随机）、Squared Random（方形随机）、Uniform Animation（均匀动画）和Squared Animation（方形动画）方式。
- Amount（数量）：可以设置噪波的数量多少，值越大噪波的数量越多。
- Original Alpha（原始Alpha）：可以设置噪点与原始Alpha通道的混合模式，其下拉列表中包括Add（添加）、Clamp（固定）、Scale（比例）和Edges（边缘）项。
- Overflow（溢出）：可以设置溢出的处理方式，其下拉列表中包括Clip（修剪）、Wrap Back（回绕）和Wrap（缠绕）方式。
- Random Seed（随机种子）：可以设置噪波相位的随机性。
- Noise Options（噪波选项）：当在噪波中选择了带有动画形式的参数后，Noise Options Animation（噪波选项动画）选项才能发挥作用。可以设置是否启用循环噪波项和循环转数。

7.8.8 噪波HLS

Noise HLS（噪波HLS）滤镜特效可以对添加的噪点按色相、亮度及饱和度来控制效果，如图7-276所示。

在Noise HLS（噪波HLS）滤镜特效控制面板中，可以设置各项属性控制噪波HLS效果，如图7-277所示。

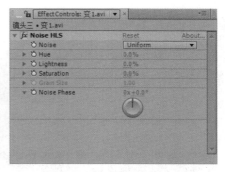

图7-276　噪波HLS效果　　　　　　　　　　图7-277　噪波HLS控制面板

- Noise（噪波）：可以选择形成噪点的产生方式，其下拉列表中包括Uniform（均匀）、Squared（方形）和Grain（颗粒）方式。
- Hue（色相）：可以设置噪点在色相中生成的数量。
- Lightness（亮度）：可以设置噪点在亮度中生成的数量。
- Saturation（饱和度）：可以设置噪点在饱和度中生成的数量。
- Grain Size（颗粒尺寸）：可以设置噪点尺寸。
- Noise Phase（噪波相位）：可以设置产生噪波的相位。

7.8.9　自动HLS噪波

Noise HLS Auto（自动HLS噪波）滤镜特效与噪波HLS特效基本相同，只是此特效能够自动生成噪波动画，效果如图7-278所示。

在Noise HLS Auto（自动HLS噪波）滤镜特效控制面板中，可以通过设置各项属性来控制自动HLS噪波效果，如图7-279所示。

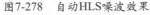

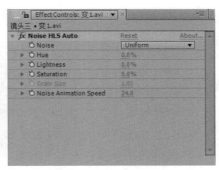

图7-278　自动HLS噪波效果　　　　　　　　图7-279　自动HLS噪波控制面板

- Noise（噪波）：可以设置噪点产生方式。包括Uniform（均匀）、Squared（方形）以及Grain（颗粒）3种方式。
- Hue（色相）：可以设置噪点在色相中生成的数量。
- Lightness（亮度）：可以设置噪点在亮度中生成的数量。
- Saturation（饱和度）：可以设置噪点在饱和度中生成的数量。
- Grain Size（颗粒尺寸）：可以用于设置噪点的大小。
- Noise Phase（噪波相位）：可以设置噪波动画速度。

7.8.10 去除颗粒

Remove Grain（去除颗粒）滤镜特效可以定义一个区域并去除图像中该区域的斑点，使不清晰的图像变得清晰，如图7-280所示。

在Remove Grain（去除颗粒）滤镜特效控制面板中，可以设置各项属性来控制图像中某个区域去除颗粒的效果，如图7-281所示。

图7-280　去除颗粒效果

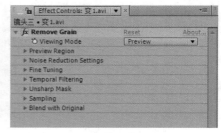

图7-281　去除颗粒控制面板

- Viewing Mode（查看模式）：可以控制效果在合成中的显示方式。包括Preview（预览）、Noise Samples（噪波采样）、Blending Matte（混合蒙板）和Final Output（最终输出）查看方式。
- Preview Region（预览区域）：可以控制效果预览区域位置、宽度、高度以及边框的颜色。
- Noise Reduction Settings（降噪设置）：可以控制图像整体或各通道减少噪波的程度和减少噪波的方式等。
- Fine Tuning（精确调整）：可以对特效进行抑制色度、肌理和噪波大小偏移等参数的精确调整。
- Temporal Filtering（时间过滤）：在激活Enable（使用）选项后，可以控制时间过滤的数量及运动敏感度。
- Unsharp Mask（反锐化遮罩）：可以通过锐化数量、半径和阈值来控制图像的反锐化遮罩程度。
- Sampling（采样）：通过对采样的各项参数进行设置，可以改变采样方式，从而得到图像局部或整体的去除颗粒效果。
- Blend With Original（与原始图像混合）：可以设置效果与原始图像的混合程度反锐化遮罩和颜色匹配等参数。

7.8.11 絮乱噪波

Turbulent Noise（絮乱噪波）滤镜特效可以为图像设置不规则噪点，轻松制作各种云雾效果，其功能和使用方法与Fractal Noise（分形噪波）滤镜特效相似，效果如图7-282所示。

图7-282　絮乱噪波效果

在特效控制面板中设置各项属性，可以根据需要控制絮乱噪波效果，如图7-283所示。

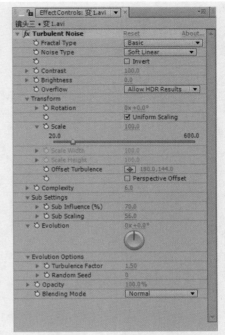

- Fractal Type（碎片类型）：可以指定组成噪波的碎片类型，其右侧的下拉列表中包括有Basic（基本）、Turbulent Smooth（紊乱平滑）及Turbulent Basic（基本紊乱）类型。

- Noise Type（噪波类型）：可以设置噪波的类型，其右侧的下拉列表中包括Soft Linear（柔和线性）、Block（块）、Linear（线性）及Spline（样条曲线）类型。

- Contrast（对比度）：可以控制噪波效果的对比度，设置的数值越大噪波的对比度越强。

- Brightness（亮度）：可以设置噪波的亮度。

- Overflow（溢出设置）：Overflow（溢出设置）选项是对溢出部分的处理方式，其右侧下拉列表中包括Clip（修剪）、Soft Clamp（软夹）、Wrap Back（回绕）以及Allow HDR Results（允许HDR效果）方式。

图7-283　絮乱噪波控制面板

- Transform（变换）：可以设置Rotation（旋转）、Scale（比例）、Scale Width（比例宽度）、Scale Height（比例高度）、Offset Turbulence（紊乱偏移）及Perspective Offset（透视偏移）属性。

- Complexity（复杂度）：可以设置噪波细节信息的多少，设置的数值越大噪波越复杂。

- Evolution（演化）：可以设置絮乱噪波图案的进化演变，为其设置角度值，可以产生更加复杂的絮乱效果。

- Evolution Options（演化选项）：通常用于记录噪波变形的演化动画，展开其卷展栏，用户可以设置Turbulence Factor（絮乱因素）和Random Seed（随机种子）两项属性。

- Opacity（不透明度）：可以设置噪波图案的不透明程度，设置的数值越大噪波图案越清晰。

- Blending Mode（混合模式）：可以在其右侧的下拉列表中指定噪波效果与原始图像的混合模式，应用方法与层的混合模式相同。

7.9 Obsolete旧版插件

Obsolete（旧版插件）滤镜特效从After Effects CS4开始就归入了滤镜菜单中，After Effects CS6保留了这一滤镜特效的归入设置，主要提供了旧版插件中制作基本效果的滤镜命令，包括Basic 3D（基本三维）、Basic Text（基本文字）、Lightning（闪电）和Path Text（路径文字）滤镜特效，如图7-284所示。

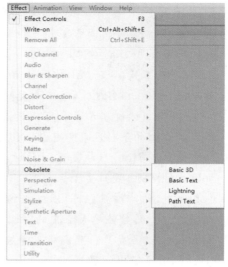

图7-284　旧版插件菜单

7.9.1　基本三维

Basic 3D（基本三维）滤镜特效可以在一个虚拟的三维空间中对图像进行巧妙的透视处理，围绕该层的水平或垂直轴旋转图像，移动图像产生靠近或者远离效果。除此之外，该滤镜特效还可以建立一个能够增强图像表面反射的光源，如图7-285所示。

在Basic 3D（基本三维）滤镜特效的控制面板中，可以通过丰富的属性参数设置控制效果，如图7-286所示。

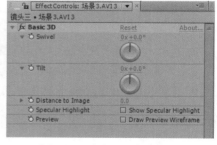

图7-285　基本三维效果　　　　　　　图7-286　基本三维控制面板

- Swivel（旋转）：可以设置围绕垂直轴向控制图像水平旋转程度。
- Tilt（倾斜）：可以设置围绕水平轴向控制图像垂直旋转程度。
- Distance to Image（图像距离）：可以控制图像的远近距离。
- Specular Highlight（镜面高光）：可以控制是否显示镜面的高亮区域。
- Preview（预览）：可以在拖拽预览时只按线框方式显示来提高响应速度，在草稿质量时有效，在最好质量时此设置无效。

7.9.2　基本文字

Basic Text（基本文字）滤镜特效可在画面上增加基本的文字效果，如图7-287所示。

在Basic Text（基本文字）滤镜特效的控制面板中设置各项属性，可以控制基本文字的效果，如图7-288所示。

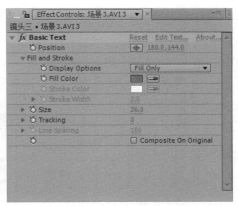

图7-287　基本文字效果　　　　　　　　图7-288　基本文字控制面板

- Position（位置）：可以设置文字显示的水平与垂直位置。
- Fill and Stroke（填充和描边）：可以设置关于填充和描边的效果，其卷展栏下包括Display Options（显示选项）、Fill Color（填充颜色）、Stroke Color（描边颜色）和Stroke Wdith（描边宽度）等属性。
  - Display Options（显示选项）：可设置文字的外观，如只显示面或边，面在边上或边在面上。
  - Fill Color（填充颜色）：设置文字的颜色。
  - Stroke Color（描边颜色）：可设置文字描边的颜色。
  - Stroke Wdith（描边宽度）：设置文字描边的宽度。
- Size（尺寸）：可以设置文字大小，设置的数值越大，文字越大。
- Tracking（跟踪）：通过设置Tracking（跟踪）选项的数值，可以控制文字之间的距离，也常被解释为"字间距"。
- Line Spacing（行距）：通过设置Line Spacing（行距）选项的数值，可以控制文字行与行之间的距离。
- Composite On Original（合成与原始图像之上）：可以控制是否设置文字与图像合成，否则背景为黑色，仅显示文字效果。

7.9.3　闪电

Lightning（闪电）滤镜特效可以模拟真实的闪电和放电效果，并能记录闪电运动的过程，如图7-289所示。

在Lightning（闪电）滤镜特效的控制面板中，可以通过设置属性参数来控制闪电效果，控制面板如图7-290所示。

图7-289　闪电效果

- Start point（起始点）：可以设置闪电的起始点的位置。

- End point（结束点）：可以设置闪电的结束点的位置。

- Segments（分段数）：可以设置闪电分段数，设置的分段数越多闪电效果越扭曲。

- Amplitude（振幅）：可以控制闪电的震动范围，设置的振幅越大闪电振动的范围越大。

- Detail Level（详细级别）：用于控制闪电的分叉数量、角度、长度、段数及宽度值。

- Speed（速度）：控制闪电的速度，速度值越大闪电变化的越快。

图7-290　闪电控制面板

- Stability（稳定性）：通过设置Stability（稳定性）选项的数值，可以控制闪电的稳定性，设置较高的稳定值闪电变化会更剧烈。

- Outside Color（外侧边颜色）：用于设置闪电外部颜色。

- Inside Color（内侧边颜色）：用于设置闪电内部颜色，也可增加拉力并调节拉力方向。

- Random Seed（随机种子）：用来控制闪电的随机性。

- Blending Mode（混合模式）：可以设置闪电与原素材图像的混合模式。

7.9.4　路径文字

Path Text（路径文字）滤镜特效可以使文字沿一个路径运动，并可以定义任意直径的圆、直线或Bezier（贝塞尔）曲线作为运动的路径，如图7-291所示。

在Path Text（路径文字）滤镜特效控制面板中，可以设置各项属性来控制路径文字的效果，如图7-292所示。

图7-291　路径文字效果

图7-292　路径文字控制面板

- Information（信息）：可以显示当前的字体、文本长度和路径长度的信息。
- Path Options（路径选项）：可以设置路径的形状类型、控制点的位置及曲线弧度，还可以对自定义路径及反转路径进行设置。
- Fill and Stroke（填充和描边）：可以设置填充方式、填充颜色、描边颜色及描边宽度，其使用方法与Basic Text（基本文字）滤镜特效中的Fill and Stroke（填充和描边）相同。
- Character（字符）：可以设置文字的尺寸、间距、方向、水平倾斜、水平缩放及垂直缩放项。
- Paragraph（段落）：可以设置文字的对齐方式、左右边距、行间距及基线位置。
- Advanced（高级）：可以进一步设置显示字符、淡化时间、混合模式及抖动等属性。

7.10 Perspective透视

Perspective（透视）特效是After Effects中特别具有实用价值的特效之一，利用该组特效可以在一个虚拟的三维空间中创建一个Z轴调整图像的位置。Perspective（透视）特效组中提供了3D Camera Tracker（三维摄影机跟踪）、3D Glasses（三维眼镜）、Basic 3D（基本三维）、Bevel Alpha（通道倒角）、Bevel Edges（边缘倒角）、Drop Shadow（放置阴影）和Radial Shadow（放射阴影）多项滤镜特效，如图7-293所示。

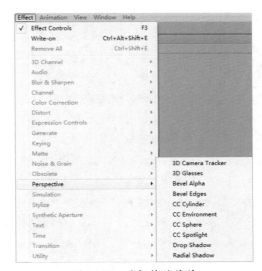

图7-293 透视特效菜单

7.10.1 三维摄影机跟踪

3D Camera Tracker（三维摄影机跟踪）滤镜特效只针对画面中存在运动的视频，可以为物体创建一个摄影机，使物体以摄影机的角度跟踪图像中运动物体的某些信息，效果如图7-294所示。

在三维摄影机跟踪特效控制面板中，可以设置各项属性来控制跟踪效果，如图7-295所示。

图7-294 三维摄影机跟踪效果

- Analyze（分析）：以帧形式分析被添加此特效的动态素材。为视频添加三维摄影机跟踪特效后，在默认状态下分析素材的Analyze（分析）按钮无法使用，当单击Cancel（取消）按钮取消分析素材时，Analyze（分析）按钮才可以使用继续分析素材。当分析素材完毕后，Analyze（分析）和Cancel（取消）按钮显示为灰色并无法使用。

图7-295　三维摄影机跟踪控制面板

如图7-296所示为分析和分析后的对比图。左侧图为分析素材的跟踪点，控制面板和监视器显示的效果。右侧图为分析素材完毕后，正在生成摄影机时控制面板和监视器显示的效果。

图7-296　分析和生成摄影机

- Shot Type（镜头类型）：可以设置摄影机跟踪的镜头类型，其右侧下拉列表中包括Fixed Angle of View（固定视角）、Variable Zoom（可变焦缩放）和Specify Angle of View（指定的视角）类型。当Shot Type（镜头类型）选项被设置为Specify Angle of View（指定的视角）时，Horizontal Angle View（水平视角）选项为可用状态。
- Show Track Points（显示跟踪点）：在Show Track Points（显示跟踪点）选项的下拉列表中，可以设置3D Solved（三维解决）和2D Source（二维来源）信息。
- Render Track Points（跟踪点渲染）：可以渲染跟踪点。当监视器中不显示跟踪点时，勾选此项可以渲染出跟踪点。
- Track Point Size（跟踪点尺寸）：可以设置跟踪点的大小。
- Target Size（目标尺寸）：可以设置目标的大小。
- Advanced（高级）：可以进一步设置关于跟踪轨迹的处理，包括Solve Method（解决方法）、Method Used（使用的方法）、Average Error（平均误差）、Detailed Analysis（详细分析）和Hide Warming Banner（隐藏突出变化）。

在选择跟踪点时可以选择单个跟踪点，也可以在图像中圈选多个跟踪点。

在选择的跟踪点区域单击鼠标右键，弹出的菜单中包括字跟踪、层跟踪等。Create Text and Camera（创建文本和摄影机）、Create Solid and Camera（创建固态层和摄影机）、Create Null and Camera（创建空白层和摄影机）、Create Shadow Catcher Camera and Light（创建阴影捕捉摄影机和光源）、Create 3 Text layers and Camera（创建3个文本层和摄影机）、Create 3 Solids and Camera（创建3个固态层和摄影机）、Create 3 Null and Camera（创建3个空白层和摄影机）和Delete Selected Points（删除选定的点），如图7-297所示。

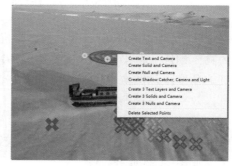

图7-297　创建三维摄影机跟踪

7.10.2 三维眼镜

3D Glasses（三维眼镜）滤镜特效通过对左右两侧的两个3D视图进行组合，产生一个单一的三维立体图像，用以表现一种蒙太奇的艺术效果，如图7-298所示。

在3D Glasses（三维眼镜）滤镜特效控制面板，可以设置各项属性来控制两个3D视图的组合效果，如图7-299所示。

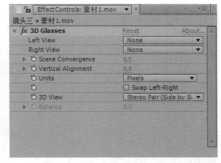

图7-298　三维眼镜效果　　　　　　　　图7-299　三维眼镜控制面板

- Left View（左视图）：可以在其右侧下拉列表中指定一个层作为左视图的使用层。
- Right View（右视图）：可以在其右侧下拉列表中指定一个层作为右视图的使用层。
- Convergence Offset（移近偏移量）：可以控制两个视图之间互相偏移的程度。
- Swap Left-Right（左右交换）：可以交换左右视图中的图像。
- 3D View（三维视图）：可以设置特效三维视图的渲染模式，其右侧下拉列表中包括Stereo Pair（立体配对）、Over Under（使用过渡）、Interlace Upper L Lower R（上下交错左右场）、Difference（差异）、Red Green LR（左红右绿）、Red Blur LR（左红右蓝）、Balanced Red Green LR（平衡左红右绿）、Balanced Red Blur LR（平衡左红右蓝）和Balanced Colored Red Blue（平衡红蓝色）。
- Balance（平衡）：可以控制色彩水平的平衡状态。

7.10.3 通道倒角

Bevel Alpha（通道倒角）滤镜特效可以使图像中的Alpha通道边缘产生立体的边界效果，如图7-300所示。

在Bevel Alpha（通道倒角）滤镜特效控制面板中，可以设置边缘厚度、光源角度、光源颜色以及光照强度等，调整Alpha通道的立体边界效果，如图7-301所示。

图7-300　通道倒角效果　　　　　　　　图7-301　通道倒角控制面板

- Edge Thickness（边缘厚度）：可以控制图像边缘倒角的厚度。
- Light Angle（光源角度）：可以控制光照效果的方向。
- Light Color（光源颜色）：可以模拟灯光的颜色。
- Light Intensity（光照强度）：可以控制灯光照射的强度。

7.10.4　边缘倒角

Bevel Edges（边缘倒角）滤镜特效可以在图像的边缘创建出一种轮廓分明，并具有发光效果的立体外观效果，图像边缘的位置是由Alpha通道决定的，如图7-302所示。

在Bevel Edges（边缘倒角）滤镜特效控制面板中，各项属性的使用方法与Bevel Alpha（通道倒角）滤镜特效相似，如图7-303所示。

图7-302　边缘倒角效果

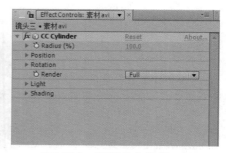
图7-303　边缘倒角控制面板

- Edge Thickness（边缘厚度）：可以控制图像边缘倒角的厚度。
- Light Angle（光源角度）：可以控制光照效果的方向。
- Light Color（光源颜色）：可以模拟灯光的颜色。
- Light Intensity（光照强度）：可以控制灯光照射的强度。

7.10.5　CC圆柱体

CC Cylinder（CC圆柱体）滤镜特效可以使图像呈圆柱体状卷起，将其产生立体效果，如图7-304所示。

在CC Cylinder（CC圆柱体）滤镜特效控制面板中，可以设置圆柱的半径、位置、旋转及渲染等属性，如图7-305所示。

图7-304　CC圆柱体效果

图7-305　CC圆柱体控制面板

- Radius（半径）：用于设置圆柱体的半径大小。
- Position（位置）：用于调节圆柱体在画面中的位置变化，分别通过X轴、Y轴、Z轴进行详细的调节。
- Rotation（旋转）：可以用于设置圆柱体的旋转角度。
- Render（渲染）：用于设置圆柱体的显示。在右侧的下拉列表中可以根据需要选择Full（整体）、Outside（外部）、Inside（内部）3个选项中的任意一个。

7.10.6　CC环境

CC Environment（CC环境）滤镜可以将层信息映射到指定的层中，从而起到控制环境的效果，如图7-306所示。

在CC Environment（CC环境）滤镜特效控制面板中，可以设置环境层、映射以及环境过滤等属性，如图7-307所示。

图7-306　CC环境效果

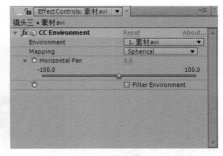

图7-307　CC环境控制面板

- Environment（环境）：可以在其右侧下拉列表中选择一个用来作为映射的环境层。
- Mapping（映射）：可以设置环境控制的映射方式，其右侧的下拉列表中包括Spherical（球形）、Probe（彻底）和Vertical Cross（垂直交叉）3种方式。
- Horizontal Pan（水平平台）：可以设置利用环境信息映射到当前层的信息量。
- Filter Environment（过滤环境）：可以控制是否过滤掉溢出的环境映射信息。只有Mapping（映射）选项设置为Spherical（球形）或Probe（彻底）时才可用。

7.10.7　CC球体

CC Sphere（CC球体）滤镜特效可以使图像呈球体状卷起，从而制作出立体效果，如图7-308所示。

在CC Sphere（CC球体）滤镜特效控制面板中，可以设置球体的半径、偏移以及渲染来控制立体效果，如图7-309所示。

- Radius（半径）：用于设置球体的半径大小。
- Offset（偏移）：用于设置球体的位置变化。
- Render（渲染）：用于设置球体的渲染方式，在其下拉列表中可以根据需要选择Full（整体）、Outside（外部）和Inside（内部）3个选项中的任意一个。

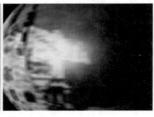

图7-308 CC球体效果

图7-309 CC球体控制面板

7.10.8 CC聚光灯

CC Spotlight（CC聚光灯）滤镜特效可以为图像添加聚光灯的效果，使其产生逼真的被灯照射的效果，如图7-310所示。

在CC Spotlight（CC聚光灯）滤镜特效控制面板中，可以设置各项属性来控制聚光灯的效果，如图7-311所示。

图7-310 CC聚光灯效果

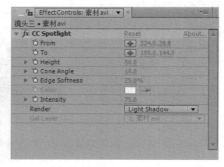

图7-311 CC聚光灯控制面板

- From（开始）：用于设置聚光灯开始点的位置，可以控制灯光范围的大小。使用中心点按钮或输入坐标值，可以快速确定聚光灯开始的位置。
- TO（结束）：用于设置聚光灯结束点的位置，使用方法与From（开始）项相同。
- Height（高度）：用于设置灯光的倾斜程度。
- Cone Angle（锥角）：用于设置灯光的半径大小，设置的锥角值越大，灯光的半径越大。
- Edge Softness（边缘柔化）：用于设置灯光的边缘柔化程度。
- Color（颜色）：用于设置灯光的颜色。
- Intensity（强度）：用于设置灯光以外部分的可见度。
- Render（渲染）：用于设置灯光与原图像的叠加方式。

7.10.9 放置阴影

Drop Shadow（放置阴影）滤镜特效可以为图像增加阴影效果，使图像与背景之间产生空间感效果。投影的形状由图像的Alpha通道决定，如图7-312所示。

在Drop Shadow（放置阴影）滤镜特效控制面板中设置各项属性，可以控制阴影效果，如图7-313所示。

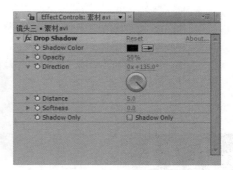

图7-312　放置阴影效果　　　　　　　　　　图7-313　放置阴影控制面板

- Shadow Color（阴影颜色）：可以控制投影的颜色。
- Opacity（不透明度）：可以控制投影的不透明程度。
- Direction（方向）：可以控制投影在图像后面投射的方向。
- Distance（距离）：可以控制投影与图像之间的距离。
- Softness（柔和）：可以控制投影边缘的柔和程度。
- Shadow Only（单独显示阴影）：可以设置是否单独显示投影。

7.10.10　放射阴影

Radial Shadow（放射阴影）滤镜特效可以为图像添加阴影效果，但比投影特效在控制上有更多的选择。Radial Shadow（放射阴影）滤镜特效根据模拟的灯光投射阴影，使其看上去更加符合现实中的灯光阴影效果，如图7-314所示。

在Radial Shadow（放射阴影）滤镜特效控制面板中，可以设置各项属性来约束投影效果，如图7-315所示。

图7-314　放射阴影效果　　　　　　　　　　图7-315　放射阴影控制面板

- Shadow Color（阴影颜色）：可以控制投影的颜色。
- Opacity（不透明度）：可以控制投影的不透明程度。
- Light Source（光源）：用于设置模拟灯光的位置。
- Projection Distance（投影距离）：用于设置阴影的投射距离。
- Softness（柔和）：用于设置阴影的柔和程度，设置的数值越大阴影越柔和。

- Render（渲染）：用于设置阴影的渲染方式，其右侧的下拉列表中包括Regular（规则）和Glass Edge（玻璃边缘）。
- Color Influence（颜色影响）：用于设置周围颜色对阴影的影响程度。
- Shadow Only（只显示阴影）：如果选中Shadow Only（只显示阴影）选项，将只显示阴影而隐藏投射阴影的图像。
- Resize Layer（重置层尺寸）：用于设置阴影层的尺寸大小。

7.11 Simulation仿真

Simulation（仿真）滤镜特效组提供了粒子运动效果，该组特效主要用于模拟现实世界中物体间的相互作用，可以创建反射、泡沫、雪花和爆炸等效果，其中包括Particle Playground（粒子运动场）、Shatter（碎片）、Card Dance（卡片舞动）、Caustics（焦散）、Foam（泡沫）和Wave World（波纹世界）等滤镜特效，如图7-316所示。

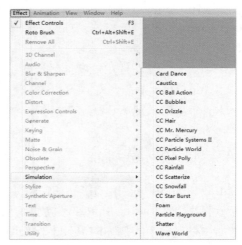

图7-316　仿真特效菜单

7.11.1　卡片舞动

Card Dance（卡片舞动）滤镜特效可以分割层画面，并能在X、Y、Z轴上对图层进行位移、旋转或缩放等参数设置，如图7-317所示。

在Card Dance（卡片舞动）滤镜特效控制面板中，可以设置各项属性来约束卡片舞动的效果，如图7-318所示。

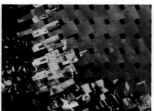

图7-317　卡片舞动效果

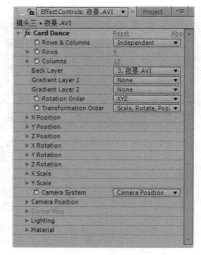

图7-318　卡片舞动控制面板

- Rows & Columns（行与列）：可以设置图片碎片的排列方式，碎片排列方式包括 Independent（独立）和Column Follow Rows（列跟随行）两种方式。
- Rows（行）：在为图像添加特效命令后，软件的默认Rows（行）项参数是9，用于 设置特效中对于行的分割层数，设置的参数越大分割行数越多，如图7-319所示。
- Columns（列）：用于设置特效中对于列的分割层数，设置的参数越大分割列数越 多，如图7-320所示。

图7-319　行设置　　　　　　　　　　　　　图7-320　列设置

- Back Layer（背面层）：主要用于设置背面层的画面效果。
- Gradient Layer 1（渐变图层1）：用于设置渐变图层的1的渐变方式，在时间面板 中图层越多选择方式越多。
- Gradient Layer 2（倾斜图层2）：Gradient Layer 2（渐变图层2）与Gradient Layer 1 （渐变图层1）的设置方式完全相同，同样渐变图层的2的渐变方式，在时间面板 中图层越多选择方式越多。
- Rotation（旋转）：在Rotation（旋转）命令中包含了6种旋转顺序预设，分别为 XYZ、XZY、YXZ、YZX、ZXY、ZYX，并以X、Y、Z轴作为运动轨迹。
- Transformation Order（顺序变换）：用来设置顺序的变换方式，在预设中有6种变 换方式，主要以旋转、比例、位置相互变化的不同变换方式。
- X、Y、Z Position（XYZ轴位置）：制作卡片舞动效果主要在于对X、Y、Z轴的位 置和旋转上的变化和相互配合，在编辑X轴的位置时首先选择Source（素材来源） 属性，然后对Multiplier（倍增）与Offset（偏移）进行参数设置，进而得到X轴的 卡片动画效果，Y、Z轴的位置参数设置与X轴完全相同，在卡片舞动特效中X、 Y、Z轴相互影响、配合，从而得到卡片舞动效果，如图7-321所示。
- X、Y、Z Rotation（XYZ轴旋转）：X、Y、Z Rotation（XYZ轴旋转）也是在卡 片舞动特效中的主要参数设置，在编辑X Rotation（X轴旋转）时，同样先选择 Source（素材来源）属性，然后对Multiplier（倍增）与Offset（偏移）进行参数设 置。Y、Z轴的旋转参数以同样的方法设置，如图7-322所示。

图7-321　XYZ轴位置　　　　　　　　　　图7-322　XYZ轴旋转

- X、Y Scale（XY比例）：以X轴为基准按等比例进行拉伸，Multiplier（倍增）参数越大拉伸比例越大，Offset（偏移）是对X Scale（X比例）进行偏移位置设定，Y Scale（Y比例）也是相同的设置方式。

- Camera System（摄影机系统）：Camera System（摄影机系统）是在添加Camera（摄影机）命令后，对摄影机进行参数设置，在其下拉列表中有3种预设，分别为Camera Position（摄影机位置）、Camera Pins（摄影机角度）和Comp Camera（合成摄影机）。
- Camera Position（摄影机位置）：在Camera Position（摄影机位置）命令中包括XYZ轴旋转、XYZ轴位置、Focal Length（焦距）和Transform Order（变换顺序），在以上参数的相互配合下，得到最终的摄影机位置。
- Camera Pins（摄影机角度）：在Camera pins（摄影机角度）命令中包括Upper Left Corner（左上角）、Upper Right Corner（右上角）、Lower Left Corner（左下角）、Lower Right Corner（右下角）、Auto Focal Length（自动对焦）和Focal Length（焦距），Focal Length（焦距）可以用于设置摄影机在推焦的效果。
- Lighting（照明）：在Lighting（照明）命令中包括Light Type（灯光类型）、Light Intensity（照明强度）、Light Color（照明颜色）、Light position（灯光位置）、Light Depth（照明纵深）和Ambient Light（环境光），可以在以上参数中进行设置，从而控制照明效果。
- Material（质感）：在Material（质感）中主要包括Diffuse Reflection（漫反射）、Specular Reflection（镜面反射）和Highlight Sharpness（高光锐度）等参数。

7.11.2　焦散

　　Caustics（焦散）滤镜特效可以模拟真实的反射和折射效果，如图7-323所示。

　　在Caustics（焦散）滤镜特效控制面板中，可以设置各项属性来约束焦散效果，如图7-324所示。

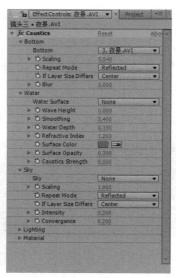

图7-323　焦散效果　　　　　　　　图7-324　焦散控制面板

- **Bottom（下）**：可以指定要添加折射或反射效果的图层。
  - ➤ **Scaling（比例）**：默认设置为"1"。
  - ➤ **Repeat Mode（重复模式）**：在其右侧的下拉列表中可以指定Once（一次）、Tiled（平铺）、Reflected（反射）模式。
  - ➤ **If Layer Size Differs（如层尺寸不同）**：当画面尺寸不同时，对图像的处理方式，其右侧下拉列表中包括Center（居中）和Stretch to Fit（伸展至适合）两种处理方式，如图7-325所示。
- **Water（水）**：可以设置Wave Height（波形高度）、Smoothing（平滑）、Water Depth（水深）、Refractive Index（折射率）、Surface Color（表面颜色）、Surface Opacity（表面不透明度）和Caustics Strength（焦散强度）属性参数，主要用于模拟水中画面的效果表现，如图7-326所示。

图7-325 下设置　　　　　　　　图7-326 水效果

- **Sky（天空）**：可以模拟隔着一层玻璃看画面的效果。在此选项中可以设置Scaling（比例）、Repeat Mode（重复模式）、If Layer Size Differs（如层尺寸不同）、Intensity（强度）和Convergence（聚合）属性参数，其属性参数的设置及功能与Bottom（下）选项设置相似。为素材添加特效后，画面前方会有一层玻璃样的透明图层，如图7-327所示。
- **Lighting（照明）**：可以对画面的照明效果进行调节，在其卷展栏下可以设置Light Type（灯光类型）、Light Color（照明颜色）、Light Position（灯光位置）、Light Height（灯光高度）及Ambient Light（环境光）属性，如图7-328所示。

图7-327 天空效果　　　　　　　图7-328 照明

- **Material（质感）**：可以控制画面最终的效果。在展开卷展栏后可以设置Diffuse Reflection（漫反射）、Specular Reflection（镜面反射）和Highlight Sharpness（高光锐度）等属性参数。

7.11.3　CC仿真滤镜

该CC系列滤镜特效组中提供了CC Ball Action（CC 滚球操作）、CC Bubbles（CC气泡）、CC Drizzle（CC 细雨滴）、CC Hair（CC 毛发）、CC Mr.Mercury（CC 水银滴

落）、CC Particle Systems Ⅱ（CC 粒子系统Ⅱ）、CC Particle World（CC 粒子世界）、CC Pixel Polygon（CC 像素多边形）、CC Rainfall（CC 下雨）、CC Scatterize（CC 散射效果）、CC Snowfall（CC 下雪）和CC Star Burst（CC 星爆）等滤镜效果。

7.11.4　泡沫

Foam（泡沫）滤镜特效可以模拟气泡及水珠等流体效果，如图7-329所示。

在Foam（泡沫）滤镜特效控制面板中，可以综合设置多项属性来模拟气泡及水珠的流体效果，如图7-330所示。

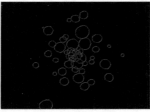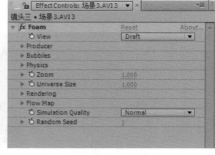

图7-329　泡沫效果　　　　　　　　图7-330　泡沫控制面板

- Producer（发射器）：可以设置气泡粒子发射器的参数属性。
- Physics（物理）：可以设置气泡运动的物理因素，其中包括速度、风速、混乱度和活力等。
- Rendering（渲染）：可以控制粒子气泡的渲染属性。
- Flow Map（流动贴图）：可以控制气泡粒子流动范围的贴图效果。

7.11.5　粒子运动场

Particle Playground（粒子运动场）滤镜特效可以产生大量相似物体单独运动的动画效果。该特效内置的物理函数保证了粒子运动的真实性，如图7-331所示。

在Particle Playground（粒子运动场）滤镜特效控制面板，可以设置各项属性来综合约束粒子运动场的效果，如图7-332所示。

图7-331　粒子运动场效果　　　　　图7-332　粒子运动场控制面板

- Cannon（碰撞）：通过发射器可以在层上产生连续的粒子流，如同加农炮向外发射炮弹。
- Grid（网格）：可以使用发射器从一组网格交叉点产生连续的粒子面。网格粒子的移动完全依赖于重力、排斥、墙壁和属性映射的参数设置。
- Layer Exploder（层爆破器）：可以设置目标层分裂粒子，创建出爆炸和烟火等效果。
- Particle Exploder（粒子爆破器）：可以将一个粒子分裂成多个粒子，分裂的新粒子继承了原始粒子的位置、速度、透明度、缩放和旋转等属性。
- Layer Map（层映射）：可以设置指定合成中任意一层作为粒子的贴图替换圆点。
- Gravity（重力）：可以在指定的方向上拖动现有粒子。
- Repel（排斥）：可以控制相邻粒子间的相互排斥或吸引程度，避免粒子相互碰撞；Wall（墙壁）可以抑制粒子，将粒子的移动范围限制在一个区域之内。
- Ephemeral Property Mapper（暂时属性映射）：可以在每一帧后恢复粒子属性为初始值。

7.11.6　碎片

Shatter（碎片）滤镜特效可以对图像进行爆炸处理，使图像产生爆炸飞散的碎片。该滤镜特效除了可以控制爆炸碎片的位置、力量和半径等基本参数以外，还可以自定义碎片的形状，如图7-333所示。

在Shatter（碎片）滤镜特效控制面板中，可以设置各项属性来约束碎片效果，如图7-334所示。

图7-333　碎片效果

图7-334　碎片控制面板

- View（观察）：可以设置爆炸特效的显示方式。
- Render（渲染）：可以设置图像爆炸的显示效果。
- Shape（形状）：可以对爆炸产生的碎片形状进行设置。
- Force1/2（力量）：可以设置爆炸效果的炸开力量。
- Gradient（渐变）：可以指定一个层并利用该层渐变来影响爆炸效果。
- Physics（物理）：可以对爆炸效果进行旋转速度、翻滚坐标、随机性和重力等物理特性进行设置。

- Textures（纹理）：可以对爆炸碎片的颜色、纹理等参数进行设置。
- Camera System（摄影机系统）：可以控制特效中所使用的摄影机系统，选择不同的摄影机类型所产生的效果也会有所不同。
- Camera Position（摄影机位置）：可以对摄影机的X、Y、Z轴进行旋转和位置的参数进行控制。
- Lighting（灯光）：可以控制特效的灯光效果。
- Material（材质）：可以设置素材的材质属性，其中提供了碎片材质的漫反射强度、镜面反射强度和高光锐化度等参数设置。

7.11.7 波纹世界

Wave World（波纹世界）滤镜特效可以模拟水波或超现实的声波效果，如图7-335所示。

在Wave World（波纹世界）滤镜特效控制面板中，可以设置Height Map Controls（高度映射控制）、Simulation（模拟）、Ground（场所）以及Producer1、Producer2（发射器）等属性，从而控制波纹效果，如图7-336所示。

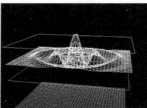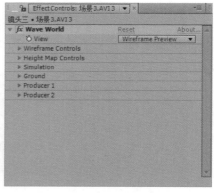

图7-335　波纹效果　　　　　　　　　　　　图7-336　波纹控制面板

- Height Map Controls（高度映射控制）：可以设置灰度位移图像，该选项下的参数可以控制发射处的波纹属性。
- Simulation（模拟）：可以设置模拟波纹性质的属性参数。
- Ground（场所）：可以设置波纹的基线参数。
- Producer1（发射器）：可以控制波纹1产生的中心位置。
- Producer2（发射器）：可以控制波纹2产生的中心位置。

7.12　Stylize风格化

Stylize（风格化）滤镜特效通过对图像中的像素及色彩进行替换和修改等处理，可以模拟各种画风，创作出丰富而真实的艺术效果。该组特效中提供的艺术化滤镜特效包括

Brush Strokes（画笔描边）、Cartoon（卡通）、Color Emboss（彩色浮雕）、Emboss（浮雕）、Find Edges（查找边缘）、Glow（光晕）、Mosaic（马赛克）、Motion Tile（运动拼贴）、Posterize（色彩分离）、Roughen Edges（粗糙边缘）、Scatter（扩散）、Strobe Light（闪光灯）、Texturize（纹理化）和Threshold（阈值）滤镜特效，以及大量的CC系列滤镜特效，如图7-337所示。

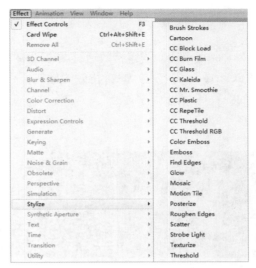

图7-337　风格化特效菜单

7.12.1　画笔描边

Brush Strokes（画笔描边）滤镜特效可以创建出画笔描绘的粗糙外观效果，通过设置笔触的各项属性可以完成各种画派风格，如图7-338所示。

在Brush Strokes（画笔描边）滤镜特效控制面板中设置各项属性，可以控制画笔描边的效果，控制面板如图7-339所示。

  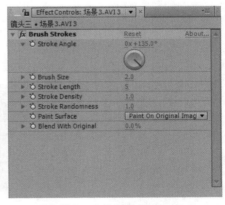

图7-338　描边效果　　　　　图7-339　画笔描边控制面板

- Stroke Angle（描边角度）：可以控制笔触生成的方向。
- Brush Size（笔触尺寸）：可以控制每个单独笔触的大小尺寸。
- Stroke Length（描边长度）：可以控制每个单独笔触的长度。
- Stroke Density（描边密度）：可以控制笔触的密度。
- Stroke Randomness（描边随机性）：可以控制描边效果的随机性。
- Paint Surface（描绘表面）：可以设置图像中使用描边的范围。
- Blend With Original（与原始图像混合）：可以控制描边效果与原始图像之间的混合程度。

7.12.2　卡通

Cartoon（卡通）滤镜特效通过填充图像中的物体，从而产生卡通效果，如图7-340所示。

在Cartoon（卡通）滤镜特效的控制面板中，可以设置各项属性来约束图像卡通化的效果，如图7-341所示。

图7-340　卡通效果　　　　　　　　　　　图7-341　卡通控制面板

- Render（渲染）：用于设置图像的渲染模式。从右侧下拉列表中可以根据需要选择包括Fill（填充）、Edge（边缘）和Fill & Edge（填充和边缘）3个选项中的任意一项。
- Detail Radius（详细半径）：用于设置图像上一些小细节的大小。
- Detail Threshold（详细阈值）：用于设置图像上黑色部分范围的多少。
- Fill（填充）：用于设置卡通图案的填充效果和填充柔化度。当Render（渲染）选项设置为Fill（填充）或Fill & Edge（填充和边缘）时，此选项才可用。
  - ➤ Shading Steps（阴影层次）：控制填充的阴影层次，设置的数值越大层次越多。
  - ➤ Shading Smoothness（阴影平滑度）：控制填充效果的柔化程度。
- Edge（边缘）：可以设置卡通图案的边缘效果。
  - ➤ Threshold（阈值）：用于设置黑色边缘所占比例的多少。
  - ➤ Width（宽度）：用于设置边缘的宽度。
  - ➤ Softness（柔化）：用于设置边缘的柔化程度。
  - ➤ Opacity（不透明度）：用于设置卡通图案的不透明程度。
- Advanced（高级）：用于对图案进行更高级的处理。在展开其卷展栏后，可以设置Edge Enhancement（边缘增强）、Edge Black Level（边缘色阶）和Edge Contast（边缘对照）等属性参数。
  - ➤ Edge Enhancement（边缘增强）：可以进一步设置边缘的厚度。设置的数值越大边缘越细，设置的数值越小边缘越厚。
  - ➤ Edge Black Level（边缘色阶）：用于调节图案上黑色部分所占的比例。
  - ➤ Edge Contast（边缘对照）：用来调节白色区域所占的比例。

7.12.3　彩色浮雕

Color Emboss（彩色浮雕）滤镜特效可以为平面图像创建彩色的立体浮雕效果，如图7-342所示。

在Color Emboss（彩色浮雕）滤镜特效控制面板中，可以设置Direction（方向）、Relief（浮雕）、Contrast（对比度）以及Blend With Original（与原始图像混合）等属性，如图7-343所示。

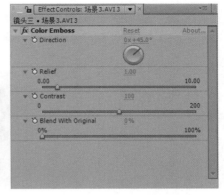

图7-342　彩色浮雕效果　　　　　　　　　图7-343　彩色浮雕控制面板

- Direction（方向）：可以控制光源照射的方向，通过调整光源的方向控制浮雕的角度。
- Relief（浮雕）：可以控制浮雕效果的深度。
- Contrast（对比度）：可以控制浮雕效果与原始图像之间的颜色对比度，从而影响效果与图像的分离程度。
- Blend With Original（与原始图像混合）：可以控制浮雕效果与原始图像之间的混合程度。

7.12.4　查找边缘

Find Edges（查找边缘）滤镜特效可以强化颜色变化区域的过渡像素，模仿铅笔勾边的方式创建出线描的艺术效果。通过使用该滤镜特效并结合After Effects提供的校色功能，可以制作出完美的水墨画效果，如图7-344所示。

在Find Edges（查找边缘）滤镜特效的控制面板中，可以设置Invert（反转）和Blend With Original（与原始图像混合）属性来控制边缘效果，控制面板如图7-345所示。

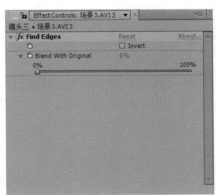

图7-344　查找边缘效果　　　　　　　　　图7-345　查找边缘控制面板

- Invert（反转）：可以设置图像的反转效果。
- Blend With Original（与原始图像混合）：可以控制特效与原始图像之间的混合程度。

7.12.5 光晕

Glow（光晕）滤镜特效通过搜索图像中的明亮部分，对其周围像素进行加亮处理，创建一个扩散的光晕效果，如图7-346所示。

在Glow（光晕）滤镜特效的控制面板中，设置各项属性来控制光晕效果，如图7-347所示。

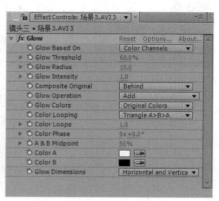

图7-346 光晕效果 图7-347 光晕控制面板

- Glow Based On（光晕基于）：可以控制光晕效果基于那一种通道方式产生光晕。
- Glow Threshold/ Radius/ Intensity（光晕阈值/半径/强度）：可以分别控制光晕效果的极限值、半径和强度。
- Composite Original（与原图像混合）：可以设置光晕与原始图像混合的程度。
- Glow Operation（光晕操作）：可以控制光晕的产生方式，选择不同的操作方式可以产生不同的光晕效果。
- Glow Colors（光晕颜色）：可以控制光晕颜色的使用方式，其中包括Original Colors（原始颜色）、A&B Colors（A与B颜色）和Arbitrary Map（任意映射）等方式。
- Color Looping（颜色循环）：可以设置颜色循环的使用方式。
- Color Loops（颜色光圈）：可以控制在光晕中产生颜色循环的色轮圈数。
- Color Phase（颜色相位）：可以控制颜色循环的开始点。
- A&B Midpoint（A与B 中间点）：可以控制A与B颜色之间的平衡点，Color A/B（颜色A/B）可以设置A和B的颜色。
- Glow Dimensions（光晕尺度）：可以设置光晕的扩展方式。

7.12.6 运动拼贴

Motion Tile（运动拼贴）滤镜特效可以复制多个原图像到输出图像中，整个屏幕分割为许多个小方块，并且在每个小方块中都显示整个图像，如图7-348所示。

在Motion Tile（运动拼贴）滤镜特效的控制面板中设置各项属性，可以控制运动拼贴的效果，如图7-349所示。

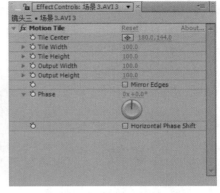

图7-348　运动拼贴效果　　　　　　　　　　图7-349　运动拼贴控制面板

- Tile Center（拼贴中心）：可以控制被分割出的全部方格的中心位置。
- Tile Width/ Height（拼贴宽度/高度）：可以设置拼贴的宽度和高度尺寸。
- Output Width/ Height（输出宽度/高度）：可以控制输出图像的大小尺寸。
- Mirror Edges（反射边缘）：可以控制其周围所有分割出的图像都以镜像方式被复制。
- Phase（相位）：可以控制相邻拼贴的偏移量。
- Horizontal Phase Shift（水平移动相位）：可以将拼贴相位以水平方式进行偏移。

7.12.7　粗糙边缘

Roughen Edges（粗糙边缘）滤镜特效可以对图像的边缘进行粗糙化处理，创建出艺术化边框效果，如图7-350所示。

在Roughen Edges（粗糙边缘）滤镜特效的控制面板中设置各项属性，可以控制艺术化边框的效果，如图7-351所示。

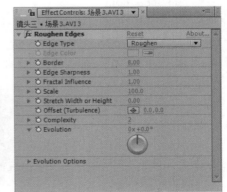

图7-350　粗糙边缘效果　　　　　　　　　　图7-351　粗糙边缘控制面板

- Edge Type（边缘类型）：可以设置边缘处理类型，系统提供了多种预置处理方式。
- Edge Color（边缘颜色）：可以设置边缘效果的使用颜色。

- Border（边界）：可以控制图像边缘的宽度。
- Edge Sharpness（边缘锐化）：可以控制边缘的锐化程度。
- Fractal Influence（碎片影响）：可以控制边缘效果的粗糙碎片对相邻像素影响程度。
- Scale（比例）：可以控制边缘粗糙程度的缩放效果。
- Stretch Width or Height（宽度或高度拉伸）：可以控制图像边缘宽度和高度的拉伸程度。
- Offset（偏移量）：可以控制粗糙边缘碎片的偏移点位置。
- Complexity（复杂度）：可以控制边缘粗糙效果的复杂程度。
- Evolution（演化）：可以控制边缘粗糙碎片的演化角度。

7.12.8　扩散

Scatter（扩散）滤镜特效可以在不改变每个独立像素色彩的前提下，重新分配随机的像素。利用分散层中的像素，创建一种模糊或污浊的涂抹外观效果，如图7-352所示。

在Scatter（扩散）滤镜特效控制面板中，可以设置Scatter Amount（扩散数量）、Grain（颗粒）和Scatter Randomness（随机扩散）属性，如图7-353所示。

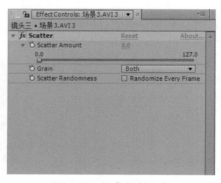

图7-352　扩散效果　　　　　　　　　图7-353　扩散控制面板

- Scatter Amount（扩散数量）：可以控制特效分散出的颗粒数量。
- Grain（颗粒）：可以控制颗粒扩散的方式，其右侧下拉列表中包括Both（双向）、Horizontal（水平）和Vertical（垂直）3种扩散方式。
- Scatter Randomness（随机扩散）：可以控制效果是否随机排列在每一帧上。

7.12.9　闪光灯

Strobe Light（闪光灯）滤镜特效可以在画面中加入一帧闪白或其他颜色，应用一帧层混合模式，然后又立刻恢复，使连续画面产生闪烁效果，多用于模拟屏幕闪白的效果，如图7-354所示。

在Strobe Light（闪光灯）滤镜特效控制面板中，可以设置Blend With Original（与原始图像混合）、Strobe Duration（脉冲持续时间）、Strobe Period（脉冲周期）以及Random Seed（随机种子）等属性，如图7-355所示。

图7-354　闪光灯效果

图7-355　闪光灯控制面板

- Blend With Original（与原始图像混合）：可以设置与原始层的混合程度。
- Strobe Duration（脉冲持续时间）：可以设置闪烁周期的长度。
- Strobe Period（脉冲周期）：可以设置闪烁间隔周期的长度。
- Random Seed（随机种子）：可以设置随机种子数值参数。

7.12.10　纹理化

　　Texturize（纹理化）滤镜特效可以指定一个层，使被指定层的图像作为纹理映射到当前层的图像中，如图7-356所示。

　　在Texturize（纹理化）滤镜特效控制面板中，可以设置Texture Layer（纹理层）、Light Direction（灯光方向）、Texture Contrast（纹理对比度）以及Texture Placement（纹理布置）属性，如图7-357所示。

图7-356　纹理化效果

图7-357　纹理化控制面板

- Texture Layer（纹理层）：可以设置一个层作为纹理层。
- Light Direction（灯光方向）：可以控制光源的照射方向。
- Texture Contrast（纹理对比度）：可以控制纹理显示的对比度。
- Texture Placement（纹理布置）：可以设置纹理化效果的应用类型。

7.12.11　阈值

　　Threshold（阈值）滤镜特效可以将一个灰度或彩色的图像转换为一个高对比度的黑白图像。该滤镜特效将一定的色阶指定为阈值，所有比该阈值亮的像素被转成白色。相反，所有比该阈值暗的像素被转成黑色，如图7-358所示。

在Threshold（阈值）滤镜特效控制面板中，Level（级别）选项可以控制图像的颜色阈值，如图7-359所示。

图7-358　阈值效果

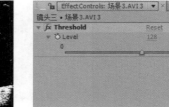

图7-359　阈值控制面板

7.13　Text文字

Text（文字）特效组主要是辅助文字工具来添加更多、更精彩的文字特效，包括Numbers（数字效果）和Timecode（时间码）两种特效，如图7-360所示。

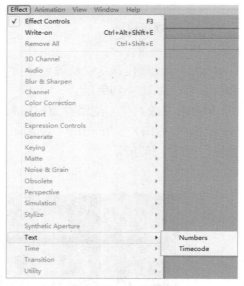

图7-360　文字菜单

7.13.1　数字效果

Numbers（数字效果）特效可以生成多种格式的随机数或顺序数，可以编辑时间码、十六进制数值、当前日期等，并且可以随时间变动刷新或者随机乱序刷新，执行此滤镜特效命令后，在弹出的Numbers（数字效果）对话框中可以设置需要的数字效果，如图7-361所示。

为素材添加数字效果滤镜特效后，调整参数得到需要的数字效果如图7-362所示。

图7-361　数字效果对话框

在Numbers（数字效果）特效控制面板中，可以设置各项属性来控制效果，如图7-363所示。

图7-362　数字效果　　　　　　　　图7-363　数字效果控制面板

- Type（类型）：可以在其右侧下拉列表中设置数字的显示类型。
- Random Values（随机值）：用于将数值设置为随机效果。
- Value/Offset/Random Max（数值/偏移/随机最大值）：用于指定数字的显示内容。
- Decimal Places（小数点位数）：用于设置小数点后的位数。
- Current Time/Date（当前时间/日期）：勾选Current Time/Date（当前时间/日期）项，将自动显示出当前的计算机时间日期或当前时间帧位置等信息。

7.13.2　时间码

Timecode（时间码）特效可以在当前层上生成一个显示时间的码表效果，以动画形式显示当前播放动画的时间长度，效果如图7-364所示。

在Timecode（时间码）特效的控制面板中，可以设置各项属性来综合控制码表效果，如图7-365所示。

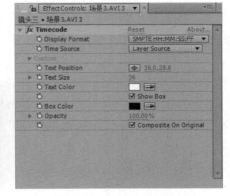

图7-364　时间码效果　　　　　　　图7-365　时间码控制面板

- Display Format（显示格式）：用于设置码表显示的格式。
  - ➢ SMPTE HH：MM：SS：FF：表示以标准的小时：分钟：秒：帧显示。
  - ➢ Frame numbers（帧数）：表示以累加帧数值方式显示。

> ➤ Feet+Frames（35mm）：表示以英尺+帧的方式显示。
- Time Units（时间单位）：用于设置时间码以何种帧速率显示。
- Drop Frame（掉帧）：勾选Drop Frame（掉帧）项后，可以使时间码用掉帧的方式显示。
- Starting Frame（开始帧）：用于设置初始帧。
- Text Position（文字位置）：用于设置时间码在屏幕中的位置。
- Text Size（文字尺寸）：用于设置时间码文字的大小。
- Text Color（文字颜色）：用于设置时间码文字的颜色。

7.14 Time时间

　　Time（时间）特效用于控制层素材的时间特性，并以层的原始素材作为时间基准。该特效使用时会忽略层上使用的其他效果。如果需要对应用过其他效果的层使用时间特效，首先要将这些层重组。该组特效中包括Echo（重影）、Posterize Time（时间分离）、Time Difference（时间差异）、Time Displacement（时间置换）和Time warp（时间扭曲）滤镜特效，以及4个CC系列的滤镜特效，如图7-366所示。

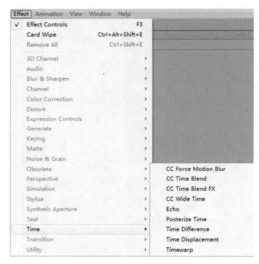

图7-366　时间特效菜单

7.14.1　CC时间滤镜

　　Afer Effects CS6软件中提供了4个关于时间的滤镜特效，分别是CC Force Motion Blur（CC强力运动模糊）、CC Time Blend（CC时间混合）、CC Time Blend FX（CC时间混合FX）和CC Wide Time（CC宽限时间）。

7.14.2　重影

　　Echo（重影）滤镜特效在层的不同时间点上合成关键帧，对前后帧进行混合，创建出拖影或运动模糊的效果。该特效对静态图片不产生效果，如图7-367所示。

　　在Echo（重影）滤镜特效控制面板中，可以设置Echo Time（重影时间）、Number Of Echoes（重影数量）、Starting Intensity（开始强度）、Decay（衰减）以及Echo Operator

（重影操作）等属性，如图7-368所示。

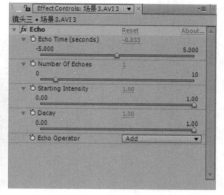

图7-367　重影效果　　　　　　　　图7-368　重影控制面板

- Echo Time（时间重影）：可以控制重影之间的时间。
- Number Of Echoes（重影数量）：可以控制影片重复的数量。
- Starting Intensity（开始强度）：可以控制重影开始时的强度。
- Decay（衰减）：可以控制重影的衰减程度。
- Echo Operator（重影操作）：可以设置重影之间的操作方式。

7.14.3　时间分离

Posterize Time（时间分离）滤镜特效可以将素材锁定到一个指定的帧率，从而产生跳帧播放的效果，如图7-369所示。

在Posterize Time（时间分离）滤镜特效控制面板中，可以设置各项属性来约束跳帧播放的效果，控制面板如图7-370所示。

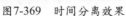
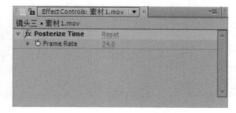

图7-369　时间分离效果　　　　　　图7-370　时间分离控制面板

通过控制面板中的Frme Rate（帧速率）参数可以设置帧速率的大小，以便产生跳帧播放的效果。

7.14.4　时间差异

Time Difference（时间差异）滤镜特效可以通过其他层图像的Alpha通道信息，转换动态素材中不同时间内的图像像素，如图7-371所示。

在Time Difference（时间差异）滤镜特效控制面板中，可以设置差异层、时间偏移以及对比度等属性参数，从而约束时间差异的效果，控制面板如图7-372所示。

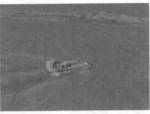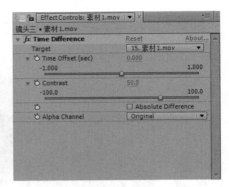

图7-371　时间差异效果　　　　　　　　图7-372　时间差异控制面板

- Target（目标）：可以在其右侧下拉列表中指定一个层作为目标层。
- Time Offset（时间偏移）：可以设置一个时间偏移值来产生差异，如图7-373所示。
- Contrast（对比度）：可以设置时间差异状态下Alpha通道信息的对比程度，设置的数值越大对比效果也就越强，如图7-374所示。

图7-373　时间偏移效果　　　　　　　图7-374　不同对比度效果

- Absolute Difference（差异绝对值）：可以使时间差异状态下的像素转换达到差异的极致。
- Alpha Channel（Alpha通道）：可以选择图像对Alpha通道信息的使用方式，从而转换图像的像素，其右侧的下拉列表中包括Original（原始）、Target（目标）、Blend（混合）、Max（最大）、Full On（全开）、Lightness of Result（亮度结果）、Max of Result（最大结果）、Alpha Difference（Alpha差异）和Alpha Difference Only（仅通道差异）等方式。

7.14.5　时间置换

Time Displacement（时间置换）滤镜特效通过按时间转换像素使影像变形，产生特殊效果。该效果使用一个Displacement Map（位移贴图），在当前层上将对应于位移图暗部和明亮区域的像素替换为近期相同位置的素材，如图7-375所示。

在Time Displacement（时间置换）滤镜特效控制面中设置各项属性，可以控制时间置换的效果，如图7-376所示。

- Time Displacement Layer（时间置换层）：可以设置一个时间偏移层。
- Max Displacement Time（最大时间置换）：可以控制最大位移量。
- Time Resolution（时间解析）：可以控制分辨率的时间。
- If Layer Sizes Differ（如图层尺寸不同）：可以用于调节层的匹配效果。

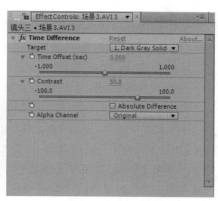

图7-375 时间置换效果　　　　　　　图7-376 时间置换控制面板

7.14.6 时间扭曲

Timewarp（时间扭曲）滤镜特效可以基于图像运动、帧混合和所有帧进行时间画面变形，使前几秒或后几帧的图像显示在当前窗口中，如图7-377所示。

在Timewarp（时间扭曲）滤镜特效控制面板中设置各项属性，可以得到非常奇异的图像扭曲效果，如图7-378所示。

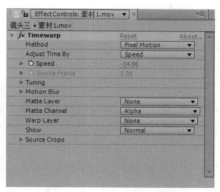

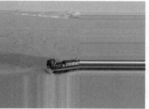

图7-377 时间扭曲效果　　　　　　　图7-378 时间扭曲控制面板

- Method（方法）：可以设置帧运动的方法，其右侧的下拉列表中包括Whole Frames（全帧）、Frame Mix（帧混合）和Pixel Motion（像素运动）。
- Adjust Time By（时间调整根据）：该选项提供了图像运动时时间变化的根据因素，其右侧的下拉列表中包括Speed（速度）和Source Frame（来源帧）两种根据。
- Speed（速度）：可以设置图像运动的速度，只有当Adjust Time By（时间调整根据）选项设置为Speed（速度）时才可用。
- Source Frame（来源帧）：可以设置来源帧的数量。此选项仅在Adjust Time By（时间调整根据）选项设置为Source Frame（来源帧）时才可用。
- Tuning（调整）：可以设置Vector Detail（矢量细节）、Smoothing（平滑）、Build From One Image（构建于一幅图像）、Correct Luminance Changes（亮度校正更改）、Filtering（滤镜）、Error Threshold（阈值精度）、Block Size（块尺寸）以及Weighting（比率）等属性参数，从而调整图像的运动。

- Motion Blur（运动模糊）：可以控制图像运动时的模糊程度。
- Matte Layer（蒙板层）：在Matte Layer（蒙板层）选项右侧的下拉列表中可以指定某个层作为蒙板图层。
- Matte channel（蒙板通道）：可以在Matte channel（蒙板通道）右侧的下拉列表中指定某个通道作为蒙板的通道信息，包括Luminance（亮度）、Inverted Luminance（反转亮度）、Alpha（通道）和Inverted Alpha（反转通道）。
- Warp Layer（扭曲层）：可以在Warp Layer（扭曲层）右侧的下拉列表中指定一个层作为扭曲层来影响当前图像的像素。
- Show（显示）：可以设置图像的显示信息，其右侧的下拉列表中包括Normal（标准）、Matte（蒙板）、Foreground（前景）和Brckground（背景）项。
- Source Crops（源素材裁剪）：可以控制源素材的裁剪，设置Left（左）、Right（右）、Bottom（底）以及TOP（顶）4个方向的数值，可以控制源素材的裁剪程度。

7.15 Transition切换

　　Transition（切换）滤镜特效可以在过渡层与其下的所有层之间建立过渡，并将两个镜头进行连接。在影片合成的过程中经常需要创造各种特殊的切换来进行两个镜头间的过渡，Transition（切换）特效针对这项工作提供了多项滤镜特效。其中包括Block Dissolve（块面溶解）、Card Wipe（卡片擦拭）、Gradient Wipe（渐变擦拭）、Iris Wipe（星形擦拭）、Linear Wipe（线性擦拭）、Radial Wipe（径向擦拭）和Venetian Blinds（百叶窗）等滤镜特效，以及大量关于切换的CC系列滤镜特效，如图7-379所示。

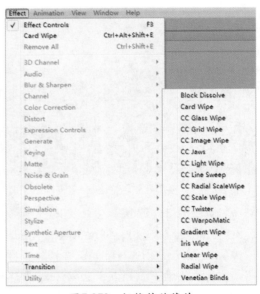

图7-379　切换特效菜单

7.15.1　块面溶解

　　Block Dissolve（块面溶解）滤镜特效可以随机的方块对两个层的重叠部分进行切换，如图7-380所示。

　　在Block Dissolve（块面溶解）滤镜特效控制面板中，可以设置Transition Completion（切换完成）、Block Width（块面宽度）、Block Height（块面高度）、Feather（羽化）以及Soft Edges（柔化边缘）属性，如图7-381所示。

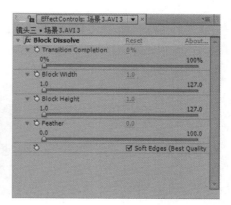

图7-380 块面溶解效果　　　　图7-381 块面溶解控制面板

- Transition Completion（切换完成）：可以控制块面的溶解程度。
- Block Width（块面宽度）：可以控制块面的宽度。
- Block Height（块面高度）：可以控制块面的高度。
- Feather（羽化）：可以控制块面边缘的羽化程度。
- Soft Edges（柔化边缘）：可以设置块面边缘是否柔和。

7.15.2　卡片擦拭

Card Wipe（卡片擦拭）滤镜特效可以产生类似卡片效果的图像翻转切换，如图7-382所示。

在Card Wipe（卡片擦拭）滤镜特效的控制面板中，可以设置各项属性来综合约束卡片擦拭的效果，如图7-383所示。

图7-382 卡片擦拭效果　　　　图7-383 卡片擦拭控制面板

- Transiton Width（切换宽度）：可以设置产生片状图形的宽度。
- Back Layer（背景层）：可以设置背景图层。
- Rows（行）：可以设置产生卡片的图形的行数。
- Columns（列）：可以设置产生卡片的图形列数。
- Flip Axis（翻转轴）：可以设置翻转变换的轴向，其中包括X、Y轴及随机选择。

- Timing Random（定时随机）：可以设置产生的卡片翻转随机的时间。
- Material（材质）：可以设置漫反射、镜面反射和高光锐化的三种效果。
- Diffuse Reflection（漫反射）：可以设置漫反射的程度。

7.15.3　CC切换滤镜

After Effets CS6中提供了大量关于切换过渡的CC系列滤镜，包括CC Glass Wipe（玻璃擦拭）、CC Grid Wipe（CC网格擦拭）、CC Image Wipe（CC图像擦拭）、CC Jaws（CC锯齿）、CC Light Wipe（CC发光擦拭）、CC Line Sweep（CC线性扫描）、CC Radial Scale Wipe（CC放射状擦拭）、CC Scale Wipe（CC缩放擦拭）、CC Twister（CC扭曲）和CC WarpoMatic（CC自动变形），应用这些CC系列滤镜，可以制作出更多样的切换与过渡方式。

7.15.4　渐变擦拭

Gradient Wipe（渐变擦拭）滤镜特效可以指定图层的亮度值为基础创建渐变过渡的效果。在渐变层擦拭中，渐变层的像素亮度决定当前层中哪些对应像素透明，以显示底层，如图7-384所示。

在Gradient Wipe（渐变擦拭）滤镜特效的控制面板中，可以设置Transition Completion（切换完成）、Transition Softness（切换柔和）、Gradient Layer（渐变层）、Gradient Placement（渐变放置）以及Invert Gradient（反转渐变）等属性，如图7-385所示。

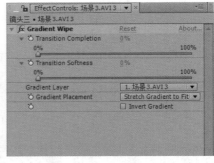

图7-384　渐变擦拭效果　　　　　　　　图7-385　渐变擦拭控制面板

- Transition Completion（切换完成）：可以控制渐变溶解的程度。
- Transition Softness（切换柔和）：可以控制切换时渐变层溶解边缘的柔和程度。
- Gradient Layer（渐变层）：用于选择渐变层。
- Gradient Placement（渐变放置）：可以控制渐变层溶解的位置和大小。
- Invert Gradient（反转渐变）：勾选此项后可以反转渐变层。

7.15.5　星形擦拭

Iris Wipe（星形擦拭）滤镜特效可以辐射状过渡指定顶点数产生切换，并可以控制是否运用内径效果产生星形收缩，如图7-386所示。

在Iris Wipe（星形擦拭）滤镜特效的控制面板中设置各项属性，可以控制星形擦拭的效果，如图7-387所示。

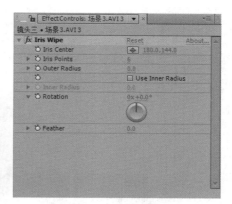

图7-386   星形擦拭效果　　　　　　　　　图7-387   星形擦拭控制面板

- Iris Center（星形中心）：可以控制星形辐射的中心位置。
- Iris Points（星形顶点数）：可以控制产生星形辐射的顶点数量。
- Outer Radius（外半径）：可以控制星形辐射外部半径的大小。
- Use Inner Radius（使用内半径）：可以设置是否使用内半径，产生星形收缩效果。
- Inner Radius（内半径）：可以控制星形辐射内部半径的大小。
- Rotation（旋转）：可以控制星形辐射的旋转角度。
- Feather（羽化）：可以控制星形辐射边缘的羽化程度。

7.15.6　线性擦拭

Linear Wipe（线性擦拭）滤镜特效是以一条直线为界线进行切换，产生线性擦拭的效果，如图7-388所示。

在Linear Wipe（线性擦拭）滤镜特效控制面板中，可以设置各项属性来控制擦拭的效果，如图7-389所示。

图7-388   线性擦拭效果　　　　　　　　　图7-389   线性擦拭控制面板

- Transition Completion（切换完成）：可以设置完成过渡的程度，设置的数值越大过渡的越程度越高。
- Wipe Angle（擦拭角度）：可以设置一个角度值，作为擦除的方向。
- Feather（羽化）：可以设置过渡区域图像的羽化程度，设置的数值越大过渡边缘效果越柔和。

7.15.7 径向擦拭

Radial Wipe（径向擦拭）滤镜特效可以围绕特定的点呈辐射状擦拭层，如图7-390所示。

在Radial Wipe（径向擦拭）滤镜特效控制面板中，可以设置Transition Completion（切换完成）、Start Angle（开始角度）、Wipe Center（擦拭中心）、Wipe（擦拭）以及Feather（羽化）属性，如图7-391所示。

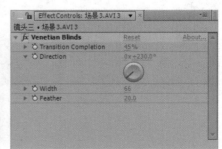

图7-390　径向擦拭效果　　　　　图7-391　径向擦拭控制面板

- Transition Completion（切换完成）：可以控制辐射状擦拭完成的程度。
- Start Angle（开始角度）：可以控制开始擦拭的角度。
- Wipe Center（擦拭中心）：可以控制擦拭范围的中心位置。
- Wipe（擦拭）：可以设置擦拭范围的扩散方式。
- Feather（羽化）：可以控制擦拭边缘的羽化程度。

7.15.8 百叶窗

Venetian Binds（百叶窗）滤镜特效可以使图像之间产生百叶窗过渡的效果，如图7-392所示。

在Venetian Binds（百叶窗）滤镜特效的控制面板中，可以设置Transition Completion（切换完成）、Direction（方向）、Width（宽度）和Feather（羽化）属性，如图7-393所示。

图7-392　百叶窗过渡效果　　　　　图7-393　百叶窗控制面板

- Transition Completion（切换完成）：可以控制完成百叶窗过渡的程度。
- Direction（方向）：可以设置百叶窗的方向，即过渡方向。

- Width（宽度）：通过设置Width（宽度）项的数值，可以控制百叶窗叶片之间的宽度。
- Feather（羽化）：可以控制擦拭边缘的羽化程度。

7.16 Utility实用

Utility（实用）滤镜特效组主要用于进行调整素材颜色的输出和输入设置，常用的特效命令包括Apply Color LUT（应用LUT色彩查找表）、CC Overbrights（CC覆盖明亮）、Cineon Converter（电影格式转换）、Color Profile Converter（色彩轮廓转换）、Grow Bounds（增长范围）、HDR Compander（HDR压缩扩展器）和HDR Highlight Compression（HDR高光压缩），如图7-394所示。

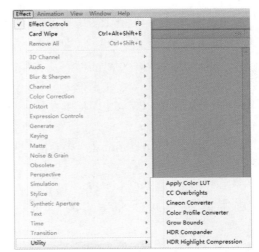

图7-394　实用菜单

7.16.1 应用LUT色彩查找表

Apply Color LUT（应用LUT色彩查找表）滤镜特效提供了应用彩色LUT支持的功能，可以使用行业执行标准的3DL和CUB查找表得到一致的色彩。

为素材添加此滤镜特效后，将弹出Choose LUT File（选择LUT文件）对话框，在对话框中指定LUT文件，即可将LUT查找表应用到图像中，从而得到需要的色彩，如图7-395所示。

图7-395　应用LUT色彩查找表

7.16.2 Cineon Converter（电影格式转换）

Cineon Converter（电影格式转换）滤镜特效主要应用于标准线性到曲线对称的转换，效果如图7-396所示。

在Cineon Converter（电影格式转换）滤镜特效中设置参数，从而得到需要的效果，如图7-397所示。

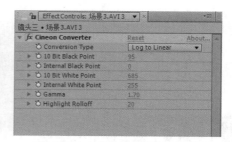

图7-396　电影格式转换效果　　　　图7-397　电影格式转换控制面板

- Conversion Type（转换类型）：用于指定图像的转换类型。
- 10 Bit Black Point（10位黑点）：用于设置10位黑点的比重，值越大黑色区域所占比重越大。
- Internal Black Point（内部黑点）：用于设置内部黑点的比重，值越小黑色区域所占比重越大。
- 10 Bit White Point（10位白点）：用于设置10位白点的比重，值越大白色区域所占比重越大。
- Internal White Point（内部白点）：用于设置内部白点的比重，值越小白色区域所占比重越大。
- Gamma（伽马值）：用于设置伽马值的大小。
- Highlight Rolloff（高光比重）：用于设置高光所占比重，值越大高光所占比重越大。

7.16.3　色彩轮廓转换

Color Profile Converter（色彩轮廓转换）滤镜特效可以通过色彩通道设置，对图像输出、输入的描绘轮廓进行转换，如图7-398所示。

在Color Profile Converter（色彩轮廓转换）滤镜特效的控制面板设置参数，可以得到需要的转换效果，如图7-399所示。

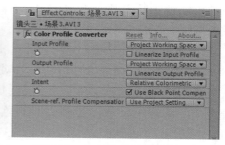

图7-398　色彩轮廓转换效果　　　　图7-399　色彩轮廓转换控制面板

- Input Profile（输入轮廓）：用于指定输入轮廓的色彩范围。
- Output Profile（输出轮廓）：用于指定输出轮廓的色彩范围。

7.16.4　增长范围

Grow Bounds（增长范围）滤镜特效可以通过增长像素范围来解决其他特效显示的一些

问题。例如,在文字层添加阴影特效后,当文字层移出合成窗口时,阴影也会被遮挡,这时就需要Grow Bounds(增长范围)特效来解决, Grow Bounds(增长范围)特效需要在文字层添加阴影特效前添加,如图7-400所示。

在Grow Bounds(增长范围)滤镜特效中,可以设置Pixels(像素)的值来确定像素增长范围的程度,如图7-401所示。

图7-400　增长范围效果　　　　　　　　　　图7-401　增长范围控制面板

7.16.5　HDR压缩扩展器

HDR Compander(HDR压缩扩展器)滤镜特效使用压缩范围和扩展范围来调节图像,如图7-402所示。

在HDR Compander(HDR压缩扩展器)滤镜特效的控制面板中,可以设置Mode(模式)、Gain(增益)和Gamma(伽马值)属性参数,如图7-403所示。

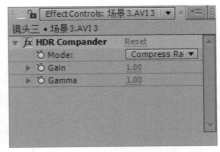

图7-402　HDR压缩扩展器　　　　　　　　图7-403　HDR压缩扩展器控制面板

- Mode(模式):设置压缩使用的模式,包括Compress Range(压缩范围)和Expand Range(扩展范围)两个选项。
- Gain(增益):用于设置Mode(模式)项选择模式的色彩增益值。
- Gamma(伽马值):用于设置图像的伽马值。

7.16.6　HDR高光压缩

HDR Highlight Compression(HDR高光压缩)滤镜特效可以将图像的高动态范围内的高光数据压缩到低动态范围内的图像,如图7-404所示。

在HDR Highlight Compression(HDR高光压缩)滤镜特效的控制面板中,可以设置Amount(数量)参数来控制压缩程度,如图7-405所示。

图7-404　HDR高光压缩效果

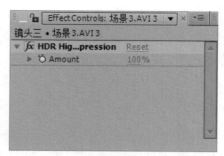

图7-405　HDR高光压缩控制面板

7.17 本章小结

　　本章主要对After Effects CS6的滤镜特效进行讲解，具体介绍了Audio（音频）、Blur & Sharpen（模糊与锐化）、Distort（扭曲）、Expression Controls（表达式控制）、Generate（生成）、Matte（蒙板）、Noise & Grain（噪波与颗粒）、Obsolete（旧版插件）、Perspective（透视）、Simulation（仿真）、Stylize（风格化）、Text（文字）、Time（时间）、Transition（切换）和Utility（实用）等特效，使用户可以根据特效的特性来操作叠加，组合出更丰富的效果。

第8章
特效插件

本章主要介绍Shine体积光、3D Stroke三维描边、Light Factory灯光工厂、Particular粒子、Starglow星光、FE Light Sweep扫光、FE Sphere球体、FE Particle Systems粒子系统、FE Light Burst光线散射、FE Griddler框筛、DE Aged Film怀旧电影、Form粒子形式、Digital Film Lab数字电影模拟、3D Invigorator三维文字与标志、55 mm Color Grad颜色渐变、55 mm Night Vision夜视、55 mm Tint染色、55 mm Warm/Cool冷暖色、CS Defocus焦散、CS Selective Soft Focus软焦点、T Beam光束、T Droplet液滴、T Etch蚀刻、T Rays体积光、T Sky天空光、T Starburst星放射、Particle Illusion粒子幻影、Looks调色和Color Finesse技巧调色。

在After Effects CS6中，除了自带的标准滤镜以外，还可以根据需要安装第三方滤镜来增加特效功能。After Effects CS6的所有滤镜都存放于Plug-ins目录中，每次启动时系统会自动搜索Plug-ins目录中的滤镜，并将搜索到的滤镜加入到After Effects的Effect（特效）菜单中，如图8-1所示。

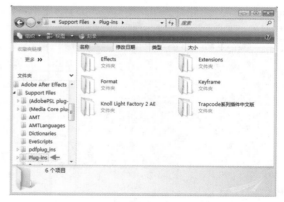

图8-1　插件文件夹

8.1　Shine体积光

Shine（体积光）是Trap Code公司开发的经典光效插件，主要制作扫光及太阳光等特殊光效果，Trap Code公司开发了许多重量级的后期插件，在许多后期影片和合成软件中会经常使用到，安装插件后可以在菜单中选择【Effect（特效）】→【Trap Code】→【Shine（体积光）】命令。如图8-2所示。

图8-2　体积光插件

8.1.1　预处理过程

Pre-Process（预处理过程）卷展栏主要包括Threshold（阈值）、Use Mask（使用遮罩）、Mask Radius（遮罩半径）和Mask Feather（遮罩羽化）选项，通过遮罩控制体积光的显现区域，如图8-3所示。

图8-3　预处理过程

8.1.2　发射点与光芒长度

Source Point（发射点）卷展栏和Ray Length（光芒长度）卷展栏主要控制体积光的显现动画，如图8-4所示。

图8-4　发射点与光芒长度

- Source Point（发射点）：可以通过发射点按钮和XY轴值进行扫光控制，配合记录项目的⏱按钮进行动画设置，如图8-5所示。
- Ray Length（光芒长度）：主要设置体积光发散光芒的光线长度，在制作体积光逐渐显示或消失的动画效果时尤其实用，如图8-6所示。

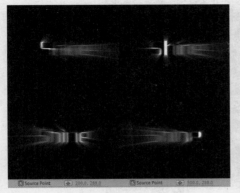

图8-5　发射点设置　　　　图8-6　光芒长度设置

8.1.3　微光与推进光

Shimmer（微光）卷展栏中主要有Amount（数量）、Detail（细节）、Source Point affects Shimmer（微光随发射点影响）、Radius（半径）、Reduce flickering（减少闪烁）、Phase（相位）、Use Loop（使用循环）和Revolutions in Loop（在循环中旋转）选项，Boost Light（推进光）主要控制体积光更加精细的主光线强度效果，如图8-7所示。

图8-7　微光与推进光

8.1.4　彩色模式

在Colorize（彩色模式）卷展栏中有One Color（一种颜色）、4（3）-Color Gradient（三种颜色渐变）、5-Color Gradient（五种颜色渐变）彩色方案，还有许多不同方案的预设，如图8-8所示。

在Colorize（彩色模式）卷展栏中提供了许多颜色渐变方案，其中有Fire（火颜色方案）、Mars（火星颜色方案）、Chemistry（化学颜色方案）、Deepsea（深海颜色方案）、Electric（电颜色方案）、Spirit（幽灵颜色方案）、Aura（光环颜色方案）、Heaven（天堂颜色方案）、Romance（浪漫颜色方案）、Magic（魔术颜色方案）、USA（美国国旗颜色方案）、Rastafari（牙买加国旗颜色方案）、Enlightenment（教化颜色方案）、Radioaktiv（无线电波颜色方案）、IR Vision（化学元素颜色方案）、Lysergic（麦角酸颜色方案）、Rainbow（彩虹颜色方案）、RGB（三原色颜色方案）、Technicolor（染印法颜色方案）、Chess（国际象棋颜色方案）、Pastell（粉笔画家颜色方案）及Desert Sun（沙漠太阳颜色方案）选项，如图8-9所示。

图8-8　彩色模式

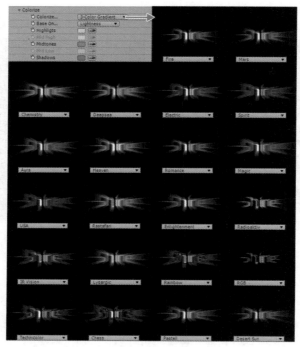

图8-9　彩色模式

8.1.5　透明与叠加

Source Opacity（来源不透明度）、Shine Opacity（体积光不透明度）与Transfer Mode（传递模式）卷展栏主要控制体积光与原始图像的叠加与透明设置，如图8-10所示。

图8-10　透明与叠加

8.2　3D Stroke三维描边

Trap Code公司开发的3D Stroke（三维描边）滤镜特效可以勾画出光线在三维空间中旋转和运动的效果，安装插件后可以在菜单中选择【Effect（特效）】→【Trap Code】→【3D Stroke（三维描边）】命令，如图8-11所示。

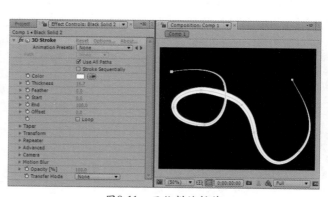

图8-11　三维描边插件

8.2.1 基础属性

应用3D Stroke（三维描边）后，在基础属性中主要包括Color（描边颜色）、Thickness（厚度）、Feather（羽化）、Start（开始端）、End（结束端）及Offset（偏移）选项，设置开始和结束端后，通过记录偏移值可以得到运动的描边效果，如图8-12所示。

图8-12 基础属性

8.2.2 锥形设置

在Taper（锥形）设置卷展栏中开启Enable（使用）项目后，三维描边会产生两端尖的效果，其中还包括Compress to fit（压缩到适合尺寸）、Start Thickness（开始端厚度）、End Thickness（结束端厚度）、Taper Start（开始端锥形）、Taper End（结束端锥形）、Start Shape（开始端形状）、End Shape（结束端形状）及Step Adjust Method（步骤调整方法）选项，如图8-13所示。

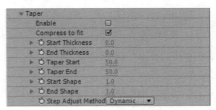

图8-13 锥形设置

8.2.3 变换设置

Transform（变换）设置卷展栏主要控制描边的三维变换，包括有Bend（弯曲）、Bend Axis（弯曲角度）、Bend Around Center（弯曲环绕中心）、XY Position（XY轴位置）、Z Position（Z轴位置）、X Rotation（X轴旋转）、Y Rotation（Y轴旋转）、Z Rotation（Z轴旋转）及Order（顺序）选项，如图8-14所示。

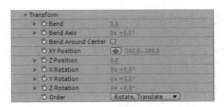

图8-14 变换设置

8.2.4 其他设置

在3D Stroke（三维描边）中还有许多其他设置，包括Advanced（高级设置）、Camera（摄影机）、Motion Blur（运动模糊）、Opacity（不透明度）和Transfer Mode（选择移动模式）选项，如图8-15所示。

图8-15 其他设置

8.3 Light Factory灯光工厂

Light Factory（灯光工厂）滤镜特效可以模拟各种不同类型的光源效果，增加滤镜特效后会自动分析图像中的明暗关系并定位光源点用于制作发光效果。安装插件后可以在菜单中选择【Effect（特效）】→【Knoll Light Factory（灯光工厂）】→【Light Factory EZ（灯光工厂EZ）】命令，如图8-16所示。

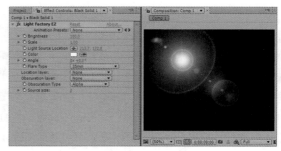

图8-16　灯光工厂插件

8.3.1　亮度与缩放

在灯光工厂的亮度与缩放项目中，Brightness（亮度）控制效果的明亮程度，Scale（缩放）控制效果的大小区域，如图8-17所示。

图8-17　亮度与缩放

8.3.2　光源位置

在灯光工厂的效果中可以设置光源的位置，通过 按钮还可以进行动画设置，使光斑产生划动的效果，可以使合成的影像更具丰富感，如图8-18所示。

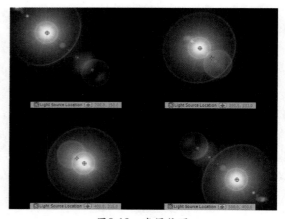

图8-18　光源位置

8.3.3　颜色与角度

在灯光工厂中可以设置Color（颜色）和Angle（角度），使光斑效果不仅可以自定义发光颜色，还可以设置旋转的动画效果，如图8-19所示。

图8-19　颜色与角度

8.3.4　光斑类型

在灯光工厂中提供了多种预设Flare Type（光斑类型），可以根据合成影片风格选择所需的光斑类型，能够大大地提高工作效率，如图8-20所示。

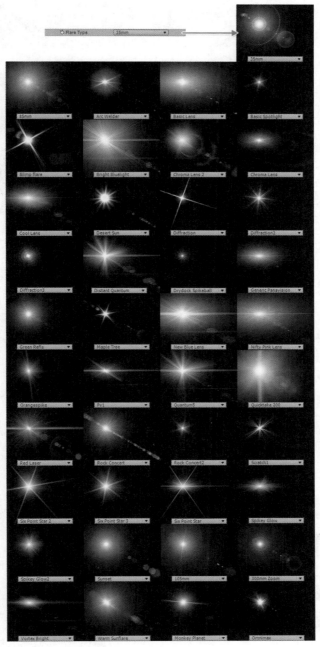

图8-20　光斑类型

8.3.5　其他设置

在灯光工厂中还可以设置Location layer（位置层）、Obscuration layer（昏暗层）、Type（昏暗类型）和Source size（原始大小），如图8-21所示。

图8-21　其他设置

8.4 Particular粒子

Particular（粒子）滤镜特效是单独的粒子系统，可以通过不同参数的调整使粒子系统呈现出各种超现实效果，并模拟光效、火和烟雾等效果。安装插件后可以在菜单中选择【Effect（特效）】→【Trap Code】→【Particular（粒子）】命令，如图8-22所示。

图8-22　粒子插件

8.4.1　发射器属性

Emitter（发射器）可以设置粒子的大小、形状、类型、初始速度与方向等属性，其中Particles/sec（粒子/秒）可以控制每秒钟产生的粒子数量，该选项可以通过设定关键帧来实现在不同时间内产生粒子的变化数量，如图8-23所示。

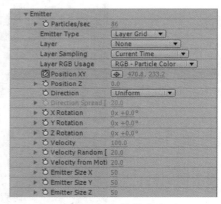

图8-23　发射器属性

8.4.2　粒子属性

在Particle（粒子）选项中可以设定粒子的所有外在属性，包括大小、不透明度、颜色，以及在一个生命周期内这些属性的变化，如图8-24所示。

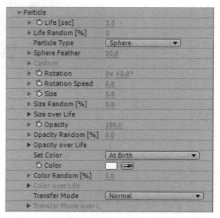

图8-24　粒子属性

8.4.3 物理属性

在Physics（物理）选项中可以设置Gravity（重力）、Air Resistance（空气阻力）、Spin（粒子旋转）和Wind（风）等物理学属性参数，如图8-25所示。

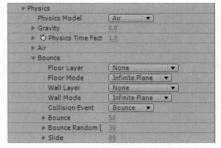

图8-25 物理属性

8.4.4 辅助系统

Aux System（辅助系统）可以设置粒子与层碰撞后产生新生粒子的物理学属性参数，如图8-26所示。

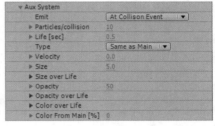

图8-26 辅助系统

8.4.5 可见性设置

Visibility（可见性）可以设置粒子在产生过程中在何处可见，在其选项中可以调整Far Vanish（最远可见距离）、Far Start Fade（最远衰减距离）、Near Start Fade（最近衰减距离）和Near Vanish（最近可见距离）等可见属性参数，如图8-27所示。

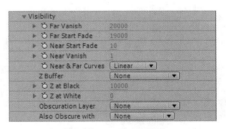

图8-27 可见性设置

8.4.6 运动模糊

在Motion Blur（运动模糊）项目中主要设置粒子在产生过程中的模糊信息，如图8-28所示。

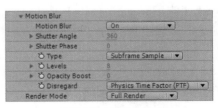

图8-28 运动模糊

8.5 Starglow星光

Starglow（星光）是一个能在After Effects中快速制作星光闪耀效果的滤镜，它能在影像中高亮度的部分加上星形的闪耀效果，可以个别指定8个闪耀方向的颜色和长度，每个方向都能被单独的赋予颜色贴图和调整强度。安装插件后可以在菜单中选择【Effect（特效）】→【Trap Code】→【Starglow（星光）】命令，如图8-29所示。

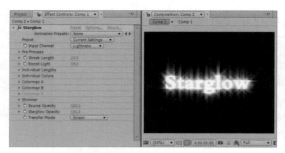

图8-29 星光插件

8.5.1 星光预设

Preset（预设）中提供了不同风格的星光样式，可以直接选择调取使用，大大地提高了后期合成的工作效率，如图8-30所示。

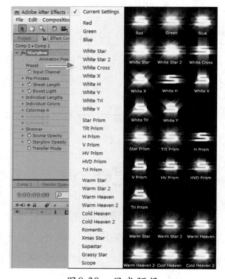

图8-30 星光预设

8.5.2 预处理属性

在Pre-Process（预处理）卷展栏中可以设置Threshold（阈值）、Threshold Soft（阈值柔和）、Use Mask（使用遮罩）、Mask Radius（遮罩半径）、Mask Feather（遮罩羽化）及Mask Position（遮罩位置）选项，如图8-31所示。

图8-31 预处理属性

8.5.3 亮度与颜色

在Starglow（星光）特效中可以设置Streak Length（光线长度）、Boost Light（推进光）、Individual Lengths（各方向光线长度）、Individual Colors（各方向光线颜色）、Colormap A（A颜色贴图）、Colormap B（B颜色贴图）及Colormap C（C颜色贴图）选项，如图8-32所示。

图8-32 亮度与颜色

8.5.4 微光与透明

在Shimmer（微光）卷展栏中可以设置Amount（数量）、Detail（细节）、Phase（相位）、Use Loop（使用循环）、Revolutions in Loop（在循环中旋转），除此之外还可以通过Source Opacity（来源不透明度）、Starglow Opacity（星光不透明度）和Transfer Mode（传递模式）选项，设置星光与原始图像的叠加与透明程度，如图8-32所示。

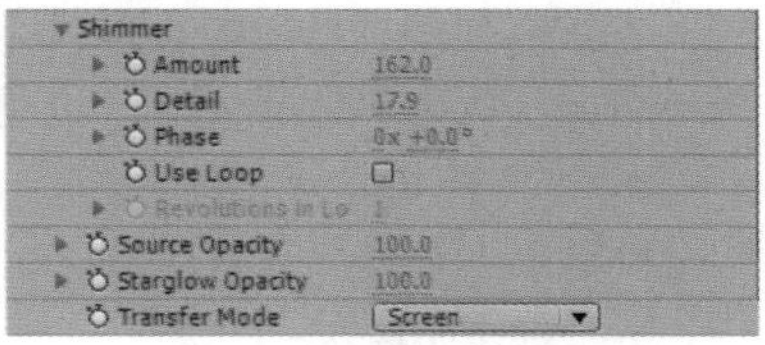

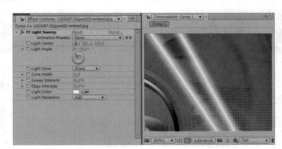

图8-33　微光与透明

8.6 FE Light Sweep扫光

Final Effects（最终效果）滤镜特效插件是由Meta Creations公司出品的After Effects的经典插件，其中包括通道控制、图像变形、抠像和粒子系统等功能。FE Light Sweep（FE扫光）特效可以使图像产生光条效果，增加滤镜特效后可以记录过光动画，使画面效果更加丰富。安装插件后可以在菜单中选择【Effect（特效）】→【Final Effects】→【FE Light Sweep（扫光）】命令，如图8-34所示。

图8-34　FE扫光插件

8.6.1 中心与角度

Light Center（光中心）可以设置光源的中心位置，Light Angle（光角度）可以设置光源的显示角度，如图8-35所示。

图8-35　FE扫光效果

8.6.2 光锥度

在Light Cone（光锥度）项目中可以设置扫光的类型，其中包括Linear（直线）、Smooth（平滑）和Sharp（锐利）3种类型，如图8-36所示。

图8-36　光锥度

8.6.3　宽度与强度

Cone Width（锥宽度）可以设置扫光条倾斜渐变的宽度，Sweep Intensity（扫光强度）可以设置扫光的明亮强度，Edge Intensity（边缘强度）可以设置扫光边缘的强烈程度，如图8-37所示。

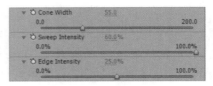

图8-37　宽度与强烈

8.6.4　扫光颜色

Light Color（光颜色）主要设置扫光的颜色，Light Reception（接受光）可以设置原始图像上光的接受模式，其中包括Add（增加）、Composite（合成）和Cutout（剪切背景）3种类型，如图8-38所示。

图8-38　扫光颜色

8.7　FE Sphere球体

FE Sphere（FE球体）特效可以将平面图像转换为三维球体效果，增加滤镜特效后可以调节滤镜参数，使球体产生真实的旋转运动效果。安装插件后可以在菜单中选择【Effect（特效）】→【Final Effects】→【FE Sphere（FE球体）】命令，如图8-39所示。

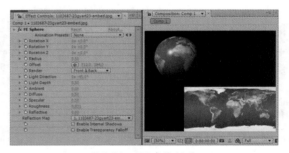

图8-39　FE球体插件

8.7.1　旋转设置

在FE Sphere（FE球体）特效中可以设置从平面包裹到球体的角度，其中包括Rotation X（X轴旋转）、Rotation Y（Y轴旋转）和Rotation Z（Z轴旋转）控制项，如图8-40所示。

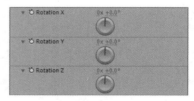

图8-40　旋转设置

8.7.2　球体设置

Radius（球半径）可以设置球体的外形大小，Offset（偏移）可以设置球体的偏移位置，控制其在空间中产生位置的变化，在Render（渲染）中提供了Front & Back（前面和后面）、Front Only（只有前面）和Back Only（只有后面）显示方式，如图8-41所示。

图8-41　球体设置

8.7.3 灯光与贴图

- Light Direction（灯光方向）：可以设置照射球体的光源方向。
- Light Depth（灯光深度）：可以设置照射球体的光源空间感。
- Ambient（环境光）：模拟真实灯光照射的环境影响。
- Diffuse（漫反射）：控制固有的灯光效果。
- Specular（高光）：控制模拟出球体高光的强弱。
- Roughness（粗糙度）：可以设置球体表面的粗糙程度。
- Reflective（反射）：控制球体表面的光反射效果。
- Reflection Map（反射贴图）：可以设置球体表面的反射贴图。
- Enable Internal Shadows（使用内部阴影）/Enable Transparency Falloff（使用透明衰减）：控制是否使用内部阴影和透明衰透。如图8-42所示。

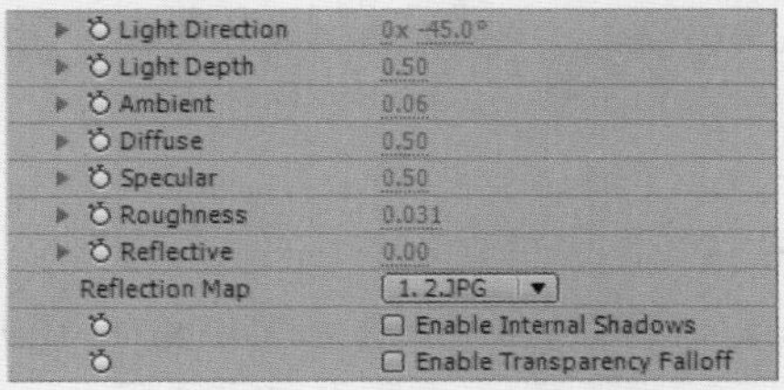

图8-42 灯光与贴图

8.8 FE Particle Systems粒子系统

FE Particle Systems（FE粒子系统）特效可以为影片添加爆炸、烟火、喷泉、水花等粒子效果。安装插件后可以在菜单中选择【Effect（特效）】→【Final Effects】→【FE Particle Systems（FE粒子系统）】命令，如图8-43所示。

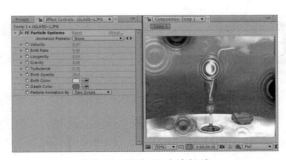

图8-43 FE粒子系统插件

8.8.1 粒子参数

- Velocity（速率）：控制粒子发射的速度。
- Birth Rate（出生率）：控制粒子产生的频率。
- Longevity（寿命）：控制产生的粒子在场景中显示的时长。
- Gravity（重力）：控制粒子向下掉落的参数。
- Turbulence（波动）：控制粒子气体或水的涡流效果。
- Birth Opacity（产生不透明度）：控制产生粒子的不透明程度，如图8-44所示。

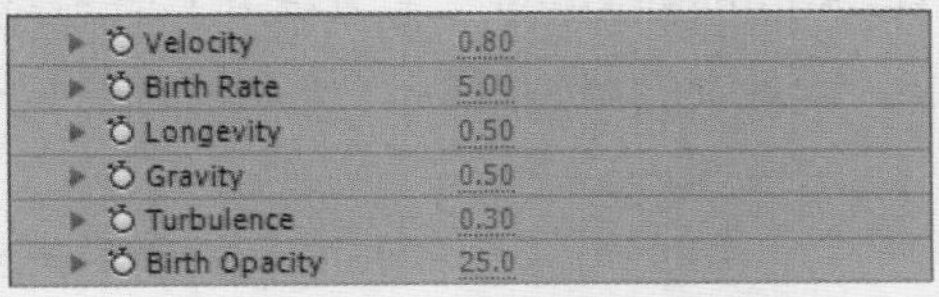

图8-44 粒子参数

8.8.2　颜色与粒子类型

　　Birth Color（产生颜色）和Death Color（结束颜色）控制粒子起始与粒子结束时的颜色，在Particle Animation System（粒子动画系统）中提供了Explosive（爆炸）、Sideways（一侧运动）、Fire（火）、Bonfire（篝火）、Twirl（旋转）、Fountain（喷泉）、Viscouse（粘性发射器）、Scatterize（散射）、Sparkle（火花）、Vortexy（节点发射器）、Rain Drops（雨滴）、Star Light（星光）、Smokish（烟雾）、Bubbly（气泡）、Bally（阴影球）、Water Drops（水滴）及Experimental（实验）粒子类型，如图8-45所示。

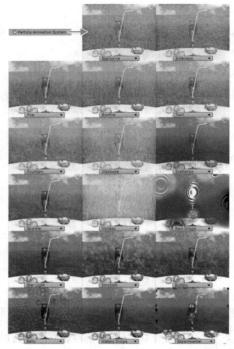

图8-45　颜色与粒子类型

8.9　FE Light Burst光线散射

　　FE Light Burst（光线散射）特效可以使图像产生扩散的光线效果。安装插件后可以在菜单中选择【Effect（特效）】→【Final Effects】→【FE Light Burst（光线散射）】命令，如图8-46所示。

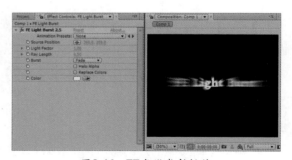

图8-46　FE光线散射插件

8.9.1　光线设置

- **Source Position（光源位置）**：控制光线散射的位置与扫光动画。
- **Light Factor（灯光系数）**：控制光线的强弱效果。
- **Ray Length（光束长度）**：控制光线散射的长度效果，如图8-47所示。

图8-47　光线设置

8.9.2 散射与替换颜色

- Burst（散射方式）中提供了Straight（直的）、Fade（淡的）和Center（中心）3种光线类型。
- Halo Alpha（光晕通道）：控制是否选择产生光晕的通道。
- Replace Colors（替换颜色）：控制是否选择以颜色方式进行光线替换。
- Color（颜色）：是指所替换的颜色，如图8-48所示。

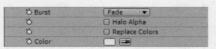

图8-48　散射与替换颜色

8.10 FE Griddler框筛

FE Griddler（框筛）特效可以使图像产生类似筛子状的框架效果，安装插件后可以在菜单中选择【Effect（特效）】→【Final Effects】→【FE Griddler（框筛）】命令。在框筛特效中可以设置Horizontal Scale（横向缩放）、Vertical Scale（竖向缩放）、Tile Size（平铺大小）、Rotation（旋转）、Tile Behavior（平铺行为）及Cut Tiles（裁切平铺）选项，如图8-49所示。

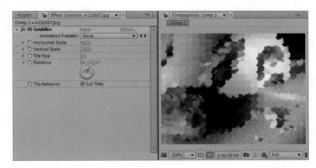

图8-49　框筛

8.11 DE Aged Film怀旧电影

Digi Effects Aurorix滤镜特效插件是由Digi公司出品的After Effects经典插件，其中包括多种视频效果处理功能。DE Aged Film（怀旧电影）特效可以对视频素材增加尘土、发丝和其他颗粒物来制作旧电影效果，其使用方法十分简单。安装插件后可以在菜单中选择【Effect（特效）】→【Digi Effects Aurorix】→【DE Aged Film（怀旧电影）】命令，如图8-50所示。

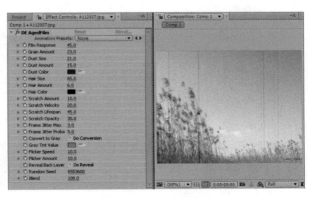

图8-50　怀旧电影插件

8.11.1 杂质设置

- Film Response（影片反映）：可以设置电影的陈旧效果程度。
- Gain Amount（增益数量）：可以设置图像中的噪点数量。
- Dust Size（灰尘尺寸）：可以设置污点的大小尺寸。
- Dust Amount（灰尘数量）：可以设置污点的多少。
- Dust Color（灰尘颜色）：可以设置污点的颜色。
- Hair Size（毛发尺寸）：可以设置图像中毛发的大小尺寸。
- Hair Amount（毛发数量）：可以设置图像中产生毛发的数量。
- Hair Color（毛发颜色）：可以设置图像中产生毛发的颜色。
- Scratch Amount（划痕数量）：可以设置图像上的划痕数量。
- Scratch Velocity（划痕速度）：控制划痕的出现速度。
- Scratch Lifespan（划痕寿命）：控制划痕显示存在的时间。
- Scratch Opacity（划痕不透明度）：控制划痕显示的不透明程度，如图8-51所示。

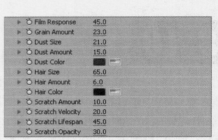

图8-51 杂质设置

8.11.2 运动设置

- Frame Jitter Max Offset（帧最大抖动偏移量）：可以设置每一帧图像的最大抖动偏移的强度。
- Frame Jitter Probaility（帧抖动概率）：设置每一帧图像的抖动范围。
- Convert to Gray（转换为灰度）：设置是否开启转换为灰度显示。
- Gray Tint Value（灰度染色值）：设置选择灰度是什么颜色。
- Flicker Speed（闪烁速度）：控制杂质闪烁的快慢速度。
- Flicker Amount（闪烁数量）：可以设置图像在播放的过程中闪烁的次数。
- Reveal Back Layer（显示背景层）：控制是否显示背景层的图像。
- Random Seed（随机速度）：控制杂质随机的运动频率。
- Blend（混合）：调节与原始图像的混合程度，如图8-52所示。

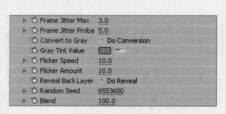

图8-52 运动设置

8.12 Form粒子形式

　　是由Trapcode公司发布的基于网格的三维粒子插件Form，它可以用来制作复杂的有机图案、复杂几何结构和涡线液体动画。将其他层作为贴图，使用不同参数，可以进行无止境的独特设计。Trapcode Form 超强的粒子系统可制作字溶成沙、烟雾飘渺、炊烟袅袅、标志火焰、露水波纹，效果实在惊人。安装插件后可以在菜单中选择【Effect（特效）】→【Trap Code】→【Form（粒子形式）】命令，如图8-53所示。

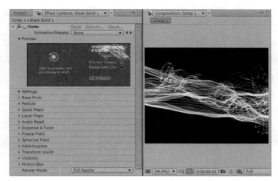

图8-53　粒子形式插件

8.12.1　预览与设置

- Preview（预览）：可以使用鼠标直接预览设置的粒子效果。
- Settings（设置）：可以调节粒子的发光与烟雾阴影形式参数，如图8-54所示。

图8-54　预览设置

8.12.2　参数设置

在粒子形式的参数设置中包含Base Form（基础形式）、Particle（粒子）、Quick Maps（快速贴图）、Layer Maps（层贴图）、Audio React（音频影响）、Disperse & Twist（分散与缠绕）、Fractal Field（不规则碎片）、Spherical Field（球状碎片）、Kaleidospace（万花筒）、Transform World（世界变化）、Visibility（可见性）、Motion Blur（运动模糊）及Render Mode（渲染模式），如图8-55所示。

图8-55　参数设置

8.13 Digital Film Lab数字电影模拟

Digital Film Lab（数字电影模拟）是一款用于After Effect的电影胶片模拟插件，可以模拟多种彩色、黑白的摄影效果，漫射和颜色渐进相机滤镜、彩色透明滤光斑、生胶片效果等光学实验室处理手段。这款插件的强大之处在于它丰富的预设值，使用这些预设值可以产生各种不同的效果，在它已有的135种5大类（黑白效果、彩色效果、漫射效果、颗粒属性和温度属性）预设值之外，还可以修改它们创造出属于自己的效果。安装插件后可以在菜单中选择【Effect（特效）】→【DFT Digital Film Lab】→【Digital Film Lab（数字电影模拟）】命令，如图8-56所示。

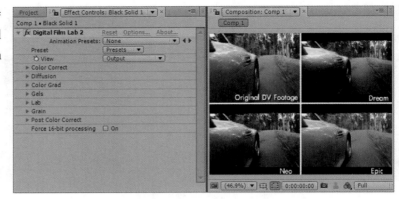

图8-56　数字电影模拟插件

8.13.1　预览设置

- Preset（预设）：可以将设置的效果进行存储和载入调用。
- View（视图）：其中提供了Output（输出）、Diffusion Matte（漫反射蒙板）、Grad（栅格）、Original（原始）显示样式，如图8-57所示。

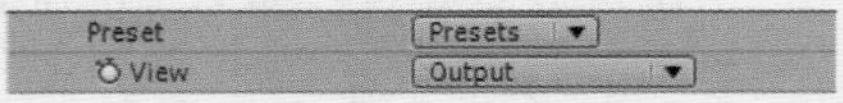

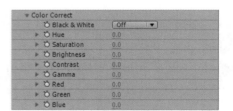

图8-57　预览设置

8.13.2　色彩校正

在Color Correct（色彩校正）项目中可以设置Black & White（黑白）、Hue（色相）、Saturation（饱和度）、Brightness（亮度）、Contrast（对比度）、Gamma（伽马）、Red（红）、Green（绿）和Blue（蓝），如图8-58所示。

图8-58　色彩校正

8.13.3　其他设置

在数字电影模拟插件中可以设置Diffusion（扩散）、Color Grad（颜色渐变）、Lab（颜色模式）、Grain（纹理）、Post Color Correct（补充色彩校正）及Force 16-bit Processing（强制16位处理）选项，如图8-59所示。

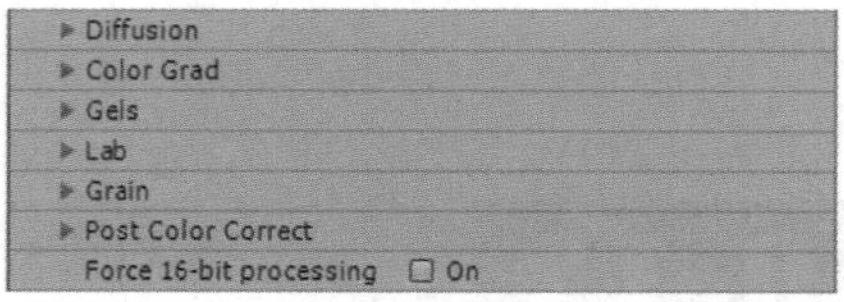

图8-59　其他设置

8.13.4　凝聚项目

在Gels（凝聚）中可以在Presets（预设）中调取所需的色彩方案，除此之外还可调节预设的Color（颜色）、Opacity（不透明度）和Preserve Highlights（保留高光）选项，如图8-60所示。

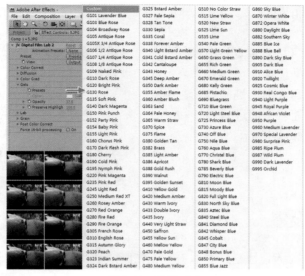

图8-60　凝聚项目

8.14 3D Invigorator三维文字与标志

3D Invigorator（三维文字与标志）插件可以使用平面或矢量AI文件来创建三维倒角模型，并且可以利用灯光和贴图来表现出素材的一些材质特征。安装插件后可以在菜单中选择【Effect（特效）】→【Zaxwerks】→【3D Invigorator（三维文字与标志）】命令，如图8-61所示。

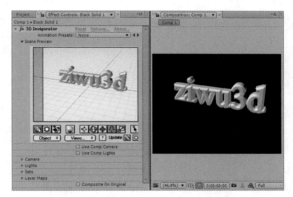

图8-61　三维文字与标志插件

8.14.1 启动设置

在添加3D Invigorator（三维文字与标志）插件后，系统将自动弹出启动的设置面板，在其中可以选择Create 3D Text（创建三维文字）、Open Illustrator File（打开AI文件）、Create 3D Primitive（创建原始三维物体）、Create a New Scene（创建一个新场景），如图8-62所示。

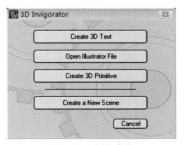

图8-62　启动设置

8.14.2 场景预览

在Scene Preview（场景预览）中可以直观的观察制作的三维文字或标志效果，通过场景预览还可以切换摄影机、灯光、三维物体和材质，并能对空间进行旋转和平移等视图控制，如图8-63所示。

图8-63 场景预览

8.14.3 三维设置

在Scene Preview（场景预览）中单击三维设置按钮，系统将自动弹出设置对话框，在其中可以设置Object（物体）、Materials（材质）和Object Styles（物体风格）。在三维设置应用时，先在场景预览视图，在其中选择需设置的物体，然后在设置对话框中选择相应的项目，直接使用鼠标拖拽至文字或标志上即可，如图8-64所示。

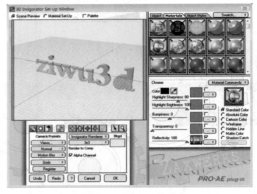

图8-64 三维设置

8.14.4 摄影机设置

Camera（摄影机）设置主要调节观察角度，系统内置了8种观察角度，可以自定义观察角度然后保存，通过对摄影机焦距的设置，可以产生不同的透视效果，如图8-65所示。

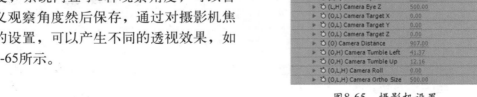

图8-65 摄影机设置

8.14.5 灯光设置

在Lights（灯光）设置中一共提供了7个光源，可以分别控制每个光源的打开或关闭以及各自的颜色、角度、强度等，设置好灯光以后可以将其保存在右侧的窗口中，也可以单独保存为一个样式，如图8-66所示。

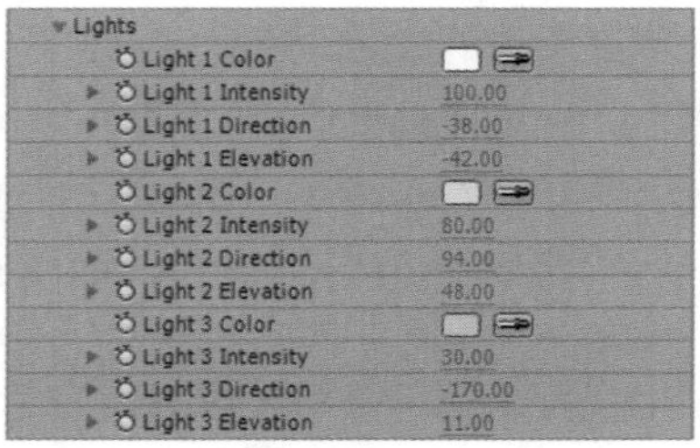

图8-66 灯光设置

8.14.6　设置与层贴图

Sets（设置）和Layer Maps（层贴图）可对一个模型指定多个材质，在物体编辑模式下可以对模型的轮廓进行划分，指定不同的材质和贴图，如图8-67所示。

图8-67　设置与层贴图

8.15　55mm Color Grad颜色渐变

55mm Color Grad（颜色渐变）插件可以为影片添加渐变的自定义颜色。安装插件后可以在菜单中选择【Effect（特效）】→【DFT 55mm】→【55mm Color Grad（颜色渐变）】命令，如图8-68所示。

图8-68　颜色渐变插件

8.15.1　视图与颜色

View（视图）可以控制选择图像显示的类型，如图8-69所示。

● Output（输出）：可以将效果输出到所需的素材上。

● Gradient（渐变）：可以把素材彻底变成黑白透明渐变的通道。

● Original（原始）：将切换至素材的原始状态。

● Opacity（不透明度）：调节输出模式在素材上的不透明程度。

● Tint（染色）：调节渐变色的色彩效果。

● Tint Mode（染色模式）：其中提供的HSV和HLS模式可以根据色度、饱和度和纯度的方式叠加。

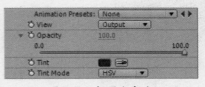

图8-69　视图与颜色

● Replace（替换）：可以按照渐变的方向将素材色彩部分用选择的色彩进行替换。

8.15.2　实验与密度

在Grad（实验）项目中可以设置Position（位置）、Size（大小）、Rotation（旋转）及Weight（重量），在Density（密度）项目中可以设置Brightness（亮度）、Contrast（对比

度）和Gamma（伽马），在Legal（合法制式）项目中可以设置None（无）、NTSC（NTSC制式）和PAL（PAL制式）选项，如图8-70所示。

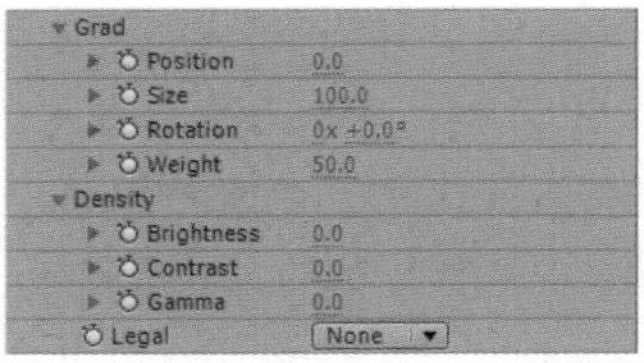

图8-70 实验与密度

8.16 55mm Night Vision夜视

55mm Night Vision（夜视）插件可以将影片模拟出夜视效果，在其中可以设置Tint（染色）、Glow（发光）、Grain（颗粒）、Density（密度）、Matte（蒙板）及Legal（合法制式）。安装插件后可以在菜单中选择【Effect（特效）】→【DFT 55mm】→【55mm Night Vision（夜视）】命令，如图8-71所示。

图8-71 夜视插件

8.17 55mm Tint染色

55mm Tint（染色）插件可以将影片调节出偏色的效果，在其中可以设置View（视图）、Opacity（不透明度）、Tint（染色）、Tint Mode（染色模式）及Legal（合法制式）。安装插件后可以在菜单中选择【Effect（特效）】→【DFT 55mm】→【55mm Tint（染色）】命令，如图8-72所示。

图8-72 染色插件

8.18 55mm Warm/Cool冷暖色

55mm Warm/Cool（冷暖色）插件可以快速通过Temperature（温度）值设置影片偏向冷色或暖色方案。安装插件后可以在菜单中选择【Effect（特效）】→【DFT 55mm】→【55mm Warm/Cool（冷暖色）】命令，如图8-73所示。

图8-73 冷暖色插件

8.19 CS Defocus焦散

CS Defocus（焦散）插件可以快速模拟水、火、金属等产生波光的焦散效果。其中的Blur（模糊）控制整体或局部画面的柔和程度，Bloom（花块）控制焦散的随机开花局部块效果。安装插件后可以在菜单中选择【Effect（特效）】→【DFT Composite Suite】→【CS Defocus（焦散）】命令，如图8-74所示。

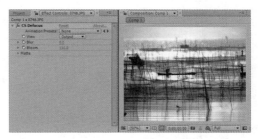

图8-74　焦散插件

8.20 CS Selective Soft Focus软焦点

CS Selective Soft Focus（软焦点）插件可以模拟柔软的焦点效果，其中的Matte（蒙板）项目可以设置在指定的区域产生焦点，除此之外，该插件还包括Horizontal Blur（水平模糊）和Vertical Blur（垂直模糊）。安装插件后可以在菜单中选择【Effect（特效）】→【DFT Composite Suite】→【CS Selective Soft Focus（软焦点）】命令，如图8-75所示。

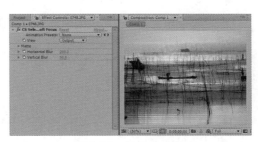

图8-75　软焦点插件

8.21 T Beam光束

T Beam（光束）插件可以使用2D方式模拟出3D的光束效果。安装插件后可以在菜单中选择【Effect（特效）】→【Tinderbox】→【T Beam（光束）】命令，如图8-76所示。

图8-76　光束插件

8.21.1　基础属性

● About（关于）：提供了插件的开发公司和版本信息。

- Process（预设）：是对通道处理预设模式的选择。
- Position（位置）：控制光束发射源的位置。
- Rotation（旋转）：设置光束沿Y轴进行旋转。
- Elevation（立体）：设置光束模拟三维的效果，如图8-77所示。

图8-77 基础属性

8.21.2 形态设置

- Form（形态）：其中的Cone Angle（锥形角度）控制光束的形状。
- Radius（半径）：控制光束的半径范围。
- Softness（柔和）：控制光束边缘清晰和模糊的程度。
- Fall-off（实现衰减）：控制光束由清晰逐渐至消失的衰减设置。
- Intensity（强烈）：控制光束的明亮度。
- Beam Colour（光束颜色）：控制光束的颜色。
- Corona Colour（光晕颜色）：控制发射点的光晕颜色，如图8-78所示。

图8-78 形态设置

8.21.3 过滤混合

- Filtering（过滤）：控制光束内部细节的过滤模式。
- Blending（混合）：在其中的Method（方式）中提供了叠加和屏幕等混合方式类型。
- Blend（混合参数）：控制光束的混合程度。
- Effect Gain（颗粒效果）/Source Gain（原始颗粒）：可以调节光束内部颗粒的清晰和亮度，如图8-79所示。

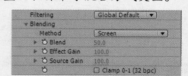

图8-79 过滤混合

8.22 T Droplet液滴

　　T Droplet（液滴）插件可以模拟液态的水波纹或涟漪等效果。安装插件后可以在菜单中选择【Effect（特效）】→【Tinderbox】→【T Droplet（液滴）】命令，如图8-80所示。

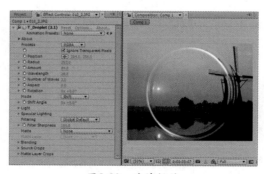

图8-80 液滴插件

8.22.1　基础设置

- About（关于）：提供了插件的开发公司和版本信息。
- Process（预设）：是对通道处理预设模式的选择。
- Position（位置）：控制液滴发射源的位置。
- Radius（半径）：设置液滴范围的大小。
- Amount（数量）：控制液滴的显示强烈程度。
- Wavelength（波纹长度）：控制产生液滴的长度范围。
- Number of Waves（波纹数量）：设置画面显示几条波纹。
- Aspect（方位）：控制产生波纹的照明显示方向。
- Rotation（旋转）：可以将液滴模拟波纹进行角度设置。
- Mode（模式）：包含Squeeze（挤压）、Shift（移位）和ZigZag（Z字形转弯）。
- Shift Angle（移位角度）：控制波纹位置产生置换重叠的角度，如图8-81所示。

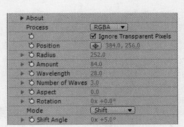

图8-81　基础设置

8.22.2　其他设置

- Light（灯光）/Specular Lighting（高光照明）：主要设置水波纹或涟漪等效果的亮度和照明控制。
- Filtering（过滤）：其中提供了Low（低）、Medium（中）、High（高）和Global Default（全局默认）。
- Filter Sharpness（过滤锐化）：控制水波纹或涟漪等效果的锐利程度。
- Matte（蒙板）：主要是选择蒙板剪影的图层。

除此之外还有Blending（混合）、Source Crops（来源剪切参数）和Matte Crops（蒙板剪切参数）选项，如图8-82所示。

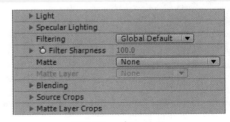

图8-82　其他设置

8.23　T Etch蚀刻

T Etch（蚀刻）插件可以模拟蚀刻、腐蚀、镂刻等效果，可以创作出更多的艺术化效果。安装插件后可以在菜单中选择【Effect（特效）】→【Tinderbox】→【T Etch（蚀刻）】命令，如图8-83所示。

图8-83　蚀刻插件

8.23.1　基础设置

- Process（预设）：对通道处理预设模式的选择。
- Etch Method（蚀刻方式）：提供了侵蚀的不同方法。
- Outlines（轮廓）：设置蚀刻边缘轮廓的参数。
- Shading（描影）：控制蚀刻内部轮廓描影的参数。
- Seed（随机）：控制蚀刻效果的随机样式，如图8-84所示。

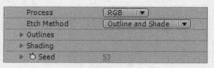

图8-84　基础设置

8.23.2　方式与颜色

- Random Seed Method（随机频率）：其中提供了每帧变化、像素变化和固定的随机方式。
- Blank Threshold（空白值）：控制是否选择空白的阈值。
- Paper（纸）：控制背景的颜色。
- Pen（钢笔）：控制蚀刻描边的颜色，如图8-85所示。

图8-85　方式与颜色

8.23.3　其他设置

- Pen Alpha（钢笔通道）：控制蚀刻描边的程度。
- Blending（混合）：混合类型、混合值、颗粒效果和原始颗粒设置。

除此之外还有Source Crops（来源剪切参数）、Edge Colour Alpha（边通道颜色）和Left（左）、Right（右）、Bottom（底）及Top（顶），如图8-86所示。

图8-86　其他设置

8.24 T Rays射线

　　T Rays（射线）插件可以模拟散射的光线效果，常用于发光字和太阳光等效果中。安装插件后可以在菜单中选择【Effect（特效）】→【Tinderbox】→【T Rays（射线）】命令，如图8-87所示。

图8-87　射线插件

8.24.1　基础设置

- Process（预设）：对通道处理预设模式的选择。
- Ignore Transparent Pixels（忽略透明像素）：主要设置是否计算清晰地射线。
- Source Position（来源位置）：控制射线的发射位置。
- Colour Method（彩色模式）：提供了射线的常用色彩方案。
- Gain（增益）/Ray Length（推进光）：控制射线的强烈程度，如图8-88所示。

图8-88　基础设置

8.24.2　彩色与闪烁

- Colours（彩色）：提供了高光、颜色1、颜色2、颜色3、颜色4和颜色5的渐变过渡设置。
- Scintillation（闪烁）：提供射线散射细微的闪烁设置，如图8-89所示。

图8-89　彩色与闪烁

8.24.3　蒙板与混合

- Matte（蒙板）/Matte Layer（蒙板层）：主要设置剪影的处理方式。
- Matte Clip Min（蒙板最小剪切）/Matte Clip Max（蒙板最大剪切）：控制射线散

射的区域。

- Blending（混合）：提供常用的射线混合叠加方式。

除此之外还有Source Crops（来源剪切）和 Matte Layer Crops（蒙板层剪切）参数设置，如图8-90所示。

图8-90　蒙板与混合

8.25 T Sky天空光

T Sky（天空光）插件可以模拟多种云雾的效果，常用于模拟天空的影片制作。安装插件后可以在菜单中选择【Effect（特效）】→【Tinderbox】→【T Sky（天空光）】命令，如图8-91所示。

图8-91　天空光插件

8.25.1　天空光预设

Process（预设）对通道处理预设模式的选择，其中主要有Foggy（深雾）、Sunny（阳光）、Nightmare（恶梦）、First Light（黎明）、Armageddon（末日）、Fluff（绒云团）、Cirrus（卷云）、Moon（月光）、Midnight Sun（午夜阳光）、Dawn（拂晓）、Kids（虚拟天空）及Dozing（幻境）类型，如图8-92所示。

图8-92　天空光预设

8.25.2　天空光设置

- Red Shift（红移）：控制天空光的光谱线移向红的一端。

● Camera（摄影机）：主要对天空光的成像角度参数进行设置。
● Sun（太阳）：主要控制天空光中的太阳设置。
● Clouds（云）：主要控制天空光中的云设置。
● Atmosphere（大气）：主要控制天空光中的大气设置。
● Fog（雾）：主要控制天空光中的雾设置。
● Blending（混合）：主要控制天空光与原始层的混合叠加设置，如图8-93所示。

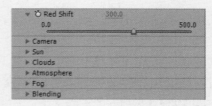

图8-93　天空光设置

8.26　T Starburst星放射

　　T Starburst（星放射）插件可以对光亮的区域创作出星状放射效果，常用于模拟太阳和光源等影片制作。安装插件后可以在菜单中选择【Effect（特效）】→【Tinderbox】→【T Starburst（星放射）】命令，如图8-94所示。

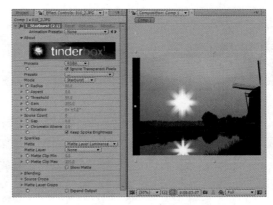

图8-94　星放射插件

8.26.1　星放射预设

　　Process（预设）是对通道处理预设模式的选择，其中主要有Spikes（尖峰）、Chromatic Spikes（颜色尖峰）、Offset Spikes（偏移尖峰）、Hazy Rays（薄雾射线）、Halos（光晕）、Chromatic Halos（颜色光晕）、Twinkling Lights（闪烁光）、Chromatic Sparkles（尖峰闪耀）及Christmas Lights（圣诞彩灯）类型，如图8-95所示。

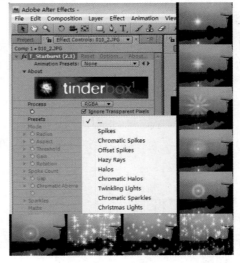

图8-95　星放射预设

8.26.2　星放射设置

在Mode（模式）提供了星放射的显示模式，其中还有Radius（半径）、Aspect（方向）、Threshold（阈值）、Gain（增益）、Rotation（旋转）、Spoke Count（星角数量）、Gap（缺口）、Chromatic Aberration（色差）、Keep Spoke Brightness（保持星形亮度）、Sparkles（闪耀）、Matte（蒙板）、Matte Layer（蒙板层）、Matte Clip Min（蒙板最小剪切）、Matte Clip Max（蒙板最大剪切）、Blending（混合）、Source Crops（来源剪切）及Matte Layer Crops（蒙板层剪切）选项，如图8-96所示。

图8-96　星放射设置

8.27　Particle Illusion粒子幻影

Particle Illusion（粒子幻影）是一套粒子特效应用软件，其使用简单、快速，功能强大，特效丰富，不同于一般所看到的罐头火焰、爆破、云雾等效果，现在有越来越多的多媒体制作公司使用粒子幻影系统的特效，Particle Illusion（粒子幻影）已成为电视台、广告商、动画制作、游戏公司制作特效的必备软件，如图8-97所示。

图8-97　星放射预设

Illusion的2D工作接口非常的容易操作，可以直接从Emitter（放射）数据库中选择新增的效果并放入工作区中，其属性都可以通过从工作区中改变参数并立即显示出结果。除此之外，Illusion还可以建立Alpha通道的影像，并能跟其他软件进行影像合成。Illusion并不像一般3D软件在产生火焰、云雾或烟等效果时需要大量的运算时间，在产生相同的效果时可节省许多时间。Illusion并不需要特别的3D绘图加速卡，但若是显示卡支持OpenGL，更可将Illusion发挥得淋漓尽致。

8.27.1　工作界面

Illusion的工作界面主要包括工具栏、层面板、设置面板、视图、预览、时间线和粒子库，如图8-98所示。

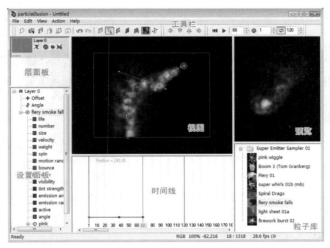

图8-98 工作界面

8.27.2 新建场景

启动Particle Illusion（粒子幻影）软件后，在工具栏中单击 🔲 新建场景按钮，然后单击 🔲 场景设置按钮，在弹出的场景设置对话框中可以设置需要的分辨率大小和帧速率，也可以将设置好的场景存储起来，方便以后直接调取使用，如图8-99所示。

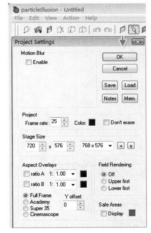

图8-99 新建场景

8.27.3 粒子层设置

在层面板中的空白区域单击鼠标右键，在弹出的菜单中选择New Layer（新建层），与Adobe Photoshop及After Effects中的层功能相同，可以使用多层将素材或不同的粒子效果逐一设置，便于后期效果的修饰与调整，如图8-100所示。

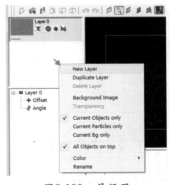

图8-100 层设置

8.27.4 粒子与粒子库

在粒子库面板中可以选择预设的粒子类型，还可以在空白区域单击鼠标右键，在弹出的菜单中选择Load Library（载入库）命令，然后载入粒子预设，如图8-101所示。

图8-101 载入库

8.27.5 建立粒子

在粒子库面板中选择预设的粒子类型，然后在视图中建立粒子发射器，通过时间线的帧设置调节位置，再使用工具栏中 选择按钮调节运动的粒子效果，还可以在视图的粒子发射器上单击鼠标右键进行设置，如图8-102所示。

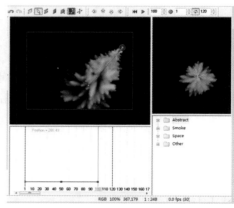

图8-102 建立粒子

8.27.6 粒子设置

在设置面板中可以选择需要调节的项目，然后在时间线中上下调节线性，从而控制粒子的效果。在设置面板中包括lift（生命）、number（数量）、size（大小）、velocity（速度）、weight（重量）、spin（自转）、motion rand（运动随机）、bounce（弹性）、zoom（放大）、visibility（可见度）、tint strength（染色强度）、emission angle（发射角度）、emission range（发射范围）、active（活跃）及angle（角度）选项，如图8-103所示。

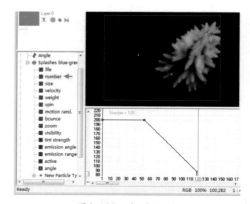

图8-103 粒子设置

8.27.7 粒子影响

在工具栏中可以使用 反弹工具控制粒子的导向，使粒子碰到反弹区域会产生影响，如图8-104所示。

在工具栏中可以使用 遮罩工具控制粒子的区域，使粒子碰到遮罩区域会产生通道消失的效果，如图8-105所示。

在工具栏中可以使用 力学工具控制粒子的方向，使粒子被力学系统产生影响，如图8-106所示。

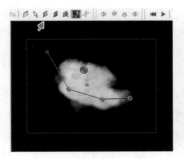 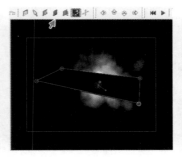 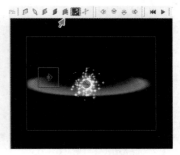

图8-104　反弹设置　　　　　图8-105　遮罩设置　　　　　图8-106　力学设置

8.27.8　渲染输出

在工具栏中可以使用 渲染工具进行输出设置，在弹出的对话框设置名称、路径与存储格式后，继续在输出设置对话框中设置帧范围和通道选项即可，如图8-107所示。

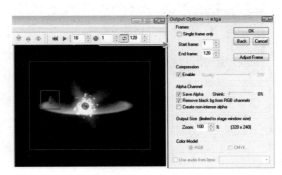

图8-107　输出设置

8.28 Looks调色

Magic Bullet Looks调色插件是强大的后期处理工具，可以精确操作数字视频，展现所有传统胶片电影的特性，适合最高标准电影和播放的专业要求。此插件针对电视、电影、MV、广告等各种常见调色预设置，并且可以在预设置上再次进行修改，包括色相、曲线、蒙板、摄影机、阴影等调色工具，深受大家的喜爱。

在Magic Bullet Looks 调色插件的安装与使用中，需要注意非64位系统的版本在After Effects CS6中无法运行，只有比较新的版本才与After Effects CS6相兼容，如图8-108所示。

图8-108　Looks调色插件

8.28.1 Looks插件安装

Magic Bullet Looks调色插件支持多款非线编辑与特效合成软件，主要包括After Effects、Premiere、Avid、Vegas、EDIUS等，虽然插件的使用方法相同，但安装版本的方式会略有不同。

在After Effects CS6与Premiere Pro CS6中可以同时调取该插件，因为这两款软件同属于Adobe公司，在软件的安装时只要安装一次即可在以上两款软件中进行使用。Magic Bullet Looks调色插件运行稳定并且速度较快，可以使较为复杂的后期校色在Magic Bullet Looks中完成，并可以得到更加优异的效果，但在最终渲染输出的时候会相对慢一些。

在购买Magic Bullet Looks调色插件的After Effects版本后，运行安装程序，安装过程没有任何复杂的程序操作，也没有什么选项用于设置，只是正确输入序列号和默认安装路径至完成即可，如图8-109所示。

在Magic Bullet Looks调色插件安装完成后，在After Effects CS6中的"特效"菜单中选择"Magic Bullet Looks"特效命令，打开该命令就可以在其中看到"looks"视频滤镜特效，如图8-110所示。

图8-109　安装调色插件

图8-110　looks插件位置

8.28.2 Looks插件添加

完成Magic Bullet Looks插件的安装后，新建合成项目并在"项目"面板中添加视频素材，将添加的视频素材拖拽至"时间线"面板，然后在菜单中选择【Effect（特效）】→【Magic Bullet Looks】→【Looks】命令，完成Magic Bullet Looks插件的添加工作，如图8-111所示。

图8-111　插件添加

8.28.3 Looks插件设置

完成Magic Bullet Looks插件的添加工作后，将After Effects CS6切换至"特效控制"面板，然后单击"Looks"前方的▶箭头按钮将该视频特效展开，并单击"Edit"按钮进行调色的设置，如图8-112所示。

1. 界面分布

Looks的工作界面主要包括菜单栏、状态提示栏、效果预设浮动面板、预览视图、工具浮动面板与项目设置面板，如图8-113所示。

图8-112 插件设置

图8-113 Looks界面分布

2. 菜单栏

Looks的菜单栏中主要有File（文件）、Edit（编辑）和Help（帮助）3部分。

文件菜单主要对调色的文件调度与存储等进行设置，其中包括New Look（新建）、Open Image File（打开图像文件）、Open Look File（打开调色文件）、Save Image As（图像另存为）、Save Look As（调色另存为）、Preferences（参数设置）、Enter Serial Number（输入序列号）、Recent File（最近文件）和Exit（退出）选项，如图8-114所示。

编辑菜单主要对调色的操作进行管理，其中有Undo（撤销）、Redo（恢复）、Cut（剪切）、Copy（复制）、Paste（粘贴）和Delete（删除），如图8-115所示。

帮助菜单的主要作用是查看插件的版本信息与开发信息，如图8-116所示。

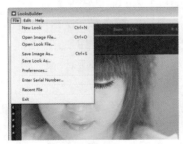

图8-114 文件菜单

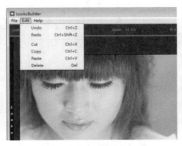

图8-115 编辑菜单

图8-116 帮助菜单

3. 状态提示栏

在Looks的状态提示栏中提供了预设效果的预览、视图显示比例和RGB颜色信息提示。

除此之外，还可以单击Graphs（图显）的开关按钮控制是否显示RGB预览和切片图，单击Help（帮助）的开关按钮将对当前选择进行帮助提示，如图8-117所示。

4. 效果预设浮动面板

Looks的效果预设浮动面板默认停靠在屏幕左侧，当鼠标掠过时将弹出面板，其中提供了百余种效果预设，可以根据画面的需要选择使用，还可以使用自定义设置的调色文件，如图8-118所示。

图8-117　状态提示栏

图8-118　效果预设浮动面板

5. 预览视图

Looks的预览视图主要用来观察当前调色效果，配合鼠标的滚轮键可以进行视图放大和缩小预览操作。

6. 工具浮动面板

Looks的工具浮动面板默认停靠在屏幕右侧，当鼠标掠过时将弹出面板，其中主要提供了Subject（主题）、Matte（遮挡）、Lens（镜头）、Camera（摄影机）和Post（快速）选项。

Subject（主题）主要改变图像处理的虚拟镜头和照明变化，还有颜色填充和对比度的设置，可以通过曲线和三颜色校正等操作改变颜色和虚拟灯光效果，如图8-119所示。

在Matte（遮挡）中主要提供了雾化工具、模仿过滤器和现实世界中的磨砂效果，还包括扩散、颜色和星过滤器等，如图8-120所示。

在Lens（镜头）中主要提供了改变虚拟的镜头效果，包括光晕、边缘柔化等控制，如图8-121所示。

在Camera（摄影机）中主要提供了摄影机的控制工具，包括虚拟记录图像工具、模仿电影颗粒、彩色反转胶片等模拟电影所拍摄的效果，如图8-122所示。

在Post（快速）中提供了快速调节画面颜色的设置，主要有伽马设置、色彩校正、饱和度、颜色范围、曲线、曝光及对比度等，如图8-123所示。

图8-119　主题项目

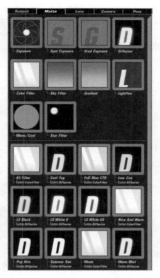

图8-120　遮挡项目

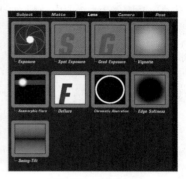

图8-121　镜头项目

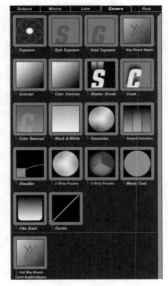

图8-122　摄影机项目

图8-123　快速项目

7. 项目设置面板

不管是使用预设还是自定义添加的项目来调节画面颜色，在屏幕底部位置的"项目设置"面板中将排列出所添加的项目，在每个添加项目的右上角位置也可控制开启或关闭当前效果。如果选择已经添加的某一项目，会在该项目的右侧弹出自身参数设置栏，从而控制满意的画面效果，如图8-124所示。

图8-124　项目设置面板

8.29 Color Finesse技巧调色

Synthetic Aperture（综合应用）滤镜特效提供了使用Color Finesse 3调色插件的功能。在After Effect CS6中，软件将Color Finesse（技巧调色）这一款非常强大的调色插件并入了滤镜特效菜单，使用户可以快速而直接的应用其调色功能，效果如图8-125所示。

在Color Finesse（技巧调色）滤镜特效的控制面板中，可以设置Parameters（参量）和Simplified Interface（简化的界面）两个选项。可以进入完整界面进行调色，也可以在简化界面中调节各项属性参数来完成调色，控制面板如图8-126所示。

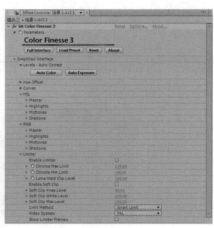

图8-125　技巧调色效果　　　　　　　　　　图8-126　技巧调色控制面板

- Parameters（参数）：提供了Color Finesse 3对图像颜色的调整的完整界面，可以单击Full Interface（完整界面）、Load Preset（装载预置）、Reset（重置）和About（关于）等按钮来完成Color Finesse 3对颜色校正功能的应用。
- Full Interface（完整界面）：单击该按钮，用户可以进入Color Finesse 3调色插件的界面，可以通过观察界面中的直方图，更直观地对图像的颜色进行调整，如图8-127所示。

图8-127　完整界面

- Load Preset（装载预置）：单击该按钮，可以将预设导入到Color Finesse 3中，可以更加快速地得到需要的颜色效果。
- Reset（重置）：单击该按钮，可以将Color Finesse 3中所有应用的属性调整重置到调整前的状态。
  - ➢ Simplified Interface（简化界面）：可以设置Levels-Auto Correct（自动色阶校正）、Hue Offset（色调偏移）、Curves（曲线）、HSL、RGB（红绿蓝）和Limiter（限制）属性，从而通过对图像的色阶、色调、亮度以及阴影等参数调整得到需要的调色效果。

8.30 本章小结

　　常用的特效插件不仅只应用于After Effects中，还可以在Premiere Pro、Combustion和Fusion等后期合成软件中使用。本章主要对后期合成常用的28款特效插件进行讲解，配合After Effects的基础功能操作会使特效更加绚丽，使作品的视觉效果更加优秀，从而提升作品的整体质量和工作效率。

第9章
范例——
《时尚娱乐界》

内容提要

　　《时尚娱乐界》栏目的宗旨是展现当今生活、服饰、娱乐等时尚信息。在创作过程中，主要运用二维与三维结合的手法合成影片，将平面、图形、三维等装饰元素融合到画面之中。将层与层之间的叠加、排列、转换作为主要合成方式，并使用纹样生长动画点缀画面，生动塑造出清新、时尚、动感、轻松的视觉风格，案例的整体效果如图9-1所示。

图9-1　案例合成效果

制作流程

　　《时尚娱乐界》案例的主要制作流程分为6部分，包括①镜头1合成、②镜头2合成、③镜头3合成、④镜头4合成、⑤影片成品剪辑、⑥渲染输出操作，如图9-2所示。

(1) 镜头 1 合成　　(2) 镜头 2 合成　　(3) 镜头 3 合成

(6) 渲染输出操作　　(5) 影片成品剪辑　　(4) 镜头 4 合成

图9-2　案例制作流程

9.1 镜头1合成

在"镜头1合成"部分主要通过背景底→星光元素→装饰板→生长枝→人物→装饰元素→文字合成的制作流程完成操作。

9.1.1 背景底合成

01 打开Adobe After Effects CS6软件，在项目面板的空白处单击鼠标右键，在弹出的菜单中选择【Import（导入）】→【File（文件）】命令，将所需要的素材文件导入项目面板中，如图9-3所示。

02 在菜单栏中选择【Composition（合成）】→【New Composition（新建合成）】命令建立新的合成文件，并在弹出的Composition Name（合成名称）设置中键入"镜头1"，在Preset（预置）项目中使用"PAL D1/DV"制式，然后设置Duration（持续时间）的值为4秒，如图9-4所示。

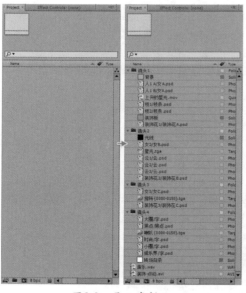

图9-3　导入素材

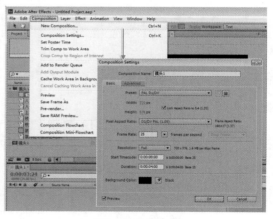

图9-4　新建合成

提 示

除了在菜单中选择命令新旧合成以外，还可以直接使用快捷键"Ctrl+N"执行新建合成操作。

03 在菜单栏中选择【Layer（层）】→【New（新建）】→【Solid（固态）】命令，并在弹出的固态层设置对话框Name（名称）中键入"背景"，在Size（尺寸）中设置720×576，最后将Color（颜色）设置为灰色，作为背景图像，如图9-5所示。

04 在时间线面板中选择"背景"层，使用快捷键"Ctrl+D"执行"原地复制"操作，复制固态层丰富背景的效果，如图9-6所示。

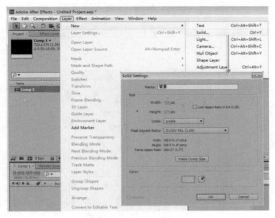

图9-5　新建固态层

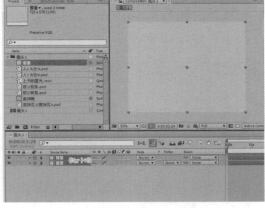

图9-6　复制固态层

提　示

快捷键"Ctrl+C"与"Ctrl+V"是复制并粘贴操作，而"Ctrl+D"则可以同时完成复制与粘贴的操作，使用更加便捷。

05 为顶部的"背景"层添加"亮度与对比度"特效。在菜单栏中选择【Effect（特效）】→【Color Correction（色彩校正）】→【Brightness & Contrast（亮度与对比度）】命令，并在特效控制面板中设置Brightness（亮度）参数值为-20，使背景变暗显示，将复制层与原始固态层产生亮度对比，如图9-7所示。

06 在顶部的工具条中选择⬭椭圆形遮罩工具，然后在背景画面的中心位置绘制椭圆形，最后展开时间线面板的Masks（遮罩）卷展栏并开启Inverted（反向）选项，控制遮罩去除的部分，如图9-8所示。

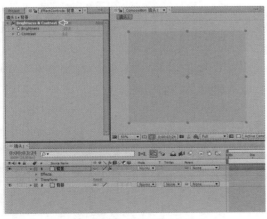

图9-7　亮度与对比度设置

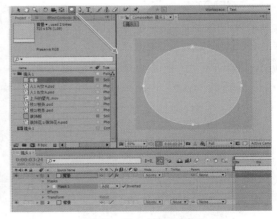

图9-8　添加椭圆形遮罩

提　示

绘制的遮罩选区如果与需要效果相反，可直接开启Inverted（反向）功能完成操作。

07 在时间线面板继续展开"背景"素材层的Masks（遮罩）卷展栏，然后设置Mask Feather

（遮罩羽化）的参数为90、Mask Opacity（遮罩不透明度）参数值为70、Mask Expansion（遮罩扩展）参数值为50，使椭圆形边缘区域产生渐变过渡的效果，如图9-9所示。

08 在时间线面板展开顶部"背景"图层的Transform（变换）项目，然后设置Scale（比例）的参数为等比例110，如图9-10所示。

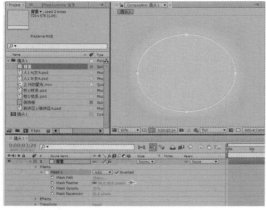
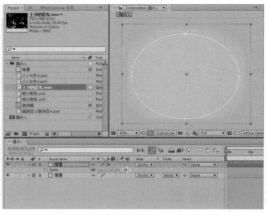

图9-9　遮罩设置　　　　　　　　　　　　　图9-10　比例设置

提 示

除了展开变换项目设置比例参数外，还可以直接执行键盘快捷键"S"，快速展开比例参数设置项目。

09 将时间滑块放置在影片第0秒位置，在时间线面板展开顶部"背景"图层的Transform（变换）项目，然后单击Position（位置）选项前的 码表按钮，并设置其参数X轴值为330、Y轴值为268，如图9-11所示。

提 示

直接执行键盘快捷键"P"可以快速展开位置参数设置项目。

10 播放影片至第4秒位置，然后记录Position（位置）参数X轴值为384、Y轴值为306，制作椭圆形缓慢向右下方位移的动画，使背景底生动起来，如图9-12所示。

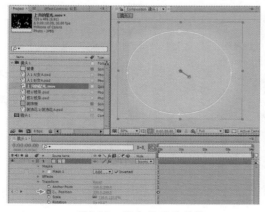
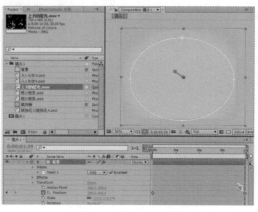

图9-11　添加位置关键帧　　　　　　　　　　图9-12　记录位置动画

⑪ 播放影片，观看制作完成的背景底合成动画效果，如图9-13所示。

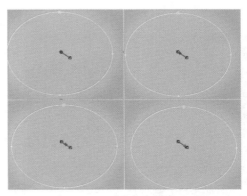

图9-13　背景底合成效果

9.1.2　星光元素合成

① 在项目面板中选择"上升的星光.mov"视频素材并拖拽至时间线面板中，控制其图层位置在两背景层之间，如图9-14所示。

② 在时间线面板展开"上升的星光.mov"层的Transform（变换）项目，然后设置Scale（比例）的参数为325，使画面中的星光放大，如图9-15所示。

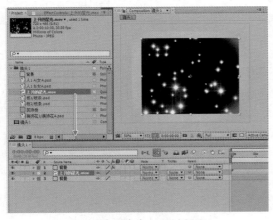

图9-14　拖拽素材至时间线

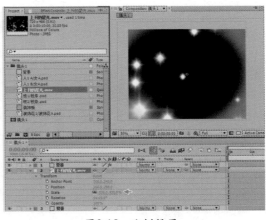

图9-15　比例设置

③ 为"上升的星光.mov"层添加"色相/饱和度"特效。在菜单栏中选择【Effect（特效）】→【Color Correction（色彩校正）】→【Hue/Saturation（色相/饱和度）】命令，并在特效控制面板中设置Master Hue（整体色相）参数值为110，使整体颜色趋于粉色系，与主题色调合成统一，如图9-16所示。

提　示

Master Hue（整体色相）可以将Hue色谱转变到一个新的位置，查看对话框中的颜色条，便可以看到刚才所选的新色谱。

④ 在顶部的工具条中选择 钢笔工具，然后在星光素材的中心位置绘制路径，最后展开时间线面板的Masks（遮罩）卷展栏并开启Inverted（反向）选项，控制其去除的中心

部分，如图9-17所示。

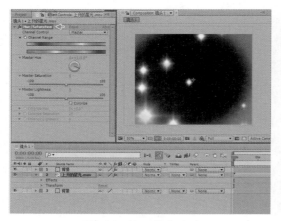
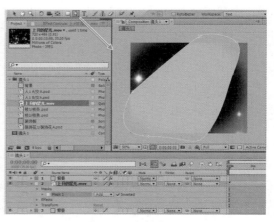

图9-16　添加特效设置　　　　　　　　　　　　图9-17　绘制遮罩

05 在时间线面板继续展开"上升的星光.mov"素材层的Masks（遮罩）卷展栏，然后设置Mask Feather（遮罩羽化）的参数为93，使图形边缘区域产生柔和过渡的效果，如图9-18所示。

06 在时间线面板选择"上升的星光.mov"素材层，设置Opacity（不透明度）参数值为30，再将Mode（模式）设置为Add（增加）的层模式，使素材中的黑色元素去除并增亮显示，如图9-19所示。

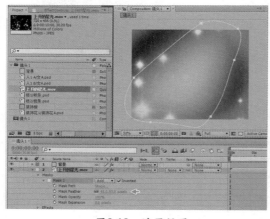
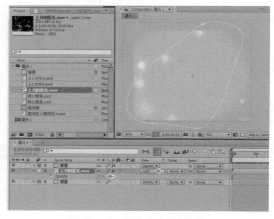

图9-18　遮罩设置　　　　　　　　　　　　图9-19　设置透明与层模式

> **提　示**
>
> Add（增加）模式可以将当前层影片的颜色相加到下层影片上，得到更为明亮的颜色，混合色为纯黑或纯白时不发生变化，适合制作强烈的光效。

9.1.3　装饰板合成

01 在菜单栏中选择【Layer（层）】 → 【New（新建）】 → 【Solid（固态）】命令，并在弹出的固态层设置对话框Name（名称）中输入"装饰板"，在Size（尺寸）中设置

720×576，最后将Color（颜色）设置为粉色，如图9-20所示。

02 新建固态层后，在时间线面板中会自动添加并选择"装饰板"图层，如图9-21所示。

图9-20　新建固态层

图9-21　选择图层

03 在时间线面板将"装饰板"图层的 三维模式开启并展开其Transform（变换）项目，然后设置Scale（比例）参数X轴值为46，再设置Rotation（旋转）参数X轴值为-43、Y轴值为-34和Z轴值为22，调整装饰板在三维空间倾斜的效果，如图9-22所示。

提 示

开启三维模式后，会在X、Y轴二维模式上额外增加Z向三维的纵深轴。

04 在顶部的工具条中选择 矩形遮罩工具，在"装饰板"层绘制比装饰板更大的矩形，并控制矩形只与装饰板的一个侧边对齐，效果如图9-23所示。

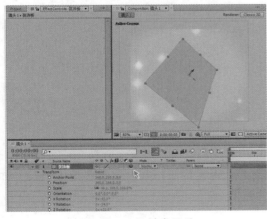

图9-22　三维模式设置

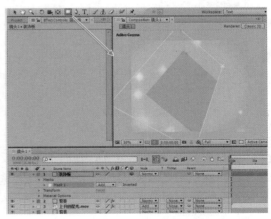

图9-23　添加矩形遮罩

05 在时间线面板继续展开"装饰板"层的Masks（遮罩）卷展栏，然后设置Mask Feather（遮罩羽化）的参数为600，使装饰板只在一个侧边产生柔和过渡的效果，如图9-24所示。

提 示

此部分的遮罩设置目的为增强近实远虚的三维效果。

06 将时间滑块放置在影片第0秒位置，在时间线面板展开"装饰板"图层的Transform（变换）项目，然后单击Position（位置）选项前的 ⏱ 码表按钮，并设置其参数X轴值为-22、Y轴值为678，准备制作素材从屏幕左下方向中心位移的动画，如图9-25所示。

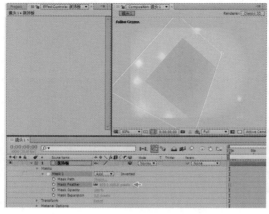

图9-24　遮罩设置　　　　　图9-25　添加位置关键帧

07 播放影片至第20帧位置，然后记录Position（位置）参数X轴值为360、Y轴值为288，恢复装饰板在画面的中心位置，如图9-26所示。

08 播放影片，观看装饰板的位置动画效果，如图9-27所示。

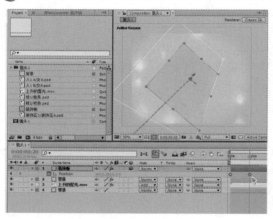
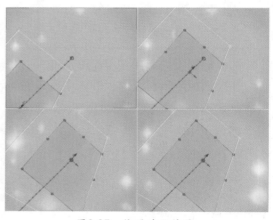

图9-26　记录位置动画　　　　　图9-27　位置动画效果

09 播放影片至第20帧位置，在时间线面板展开"装饰板"图层的Transform（变换）项目，然后单击Z Rotation（Z轴旋转）选项前的 ⏱ 码表按钮，并设置其参数值为22，如图9-28所示。

提　示

直接执行键盘快捷键"R"可以快速展开旋转参数设置项目。

10 播放影片至第4秒位置，然后记录Z Rotation（Z轴旋转）参数值为30，使装饰板产生角度动画，如图9-29所示。

11 播放影片至第20帧位置，在时间线面板展开"装饰板"图层的Transform（变换）项目，然后单击Scale（比例）选项前的 码表按钮，再设置Y轴参数值为100，如图9-30所示。

⓬ 播放影片至第4秒位置，然后记录Scale（比例）的Y轴参数值为450，使素材沿Y轴产生缩放变形动画，如图9-31所示。

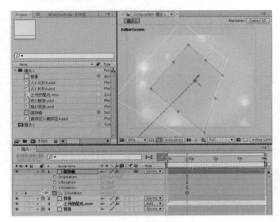
图9-28 添加旋转关键帧

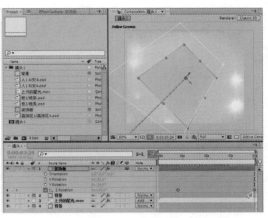
图9-29 记录旋转动画

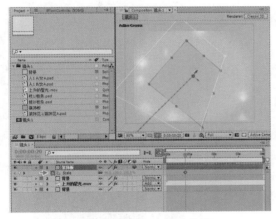
图9-30 添加比例关键帧

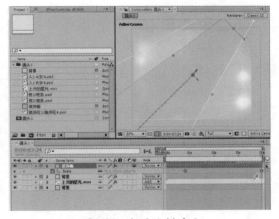
图9-31 记录比例动画

⓭ 播放影片，观看装饰板的合成效果，如图9-32所示。

图9-32 装饰板合成效果

9.1.4 生长枝合成

01 在主菜单栏中选择【Composition（合成）】→【New Composition（新建合成）】命令建立新的合成文件，并在弹出的对话框Composition Name（合成名称）中输入"生长枝"，在Preset（预置）项目中使用"PAL D1/DV"制式，然后再设置Duration（持续时间）的值为4秒，如图9-33所示。

02 在项目面板中选择"枝2/枝条.psd"素材并拖拽至时间线面板中，如图9-34所示。

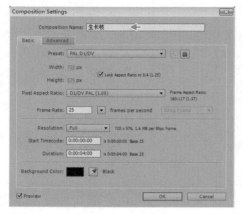

图9-33　新建合成

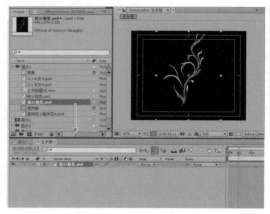

图9-34　拖拽素材至时间线

03 在顶部的工具条中选择 钢笔工具，然后在枝条素材的下方位置绘制路径，控制其显示的范围，如图9-35所示。

04 在时间线面板继续展开"枝2/枝条.psd"素材层的Masks（遮罩）卷展栏，然后设置Mask Feather（遮罩羽化）的参数为50，使图形边缘区域产生渐变过渡的效果，如图9-36所示。

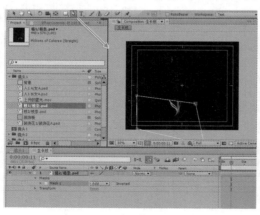

图9-35　绘制遮罩

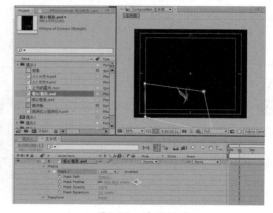

图9-36　遮罩设置

05 将时间滑块放置在影片第0秒位置，在时间线面板的Masks（遮罩）卷展栏，单击Masks Path（遮罩路径）选项前的 码表按钮，并控制遮罩Shape（形状）在视图底部位置，如图9-37所示。

06 播放影片至第1秒10帧位置，调整Masks Path（遮罩路径）的Shape（形状）为全部显示枝条素材，记录遮罩的位移动画，如图9-38所示。

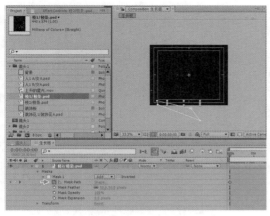

图9-37 添加遮罩关键帧　　　　　　　　图9-38 记录遮罩动画

07 播放影片，观看枝条素材的显示效果，如图9-39所示。

提 示

通过记录遮罩形状的动画记录，可以完成遮挡显示的动画效果，要注意生长枝的方向，按角度需要创建关键帧。

08 在项目面板中选择"枝1/枝条.psd"素材并拖拽至时间线面板中，在顶部的工具条中选择钢笔工具，然后在枝条素材的下方位置绘制路径来控制其显示范围，如图9-40所示。

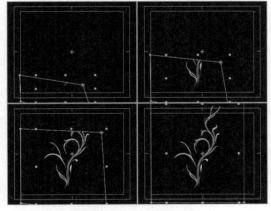

图9-39 枝条显示效果

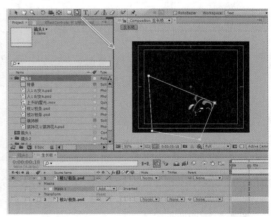

图9-40 为素材绘制遮罩

09 播放影片至第0秒位置，在时间线面板的Masks（遮罩）卷展栏中单击Masks Path（遮罩路径）选项前的码表按钮，并控制遮罩Shape（形状）在视图底部位置，如图9-41所示。

10 播放影片至第1秒10帧位置，调整Masks Path（遮罩路径）的Shape（形状）为全部显示枝条素材，记录遮罩的位移动画，如图9-42所示。

11 在时间线面板中选择"枝1/枝条.psd"素材层，控制整段素材显示的起始时间在第15帧位置，如图9-43所示。

12 播放影片，观看枝条素材的显示效果，如图9-44所示。

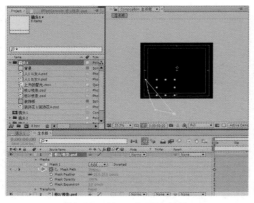

图9-41　添加遮罩关键帧

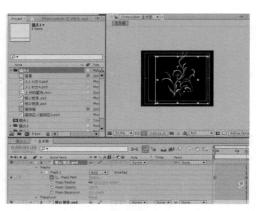

图9-42　记录遮罩动画

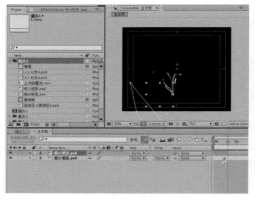

图9-43　调整素材显示时间

图9-44　枝条显示效果

⑬　切换至"镜头1"合成项目，将影片播放至第19帧位置，在项目面板中选择"生长枝"
　　合成文件并拖拽至时间线面板中进行编辑制作，如图9-45所示。

提示 ⫿⫿

　　After Effects可以将以往的合成项目作为素材，在新的合成项目中嵌套使用。

⑭　播放影片，观看生长枝素材的合成效果，如图9-46所示。

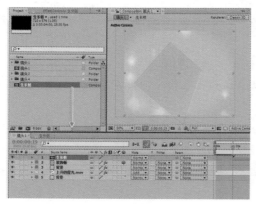

图9-45　拖拽文件至时间线

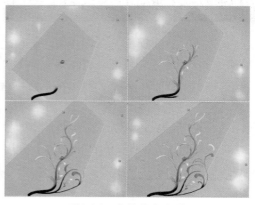

图9-46　生长枝合成效果

⑮ 在影片第19帧位置，展开时间线面板中"生长枝"图层的Transform（变换）项目，然后单击Position（位置）、Scale（比例）和Rotation（旋转）选项前的 ⏱ 码表按钮，设置Position（位置）参数X轴值为330、Y轴值为342，再设置Scale（比例）参数为90，最后设置Rotation（旋转）参数值为0，如图9-47所示。

⑯ 播放影片至第4秒位置，记录Position（位置）参数X轴值为334、Y轴值为338，再记录Scale（比例）参数为106，最后记录Rotation（旋转）参数值为6，如图9-48所示。

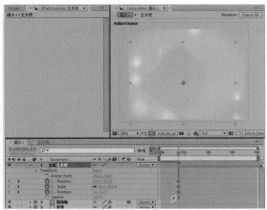

图9-47 添加变换关键帧　　　　　　　　图9-48 记录变换动画

⑰ 为生长枝添加"阴影"特效。在主菜单栏中选择【Effect（特效）】→【Perspective（透视）】→【Drop Shadow（阴影）】命令，设置Distance（距离）参数值为20，Softness（柔化）参数值为5，调节素材阴影效果，最后将Mode（模式）设置为Overlay（覆盖）的层模式，如图9-49所示。

> **提示**
>
> Overlay（叠加）模式可以将当前层影片与下层影片的颜色相乘或覆盖，可以使影片变暗或变亮，主要用于影片之间颜色的融合叠加效果。

⑱ 播放影片，观看生长枝素材的最终合成效果，如图9-50所示。

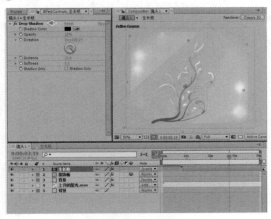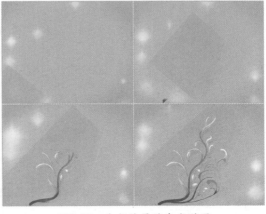

图9-49 特效与层模式设置　　　　　　　图9-50 生长枝最终合成效果

9.1.5 人物合成

01 在项目面板中选择"人1A/女A.psd"和"人1B/女A.psd"素材并拖拽至时间线面板中，如图9-51所示。

02 将时间滑块放置在影片第0秒位置，在时间线面板展开"人1A/女A.psd"和"人1B/女A.psd"图层Transform（变换）项目，然后单击Position（位置）选项前的码表按钮，设置"人1A/女A.psd"图层的Position（位置）参数X轴值为576、Y轴值为288，再设置"人1B/女A.psd"图层的Position（位置）参数X轴值为134、Y轴值为288，如图9-52所示。

图9-51　拖拽素材至时间线　　　　　　　　图9-52　添加位置关键帧

03 播放影片至第20帧位置，记录"人1A/女A.psd"图层的Position（位置）参数X轴值为390、Y轴值为330，再记录"人1B/女A.psd"图层的Position（位置）参数X轴值为334、Y轴值为330，如图9-53所示。

04 播放影片至第4秒位置，记录"人1A/女A.psd"图层的Position（位置）参数X轴值为358、Y轴值为330，再记录"人1B/女A.psd"图层的Position（位置）参数X轴值为366、Y轴值为330，如图9-54所示。

图9-53　记录位置动画　　　　　　　　图9-54　记录位置动画

提　示

先快再慢的位置动画设置会增强动画的节奏感。

05 播放影片至第20帧位置，在时间线面板展开"人1A/女A.psd"和"人1B/女A.psd"图层 Transform（变换）项目，然后单击Rotation（旋转）选项前的 码表按钮，并设置其参数 值为0。继续播放影片至第4秒位置，记录"人1A/女A.psd"图层的Rotation（旋转）参数值 为-10，再记录"人1 B/女A.psd"图层的Rotation（旋转）参数值为10，如图9-55所示。

06 播放影片至第0秒位置，在时间线面板展开"人1A/女A.psd"和"人1B/女A.psd"图层 Transform（变换）项目，然后单击Scale（比例）选项前的 码表按钮，并设置其参数值 为120。继续播放影片至第20帧位置，记录Scale（比例）选项的参数值为100，如图9-56 所示。

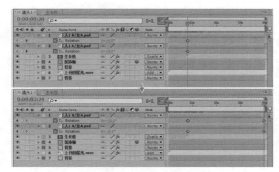

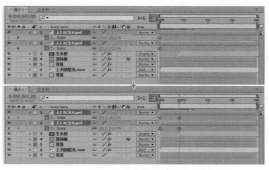

图9-55 记录旋转动画 图9-56 记录比例动画

07 播放影片，观看人物的动画效果，如图9-57所示。

08 为人物添加"阴影"特效。在主菜单栏中选择【Effect（特效）】→【Perspective（透 视）】→【Drop Shadow（阴影）】命令，首先将Shadow Color（阴影颜色）设置为白 色、Opacity（不透明度）参数值为50，再设置Distance（距离）参数值为5、Softness （柔化）参数值为30，调节人物素材边缘发光效果，如图9-58所示。

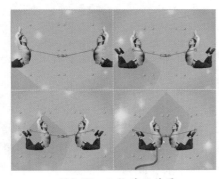

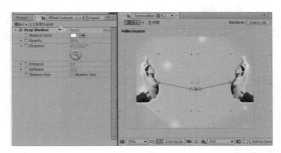

图9-57 人物动画效果 图9-58 阴影特效设置

提 示

阴影特效可以在影片后面产生立体的颜色投影，如果影片含有Alpha通道，会与Alpha通道 的形状作为阴影投射效果。

09 为人物添加"亮度与对比度"特效。在主菜单栏中选择【Effect（特效）】→【Color Correction（色彩校正）】→【Brightness & Contrast（亮度与对比度）】命令，并在特效控 制面板中设置Contrast（对比度）参数值为30，使人物素材增强对比显示，如图9-59所示。

⑩ 为人物添加"色相/饱和度"特效。在主菜单栏中选择【Effect（特效）】→【Color Correction（色彩校正）】→【Hue/Saturation（色相/饱和度）】命令，并在特效控制面板中设置Master Saturation（整体饱和度）参数值为10，提高画面整体饱和度，如图9-60所示。

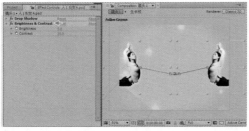

图9-59　亮度与对比度设置

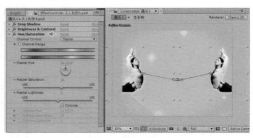

图9-60　色相/饱和度设置

⑪ 在时间线面板中选择"人1A/女A.psd"和"人1B/女A.psd"图层，使用快捷键"Ctrl+D"执行"原地复制"操作，复制图层丰富背景的合成效果，最后将复制的图层Mode（模式）设置为Overlay（覆盖）的层模式，如图9-61所示。

⑫ 在时间线面板中选择复制出的"人1A/女A.psd"和"人1B/女A.psd"图层，并控制其整段素材显示的起始时间在第10帧位置，作为主体人物的幻影效果，如图9-62所示。

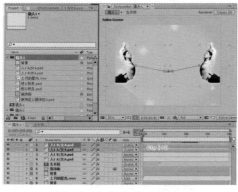

图9-61　复制图层并设置

图9-62　调整素材显示时间

⑬ 播放影片，观看复制人物的动画效果，如图9-63所示。

⑭ 将时间滑块放置在影片第10帧位置，在时间线面板单击复制"人1A/女A.psd"和"人1B/女A.psd"层的Opacity（不透明度）选项前码表按钮，并设置其参数值为10。继续播放影片至第20帧位置，记录Opacity（不透明度）参数值为30。再播放影片至第1秒7帧位置，记录Opacity（不透明度）参数值为0，记录复制人物淡淡显示并消失的动画效果，如图9-64所示。

⑮ 将时间滑块放置在影片第10帧位置，在时间线面板展开复制"人1A/女A.psd"和"人1B/女A.psd"图层的Transform（变换）项目，然后单击Scale（比例）选项前的码表按钮，并设置其参数值为120。继续播放影片至第1秒5帧位置，记录Scale（比例）选项的参数值为100，如图9-65所示。

⑯ 在时间线面板中继续复制"人1A/女A.psd"和"人1B/女A.psd"图层，并控制其整段素材显示的起始时间在第20帧位置，将最后复制的人物图层组的Scale（比例）参数值设置为120，如图9-66所示。

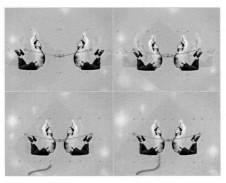

图9-63 复制人物动画效果

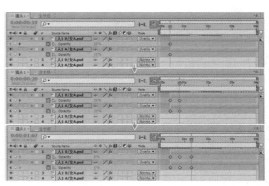

图9-64 记录不透明度动画

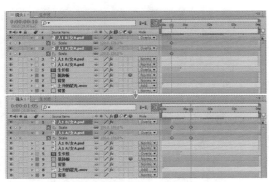

图9-65 记录比例动画

图9-66 比例设置

⑰ 切换至影片第20帧位置，在时间线面板单击最后复制"人1A/女A.psd"和"人1B/女A.psd"层的Opacity（不透明度）选项前 码表按钮，并设置其参数值为10。继续播放影片至第1秒5帧位置，记录Opacity（不透明度）参数值为30。再播放影片至第1秒17帧位置，记录Opacity（不透明度）参数值为0，记录人物淡淡显示并消失的动画效果，如图9-67所示。

⑱ 播放影片，观看人物合成的最终效果，如图9-68所示。

图9-67 记录不透明度动画

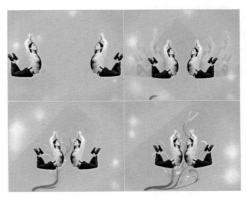

图9-68 人物合成效果

9.1.6 装饰元素合成

01 在项目面板中选择"装饰花1/装饰花A.psd"素材并拖拽至时间线面板中，控制其图层位置在人物层下方显示，如图9-69所示。

提 示

装饰元素的选择要与整体合成影片风格相同，不可抢到主体合成的识别。

02 切换至影片第0秒位置，在时间线面板展开"装饰花1/装饰花A.psd"素材层的Transform（变换）项目，然后单击Rotation（旋转）选项前的 码表按钮，并设置其参数值为0，如图9-70所示。

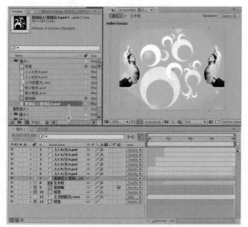

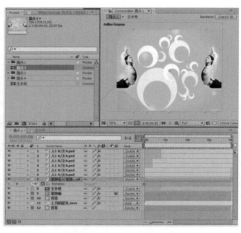

图9-69　拖拽素材至时间线　　　　　　　图9-70　添加旋转关键帧

03 播放影片至第2秒位置，记录Rotation（旋转）选项的参数值为62，如图9-71所示。

04 影片第0秒位置，在时间线面板展开"装饰花1/装饰花A.psd"素材层的Transform（变换）项目，然后单击Scale（比例）选项前的 码表按钮，并设置其参数值为100。继续播放影片至第2秒位置，记录Scale（比例）参数值为0，使装饰元素产生由大至小的动画，如图9-72所示。

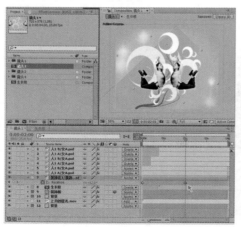

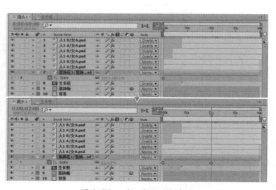

图9-71　记录旋转动画　　　　　　　　　图9-72　记录比例动画

05 切换至影片第0秒位置，在时间线面板单击"装饰花1/装饰花A.psd"素材层Opacity（不透明度）选项前的 ⏱ 码表按钮，并设置其参数值为100。继续播放影片至第2秒位置，记录Opacity（不透明度）参数值为50，如图9-73所示。

06 在时间线面板选择"装饰花1/装饰花A.psd"素材层，并将Mode（模式）设置为Soft Light（柔光）的层叠加效果，如图9-74所示。

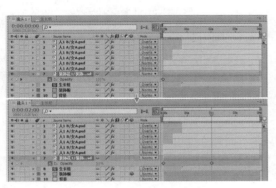

图9-73　记录不透明度动画

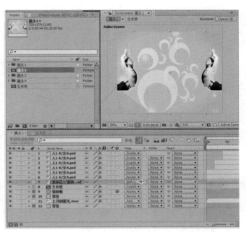

图9-74　设置层模式

> **提 示**
>
> Soft Light（柔光）模式可以使颜色变暗或变亮，具体取决于混合色，此效果与发散的聚光灯照在图像上相似。使用黑色或白色进行上色处理，可以产生明显变暗或变亮的区域，但不能生成黑色或白色。

9.1.7　文字合成

01 播放影片至第1秒位置，在顶部的工具条中选择 **T**.文字工具，并在视图中建立"异样的视角"装饰文字，如图9-75所示。

> **提 示**
>
> 装饰文字可以丰富影片内容，提高主题的定义和观看性。

02 为文字添加"阴影"特效。在主菜单栏中选择【Effect（特效）】→【Perspective（透视）】→【Drop Shadow（阴影）】命令，首先将Shadow Color（阴影颜色）设置为粉色、Opacity（不透明度）参数值为20，再设置Distance（距离）参数值为5，如图9-76所示。

图9-75　建立文字

03 播放影片至第1秒位置，在时间线面板展
开文字层的Transform（变换）项目，然
后单击Position（位置）选项前的 ⓞ 码表
按钮，并设置Position（位置）参数X轴值
为-190、Y轴值为140，如图9-77所示。

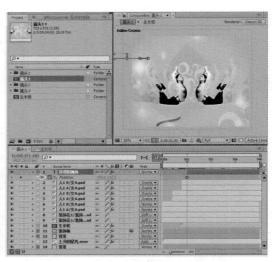

图9-76　阴影特效设置　　　　　　　　　图9-77　添加位置关键帧

04 播放影片至第2秒位置，记录Position（位置）参数X轴值为50，如图9-78所示。

05 播放影片至第4秒位置，记录Position（位置）参数X轴值为100，制作文字水平位移的
动画效果，如图9-79所示。

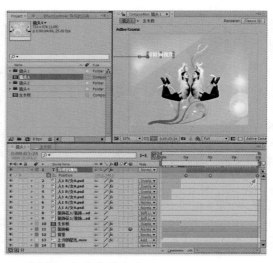

图9-78　记录位置动画　　　　　　　　　图9-79　记录位置动画

06 播放影片，观看文字的位移动画效果，如图9-80所示。

07 在时间线面板选择文字层，并设置Opacity（不透明度）参数值为50，使文字产生半透
明效果，如图9-81所示。

08 在视图下方开启Title/Action Safe（标题与动作安全）选项，如图9-82所示。

提　示

　　"标题与动作安全"又称之为"安全框"，是为了控制渲染输出视图的纵横比，表明哪些合成
元素在渲染范围内，哪些合成元素超出了渲染的范围，确保在媒体播放时得到准确的合成效果。

09 播放影片，观看制作完成的镜头1合成效果，如图9-83所示。

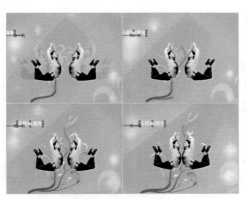

图9-80 文字位移动画效果

图9-81 不透明度设置

图9-82 标题与动作安全设置

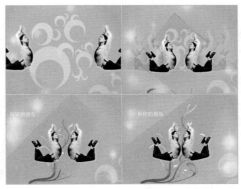

图9-83 镜头1合成效果

9.2 镜头2合成

在"镜头2合成"部分主要通过背景元素→装饰板→光线元素→装饰元素→星光元素→文字合成的制作流程完成操作。

9.2.1 背景元素合成

01 在主菜单栏中选择【Composition（合成）】→【New Composition（新建合成）】命令建立新的合成文件，并在弹出的对话框Composition Name（合成名称）中输入"镜头2"，在Preset（预置）项目中使用"PAL D1/DV"制式，然后设置Duration（持续时间）的值为4秒，如图9-84所示。

02 在主菜单栏中选择【Layer（层）】→【New（新建）】→【Solid（固态）】命令，建立灰色"背景"固态层。使用快捷键"Ctrl+D""原地复制"固态层，为顶部的"背景"层添加"亮度与对比度"特效，使复制层与原始固态层产生亮度对比，再使用 椭圆形遮罩工具将复制层的中心区域去除，并记录椭圆Position（位置）的位移动画效果，完成镜头2的背景底制作，如图9-85所示。

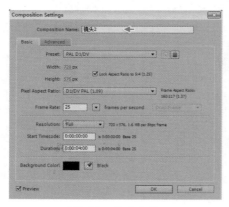
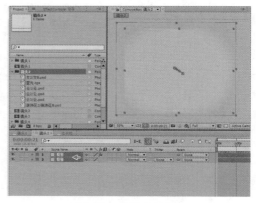

图9-84　新建合成　　　　　　　　图9-85　背景底制作

提示

如果在以往的合成中制作过相应的素材，就可以直接再次增加到新的合成中，既方便了素材合成，又提高了制作效率。

03 在项目面板中选择"云1/云.psd"素材并拖拽至时间线面板中，如图9-86所示。

04 为"云1/云.psd"层添加"色相/饱和度"特效。在主菜单栏中选择【Effect（特效）】→【Color Correction（色彩校正）】→【Hue/Saturation（色相/饱和度）】命令，并在特效控制面板中设置Master Hue（整体色相）参数值为40，使云朵颜色趋于粉色系，与主题色调合成统一，如图9-87所示。

图9-86　拖拽素材至时间线　　　　图9-87　色相/饱和度特效设置

05 在时间线面板展开"云1/云.psd"层的Transform（变换）项目，然后设置Scale（比例）的参数为72，并将Mode（模式）设置为Soft Light（柔光）的层叠加效果，如图9-88所示。

06 切换至影片第0秒位置，在时间线面板展开"云1/云.psd"层的Transform（变换）项目，然后单击Position（位置）选项前的⏱码表按钮，并设置Position（位置）参数X轴值为860、Y轴值为566，如图9-89所示。

图9-88 图层设置　　　　　　　　　　图9-89 添加位置关键帧

07 播放影片至第4秒位置，记录Position（位置）参数X轴值为514、Y轴值为566，记录云朵的位移动画效果，如图9-90所示。

08 在Transform（变换）项目中记录水平Position（位置）动画，制作完成的云朵位移飘动效果如图9-91所示。

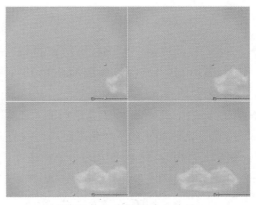

图9-90 记录位置动画　　　　　　　　图9-91 云朵位移动画效果

09 在时间线面板选择"云1/云.psd"层，使用快捷键"Ctrl+D""原地复制"云朵素材层两次，然后调节"云2/云.psd"和"云3/云.psd"层显示的不同位置及运动方向，记录云朵自然飘动的效果，如图9-92所示。

图9-92 背景元素合成

9.2.2 装饰板合成

01 在主菜单栏中选择【Composition（合成）】→【New Composition（新建合成）】命令建立新的合成文件，并在弹出的对话框Composition Name（合成名称）中输入"装饰板"，在Preset（预置）项目中使用"PAL D1/DV"制式，然后设置Duration（持续时间）的值为4秒，如图9-93所示。

02 在项目面板选择"镜头1"文件夹中的"装饰板"固态层，然后拖拽增加到时间线面板中进行编辑制作，如图9-94所示。

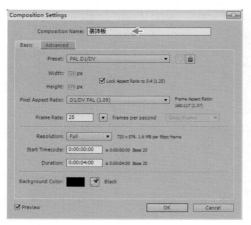

图9-93　新建合成

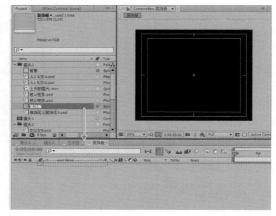

图9-94　拖拽素材至时间线

03 在时间线面板将"装饰板"图层的 三维模式开启，展开Transform（变换）项目，然后设置Scale（比例）参数X轴值为55，Y轴和Z轴值均为85，调整装饰板的比例效果，如图9-95所示。

04 在顶部的工具条中选择 矩形遮罩工具，在视图中绘制比装饰板更大的矩形，并控制矩形只与装饰板的一个侧边对齐，设置时间线面板中Mask Feather（遮罩羽化）的参数为等比例400，使装饰板的一个侧边产生渐变过渡的效果，效果如图9-96所示。

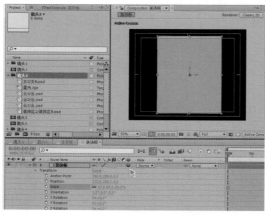

图9-95　比例设置

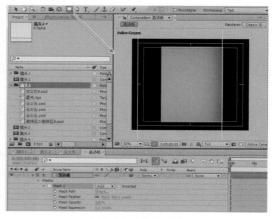

图9-96　遮罩设置

05 在项目面板选择"女2/女B.psd"层，拖拽至时间线面板中进行编辑制作，如图9-97所示。

06 在时间线面板将"女2/女B.psd"图层的 ⬡ 三维模式开启，展开Transform（变换）项目，然后设置Scale（比例）参数为60，调整素材的比例效果，如图9-98所示。

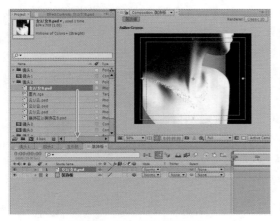
图9-97　拖拽素材至时间线

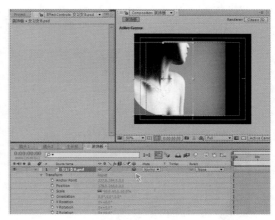
图9-98　开启三维模式

07 切换至影片第0秒位置，在时间线面板展开"女2/女B.psd"和"装饰板"层的Transform（变换）项目，然后单击Rotation（旋转）选项前的 ⏱ 码表按钮，并设置Y Rotation（Y轴旋转）参数值为40，如图9-99所示。

提 示

平面素材在通过设置三维模式旋转后，会增强画面的透视感，从而丰富了视觉效果。

08 播放影片至第4秒位置，记录Y Rotation（Y轴旋转）参数值为20，如图9-100所示。

图9-99　添加旋转关键帧

图9-100　记录旋转动画

09 播放影片，观看素材的旋转动画效果，如图9-101所示。

10 切换至影片第0秒位置，在时间线面板展开"女2/女B.psd"层的Transform（变换）项目，然后单击Position（位置）选项前的 ⏱ 码表按钮，并设置Position（位置）参数X轴值为178、Y轴值为288，如图9-102所示。

11 播放影片至第4秒位置，记录Position（位置）参数X轴值为360、Y轴值为288，如图9-103所示。

⑫ 为人物添加"阴影"特效。在主菜单栏中选择【Effect（特效）】→【Perspective（透视）】→【Drop Shadow（阴影）】命令，首先将Shadow Color（阴影颜色）设置为黑色、Opacity（不透明度）参数值为30，再设置Distance（距离）参数值为120、Softness（柔化）参数值为50，调节人物阴影的投射效果，如图9-104所示。

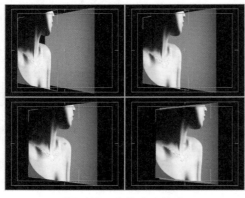

图9-101　旋转动画效果

图9-102　添加位置关键帧

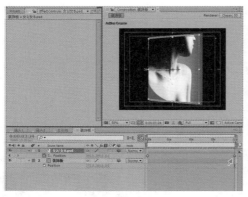

图9-103　记录位置动画

图9-104　阴影特效设置

⑬ 播放影片至第0秒位置，在时间线面板展开"女2/女B.psd"层的Effect（特效）卷展栏，然后单击Distance（距离）选项前的 ⃝ 码表按钮，并设置参数值为120，如图9-105所示。

⑭ 播放影片至第4秒位置，记录Distance（距离）选项参数值为20，如图9-106所示。

图9-105　添加阴影距离关键帧

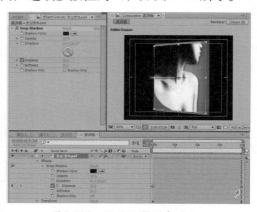

图9-106　记录阴影距离动画

提 示

通过记录阴影距离的动画，可以模拟出三维层在真实空间的位置变化。

⑮ 播放影片，观看人物阴影的动画效果，如图9-107所示。

⑯ 切换至"镜头2"合成项目，在项目面板中选择"装饰板"合成文件并拖拽至时间线面板中进行编辑制作，如图9-108所示。

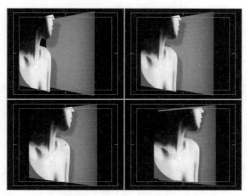

图9-107　阴影动画效果

图9-108　拖拽文件至时间线

⑰ 在时间线面板展开"装饰板"层的Transform（变换）项目，然后设置 Rotation（旋转）参数值为15，调整装饰板的合成角度，如图9-109所示。

⑱ 播放影片至第0秒位置，在时间线面板展开"装饰板"层的Transform（变换）项目，然后单击Position（位置）和Scale（比例）选项前的 码表按钮，并设置Position（位置）参数X轴值为360、Y轴值为380，Scale（比例）的参数值为100；继续播放影片至第1秒位置，记录Position（位置）参数X轴值为360、Y轴值为320，Scale（比例）的参数值为107；再播放影片至第4秒位置，记录Position（位置）参数X轴值为360、Y轴值为276，Scale（比例）的参数值为130，如图9-110所示。

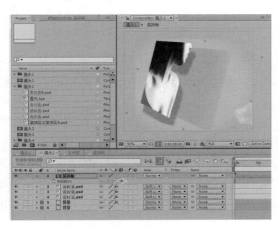

图9-109　旋转设置

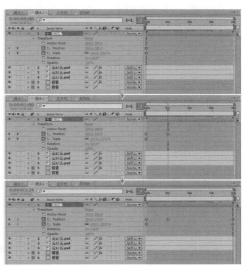

图9-110　记录变换动画

⑲ 播放影片，观看装饰板合成的动画效果，如图9-111所示。

图9-111　装饰板合成效果

9.2.3　光线元素合成

① 在主菜单栏中选择【Layer（层）】→【New（新建）】→【Solid（固态）】命令，并在弹出的固态层设置对话框Name（名称）中输入"光线"，在Size（尺寸）中设置720×576，最后将Color（颜色）设置为黑色，如图9-112所示。

② 在顶部的工具条中选择 钢笔工具，然后在视图中绘制曲线路径，用于制作装饰光线的运动路径，如图9-113所示。

图9-112　新建固态层

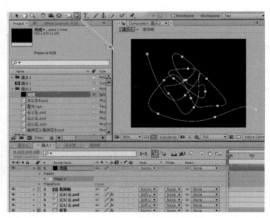

图9-113　绘制路径

> **提　示**
>
> 钢笔工具主要用于绘制不规则遮罩图形和不闭合的遮罩路径，一般通过贝塞尔曲线控制自身的弧度。

③ 在时间线面板中选择"光线"层，在主菜单栏中选择【Effect（特效）】→【Trapcode】→【3D Stroke（三维描边）】命令，并在特效控制面板中设置Color（颜色）为白色、Feather（羽化）参数值为24、End（结束）参数值为28，然后开启Taper（锥形）卷展栏的Enable（启用）和Compress to fit（压缩拟合）选项，使三维描边的两侧产生尖角，如图9-114所示。

04 在时间线面板中选择"光线"层，在Mode（模式）中设置为Overlay（覆盖）的层叠加效果，如图9-115所示。

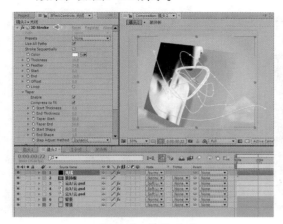

图9-114　特效设置　　　　　　　　　　图9-115　设置层模式

05 切换至影片第0秒位置，在时间线面板展开3D Stroke（三维描边）特效卷展栏，单击Offset（偏移量）前的 码表按钮，并设置其参数值为-30；继续播放影片至第3秒位置，单击◇关键帧按钮记录偏移量的参数值为120，使三维描边的线条产生运动效果，如图9-116所示。

提　示

Offset（偏移量）主要是设置三维描边的偏移量，也就是沿钢笔路径产生位移。

06 在时间线面板将"光线"层的 三维模式开启，然后展开Transform（变换）项目，记录Position（位置）和Scale（比例）项第0秒至第4秒的参数动画，调整光线的空间位置与大小，如图9-117所示。

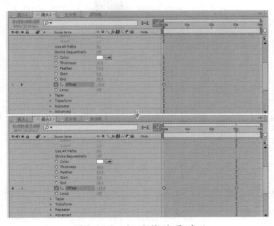

图9-116　记录偏移量动画　　　　　　　图9-117　记录变换动画

07 在时间线面板中选择"光线"层，切换至影片第0秒位置，设置Opacity（不透明度）

351

参数值为100；继续播放影片至第3秒位置，记录Opacity（不透明度）参数值为50，如图9-118所示。

08 播放影片，观看光线元素合成的动画效果，如图9-119所示。

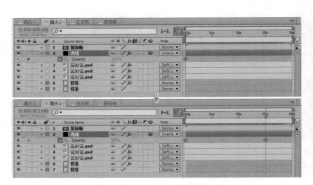

图9-118　记录不透明度动画

图9-119　光线元素合成效果

9.2.4　装饰元素合成

01 在项目面板中选择"装饰花2/装饰花B.psd"素材，并拖拽至"镜头2"合成项目的时间线面板中，展开Transform（变换）项目，再设置 Rotation（旋转）参数值为95，丰富画面左上角位置的素材，如图9-120所示。

02 在顶部的工具条中选择□矩形遮罩工具，在"装饰花"元素的外侧绘制矩形，在时间线面板Mask 1（遮罩1）中设置Mask Feather（遮罩羽化）的参数值为30，然后在影片第0秒位置，单击Masks path（遮罩路径）选项前的码表按钮，并控制遮罩Shape（形状）在视图外侧位置，如图9-121所示。

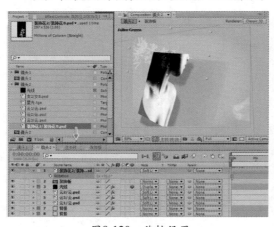

图9-120　旋转设置

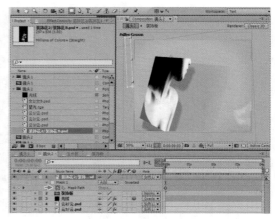

图9-121　矩形遮罩设置

03 播放影片至第2秒20帧位置，单击Masks path（遮罩路径）选项的关键帧按钮，并控制遮罩Shape（形状）将"装饰花"元素全部显示，使遮罩产生向右的移动显示效果，如图9-122所示。

04 切换至影片第0秒位置，在时间线面板中展开"装饰花2/装饰花B.psd"层的Transform

（变换）项目，然后单击Scale（比例）选项前的 码表按钮，并设置Scale（比例）的参数值为100；继续播放影片至第4秒位置，记录Scale（比例）的参数值为110，如图9-123所示。

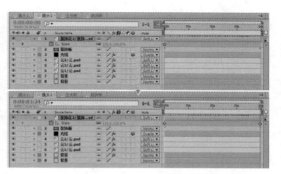

图9-122　记录遮罩形状动画　　　　　　　　　图9-123　记录比例动画

05 切换至影片第0秒位置，在时间线面板展开"装饰花2/装饰花B.psd"层的Transform（变换）项目，然后单击Position（位置）选项前的 码表按钮，并设置Position（位置）参数X轴值为223、Y轴值为100；继续播放影片至第4秒位置，记录Position（位置）参数X轴值为270、Y轴值为100，如图9-124所示。

06 播放影片，观看装饰元素合成的动画效果，如图9-125所示。

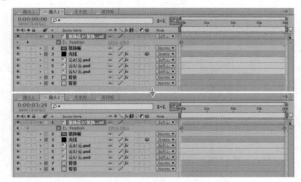

图9-124　记录位置动画　　　　　　　　　图9-125　装饰元素合成效果

9.2.5　星光元素合成

01 在项目面板中选择"星光.tga"素材，并拖拽至"镜头2"合成项目的时间线面板中，在顶部的工具条中选择 轴工具，调整"星光.tga"层的轴位置在星光元素的中心位置，最后将Mode（模式）设置为Add（增加）的层模式，使星光元素增亮显示，如图9-126所示。

02 切换至影片第0秒位置，在时间线面板中展开"星光.tga"层的Transform（变换）项目，然后单击Scale（比例）选项前的 码表按钮，并设置Scale（比例）的参数值为305。继续播放影片至第1秒位置，记录Scale（比例）的参数值为0，制作星光元素消失动画，如图9-127所示。

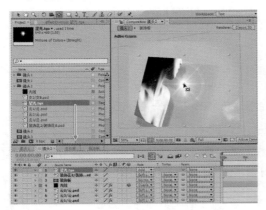

图9-126　图层设置

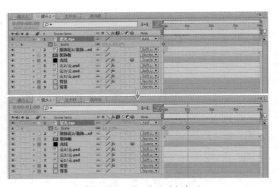

图9-127　记录比例动画

⑬ 切换至影片第0秒位置，在时间线面板中展开"星光.tga"层的Transform（变换）项目，然后单击Rotation（旋转）选项前的 码表按钮，并设置Rotation（旋转）的参数值为115；继续播放影片至第1秒位置，记录Rotation（旋转）的参数值为0，制作星光元素旋转的动画效果，如图9-128所示。

⑭ 切换至影片第0秒位置，在时间线面板中展开"星光.tga"层的Transform（变换）项目，然后单击Position（位置）选项前的 码表按钮，并设置Position（位置）参数X轴值为336、Y轴值为238；继续播放影片至第1秒位置，记录Position（位置）参数X轴值为190、Y轴值为370，制作星光元素位移的动画效果，如图9-129所示。

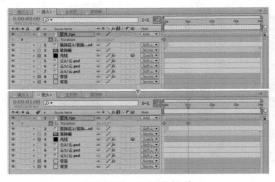

图9-128　记录旋转动画

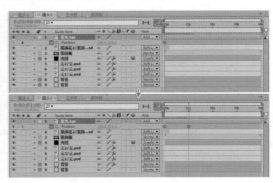

图9-129　记录位置动画

⑮ 播放影片，观看星光元素合成的动画效果，如图9-130所示。

图9-130　星光元素合成效果

9.2.6 文字合成

01 播放影片至第1秒位置，在顶部的工具条中选择 **T** 文字工具，并在视图中建立"相同的专业"装饰文字。在主菜单栏中选择【Effect（特效）】→【Perspective（透视）】→【Drop Shadow（阴影）】命令，先将Shadow Color（阴影颜色）设置为粉色、Opacity（不透明度）参数值为20，再设置Distance（距离）参数值为5，如图9-131所示。

02 为文字记录位置动画，先记录文字从第1秒至第2秒快速向左进入视图，然后再记录第2秒至第4秒匀速继续向左运动的动画效果，如图9-132所示。

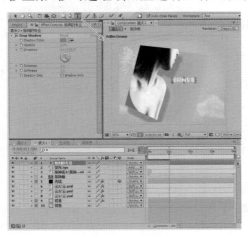

图9-131　文字阴影设置

图9-132　记录文字位置动画

03 播放影片，观看镜头2合成的动画效果，如图9-133所示。

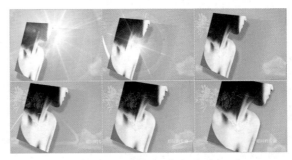

图9-133　镜头2合成效果

9.3 镜头3合成

在"镜头3合成"部分主要通过背景元素合成→旋转元素合成→装饰花元素合成→人物合成→文字合成的制作流程完成操作。

9.3.1 背景元素合成

01 在主菜单栏中选择【Composition（合成）】→【New Composition（新建合成）】命令

建立新的合成文件，并在弹出的对话框Composition Name（合成名称）中输入"镜头3"，在Preset（预置）项目中使用"PAL D1/DV"制式，然后再设置Duration（持续时间）的值为4秒，如图9-134所示。

02 建立灰色"背景"固态层，将其复制并调节亮度，区别图层，使用◯椭圆形遮罩工具制作中心亮边缘暗的过渡效果，完成背景底的制作；继续建立粉色"装饰板"固态层，并将其◼三维模式开启，如图9-135所示。

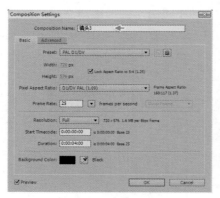

图9-134 新建合成

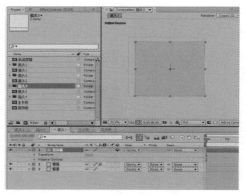

图9-135 新建固态层

03 在"装饰板"固态层的◼三维模式下，设置时间线面板中的Rotation（旋转）项，将X Rotation（X轴旋转）的参数值设置为40、Y Rotation（Y轴旋转）的参数值设置为-36，使装饰板产生空间效果，如图9-136所示。

04 在顶部的工具条中选择▢矩形遮罩工具，在"装饰板"层绘制比装饰板更大的矩形，并控制矩形只与装饰板的顶侧边对齐，在时间线面板中展开"装饰板"层的Masks（遮罩）卷展栏，然后设置Mask Feather（遮罩羽化）的参数为200，使装饰板的顶边产生渐变过渡的效果，如图9-137所示。

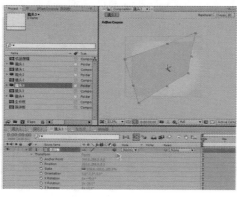

图9-136 旋转设置

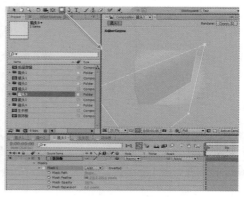

图9-137 矩形遮罩设置

05 记录"装饰板"层的位置动画，切换影片至第0秒位置，在时间线面板中展开"装饰板"层的Transform（变换）项目，然后单击Position（位置）选项前的◉码表按钮，并设置Position（位置）参数X轴值为-224、Y轴值为740和Z轴值为-340，使装饰板在左下方视图的外侧显示，如图9-138所示。

06 播放影片至第1秒10帧位置，记录Position（位置）参数X轴值为360、Y轴值为440和Z

轴值为0，使装饰板快速由视图外侧向画面中心位置位移，如图9-139所示。

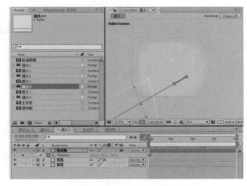

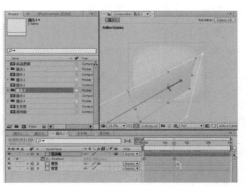

图9-138　添加位置关键帧　　　　　　　图9-139　记录位置动画

07 播放影片至第4秒位置，记录Position（位置）参数X轴值为499、Y轴值为370和Z轴值为80，使装饰板匀速继续向前位移，如图9-140所示。

08 切换至影片第0秒位置，在时间线面板中展开"装饰板"层的Transform（变换）项目，然后单击Scale（比例）选项前的码表按钮，并设置Scale（比例）参数X轴值为100、Y轴值为50和Z轴值为100，如图9-141所示。

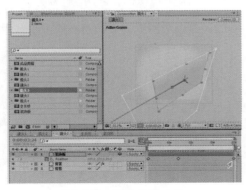

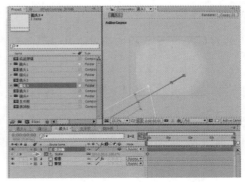

图9-140　记录位置动画　　　　　　　图9-141　添加比例关键帧

09 播放影片至第4秒位置，记录Scale（比例）参数X轴值为160、Y轴值为80和Z轴值为160，如图9-142所示。

10 播放影片，观看背景元素由屏幕左下侧位置飞入画面的合成动画效果，如图9-143所示。

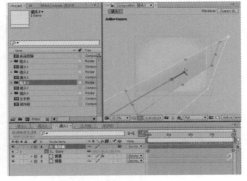

图9-142　记录比例动画　　　　　　　图9-143　背景元素合成效果

9.3.2　旋转元素合成

01 在项目面板中选择"旋转.tga"序列素材，将其拖拽至"镜头3"合成项目的时间线面板"装饰板"层下方位置，并设置"旋转.tga"层的Opacity（不透明度）参数值为30，最后将其Mode（模式）设置为Overlay（覆盖）的层模式，使其与背景产生融合效果，如图9-144所示。

提　示

启动Autodesk 3ds Max软件，通过样条线绘制图形并对其挤出操作，然后记录自转动画，再渲染输出为"TGA"格式保存。

02 在时间线面板中选择"旋转.tga"层并复制层，然后在顶部的工具条中选择▢矩形遮罩工具，在视图中绘制半屏幕遮罩，用于调节素材明暗层次效果；最后在时间线面板展开"旋转.tga"层的Masks（遮罩）卷展栏，并设置Mask Feather（遮罩羽化）的参数为500，如图9-145所示。

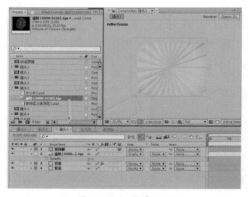

图9-144　图层设置

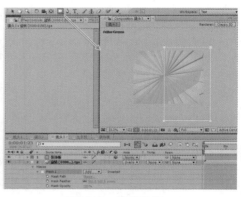

图9-145　遮罩设置

提　示

通过遮罩控制，使元素的左侧比右侧区域显示透明，增强画面的层次效果。

03 在时间线面板中选择顶部的"旋转.tga"层，为其增加Brightness & Contrast（亮度与对比度）和Hue/Saturation（色相/饱和度）特效。在特效控制面板中设置亮度与对比度的Brightness（亮度）参数值为20、Contrast（对比度）参数值为20，色相/饱和度的Master Saturation（整体饱和度）参数值为-100，如图9-146所示。

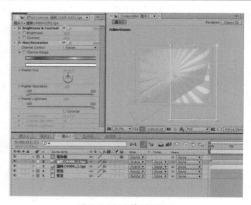

图9-146　特效设置

9.3.3　装饰花元素合成

01 在项目面板中选择"装饰花3/装饰花C.psd"素材，将其拖拽至"镜头3"合成项目的时间线面板中，最后在Mode（模式）中设置为Lighten（变亮）的层叠加效果，如图9-147所示。

02 为"装饰花"层增加□矩形遮罩，并设置其Mask Feather（遮罩羽化）的参数值为30；在影片第0秒位置，单击Masks path（遮罩路径）选项前的⊙码表按钮，并控制遮罩Shape（形状）在视图右方外侧位置，如图9-148所示。

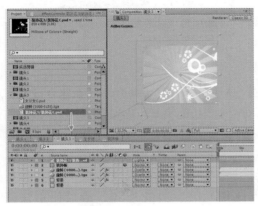

图9-147　设置层模式　　　　　　　　　图9-148　遮罩设置

03 播放影片至第4秒位置，单击Masks Path（遮罩路径）选项的◇关键帧按钮，并控制遮罩Shape（形状）将"装饰花"元素全部显示，使遮罩产生向左的移动显示效果，如图9-149所示。

04 在时间线面板中展开"装饰花3/装饰花C.psd"层的Transform（变换）项目，首先设置Rotation（旋转）的参数值为-22、Opacity（不透明度）参数值为70，然后在影片第0秒位置，单击Position（位置）和Scale（比例）选项前的⊙码表按钮，并设置Position（位置）参数X轴值为250、Y轴值为500、Scale（比例）的参数值为-68；继续播放影片至第4秒位置，记录Position（位置）参数X轴值为380、Y轴值为350、Scale（比例）参数X轴值为-92、Y轴值为-94，如图9-150所示。

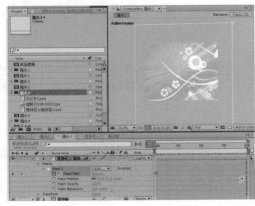

图9-149　记录遮罩动画　　　　　　　　图9-150　记录变换动画

05 播放影片，观看装饰花元素合成的动画效果，如图9-151所示。

图9-151 装饰花元素合成效果

9.3.4 人物合成

01 在主菜单栏中选择【Composition（合成）】→【New Composition（新建合成）】命令建立新的合成文件，并在弹出的对话框Composition Name（合成名称）中输入"裙摆"，在Preset（预置）项目中使用"PAL D1/DV"制式，然后设置Duration（持续时间）的值为4秒，如图9-152所示。

02 在项目面板中选择"女3/女C.psd"素材，将其拖拽至时间线面板中，并在层的Transform（变换）项目中设置Scale（比例）的参数值为70，最后使用快捷键"Ctrl+D"执行"原地复制"操作，将人物层进行复制，如图9-153所示。

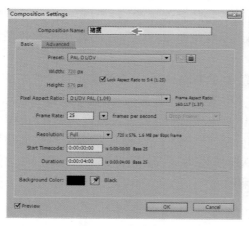

图9-152 新建合成

图9-153 图层设置

03 在时间线面板中选择顶部的"女3/女C.psd"素材层，在顶部的工具条中选择□矩形遮罩工具，然后在视图的左半部分绘制矩形，最后展开时间线面板的Masks（遮罩）卷展栏并开启Inverted（反向）选项来控制其去除部分，只显示出飘动裙子的区域，如图9-154所示。

04 为顶部的"女3/女C.psd"素材层添加波纹特效，在主菜单栏中选择【Effect（特效）】→【Distort（扭曲）】→【Ripple（波纹）】命令。在特效控制面板中设置Radius（半径）参数值为88，设置Center of Ripple（波纹中心）的参数值为参数X轴值为510、Y轴值为440，Wave Speed（波纹速度）参数值为-3.5，制作裙摆飘动效果，如图9-155所示。

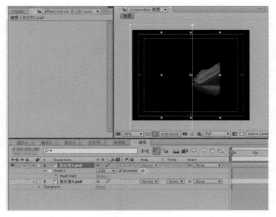

图9-154　遮罩设置

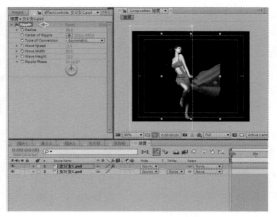

图9-155　波纹特效设置

提　示

波纹特效是在同心圆的中心向远处移动，效果类似涟漪的水波动效果。Wave Speed（波纹速度）的参数设置为负数时，波纹从外部会向中心运动；正数时相反，波纹从中心会向外部运动。

05 切换至"镜头3"合成项目，在项目面板中选择"裙摆"合成文件并拖拽至时间线面板中进行编辑制作，如图9-156所示。

06 为人物添加阴影特效，在主菜单栏中选择【Effect（特效）】→【Perspective（透视）】→【Drop Shadow（阴影）】命令，首先将Shadow Color（阴影颜色）设置为白色、Opacity（不透明度）参数值为50、Distance（距离）参数值为5、Softness（柔化）参数值为30，调节人物素材发光的效果，如图9-157所示。

图9-156　拖拽文件至时间线

图9-157　阴影特效设置

07 在时间线面板中展开"裙摆"层的Transform（变换）项目，在影片第0秒位置，单击Position（位置）和Scale（比例）选项前的码表按钮，并设置Position（位置）参数X轴值为760、Y轴值为280，Scale（比例）的参数值为100，如图9-158所示。

08 播放影片至第1秒位置，记录"裙摆"层的Position（位置）参数X轴值为460、Y轴值为330，Scale（比例）的参数值为140，如图9-159所示。

图9-158　添加变换关键帧　　　　　　　　　　图9-159　记录变换动画

09 播放影片至第4秒位置，记录"裙摆"层的Position（位置）参数X轴值为440、Y轴值为330，Scale（比例）的参数值为150，制作人物自右向左的位移和缩放动画，使素材在出现时具有纵深感，如图9-160所示。

10 播放影片，观看人物元素合成的动画效果，如图9-161所示。

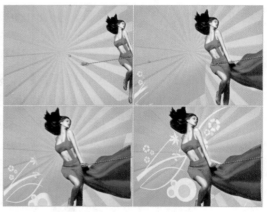

图9-160　记录变换动画　　　　　　　　　　图9-161　人物元素合成效果

11 复制"裙摆"层，在时间线面板中选择下方的"裙摆"层并控制其整段素材显示的起始位置在影片第11帧位置，在时间线面板中展开下方"裙摆"层的Transform（变换）项目，在影片第11帧位置，单击Position（位置）和Scale（比例）选项前的 码表按钮，设置Position（位置）参数X轴值为-120、Y轴值为570，Scale（比例）参数X轴值为-60、Y轴值为60，如图9-162所示。

12 播放影片至第1秒11帧位置，记录"裙摆"层的Position（位置）参数X轴值为86、Y轴值为440，Scale（比例）参数X轴值为-100、Y轴值为100，制作人物自左向右的位移和缩放动画，如图9-163所示。

提　示

如果需要素材产生对称镜向的效果，那么可以设置Scale（比例）的值为负数。

图9-162 设置复制人物元素

图9-163 记录变换动画

9.3.5 文字合成

01 播放影片至第1秒位置，在顶部的工具条中选择 **T** 文字工具，并在视图中建立"前沿的追踪"装饰文字。在主菜单栏中选择【Effect（特效）】→【Perspective（透视）】→【Drop Shadow（阴影）】命令，先将Shadow Color（阴影颜色）设置为粉色、Opacity（不透明度）参数值为20，再设置Distance（距离）参数值为5，如图9-164所示。

02 为文字记录位置动画，先记录文字从第1秒至第2秒快速向下位移进入视图，然后再记录第2秒至第4秒匀速继续向下运动的动画效果，记录文字从视图顶部进入视图的位移动画，如图9-165所示。

图9-164 文字阴影设置

图9-165 记录文字动画

03 播放影片，观看镜头3合成的动画效果，如图9-166所示。

图9-166 镜头3合成效果

9.4 镜头4合成

在"镜头4合成"部分主要通过背景合成→文字定板合成→光效合成来完成操作的。

9.4.1 背景合成

01 在主菜单栏中选择【Composition（合成）】→【New Composition（新建合成）】命令建立新的合成文件，并在弹出的对话框Composition Name（合成名称）中输入"镜头4"，在Preset（预置）项目中使用"PAL D1/DV"制式，然后设置Duration（持续时间）的值为6秒，如图9-167所示。

02 新建粉色"装饰板"固态层，然后建立灰色"背景"固态层，如图9-168所示。

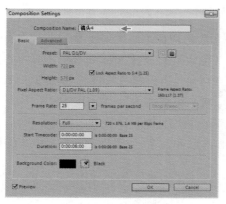

图9-167　新建合成

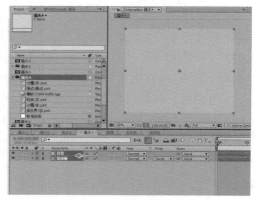

图9-168　建立固态层

 提　示

建立固态层时系统会自动生成文件夹进行素材管理，如不需要可以将其删除。

03 记录"背景"固态层的比例动画，切换影片至第0秒位置，在时间线面板中展开"背景"层的Transform（变换）项目，然后单击Scale（比例）选项前的码表按钮，再设置其参数X轴值为100、Y轴值为0；继续播放影片至第1秒10帧位置，记录Scale（比例）参数X轴值为100、Y轴值为37，记录灰色背景板沿Y轴垂直方向展开并定格的动画效果，如图9-169所示。

04 播放影片，观看"背景"固态层的比例动画效果，如图9-170所示。

05 复制"装饰板"固态层，为顶部的"装饰板"层添加亮度与对比度特效。在主菜单栏中选择【Effect（特效）】→【Color Correction（色彩校正）】→【Brightness & Contrast（亮度与对比度）】命令，并在特效控制面板中设置Brightness（亮度）参数值为-90、Correction（对比度）参数值为90，使装饰板变暗显示，将复制层与原始固态层产生亮度对比，如图9-171所示。

06 为顶部的"装饰板"层添加遮罩效果，在顶部的工具条中选择椭圆形遮罩工具，然后在视图的中心位置绘制椭圆形，再展开时间线面板的Masks（遮罩）卷展栏并开启Inverted（反向）选项，控制其去除部分；最后将Mask Feather（遮罩羽化）的参数设置为200，使椭圆形边缘区域产生渐变过渡的效果，如图9-172所示。

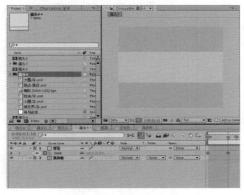

图9-169　记录比例动画

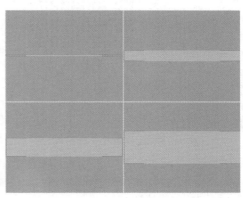

图9-170　比例动画效果

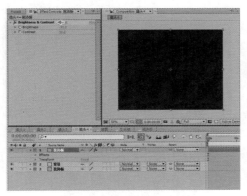

图9-171　亮度与对比度特效设置

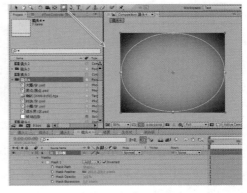

图9-172　遮罩设置

07 打开项目面板中的镜头4文件夹，并选择"黑点/黑点.psd"素材将其拖拽至时间线面板中，设置"黑点"层Scale（比例）参数值为60，如图8-173所示。

提　示

在Photoshop软件中绘制一个黑点素材并复制平铺整个图片，然后再将所有黑点素材合并，制作影片定板背景的素材。

08 在时间线面板中选择"黑点/黑点.psd"层，然后将Mode（模式）设置为Overlay（覆盖）的层模式，最后设置其Opacity（不透明度）参数值为15，使素材与背景相融合，如图9-174所示。

09 切换至影片第0秒位置，在时间线面板中展开"黑点/黑点.psd"图层的Transform（变换）项目，然后单击Position（位置）选项前的码表按钮，并设置其参数X轴值为320、Y轴值为340；继续播放影片至第6秒位置，记录Position（位置）参数X轴值为390、Y轴值为230，如图9-175所示。

10 播放影片，观看添加"黑点"元素后的背景动画效果，如图9-176所示。

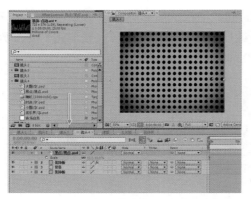

图9-173 拖拽素材至时间线

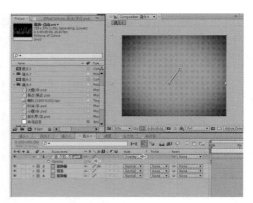

图9-174 图层设置

图9-175 记录位置动画

图9-175 添加元素背景合成效果

⑪ 在项目面板中选择"装饰-点动.avi"视频素材并将其拖拽至时间线面板中，再将Mode（模式）设置为Add（增加）的层模式，使素材增亮显示，如图9-177所示。

⑫ 调整"装饰"视频素材位置，在时间线面板中展开"装饰-点动.avi"层的Transform（变换）项目，设置Position（位置）参数X轴值为360、Y轴值为390，如图9-178所示。

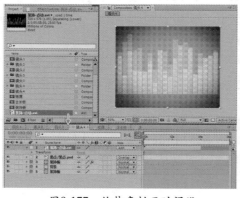

图9-177 拖拽素材至时间线

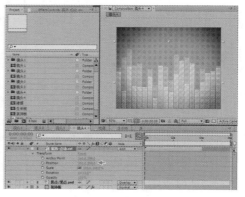

图9-178 位置设置

⑬ 为"装饰"视频素材添加遮罩效果。在顶部的工具条中选择 椭圆形遮罩工具，然后在视图的中心位置绘制椭圆形，再展开时间线面板的Masks（遮罩）卷展栏并开启Inverted（反向）选项，控制其去除部分；最后将Mask Feather（遮罩羽化）的参数设置为200，使椭圆形边缘区域产生渐变过渡的效果，如图9-179所示。

⓮ 记录"装饰"视频素材不透明度动画效果。在影片第0秒位置，设置Opacity（不透明度）参数值为100；继续播放影片至第4秒位置，记录Opacity（不透明度）参数值为0，记录装饰元素消失的动画，如图9-180所示。

⓯ 播放影片，观看添加"装饰"元素后的背景合成效果，如图9-181所示。

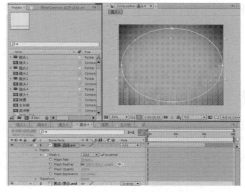

图9-179　遮罩设置

图9-180　记录不透明度动画

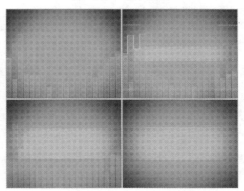

图9-181　背景合成效果

9.4.2　文字定板合成

⓵ 在主菜单栏中选择【Composition（合成）】→【New Composition（新建合成）】命令建立新的合成文件，并在弹出的对话框Composition Name（合成名称）中输入"文字定板"，在Preset（预置）项目中使用"PAL D1/DV"制式，然后设置Duration（持续时间）的值为6秒，如图9-182所示。

⓶ 在项目面板的镜头4文件夹中选择"大圈/字.psd"素材，并将其拖拽至时间线面板中，如图9-183所示。

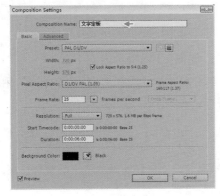

图9-182　新建合成

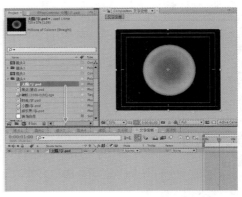

图9-183　拖拽素材至时间线

367

03 记录"大圈/字.psd"层的比例动画，切换影片至第0秒位置，在时间线面板中展开"大圈/字.psd"层的Transform（变换）项目，然后单击Scale（比例）选项前的⏱码表按钮，再设置其参数值为等比例3；继续播放影片至第1秒位置，记录Scale（比例）参数值为100，制作大圈元素由小至大的缩放动画效果，如图9-184所示。

04 播放影片，观看"大圈"元素的比例动画效果，如图9-185所示。

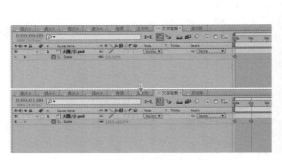

图9-184　记录比例动画

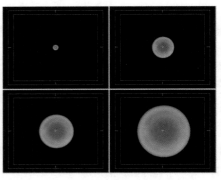

图9-185　元素动画效果

05 切换影片至第10帧位置，在项目面板的镜头4文件夹中选择"小圈/字.psd"素材，并将其拖拽至时间线面板中，如图9-186所示。

06 记录"小圈/字.psd"层的比例动画，切换至影片第10帧位置，在时间线面板中展开"小圈/字.psd"层的Transform（变换）项目，然后单击Scale（比例）选项前的⏱码表按钮，再设置其参数值为5；继续播放影片至第1秒10帧位置，记录Scale（比例）参数值为100，制作小圈元素由小至大的缩放动画效果，如图9-187所示。

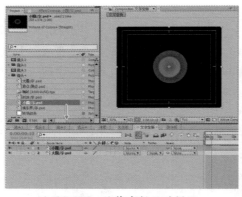

图9-186　拖拽素材至时间线

图9-187　记录比例动画

07 播放影片，观看"小圈"元素的比例动画效果，如图9-188所示。

08 切换至影片第1秒10帧位置，在项目面板的镜头4文件夹中选择"时尚/字.psd"和"娱乐界/字.psd"素材，并将其拖拽至时间线面板中，如图9-189所示。

> **提　示**
>
> .psd是Adobe Photoshop固有图形文件的文件名扩展名，支持将图像的多个层叠加起来，以获得最终的图像，After Effects支持其中的所有效果与层信息。

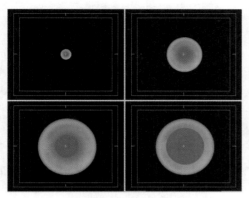

图9-188　元素动画效果　　　　　　　　　　　图9-189　拖拽素材至时间线

09 为"时尚/字.psd"和"娱乐界/字.psd"层添加"阴影"特效，在主菜单栏中选择【Effect（特效）】→【Perspective（透视）】→【Drop Shadow（阴影）】命令，首先将Shadow Color（阴影颜色）设置为黑色、Opacity（不透明度）参数值为50、Distance（距离）参数值为5、Softness（柔化）参数值为5，调节文字素材阴影效果，如图9-190所示。

10 在时间线面板中展开"时尚/字.psd"和"娱乐界/字.psd"层的Transform（变换）项目，影片第1秒10帧位置，单击Scale（比例）选项前的 码表按钮，再设置其参数值为50，如图9-191所示。

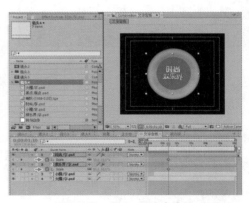

图9-190　阴影特效设置　　　　　　　　　　　图9-191　添加比例关键帧

11 播放影片至第2秒位置，记录Scale（比例）选项参数值为100，如图9-192所示。

12 在时间线面板中展开"时尚/字.psd"和"娱乐界/字.psd"层的Transform（变换）项目，切换至影片第1秒10帧位置，单击Position（位置）选项前的 码表按钮，并设置"时尚/字.psd"层的参数X轴值为360、Y轴值为354，"娱乐界/字.psd"层的参数X轴值为360、Y轴值为244；继续播放影片至第2秒5帧位置，记录Position（位置）参数X轴值为360、Y轴值为288，恢复文字元素在画面中心位置，如图9-193所示。

13 播放影片，观看定板文字变换的动画效果，如图9-194所示。

14 记录定板文字不透明度动画效果，在时间线面板中选择"时尚/字.psd"和"娱乐界/字.psd"层，播放影片至第1秒10帧位置，设置Opacity（不透明度）参数值为0；继续播放影片至第2秒位置，记录Opacity（不透明度）参数值为100，制作定板文字的淡入动画，如图9-195所示。

图9-192　记录比例动画

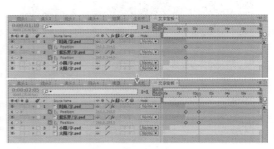

图9-193　记录位置动画

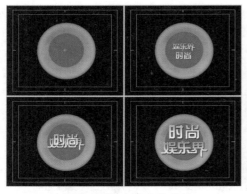

图9-194　文字变换效果

图9-195　记录不透明度动画

⑮ 播放影片，观看定板文字的不透明度动画效果，如图9-196所示。

⑯ 播放影片至第1秒1帧位置，在项目面板中选择"喇叭.tga"序列素材并拖拽至时间线面板中进行编辑制作，如图9-197所示。

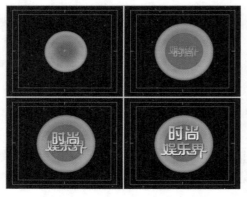

图9-196　文字不透明度动画效果

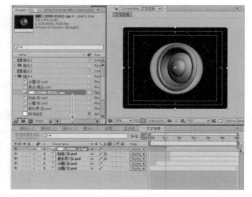

图9-197　拖拽素材至时间线

提 示

在3ds Max中通过样条线绘制喇叭的截面图形，然后通过"车削"修改命令旋转出三维模型，再记录缩放动画完成装饰元素的制作。

⑰ 为喇叭元素添加"亮度与对比度"特效。在主菜单栏中选择【Effect（特效）】→【Color Correction（色彩校正）】→【Brightness & Contrast（亮度与对比度）】命令，并在特效控制面板中设置Brightness（亮度）参数值为80、Correction（对比度）参数值为50，使喇叭元素增亮显示，如图9-198所示。

⑱ 在影片第1秒1帧位置，展开时间线面板中"喇叭.tga"图层的Transform（变换）项目，然后单击Scale（比例）和Opacity（不透明度）选项前的 ◎ 码表按钮，设置Scale（比例）参数值为等比例2，Opacity（不透明度）参数值为50；继续播放影片至第1秒18帧位置，记录Scale（比例）参数值为等比例30，Opacity（不透明度）参数值为100，使喇叭元素放大淡入画面，如图9-199所示。

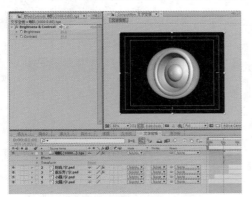

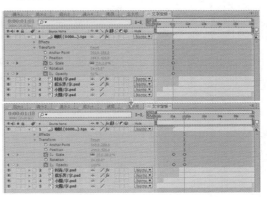

图9-198　亮度与对比度特效设置　　　　图9-199　记录变换动画

⑲ 在时间线面板中选择"喇叭.tga"层，然后使用键盘快捷键"Ctrl+D"将层"原地复制"，复制出多个喇叭元素，并调整其不同的显示时间及位置，丰富视图的构图效果，如图9-200所示。

⑳ 播放影片，观看喇叭元素的动画合成效果，如图9-201所示。

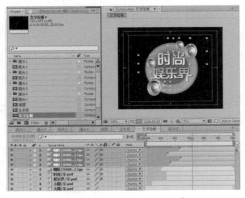

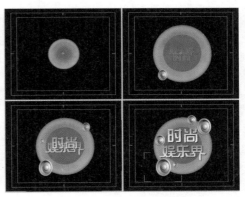

图9-200　复制喇叭元素　　　　　　　图9-201　喇叭元素动画效果

㉑ 切换至"镜头4"合成项目，在项目面板中选择"文字定板"合成文件并拖拽至时间线面板中进行编辑制作，最后将其 ◎ 三维模式开启，如图9-202所示。

㉒ 切换至影片第0秒位置，在时间线面板中展开"文字定板"层的Transform（变换）项目，单击Rotation（旋转）选项前的 ◎ 码表按钮，设置X Rotation（X轴旋转）参数值为50、Y Rotation（Y轴旋转）参数值为50；继续播放影片至第2秒位置，记录Rotation

（旋转）参数值为0，使定板产生倾斜并复原动画，如图9-203所示。

图9-202 拖拽文件至时间线

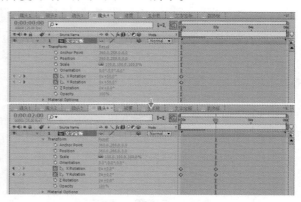

图9-203 记录旋转动画

㉓ 播放影片，观看文字定板合成的动画效果，如图9-204所示。

图9-204 文字定板合成效果

9.4.3 光效合成

① 在时间线面板中选择"文字定板"层并使用键盘快捷键"Ctrl+D"将层"原地复制"，为顶部的"文字定板"层添加"体积光"特效。在主菜单栏中选择【Effect（特效）】→【Trap Code】→【Shine（体积光）】命令，并在特效控制面板中设置Ray Length（光芒长度）参数值为10，在Shimmer（微光）卷展栏中设置Amount（数量）参数值为260、Boost Light（推进光）参数值为2，在Colorize（彩色模式）卷展栏中设置Heaven（天堂色）类型，控制Highlights（高光）颜色为白色、Midtones（中部）颜色为浅粉色和Shadows（暗部）颜色为粉色，最后将"文字定板"图层的Mode（模式）设置为Add（增加）的层模式，使体积光特效增亮显示，如图9-205所示。

② 切换至影片第1秒10帧位置，展开时间线面板中"文字定板"图层的Shimmer（微光）卷展栏，单击Detail（细节）选项前的 码表按钮，并设置其参数值为17；继续播放影片至第4秒位置，记录Detail（细节）参数值为20，使体积光产生细节变化动画，如图9-206所示。

③ 在时间线面板中选择顶部"文字定板"层，在影片第1秒10帧位置单击Opacity（不透明度）前的 码表按钮并设置其参数值为0，继续播放影片至第2秒10帧位置，记录不透明度的参数值为50；再播放影片至第6秒位置，记录不透明度的参数值为0，制作定板文字体积光只在中间闪耀的动画效果，如图9-207所示。

④ 播放影片，观看镜头4合成的动画效果，如图9-208所示。

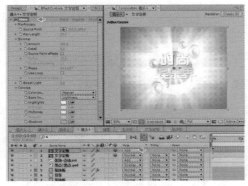

图9-205 体积光特效设置

图9-206 记录体积光动画

图9-207 记录不透明度动画

图9-208 镜头4合成效果

9.5 影片成品剪辑

在"影片成品剪辑"部分主要通过镜头1剪辑→镜头2剪辑→镜头3剪辑→镜头4剪辑的制作流程完成操作。

9.5.1 镜头1剪辑

01 在主菜单栏中选择【Composition（合成）】→【New Composition（新建合成）】命令建立新的合成文件，并在弹出的对话框Composition Name（合成名称）中输入"成品剪辑"，在Preset（预置）项目中使用"PAL D1/DV"制式，然后再设置Duration（持续时间）的值为15秒，如图9-209所示。

02 在项目面板中选择"音乐.wav"素材并拖拽至时间线面板中进行编辑制作，为整段影片添加背景音乐，如图9-210所示。

03 在项目面板中选择"镜头1"合成文件，将其拖拽至"成品剪辑"合成项目的时间线面板中进行编辑制作，如图9-211所示。

04 为"镜头1"层添加Brightness & Contrast（亮度与对比度）和Sharpen（锐化）特效，并在（亮度与对比度）特效控制面板中设置Contrast（对比度）参数值为16、Sharpen

Amount（锐化数量）参数值为10，避免画面颜色偏灰暗，如图9-212所示。

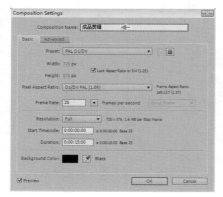

图9-209　新建合成

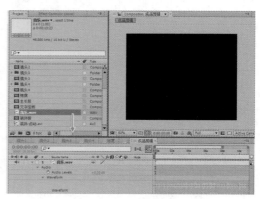

图9-210　拖拽音乐素材至时间线

图9-211　拖拽"镜头1"至时间线

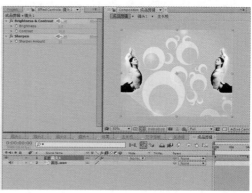

图9-212　添加特效设置

9.5.2　镜头2剪辑

01 切换至影片第3秒5帧位置，在项目面板选择"镜头2"合成文件，将其拖拽至"成品剪辑"合成项目的时间线面板中进行编辑制作，如图9-213所示。

02 为"镜头2"层添加Brightness & Contrast（亮度与对比度）和Sharpen（锐化）特效，并在特效控制面板中设置Contrast（对比度）参数值为10、Sharpen Amount（锐化数量）参数值为10，如图9-214所示。

图9-213　拖拽"镜头2"至时间线

图9-214　添加特效设置

03 为"镜头2"层添加遮罩效果，在顶部的工具条中选择☐矩形遮罩工具，在视图中绘制倾斜的选区，并在时间线面板Mask 1（遮罩1）中设置Mask Feather（遮罩羽化）的参数值为40，在影片第3秒5帧位置单击Masks path（遮罩路径）选项前的⌚码表按钮，并控制遮罩Shape（形状）在视图中心位置的闭合状态，如图9-215所示。

04 播放影片至第4秒位置，记录遮罩Shape（形状）从中心向两侧扩展的显示动画，将"镜头2"画面全部显示，制作镜头的切换效果，如图9-216所示。

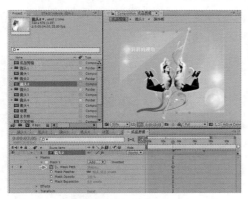
图9-215　添加遮罩设置

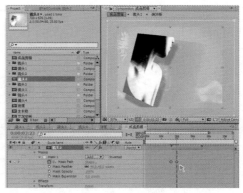
图9-216　记录遮罩动画

05 播放影片，观看"镜头1"与"镜头2"之间的遮罩动画合成效果，如图9-217所示。

06 切换至"镜头2"合成项目中，选择"星光.tga"图层，使用快捷键"Ctrl+C"执行"复制"操作，在影片3秒位置，再切换回"成品剪辑"合成项目中并使用快捷键"Ctrl+V"执行"粘贴"操作。最后记录星光3秒～3秒10帧位置的不透明度动画效果，使星光效果淡入后半透明显示，丰富镜头转换的效果，如图9-218所示。

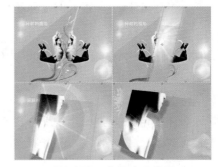
图9-217　遮罩动画效果

> **提示**
>
> 　此种控制星光的方式，主要是在保持效果明亮的同时还具有透明性，可以辨认出效果以下的层内容。

07 播放影片，观看制作完成的"镜头1"与"镜头2"之间切换效果，如图9-219所示。

图9-218　添加星光效果

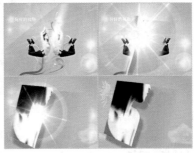
图9-219　镜头2剪辑效果

9.5.3 镜头3剪辑

01 切换至影片第6秒位置，在项目面板选择"镜头3"合成文件，将其拖拽至"成品剪辑"合成项目的时间线面板中，并控制其图层在"星光"层下方的位置，如图9-220所示。

02 为"镜头3"层添加设置Brightness & Contrast（亮度与对比度）和Sharpen（锐化）特效效果，再为其添加矩形遮罩效果，设置Mask Feather（遮罩羽化）的参数值为40。播放影片至第6秒位置，单击Masks path（遮罩路径）选项前的⏱码表按钮，控制遮罩Shape（形状）在视图右侧的外部显示，如图9-221所示。

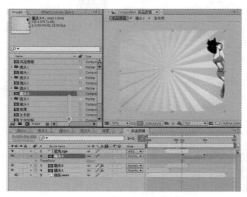

图9-220　拖拽"镜头3"至时间线

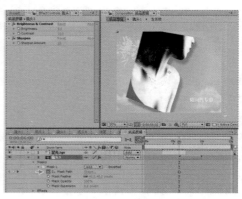

图9-221　添加特效与遮罩

03 播放影片至第7秒4帧位置，记录遮罩Shape（形状）自右向左的位移显示动画，将"镜头3"画面全部显示，通过遮罩的位移产生镜头切换效果，如图9-222所示。

> **提示**
>
> 　　除了使用遮罩控制画面切换，还可以通过Gradient Wipe（渐变溶解）特效制作镜头切换时的转场效果，对其增加效果修饰操作。

04 播放影片，观看"镜头2"与"镜头3"之间的遮罩动画剪辑效果，如图9-223所示。

图9-222　记录遮罩动画

图9-223　遮罩动画效果

05 新建名称为"转场白条"的白色固态层，在时间线面板中控制"转场白条"层显示范围在6～7秒4帧的时间段，展开Transform（变换）项目，然后设置图层的Scale（比例）参数X轴值为4、Y轴值为100，控制白条元素的尺寸，如图9-224所示。

06 在主菜单栏中选择【Effect（特效）】→【Blur & Sharpen（模糊与锐化）】→【Fast Blur（快速模糊）】命令，并设置Blurriness（模糊强度）参数值为400。在时间线面板中选择"转场白条"层设置其Mode（模式）为Add（增加）的层模式，再将Opacity（不透明度）参数值设置为20，使白条元素增亮显示，如图9-225所示。

图9-224 新建固态层　　　　　　　　　图9-225 固态层设置

07 切换至影片第6秒位置，在时间线面板中展开"转场白条"的Transform（变换）项目，单击Position（位置）选项前的码表按钮，并设置其参数X轴值为744、Y轴值为288，使白条元素在视图右侧外部显示，如图9-226所示。

08 播放影片至第7秒4帧位置，记录Position（位置）参数X轴值为-98、Y轴值为288，使白条元素位移至视图左侧的外部位置，如图9-227所示。

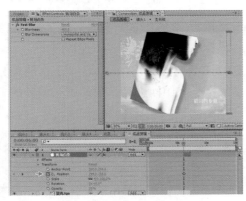

图9-226 添加位置关键帧　　　　　　　图9-227 记录位置动画

09 播放影片，观看制作完成的"镜头2"与"镜头3"之间切换效果，如图9-228所示。

图9-228 镜头3剪辑效果

9.5.4 镜头4剪辑

01 切换至影片第9秒2帧位置，在项目面板中选择"镜头4"合成文件，将其拖拽至"成品剪辑"合成项目的时间线面板中，并控制其图层在"星光"层下方的位置，如图9-229所示。

02 在时间线面板中选择"镜头4"层，在主菜单栏中选择【Effect（特效）】→【Transition（切换）】→【Gradient Wipe（渐变溶解）】命令，切换至影片第9秒2帧位置，在特效控制面板中设置Gradient Layer（渐变图层）为"镜头4"层，然后单击Transition Completion（溶解程度）前的码表按钮，设置切换完成的参数值为70，如图9-230所示。

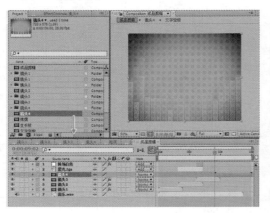

图9-229　拖拽"镜头4"至时间线　　　　　图9-230　添加渐变切换设置

03 播放影片至第10秒位置，记录Transition Completion（溶解程度）的参数值为0，将"镜头4"画面全部显示，制作镜头的切换效果，如图9-231所示。

04 在时间线面板中选择"镜头4"层，在影片第9秒2帧位置单击Opacity（不透明度）前的码表按钮并设置其参数值为0；继续播放影片至第10秒位置，记录不透明度的参数值为100，如图9-232所示。

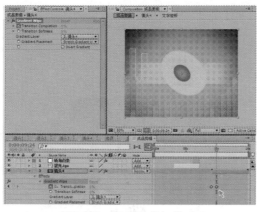

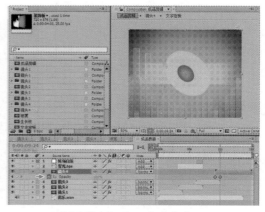

图9-231　记录渐变切换动画　　　　　　图9-232　记录不透明度动画

05 完成镜头4的合成操作，如图9-233所示。

图9-233　镜头4剪辑

9.6　渲染输出操作

在"渲染输出操作"部分主要是对渲染输出进行详细的设置与操作，最后将影片输出为成品。

9.6.1　渲染设置

01 在主菜单栏中选择【Composition（合成）】→【Add to Render Queue（添加到渲染队列）】命令，将制作完成的影片进行输出设置，如图9-234所示。

02 在Render Queue（渲染队列）面板中单击Output Module（输出模块）项目后的Lossless（无压缩）选项，并在弹出的Output Module Settings（输出模块设置）对话框中选择Format（格式）为AVI类型，如图9-235所示。

图9-234　添加到渲染队列

提示

除了在菜单中选择命令，还可以直接通过键盘快捷键"Ctrl+M"添加到渲染队列。

03 在Output Module Settings（输出模块设置）对话框中开启Video Output（视频输出）与Audio Output（音频输出）选项，将音频与视频同步输出，如图9-236所示。

After Effects CS6 完全自学手册

提 示

如果不开启Audio Output（音频输出）选项，在渲染完成的影片中则没有音频信息。

图9-235　格式设置

图9-236　开启设置

9.6.2　渲染效果

01 在Render Queue（渲染队列）面板中单击Render（渲染）按钮，将设置完成的影片进行输出操作，如图9-237所示。

02 渲染完成后播放影片，可以观看最终影片渲染的合成效果，如图9-238所示。

图9-237　渲染设置

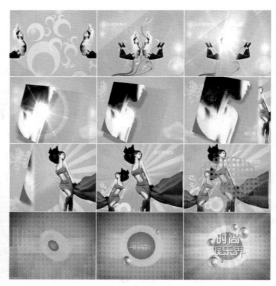
图9-238　影片最终效果

9.7　本章小结

《时尚娱乐界》案例主要通过平面图像素材进行合成，通过记录位置、旋转、缩放和透明度动画，以及大量使用遮罩与三维模式，使影片增加了元素的多样化。

第10章
范例——《蛇年大吉》

内容提要

在《蛇年大吉》案例创作初期，将"喜庆"作为影片主要元素，先后通过"中国结"、"祥云"、"梅花"和"剪纸"进行配合，最终组合成电视台的贺年标语，体现出欢快、热烈的主题思想。视觉风格主要以厚重的红色调为基础，配合镜头运动，营造画面氛围，如图10-1所示。

图10-1　案例合成效果

制作流程

《蛇年大吉》案例范例的主要制作流程分为6部分，其中有①影片背景合成、②主体元素合成、③祥云元素合成、④梅花与剪纸合成、⑤文字元素合成、⑥影片定板合成，如图10-2所示。

图10-2　案例制作流程

10.1 影片背景合成

在"影片背景合成"部分主要通过新建合成→固态层→渐变设置→动态背景合成→丰富背景元素的制作流程完成操作。

10.1.1 新建合成与固态层

01 启动Adobe After Effects CS6软件，在项目面板中双击鼠标左键，导入合成工作需要用到的素材，如图10-3所示。

02 在主菜单栏中选择【Composition（合成）】→【New Composition（新建合成）】命令，在弹出的新建合成对话框中设置合成项目的名称为"背景"、尺寸为720×576、Pixel Aspect Ratio（像素长宽比）为"D1/DV PAL（1.09）"制式以及视频的长度为10秒，如图10-4所示。

图10-3 导入素材

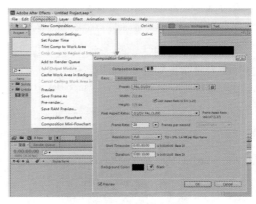

图10-4 新建合成

03 在主菜单栏中选择【Layer（层）】→【New（新建）】→【Solid（固态层）】命令，然后在弹出的对话框中设置固态层的名称、尺寸、制式和颜色，作为影片的背景，如图10-5所示。

04 在项目面板中将红色固态层拖拽至"背景"时间线面板，如图10-6所示。

图10-5 新建红色固态层

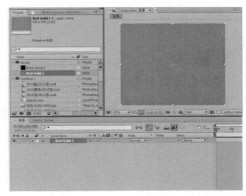

图10-6 添加图层

提 示

在Preset（预置）中提供了影片合成的预制设置，其中有NTSC、PAL制式标准电视规格，还有HDTV的高清电视和Film的胶片电影格式等。

10.1.2　渐变设置

01 为红色固态层添加"渐变"滤镜特效。在菜单栏中选择【Effect（特效）】→【Generate（生成）】→【Ramp（渐变）】命令，并设置渐变开始颜色、渐变开始位置、渐变结束位置、结束颜色、渐变方式等信息，在屏幕左上角位置得到暗红色的渐变背景，如图10-7所示。

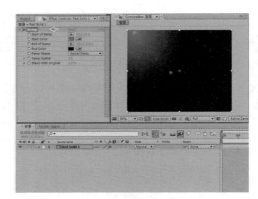

图10-7　设置渐变

02 使用快捷键"Ctrl+D""原地复制"红色固态层，并在特效控制台修改渐变位置与颜色。在Mode（模式）中设置复制层为Add（增加）层叠加模式，在屏幕右上角位置得到紫色的渐变背景，如图10-8所示。

03 使用快捷键"Ctrl+D""原地复制"红色固态层，并在特效控制台修改渐变信息，在屏幕下侧位置得到黄色的渐变背景，使背景画面变化更加丰富，如图10-9所示。

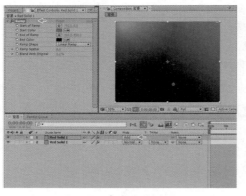

图10-8　丰富渐变效果

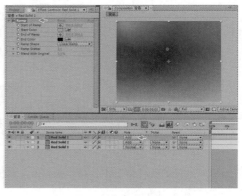

图10-9　继续丰富渐变效果

提 示

如果觉得After Effects制作渐变背景烦琐，也可以在Photoshop中制作渐变背景，然后保存为图片素材导入至After Effects中合成使用。

10.1.3　动态背景合成

01 在项目面板中选择"上升的星星.mov"视频素材，将其拖拽至时间线面板的最上层位置，制作动态背景，如图10-10所示。

⑫ 选择动态素材层，使用▢矩形遮罩工具在视图中绘制遮罩，限制添加素材的范围，如图10-11所示。

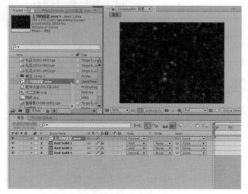
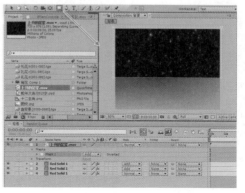

图10-10　添加动态素材　　　　　　　　　　图10-11　绘制遮罩

⑬ 展开动态素材层的Masks（遮罩）选项，再设置Mask Feather（遮罩羽化）值为100，使遮罩边缘变得更加柔和，如图10-12所示。

⑭ 选择"上升的星星.mov"素材层，在Mode（模式）中设置为Add（增加）层叠加模式，使星星素材更加融合于背景，如图10-13所示。

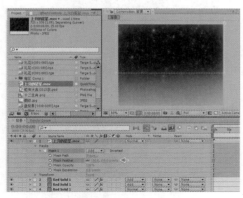
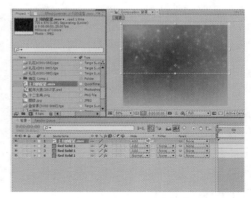

图10-12　设置遮罩　　　　　　　　　　　　图10-13　设置叠加模式

⑮ 在项目面板中选择"Scene1.mov"素材，将其拖拽至时间线面板最上层，为背景添加炫丽色彩素材，如图10-14所示。

⑯ 在时间线面板中可以修改素材的属性，开启左下角位置的▦▦时间线扩展按钮，然后会弹出设置入点、出点、持续时间和伸缩信息，将Stretch（伸缩）值设置为142，将此素材进行慢速处理，如图10-15所示。

提　示

快、慢速的伸缩处理，其实是通过改变素材帧数达到变速处理。

⑰ 在时间线面板中选择素材，然后使用▢矩形遮罩工具在视图中绘制遮罩，控制素材所需的范围，如图10-16所示。

08 展开素材层Masks（遮罩）选项，设置Mask Feather（遮罩羽化）值为200，使遮罩边缘柔和过渡，如图10-17所示。

图10-14　添加素材

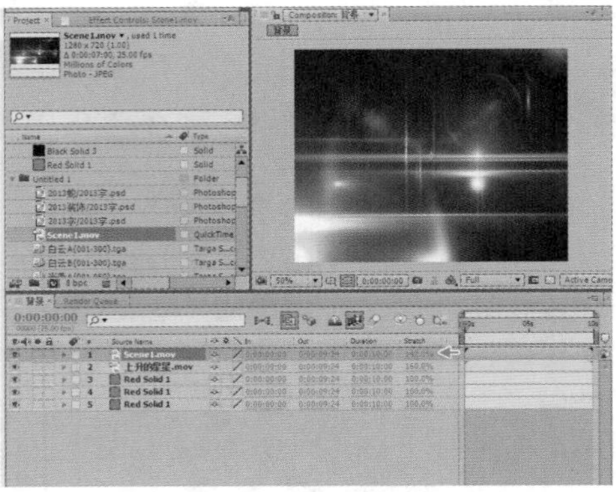

图10-15　慢速处理

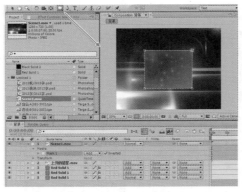

图10-16　绘制遮罩范围

图10-17　设置设置

提示

　　遮罩羽化是控制遮罩边缘区域的柔和效果，避免生硬的颜色交接，得到渐变的图像处理。

09 在素材层Mode（模式）中设置为Overlay（覆盖）层叠加模式，使素材覆盖于背景之上，得到更好的效果融合，如图10-18所示。

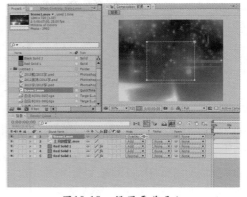

图10-18　设置覆盖叠加

10.1.4　丰富背景元素

01 在项目面板中选择"图纹.jpg"素材，将其拖拽至时间线面板第4秒钟最上层的位置，配合键盘快捷键"S"开启比例显示，再设置Scale（比例）值为300，使素材进行放大处理，如图10-19所示。

02 在时间线面板中选择素材，设置Mode（模式）为Overlay（覆盖）层叠加模式，在工具栏选择使用▣矩形遮罩工具并在视图中绘制遮罩，然后在展开素材层Masks（遮罩）选项并设置Mask Feather（遮罩羽化）值为80，通过遮罩设置将顶部素材去除掉，如图10-20所示。

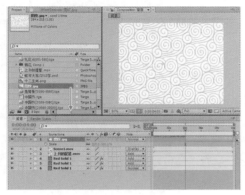

图10-19　添加素材

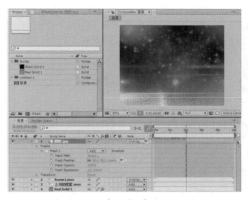

图10-20　遮罩与层叠加设置

03 选择素材层并配合键盘快捷键"P"开启位置显示，然后在第4秒位置开启Position（位置）属性的◎自动关键帧码表按钮，与第10秒位置分别记录记录位移动画，如图10-21所示。

04 配合键盘快捷键"T"显示Opacity（不透明度）特性，在第4秒位置开启◎自动关键帧码表按钮并记录Opacity（不透明度）值为0，然后在第10秒位置记录Opacity（不透明度）值为100，制作出素材逐渐显示的透明度动画，如图10-22所示。

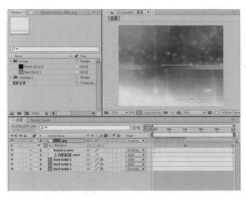

图10-21　记录位移动画

提　示

在影片的实际合成时，需避免出现素材因没有动画而显得呆板，所以常对装饰素材进行平移、缩放或旋转的动画，但是动画速度不宜过快，避免抢到主体元素的视觉吸引力。

05 播放动画，观看制作完成的背景合成效果，如图10-23所示。

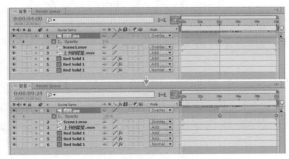

图10-22　设置透明动画

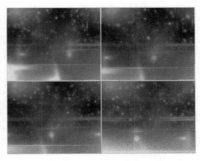

图10-23　背景合成效果

10.2 主体元素合成

在"主体元素合成"部分主要通过中国结合成→鱼素材合成→画面染色处理→云雾效果合成→光晕效果合成的制作流程完成操作。

10.2.1 中国结合成

01 在主菜单栏中选择【Composition（合成）】→【New Composition（新建合成）】，在弹出的新建合成对话框中设置合成项目的名称为"新年大吉"、尺寸为720×576、Pixel Aspect Ratio（像素长宽比）为"D1/DV PAL（1.09）"制式以及视频的长度为10秒，如图10-24所示。

02 在项目面板中先选择"背景"合成素材，再将其拖拽至"新年大吉"时间线面板中，如图10-25所示。

图10-24　新建合成

图10-25　添加背景

03 使用同样的方法添加"中国节[20000-20080].tga"序列素材至时间线面板，位置在"背景"合成层的上方位置，如图10-26所示。

> **提示**
>
> 三维素材常被渲染为TGA格式，TGA格式是Truevision为其视频板和数字处理而开发的。该格式支持32位真彩色，即24位彩色和一个Alpha通道，通常用作真彩色格式。

04 在"新年大吉"时间线面板中选择"中国节.tga"序列素材层，在主菜单栏选择【Effect（特效）】→【Color Correction（色彩校正）】→【Color Balance（色彩平衡）】命令，为其添加滤镜特效，然后设置Midtone Red Balance（中间红色平衡）值为8、Midtone Greed Balance（中间绿色平衡）值为60、Hilight Red Balance（高亮红色平衡）值为60、Hilight Greed Balance（高亮绿色平衡）值为80，使画面中的颜色更加趋向于橘红色，如图10-27所示。

05 在主菜单栏中选择【Effect（特效）】→【Perspective（透视）】→【Drop Shadow（阴影）】

命令，再设置Shadow Color（阴影颜色）为黑色、Opacity（不透明度）值为70、Direction（方向）值为135、Distance（距离）值为5、Softness（柔和）值为40，如图10-28所示。

06 在项目面板中选择"中国节[0000-0080].tga"序列素材，将其拖拽至"新年大吉"时间线面板中，位置在"中国节[20000-20080].tga"序列素材层的底部，如图10-29所示。

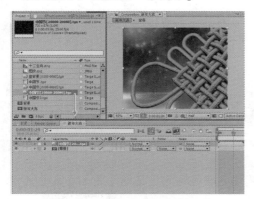

图10-26　添加素材　　　　　　　　　　图10-27　色彩平衡设置

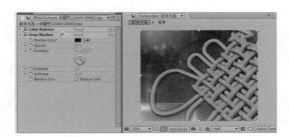

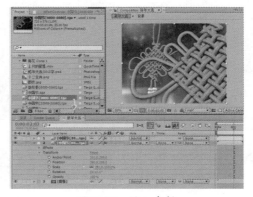

图10-28　阴影设置　　　　　　　　　　图10-29　添加素材

07 为"中国节[0000-0080].tga"序列素材层添加滤镜特效，在主菜单栏中选择【Effect（特效）】→【Color Correction（色彩校正）】→【Color Balance（色彩平衡）】命令并设置各项属性值，使素材的颜色更加符合整体颜色，如图10-30所示。

08 播放动画，观看制作完成的中国结合成效果，如图10-31所示。

图10-30　色彩平衡设置　　　　　　　　图10-31　中国结合成效果

10.2.2　鱼素材合成

01 将项目面板中的"鱼背景[0000-0080].tga"素材拖拽至时间线面板，位置在"背景"合成图层的上一层位置，如图10-32所示。

02 在时间线面板中选择"鱼背景.tga"素材层，在工具栏中选择 钢笔工具并绘制遮罩，然后展开Masks（遮罩）选项，设置Mask Feather（遮罩羽化）值为250，使鱼背景边缘与背景柔和过渡，如图10-33所示。

提示 ‖‖‖

钢笔工具主要用于绘制不规则遮罩图形和不闭合的遮罩路径。

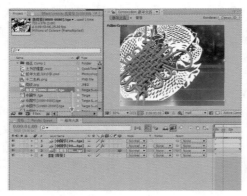
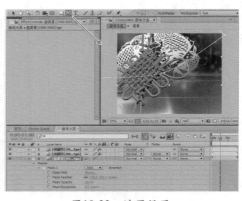

图10-32　添加素材　　　　　　　　　　　　　图10-33　遮罩设置

03 选择"鱼背景.tga"素材层，然后在主菜单栏选择【Effect（特效）】→【Generate（生成）】→【Ramp（渐变）】命令，设置Start of Ramp（渐变开始于）的水平为150、垂直为200、颜色为白色，设置End of Ramp（渐变结束于）的水平为500、垂直为500、颜色为黑色，再设置Ramp Shape（渐变类型）选项可为Radial Ramp（放射性渐变），如图10-34所示。

04 选择"鱼背景.tga"素材层，在Mode（模式）中设置为Add（增加）层叠加模式，使"鱼背景"与合成"背景"相融合，如图10-35所示。

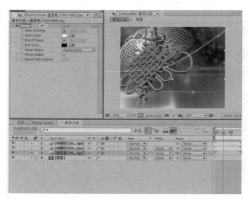
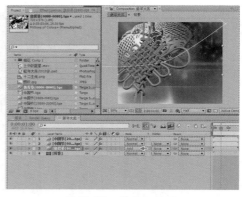

图10-34　添加渐变效果　　　　　　　　　　　图10-35　层叠加设置

05 选择"鱼背景.tga"素材层并配合快捷键"T"开启图层的Opacity（不透明度）属性，在第1秒12位置单击⚙自动关键帧的码表按钮，设置Opacity（不透明度）值为100，作为透明动画的起始帧，如图10-36所示。

06 在第2秒20位置记录Opacity（不透明度）值为60，使素材完成由实体向半透明过渡的动画，如图10-37所示。

07 在第3秒位置记录Opacity（不透明

图10-36　记录透明起始帧

度）值为0，作为透明动画的结束帧，使素材完全消失于画面，如图10-38所示。

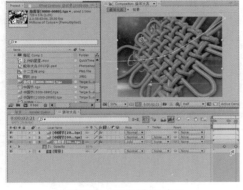

图10-37　记录透明动画

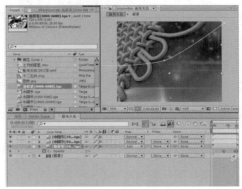

图10-38　记录透明结束帧

10.2.3 画面染色处理

01 在菜单中选择【Layer（层）】→【New（新建）】→【Solid（固态层）】命令建立红色固态层，在弹出的固态层对话框中设置Name（名称）为"底部染色"、尺寸为720×576、Pixel Aspect Ratio（像素长宽比）为"D1/DV PAL（1.09）"制式，素材将自动添加到时间线面板的最上一层，如图10-39所示。

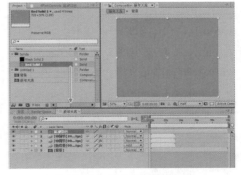

图10-39　新建红色固态层

提 示

　　Solid（固态层）其实就是一单色的静止板，主要用于丰富画面效果和辅助图形，还可以作用于一些特效和路径的使用。

02 在时间线面板中选择红色固态层，在主菜单栏选择【Effect（特效）】→【Generate（生成）】→【Ramp（渐变）】命令，再设置渐变开始位置、结束位置、开始颜色、结束颜色、渐变方式等信息来控制渐变效果，如图10-40所示。

03 在时间线面板中选择红色固态层，在Mode（模式）中设置为Add（增加）层叠加模式，使渐变图层与画面融合，然后再配合配合快捷键"T"开启不透明属性并设置Opacity（不透明度）值为50，为合成的效果蒙上一层半透明颜色，如图10-41所示。

提 示

此方式控制画面局部区域的颜色，常用于画面染色的处理。

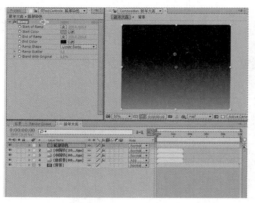

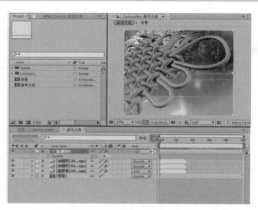

图10-40　添加渐变效果 　　　　　　　　　　图10-41　层叠加与透明设置

10.2.4　云雾效果合成

01 将项目面板中的"白云A.tga"序列素材拖拽至时间线面板，位置在"鱼背景.tga"素材层的上一层位置，如图10-42所示。

02 在时间线面板中选择"白云A.tga"序列素材层，在Mode（模式）中设置为Screen（柔光）层叠加模式，使白云柔和的融合于背景画面，再配合快捷键"T"开启素材的Opacity（不透明度）属性。在3秒位置开启不透明度的 自动关键帧码表按钮并设置Opacity（不透明度）值为40，在第7秒位置设置Opacity（不透明度）值为0，使素材从40%透明到渐渐消失的动画效果，如图10-43所示。

图10-42　添加白云素材 　　　　　　　　　　图10-43　层叠加与透明设置

03 将项目面板中的"白云B.tga"序列
拖拽至时间线面板，位置在"白云
A.tga"素材层的上一层位置，并在
Mode（模式）中设置为Add（增加）
层叠加模式，使素材叠加显示在画面
中，如图10-44所示。

图10-44　添加素材

10.2.5　光晕效果合成

01 在菜单中选择【Layer（层）】→【New（新建）】→【Solid（固态层）】命令建
立黑色固态层，在弹出的固态层对话框中设置Name（名称）为"光斑"、尺寸为
720×576、Pixel Aspect Ratio（像素长宽比）为"D1/DV PAL（1.09）"制式，然后将
其拖拽至时间线面板"底部染色"固态层的下一层位置，再将固态层的结束位置放置
到第4秒位置，如图10-45所示。

02 在时间线面板中选择"光斑"固态层，然后在主菜单栏中选择【Effect（特效）】→
【Generate（生成）】→【Lens Flare（镜头光晕）】命令，为层添加光晕效果，再设
置Flare Brightness（光晕亮度）值为150，如图10-46所示。

提　示

光晕常被用作提升画面明度与装饰的一个重要元素，配合动画记录更可提升影片绚丽度。

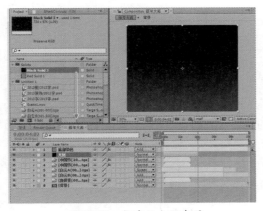

图10-45　新建黑色固态层

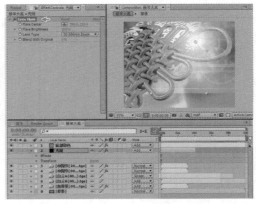

图10-46　添加镜头光晕

03 在时间线面板中展开固态层的Effect（特效）选项，在第0秒位置设置Flare Center（光
晕中心）值为550、100，在第4秒位置设置Flare Center（光晕中心）值为300、100，使
光晕参数位置的动画效果，如图10-47所示。

04 展开"光斑"固态层Transform（变换）选项的Opacity（不透明度）属性，在第3秒位置单击 ⏱ 自动关键帧的码表按钮并记录Opacity（不透明度）值为100，在第4秒位置记录Opacity（不透明度）值为0，设置固态层产生渐隐的动画，如图10-48所示。

图10-47　记录光晕位置动画

05 播放动画，观看制作完成的光晕合成效果，如图10-49所示。

图10-48　设置渐隐动画

图10-49　光晕合成效果

10.3　祥云元素合成

在"祥云元素合成"部分主要通过制作祥云元素→丰富祥云效果→添加祥云合成的流程完成操作。

10.3.1　制作祥云元素

01 在主菜单栏中选择【Composition（合成）】→【New Composition（新建合成）】命令，在弹出的新建合成对话框中设置合成项目的名称为"祥云"、尺寸为720×576、Pixel Aspect Ratio（像素长宽比）为"D1/DV PAL（1.09）"制式以及视频的长度为10秒，如图10-50所示。

02 将项目面板中的"祥云B/祥云.psd"素材拖拽至"祥云"时间线面板，再配合快捷键"S"开启比例项目并设置Scale（比例）值为70，如图10-51所示。

03 在"祥云"时间线面板中选择"祥云B/祥云.psd"素材层，配合快捷键"P"开启位置项目，在第0秒位置开启Position（位置）属性的 ⏱ 自动关键帧码表按钮，再记录Position（位置）至第10秒位置的平移动画，如图10-52所示。

04 将"祥云B/祥云.psd"素材层再次拖拽至时间线中，然后配合快捷键"S"显示并设置Scale（比例）值为30，使祥云的大小效果相互配合，如图10-53所示。

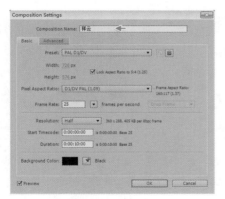

图10-50 新建合成

图10-51 添加素材

图10-52 设置位置动画

图10-53 再次添加素材

05 在时间线面板中选择下层"祥云B/祥云.psd"素材层，再设置Opacity（不透明度）值为30，得到更丰富的层次效果，如图10-54所示。

06 播放动画，观看制作完成的一组祥云动画效果，如图10-55所示。

图10-54 设置不透明度

图10-55 一组祥云效果

10.3.2 丰富祥云效果

01 在时间线面板中继续添加"祥云B/祥云.psd"素材，再分别设置Scale（比例）与Position（位置）的动画，完成更加丰富的祥云平移效果，如图10-56所示。

02 选择所有的祥云素材层，在主菜单栏选
择【Effect（特效）】→【Perspective
（透视）】→【Drop Shadow（阴
影）】命令，再设置Shadow Color（阴
影颜色）为黑色、Opacity（不透明
度）值为50、Direction（方向）值为
135、Distance（距离）值为5、Softness
（柔和）值为20，如图10-57所示。

03 播放动画，观看制作完成的更加丰富的
祥云动画效果，如图10-58所示。

图10-56　制作多层祥云

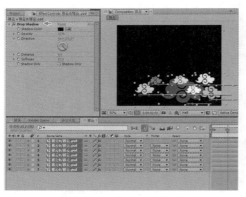

图10-57　添加阴影特效

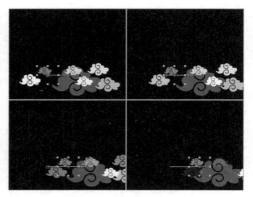

图10-58　丰富祥云效果

10.3.3　添加祥云合成

01 在项目面板中选择制作完成的"祥云"
合成素材，然后将其拖拽至"新年大
吉"时间线面板，位置在"背景"层的
上一层位置，如图10-59所示。

02 在"新年大吉"时间线面板中选择"祥
云"合成素材并配合快捷键"T"开启
不透明度项目，显示层Opacity（不透
明度）属性，然后在第3秒位置开启
自动关键帧的码表按钮，记录Opacity
（不透明度）值为100；在第6秒位置记

图10-59　添加祥云合成

录Opacity（不透明度）值为0，使合成的祥云素材得到渐隐动画，如图10-60所示。

03 播放动画，观看制作完成的祥云合成效果，如图10-61所示。

提　示

　　After Effects有着简单易用的优势，主要体现在合成项目不必在渲染的前提下作为素材，
而是直接拖拽到其他合成项目中继续编辑操作。

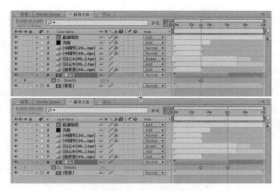

图10-60　设置渐隐动画　　　　　　　　图10-61　祥云合成效果

10.4　梅花与剪纸合成

在"梅花与剪纸合成"部分主要通过制作梅花枝干动画→记录花瓣动画→梅花效果合成→剪纸效果合成→中国结排列的流程完成操作。

10.4.1　梅花枝干动画

01 在主菜单栏中选择【Composition（合成）】→【New Composition（新建合成）】命令，在弹出的新建合成对话框中设置合成项目名称为"梅花枝头"、尺寸为720×576、Pixel Aspect Ratio（像素长宽比）为"D1/DV PAL（1.09）"制式以及视频的长度为4秒，如图10-62所示。

02 在项目面板的"梅花"文件夹中选择 "Layer1/梅花.ai"矢量素材，然后将其拖拽至"梅花枝头"的时间线面板中，如图10-63所示。

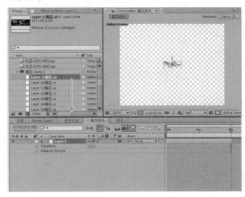

图10-62　新建合成　　　　　　　　　图10-63　添加矢量素材

03 在时间线面板中选择"Layer1"素材层再单击 三维层按钮开启图层的三维空间，然后展开素材层Transform（变换）选项，设置Scale（比例）值为等比例520、Z Rotation（旋转）值为−10，如图10-64所示。

04 在时间线面板中选择"Layer1"素材层，配合快捷键"P"开启位置项目，在第0秒位

置单击 ⓞ 自动关键帧按钮，记录Position（位置）值为380、390、-1000，作为图层位移动画的起始帧，如图10-65所示。

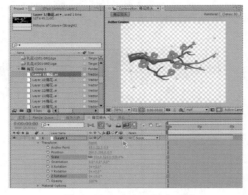
图10-64　设置比例和旋转

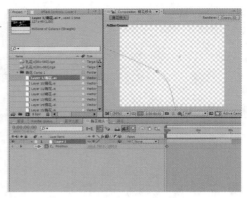
图10-65　设置起始帧

05 在第0秒22位置记录Position（位置）值为250、250、0，作为图层位移动画的关键帧，如图10-66所示。

06 在第2秒位置记录Position（位置）值为-290、70、0，作为图层位移动画的结束帧，使梅花元素由屏幕底部飞入画面中心，然后再向左侧飞出画面，如图10-67所示。

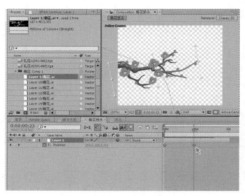
图10-66　设置关键帧

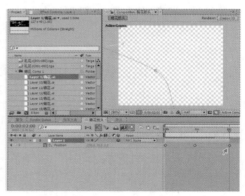
图10-67　设置结束帧

10.4.2　记录花瓣动画

01 在项目面板中的"梅花"文件夹中选择"Layer2/梅花.ai"矢量素材，然后将其拖拽至"梅花枝头"时间线面板，并配合Position（位置）项目的 ⓞ 自动关键帧按钮记录花瓣的动画，如图10-68所示。

02 使用同样的方法将项目面板中的"梅花"文件夹中的其他花瓣图层拖拽至时间线面板，然后再设置位移动画，如图10-69所示。

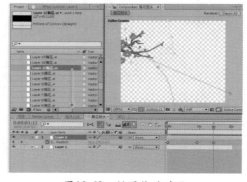
图10-68　设置位移动画

03 播放动画，观看制作完成的动画效果，如图10-70所示。

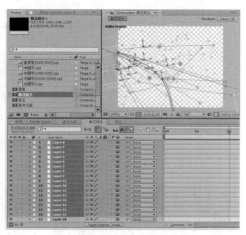

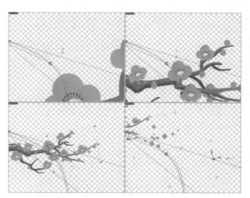

图10-69 设置位移动画　　　　　　　　图10-70 花瓣动画效果

10.4.3 梅花效果合成

01 在项目面板中选择制作完成的"梅花枝头"，将其拖拽至"新年大吉"时间线面板，位置在"底部染色"固态层的下一层位置，如图10-71所示。

02 在"新年大吉"时间线面板中选择"梅花枝头"合成素材，在主菜单栏中选择【Effect（特效）】→【Perspective（透视）】→【Bevel Alpha（通道倒角）】命令，设置Edge Thickness（边缘厚度）值为8、Light Angle（光源角度）值为-60、

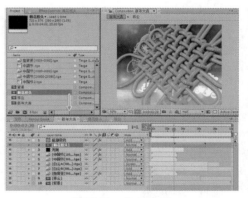

图10-71 添加素材

Light Color（光源颜色）为白色、Light Intensity（光照强度）值为0.4，使梅花枝头的透明通道边缘产生立体效果，如图10-72所示。

提 示

Bevel Alpha（通道倒角）滤镜特效可以使图像中的通道边缘产生立体的边界效果。

03 在主菜单栏中选择【Effect（特效）】→【Perspective（透视）】→【Drop Shadow（阴影）】命令，继续为"梅花枝头"合成素材添加阴影特效。在特效控制台中设置Shadow Color（阴影颜色）为白色、Opacity（不透明度）值为50、Direction（方向）值为135、Distance（距离）中为5、Softness（柔和度）值为10，控制阴影的效果，如图10-73所示。

04 在时间线面板中选择"梅花枝头"素材层，配合快捷键"T"显示层的Opacity（不透明度）属性，然后在第4秒位置单击⊙自动关键帧按钮并记录Opacity（不透明度）值

为100，在素材的结束位置记录Opacity（不透明度）值为0，如图10-74所示。

⑤ 播放动画，观看制作完成的梅花合成效果，如图10-75所示。

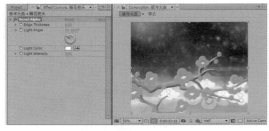

图10-72　添加通道倒角

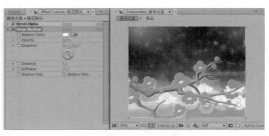

图10-73　添加阴影

图10-74　设置透明动画

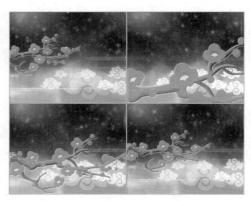

图10-75　梅花合成效果

10.4.4　剪纸效果合成

① 在项目面板中选择"剪纸.png"素材并将其拖拽至时间线面板，位置在"鱼背景.tga"素材层的上一层位置，如图10-76所示。

② 在时间线面板中选择"剪纸.png"素材层，配合快捷键"S"显示层Scale（比例）属性，在第2秒20帧位置单击 自动关键帧按钮，记录Scale（比例）值为45；在第6秒位置记录Scale（比例）值为60，设置剪纸素材的放大动画，如图10-77所示。

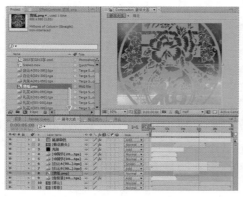

图10-76　添加剪纸素材

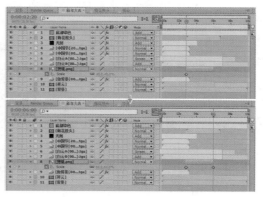

图10-77　设置比例动画

③ 选择"剪纸.png"素材层，配合快捷键"P"显示并设置Position（位置）属性值为

494、220，确定素材在画面中右上侧的位置，如图10-78所示。

04 配合快捷键"R"显示"剪纸.png"素材层的Rotation（旋转）属性，在第2秒20帧位置单击⏱自动关键帧按钮并记录Rotation（旋转）值为30，在第6秒位置记录Rotation（旋转）值为0，丰富剪纸元素的动画合成效果，如图10-79所示。

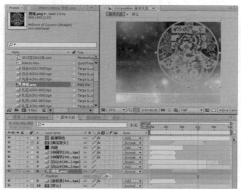

图10-78　调节素材位置

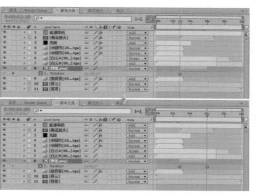

图10-79　设置旋转动画

05 在时间线面板中选择"剪纸.png"素材层，在主菜单栏中选择【Effect（特效）】→【Perspective（透视）】→【Drop Shadow（阴影）】命令，然后在特效控制台中设置各项属性来控制阴影效果，如图10-80所示。

06 使用快捷键"T"在时间线面板中展开"剪纸.png"素材层的Opacity（不透明度）属性，单击⏱自动关键帧按钮，在素材起始帧位置记录Opacity（不透明度）值为0，在3秒12位置记录Opacity（不透明度）值为100，在素材结束帧位置记录Opacity（不透明度）值为0，然后在素材Mode（模式）中设置为Add（增加）层叠加模式，使剪纸效果叠加显示于背景画面中，如图10-81所示。

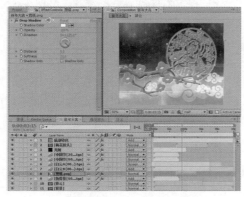

图10-80　添加阴影效果

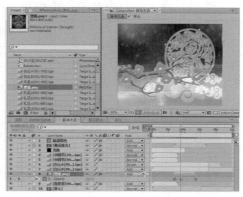

图10-81　透明动画与层叠加

10.4.5　中国结排列

01 在主菜单栏中选择【Composition（合成）】→【New Composition（新建合成）】命令，在弹出的新建合成对话框中设置合成项目名称为"中国节排列"、尺寸为720×576、Pixel Aspect Ratio（像素长宽比）为"D1/DV PAL（1.09）"制式以及视频的长度为10秒，如图10-82所示。

02 在项目面板中选择"中国节.tga"和"中国节2.tga"素材，将其拖拽至中国节排列时间线面板，配合快捷键"Ctrl+D""原地复制"一层并设置Scale（比例）属性，使中国节大小不同地分布在画面两侧，如图10-83所示。

图10-82 新建合成

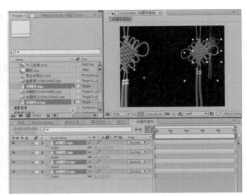

图10-83 添加素材

03 在时间线面板中选择下三层中国节素材，配合快捷键"P"显示Position（位置）属性，在第0秒位置单击🕐自动关键帧按钮，记录Position（位置）至第10秒向屏幕外侧位移的动画，如图10-84所示。

04 播放动画，观看制作完成的中国节排列位移动画，如图10-85所示。

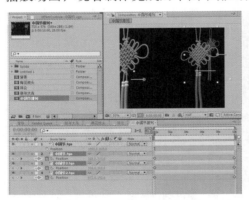

图10-84 设置位移动画

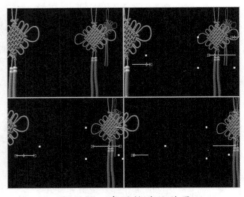

图10-85 中国结动画效果

05 在项目面板中选择制作完成的"中国节排列"合成素材，将其拖拽至"新年大吉"时间线面板，起始位置在第4秒5帧"底部染色"固态层的下一层位置，如图10-86所示。

06 在"新年大吉"时间线面板中选择"中国节排列"合成素材，配合快捷键"T"显示层Opacity（不透明度）属性，在第0秒位置单击🕐自动关键帧按钮并记录Opacity（不透明度）值为

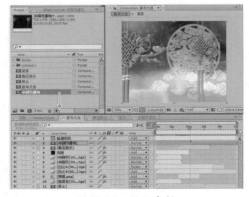

图10-86 添加素材

0，在第5秒10帧位置记录Opacity（不透明度）值为100，设置素材渐入的动画，如图10-87所示。

07 播放动画，观看制作完成的中国结合成效果，如图10-88所示。

图10-87　设置渐入动画

图10-88　中国结合成效果

10.5　文字元素合成

在"文字元素合成"部分主要通过制作添加文字元素→文字动画设置→添加文字→添加礼花→添加十二生肖的流程完成操作。

10.5.1　添加文字元素

01 在项目面板中选择"2013装饰/2013字.psd"和"2013字/2013字.psd"图层，将其拖拽至"新年大吉"时间线面板，位置在"中国节排列"合成素材的上一层位置，为合成画面加入文字素材，如图10-89所示。

02 在"新年大吉"时间线面板中选择文字素材层，设置素材入点设置在4秒5帧位置，出点设置在6秒10帧位置，如图10-90所示。

图10-89　添加文字

图10-90　设置素材长度

03 在时间线面板中选择"2013字/2013字.psd"图层，然后在主菜单栏中选择【Effect（特效）】→【Perspective（透视）】→【Drop Shadow（阴影）】滤镜特效，在特效控制台中设置Shadow Color（阴影颜色）为黑色、Opacity（不透明度）值为50、Direction（方向）值为135、Distance（距离）中为5、Softness（柔和度）值为10，控制文字阴影的效果，如图10-91所示。

04 在时间线面板中选择"2013装饰\2013字"素材层，在Parent（父子关系）选项中单击◎螺旋线按钮并拖拽至下一层"2013字\2013字"素材层上，使其被"父层"所控制，如图10-92所示。

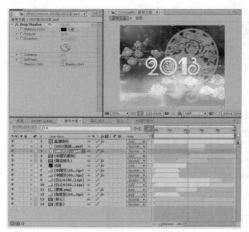

图10-91　添加阴影　　　　　　　图10-92　设置父子关系

提示

将"子层"链接给"父层"，被链接的层作为父子关系中的"父层"存在。从此，对"子层"的调节不会影响到"父层"，而对"父层"的调节会连带影响到"子层"。

10.5.2　文字动画设置

01 在时间线面板中选择"2013字/2013字.psd"素材层，配合快捷键"S"显示其Scale（比例）属性，然后在素材起始帧第4秒5帧位置单击◎自动关键帧按钮，在记录Scale（比例）值为0，设置缩放动画的起始帧，如图10-93所示。

02 在第4秒15帧位置记录Scale（比例）值为100，设置缩放动画的关键帧，如图10-94所示。

03 在素材结束的第6秒10帧位置记录Scale（比例）值为115，设置缩放动画的结束帧，如图10-95所示。

04 在时间线面板中选择"2013装饰/2013字"和"2013字/2013字"图层，配合快捷键"T"显示其Opacity（不透明度）属性，然后在第6秒位置单击◎自动关键帧按钮并记录Opacity（不透明度）值为100，在素材结束第6秒10帧位置记录Opacity（不透明度）值为0，设置文字渐隐的动画，如图10-96所示。

图10-93　设置起始帧

图10-94　设置关键帧

图10-95　设置结束帧

图10-96　设置渐隐动画

05 在时间线面板中选择"2013装饰/2013字"图层，配合快捷键"R"显示其Rotation（旋转）属性，在素材开始第4秒15帧位置记录Rotation（旋转）值为-30，在素材结束第6秒10帧位置记录Rotation（旋转）值为30，完成文字内侧"福"字的旋转动画，如图10-97所示。

06 播放动画，观看制作完成的文字动画效果，如图10-98所示。

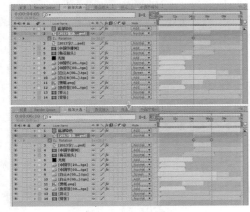

图10-97　设置旋转动画

图10-98　文字动画效果

10.5.3 添加光条

01 在项目面板中选择"光条A{001-050}.tga"序列素材，将其拖拽至"新年大吉"时间线面板，起始位置在第3秒20帧"2013装饰/2013字"图层的上一层，如图10-99所示。

02 在时间线面板中选择"光条A"序列素材层，配合快捷键"T"显示其Opacity（不透明度）属性，然后在素材第3秒20帧开始位置记录Opacity（不透明度）值为0，在第4秒位置记录Opacity（不透明度）值为100，在第5秒位置记录Opacity（不透明度）值为100，在素材结束位置记录

图10-99　添加素材

Opacity（不透明度）值为0，设置光条素材的渐入渐出动画，如图10-100所示。

03 在时间线面板中选择"光条A"序列素材层，在Mode（模式）中设置为Add（增加）层叠加模式，使光条与画面更亮的叠加融合，如图10-101所示。

图10-100　设置渐入渐出动画

图10-101　设置层叠加

10.5.4 添加礼花

01 在项目面板中选择"礼花a{001-080}.tga"序列素材,将其拖拽至"新年大吉"时间线面板,位置在"梅花枝头"合成素材的上一层,如图10-102所示。

> **提 示**
>
> 礼花素材主要通过Particle Illusion(粒子幻影)特效应用软件制作,其操作简单并特效丰富,已成为电视台、广告商、动画制作、游戏公司制作特效的必备软件。

02 在时间线面板中展开"礼花a"素材层的Transform(变换)选项,先设置Position(位置)值为200、230,控制礼花在画面中的位置,然后在Mode(模式)中设置为Add(增加)层叠加模式,使礼花融合于画面,如图10-103所示。

图10-102 添加素材

图10-103 设置位置与层叠加

03 按照相同的方法将项目面板中的礼花素材"礼花b{001-080}.tga"、"礼花c{001-080}.tga"和"礼花d{001-080}.tga"拖拽至时间线面板,并设置其在画面中的位置及层叠加模式,如图10-104所示。

04 播放动画,观看制作完成的礼花效果,如图10-105所示。

图10-104 继续添加素材

图10-105 礼花效果

10.5.5　添加十二生肖

01 将项目面板中的"十二生肖.png"素材拖拽至"新年大吉"时间线面板，素材的起始位置在第6秒5帧"底部染色"固态层的下一层，然后再配合快捷键"P"显示并设置其Position（位置）属性值为360、524，调整在画面的底部位置，如图10-106所示。

02 在时间线面板中选择"十二生肖"素材层，在主菜单栏中选择【Effect（特效）】→【Perspective（透视）】→【Drop Shadow（阴影）】命令，在特效控制台中设置Shadow Color（阴影颜色）为白色、Opacity（不透明度）值为100、Direction（方向）值为135、Distance（距离）中为5、Softness（柔和度）值为0，控制阴影的效果，然后在Mode（模式）中设置为Add（增加）层叠加模式，使装饰素材更好地融合于画面中，如图10-107所示。

图10-106　添加素材

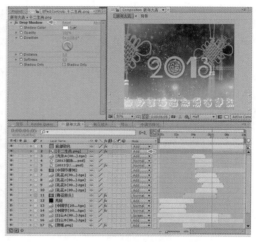

图10-107　添加阴影与层叠加

03 在时间线面板中选择"十二生肖"素材层并配合快捷键"S"显示其Scale（比例）属性，然后在第6秒5帧素材开始位置单击⊙自动关键帧按钮，再记录Scale（比例）为80，作为缩放动画的起始帧，如图10-108所示。

04 在第9秒24帧素材结束位置记录Scale（比例）值为70，作为缩放动画的结束帧，如图10-109所示。

05 配合快捷键"T"显示"十二生肖"素材层的Opacity（不透明度）属性，在第6秒5帧素材开始位置单击⊙自动关键帧按钮，然后记录Opacity（不透明度）值为

图10-108　设置起始帧

100，在素材结束位置记录Opacity（不透明度）值为0，制作素材的渐隐消失动画，如图10-110所示。

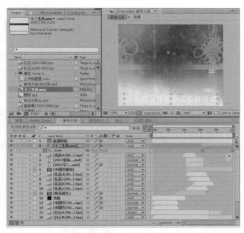 

图10-109　设置结束帧　　　　　　　　图10-110　设置渐隐动画

10.6　影片定板合成

　　在"影片定板合成"部分主要通过制作文字动画→文字特效→蛇形标志→添加光效→成品展示的流程完成操作。

10.6.1　文字动画

01 选择项目面板中的"蛇年大吉/2013字.psd"文字层素材，将其拖拽至"新年大吉"时间线面板"底部染色"固态层的下一层，然后再设置素材在时间线面板的开始位置为第6秒，如图10-111所示。

02 在时间线面板中选择"蛇年大吉/2013字"文字层素材，配合快捷键"S"显示其Scale（比例）属性，在第6秒位置单击自动关键帧按钮并记录Scale（比例）值为400，作为缩放动画的起始帧，如图10-112所示。

图10-111　添加素材　　　　　　　　图10-112　设置起始帧

03 在第6秒10位置记录Scale（比例）值为100，作为缩放的中间关键帧，如图10-113示。

04 在素材结束位置记录Scale（比例）值为110，作为缩放动画的结束帧，如图10-114所示。

图10-113　记录关键帧

图10-114　设置结束帧

提 示

此段缩放动画主要是先放大，然后记录回归至原始大小，再慢慢至结束位置的放大记录，使缩放动画更加丰富，避免出现文字因静止而显得呆板。

05 配合快捷键"T"显示"蛇年大吉/2013字"文字层的Opacity（不透明度）属性，单击 ◎ 自动关键帧按钮，在素材起始位置记录Opacity（不透明度）值为0，在第6秒5位置记录Opacity（不透明度）值为100，设置渐入动画，如图10-115所示。

图10-115　设置渐入动画

10.6.2　文字特效

01 为了丰富文字效果，在主菜单栏中添加【Effect（特效）】→【Perspective（透视）】中的Bevel Alpha（通道倒角）和Drop Shadow（阴影）命令，然后在特效控制面板设置各项属性，添加文字的三维效果，如图10-116所示。

02 在主菜单栏中选择【Effect（特效）】→【Generate（生成）】→【CC Light Sweep（CC扫光）】命令为其添加光效，然后在特效控制台中设置各项属性来约束扫光的范围，如图10-117所示。

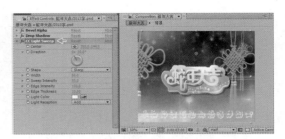

图10-116　添加倒角与阴影　　　　图10-117　添加扫光特效

提 示

定板文字或标志静止时，一般不会在有复杂的动画或特效，因为其素材的作用是传递影片内容，所以"扫光"特效除丰富画面效果外，还具有吸引观看者的目的。

03 在时间线面板中展开"蛇年大吉/2013字"文字层的Effects（特效）选项，继续展开CC Light Sweep（CC扫光）特效卷转栏，在第7秒位置单击⊙自动关键帧按钮并记录Center（中心）值为0、144，在第8秒位置记录Center（中心）值为600、144，使效果在素材的表面产生由左至右的位移动画，如图10-118所示。

04 从第7秒播放动画，观看制作完成的文字特效动画效果，如图10-119所示。

图10-118　设置光效中心动画

05 从第6秒播放动画，观看定板文字从出现到扫光动画完成的整体合成效果，如图10-120所示。

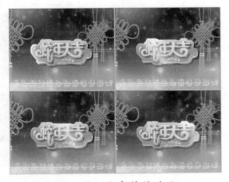

图10-119　文字特效动画　　　　图10-120　整体动画效果

10.6.3　蛇形标志

01 选择项目面板中的"2013蛇/2013字.psd"素材并拖拽至"新年大吉"时间线面板，素材的起始位置在第6秒10帧"蛇年大吉/2013.psd"文字层的上一层，如图10-121所示。

02 在时间线面板中选择"2013蛇/2013字"素材层，在Parent（父子关系）选项中按住◎

411

螺旋线按钮并链接至"蛇年大吉/2013字"上，使"蛇年大吉/2013字"素材层作为父子关系中的"父层"存在，"2013蛇/2013字"素材层作为父子关系中的"子层"存在，如图10-122所示。

图10-121　添加素材

图10-122　设置父子关系

03 在时间线面板中选择"2013蛇/2013字"素材层，使用矩形遮罩工具在视图中绘制遮罩，然后展开素材的Masks（遮罩）选项并设置Mask Feather（遮罩羽化）值为50，使遮罩只羽化显示素材的中心位置，如图10-123所示。

04 在第6秒10帧开启Mask Expansion（遮罩扩展）自动关键帧按钮，再记录Mask Expansion（遮罩扩展）值为-20，作为遮罩扩展动画的起始帧，如图10-124所示。

05 在第7秒位置记录Mask Expansion（遮罩扩展）值为80，作为遮罩扩展动画的结束帧，使遮罩产生扩散的动画，如图10-125所示。

图10-123　绘制遮罩

图10-124　设置起始帧

图10-125　设置结束帧

10.6.4　添加光效

01 在菜单中选择【Layer（层）】→【New（新建）】→【Solid（固态层）】命令建立固态层，在弹出的固态层对话框中设置Name（名称）为"顶光"，然后在菜单中选择【Effect（特效）】→【Knoll Light Factory（灯光工厂）】→【Light Factory（灯光工厂）】命令，为固态层添加灯光特效，在特效控制台设置各项参数属性的效果，如图10-126所示。

提　示

Flare Type（镜头类型）中提供了多种闪耀发光类型，选择喜好的光效可直接使用。

02 在时间线面板中先展开Effect（特效）选项，继续展开Light Factory（灯光工厂）特效属性，配合 ⊙ 自动关键帧按钮在第6秒位置记录角度值为0，在第10秒位置记录角度值为180，使光斑产生光线变动效果，如图10-127所示。

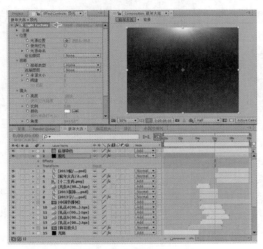

图10-126　添加光效

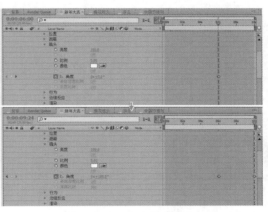

图10-127　设置角度动画

03 在时间线面板中选择"顶光"固态层，配合快捷键"T"显示Opacity（不透明度）属性，单击 ⊙ 自动关键帧按钮在第6秒位置记录Opacity（不透明度）值为0，在第6秒15记录Opacity（不透明度）值为100，在第10秒位置记录Opacity（不透明度）值为0，然后在Mode（模式）中设置为Add（增加）层叠加模式，使灯光透明融合于画面，如图10-128所示。

图10-128　透明与层叠加

10.6.5 成品展示

01 制作完成后关闭所有素材卷转栏，所有的层次位置以及效果展示如图10-129所示。

02 播放完整的合成动画，观看最终制作完成的"蛇年大吉"合成效果，如图10-130所示。

图10-129 层次位置展示

图10-130 最终合成效果

10.7 本章小结

《蛇年大吉》案例主要将三维素材、平面素材和滤镜特效相互配合，在保持丰富效果的同时，还要格外注意相互动画关键帧的设置，不要因为素材繁多而出现杂乱的效果。

第11章
范例——
《超级星光大道》

内容提要

《超级星光大道》案例主要使用将二维素材制作出三维空间的手法合成影片，将平面、图形、三维等装饰元素融合到画面之中。将层与层之间的叠加、排列、转换作为主要运动方式，并大量使用摄影机记录动画点缀画面，从而塑造出时尚、动感的视觉效果，如图11-1所示。

图11-1　范例合成效果

制作流程

《超级星光大道》范例的主要制作流程分为6部分，包括①三维文字制作、②镜头1合成、③镜头2合成、④镜头3合成、⑤镜头4合成、⑥影片整体剪辑，如图11-2所示。

(1) 三维文字制作　　　(2) 镜头 1 合成　　　(3) 镜头 2 合成

(6) 影片整体合成　　　(5) 镜头 4 合成　　　(4) 镜头 3 合成

图11-2　范例制作流程

11.1 三维文字制作

在"三维文字制作"部分主要通过绘制文字→文字变形→三维文字的流程完成操作。

11.1.1 建立文字

01 启动3ds Max软件，在主菜单栏选择
【视图】→【视图背景】→【配置视口
背景】命令，在弹出的"视口配置"对
话框"背景"项中选择"使用文件"，
为创建三维元素指定作为参考图片的路
径，如图11-3所示。

02 在图片被导入3ds Max软件后，先在
创建面板选择图形模块中的"文本"
命令，选择与背景图片文字相近的字
体，然后在下方文本框中输入"星"字
并在视图中建立，如图11-4所示。

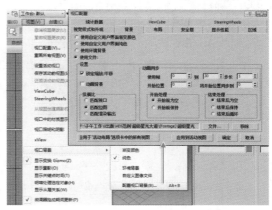

图11-3 配置视口背景

提示

添加视图背景的快捷键为"Alt+B"。

03 以相同的方法分别输入"光"、"大"和"道"字，使每个文字独立存在，如图11-5
所示。

图11-4 输入"星"字

图11-5 绘制全部文字

11.1.2 文字变形

01 先选择"星"字并在 修改面板添加"编辑样条线"命令，然后在"几何体"卷展
栏中单击"附加"按钮将"光"、"大"和"道"字附加至"星"字中，如图11-6
所示。

02 附加结合后，在"编辑样条线"修改命令中便可以对每个控制点进行变形调节，如图11-7所示。

图11-6　附加操作　　　　　　　　　　　　　　　图11-7　附加效果

03 将"编辑样条线"修改命令切换至线模式，然后将"星"字右侧的笔画与"光"字左侧的笔画选择，然后配合键盘"Delete"键将其删除，如图11-8所示。

04 将"编辑样条线"修改命令切换至点模式，然后选择两个文字删除笔画的顶点，再使用"焊接"命令将选择的点合并，如图11-9所示。

图11-8　删除笔画　　　　　　　　　　　　　　　图11-9　焊接顶点

05 继续对文字进行笔画删除与焊接操作，准备对"星"字的顶部进行变形，如图11-10所示。

06 在 ✥ 创建面板选择 ⬡ 图形模块中的"星形"命令，然后将其建立到"星"字的顶部位置，再设置参数为五角星，如图11-11所示。

图11-10　顶部变形

07 选择文字并在"编辑样条线"命令的"几何体"卷展栏中单击"附加"按钮，再将五角星图形附加至文字中，如图11-12所示。

图11-11　建立星形

图11-12　附加图形

08 在文字的笔画变形时，先通过"编辑样条线"修改命令的"插入"按钮进行添加编辑点操作，如图11-13所示。

09 对文字进行笔画变形操作，使定板的文字装饰味道更强，如图11-14所示。

图11-13　插入点操作

图11-14　继续笔画变形

11.1.3　三维文字

01 在 修改面板为文字添加"倒角"命令，然后设置级别1的高度值为500、轮廓值为0，级别2的高度值为1，轮廓值为-1、级别3的高度值为-1、轮廓值为0，使二维文字转换为三维文字，如图11-15所示。

02 在 修改面板为文字模型添加"编辑多边形"命令，然后切换至"多边形"类型并选择文字的前部面，在"多边形材质ID"卷展栏中设置ID码为1，如图11-16所示。

图11-15　倒角设置

图11-16　前部面设置

03 在"多边形"类型中选择文字的转折面,在"多边形材质ID"卷展栏中设置ID码为2,如图11-17所示。

04 在"多边形"类型中选择文字的侧部面,在"多边形材质ID"卷展栏中设置ID码为3,如图11-18所示。

图11-17 转折面设置

图11-18 侧部面设置

05 在材质编辑器中切换至"多维子对象"材质类型,然后分别设置1号"正"材质、2号"边"材质和3号"侧"材质,如图11-19所示。

06 材质设置完成后,在渲染设置中将"输出大小"项目设置为1920×1080的HDTV视频类型,如图11-20所示。

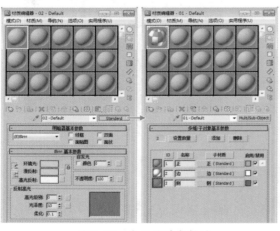

图11-19 多维子对象材质

图11-20 渲染设置

07 单击"渲染"按钮以单帧形式渲染即可,然后再单击存储按钮进行存储,如图11-21所示。

提 示

如果只是制作飞入的缩放动画,那么完全没必要在3ds Max进行动画与序列渲染操作,只需渲染单帧图像,在After Effects记录缩放的动画即可。

08 在弹出的"保存"图像对话框中设置文件名称为"星光大道字"、保存类型为Targa图像文件,然后单击"保存"按钮进行确定系统将自动弹出"Targa图像控制"对话框,再设置图像属性为32位Tga类型,如图11-22所示。

图11-21 渲染效果

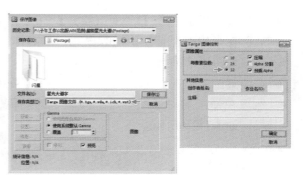

图11-22 Targa图像控制

11.2 镜头1合成

在"镜头1合成"部分主要通过背景合成→摄影机→开场字→文字合成→效果控制→添加光斑→装饰光效。

11.2.1 背景合成

01 启动Adobe After Effects CS6软件，在项目面板导入需要用到的素材和制作三维文字素材，如图11-23所示。

02 在主菜单栏中选择【Composition（合成）】→【New Composition（新建合成）】命令，在弹出的新建合成对话框中设置合成项目的名称为"背景"、Preset（预设）为HDTV 1080 25、尺寸为1920×1080、Pixel Aspect Ratio（像素长宽比）为Square Pixels（方形像素）制式、Resolution（分辨率）为Quarter（四分之一）、视频长度为20秒，如图11-24所示。

> **提 示**
>
> 新建合成的分辨率为Quarter（四分之一），其目的是为减轻计算机的运算量，可以在最终合成完成后提高质量并渲染。

图11-23 导入素材

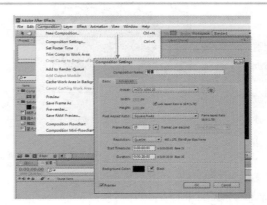

图11-24 新建合成

03 在主菜单栏中选择【Layer（层）】→【New（新建）】→【Solid（固态层）】命令，然后在弹出的对话框中设置固态层的名称、尺寸、制式以及颜色，创建出黑色的固态层，如图11-25所示。

04 在主菜单栏中选择【Layer（层）】→【New（新建）】→【Solid（固态层）】命令，然后在弹出的对话框中设置固态层的名称、尺寸、制式以及颜色，创建暗红色固态层，如图11-26所示。

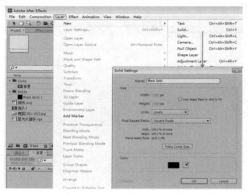

图11-25 创建黑色固态层

图11-26 新建暗红固态层

05 在"背景"时间线面板选择暗红固态层，然后设置Mode（模式）为Add（增加）层叠加模式，再经过遮罩控制得到半黑半红的背景色，如图11-27所示。

07 在"背景"时间线面板选择暗红色固态层，在主菜单栏选择【Effect（特效）】→【Noise & Grain（噪波与颗粒）】→【Fractal Noise（分形噪波）】命令，为固态层添加分形噪波滤镜特效，然后在特效控制台中设置噪波的各项属性，得到噪波的效果，如图11-28所示。

> **提 示**
>
> Fractal Noise（分形噪波）滤镜特效可以为影片增加分形噪波，用于创建一些复杂的物体及纹理效果，从而模拟出自然界真实的烟尘、云雾和流水等多种效果。

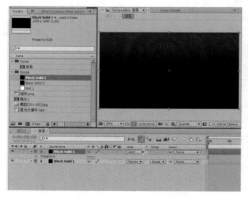

图11-27 层叠加设置

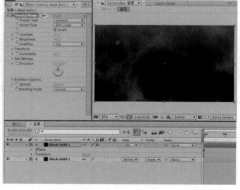

图11-28 添加分形噪波

08 展开暗红色固态层的Effects（特效）选项中的Noise & Grain（噪波与颗粒）滤镜特

效卷展栏，配合 ⓞ 自动关键帧按钮在第0秒位置记录Complexity（复杂性）值为10、Evolution（演化）值为0，在第20秒位置记录Complexity（复杂性）值为13、Evolution（演化）值为3×+118，使噪波产生动态的背景，如图11-29所示。

⑨ 继续为固态层添加滤镜特效，在主菜单栏选择【Effect（特效）】→【Stylize（风格化）】→【Glow（光晕）】命令，对背景中明亮部分的周围像素进行加亮处理，如图11-30所示。

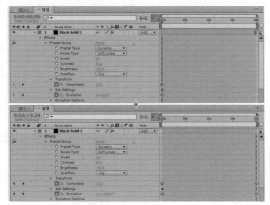

图11-29　设置噪波动画

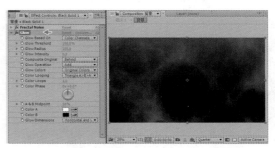

图11-30　添加光晕效果

⑩ 展开暗红色固态层的Effects（特效）的Glow（光晕）滤镜特效卷展栏，配合 ⓞ 自动关键帧按钮在第0秒位置记录Glow Threshold（光晕阈值）值为95、Glow Radius（光晕半径）值为100、Glow Intensity（光晕强度）值为0.3，然后在第20秒位置记录Glow Threshold（光晕阈值）值为86、Glow Radius（光晕半径）值为83、Glow Intensity（光晕强度）值为0.4，使画面得到光晕的动画效果，如图11-31所示。

⑪ 继续为固态层添加滤镜特效，在主菜单栏选择【Effect（特效）】→【Color Correction（色彩校正）】→【Tritone（三阶色调整）】命令，对背景中通道的亮度进行渐变调整，如图11-30所示。

图11-31　设置光晕动画

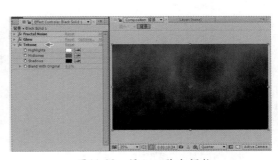

图11-32　添加三阶色调整

⑫ 在"背景"时间线面板选择暗红色固态层，然后使用 ▢ 矩形遮罩工具在视图中绘制遮罩，如图11-33所示。

⑬ 展开暗红色固态层的Masks（遮罩）选项，然后设置Mask Feather（遮罩羽化）值为283，使遮罩边缘产生柔和过渡，如图11-34所示。

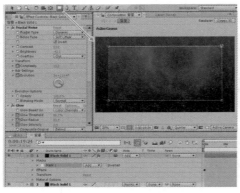
图11-33　绘制遮罩

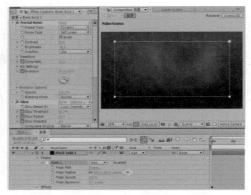
图11-34　设置遮罩羽化

14 选择暗红色固态层并单击 三维层按钮，然后展开固态层的Transform（变换）选项，再设置Scale（比例）值为400，使背景噪波的细节放大，如图11-35所示。

15 播放动画，观看制作完成的动态背景效果，如图11-36所示。

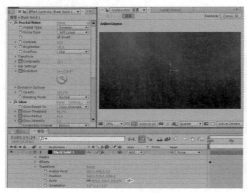
图11-35　三维比例设置

图11-36　动态背景效果

11.2.2　摄影机

01 在主菜单栏中选择【Composition（合成）】→【New Composition（新建合成）】命令，在弹出的新建合成对话框中设置合成项目的名称为"镜头1"、Preset（预设）为HDTV 1080 25、尺寸为1920×1080、Pixel Aspect Ratio（像素长宽比）为Square Pixels（方形像素）制式、Resolution（分辨率）为Quarter（四分之一）、视频长度为4秒，如图11-37所示。

02 在项目面板选择 "背景"合成素材，将其拖拽至"镜头1"的时间线面板中，作为镜头1合成的背景使用，如图11-38所示。

03 在菜单中选择【Layer（层）】→【New（新建）】→【Camera（摄影机）】命令，在弹出的固态层对话框中设置Name（名称）为"Camera 1"，再单击"确定"按钮创建摄影机，如图11-39所示。

04 在"镜头1"时间线面板选择摄影机层，展开其Transform（变换）选项并配合开启 自动关键帧按钮，在第0秒位置记录Point of Interest（目标兴趣点）值为455、650、

–380，记录Position（位置）值2325、839、–1147；在第4秒位置记录Point of Interest（目标兴趣点）值为650、660、–480，记录Position（位置）值1814、853、–1560，设置摄影机的动画，如图11-40所示。

图11-37　新建合成

图11-38　添加背景

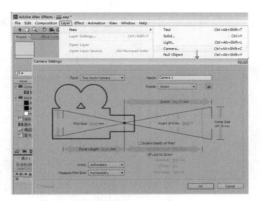

图11-39　创建摄影机

图11-40　设置摄影机动画

05 展开摄影机层的Camera Options（摄影机选项），配合 自动关键帧按钮在第0秒位置记录Zoom（变焦）值为1280，在第0秒15帧位置记录（变焦）值为2300，设置摄影机变焦缩放的动画，如图11-41所示。

图11-41　设置变焦动画

11.2.3　开场字

01 在主菜单栏中选择【Composition（合成）】→【New Composition（新建合成）】命令，在弹出的新建合成对话框中设置合成项目的名称为"栅格"、Preset（预设）为HDTV 1080 25、尺寸为1920×1080、Pixel Aspect Ratio（像素长宽比）为Square Pixels（方形像素）制式、Resolution（分辨率）为Quarter（四分之一）、视频长度为10秒，如图11-42所示。

02 在项目面板将黑色固态层拖拽至"栅格"的时间线面板，如图11-43所示。

图11-42　新建合成

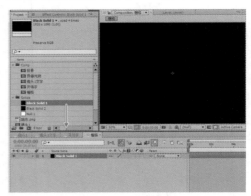

图11-43　添加固态层

03 在"栅格"时间线面板选择固态层，然后在主菜单栏选择【Effect（特效）】→【Generate（生成）】→【Cell Pattern（单元样式）】命令，在特效控制台面板设置各项属性，控制单元格的重复效果，如图11-44所示。

> **提示**
>
> Cell Pattern（单元样式）滤镜特效可以自由创建多种高质量的细胞单元状图案。

04 在主菜单栏中选择【Composition（合成）】→【New Composition（新建合成）】命令，在弹出的新建合成对话框中设置合成项目的名称为"开场字"、Preset（预设）为HDTV 1080 25、尺寸为1920×1080、Pixel Aspect Ratio（像素长宽比）为"Square Pixels（方形像素）"制式、Resolution（分辨率）为Quarter（四分之一）、视频长度为10秒，如图11-45所示。

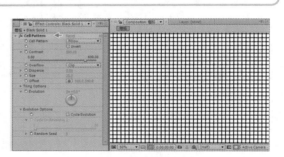

图11-44　添加单元格效果

05 在项目面板将"栅格"合成素材拖拽至"开场字"的时间线面板，如图11-46所示。

图11-45　新建合成

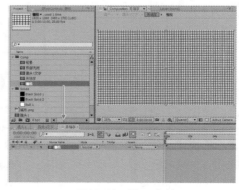

图11-46　添加素材

06 在"开场字"时间线面板中使用 **T.** 文字工具在画面中输入"AVENUE OF STARTS"字，然后关闭"栅格"层并将文字层拖拽至"栅格"素材层的下一层位置，如图11-47所示。

07 在文字层Track Matte（轨道跟踪）选项中选择Luma Matte（亮度蒙板）"栅格"类型，使用亮度蒙板将两层素材进行跟踪处理，如图11-48所示。

提示

亮度蒙板的处理模式可以将显示层按照隐藏层的黑白颜色进行蒙板处理。

图11-47 添加文字

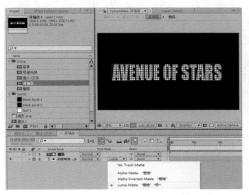

图11-48 设置亮度蒙板跟踪

08 在主菜单栏中选择【Composition（合成）】→【New Composition（新建合成）】命令，在弹出的新建合成对话框中设置合成项目的名称为"镜头1文"字、Preset（预设）为HDTV 1080 25、尺寸为1920×1080、Pixel Aspect Ratio（像素长宽比）为"Square Pixels（方形像素）"制式、Resolution（分辨率）为Quarter（四分之一）、视频长度为4秒，如图11-49所示。

09 在项目面板选择"开场字"合成和黑色固态层，将其拖拽至"镜头1文字"的时间线面板，如图11-50所示。

图11-49 新建合成

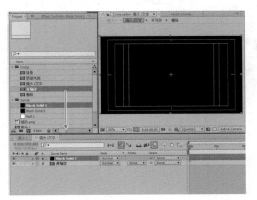

图11-50 添加素材

10 在"镜头1文字"时间线面板选择黑色固态层，在主菜单栏选择【Effect（特效）】→【Transition（切换）】→【Block Dissolve（块面溶解）】命令，设置Block Width（块面宽度）值为25、Block Height（块面高度）值为25，以随机，方块对两个层的重叠部分进行切换，如图11-51所示。

⑫ 在"镜头1文字"时间线面板展开固态层的Effects（特效）选项的Block Dissolve（块面溶解）特效卷展栏，配合 ⊙ 自动关键帧按钮在第0秒位置记录Transition Completion（切换完成）值为100，在第0秒20帧位置记录Transition Completion（切换完成）值为0，设置块面溶解的过渡动画，如图11-52所示。

图11-51　添加切换特效　　　　　　　　　　图11-52　设置块面溶解动画

⑬ 在"镜头1文字"时间线面板中将固态层隐藏，然后选择"开场字"合成层并在Track Matte（轨道跟踪）选项中选择Alpha Matte（通道蒙板）"Black Solid 1"，以透明通道类型设置蒙板跟踪，如图11-53所示。

⑭ 播放"镜头1文字"序列，观看制作完成的文字动画，如图11-54所示。

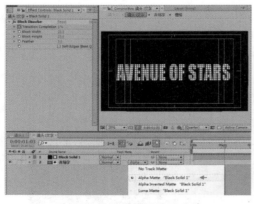

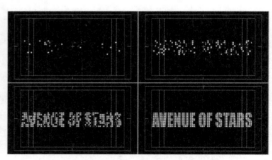

图11-53　设置透明通道跟踪　　　　　　　　图11-54　文字动画效果

11.2.4　文字合成

① 在项目面板将"镜头1文字"合成拖拽至"镜头1"时间线面板，位置在"背景"合成层的上一层位置，如图11-55所示。

② 在"镜头1"时间线面板选择"镜头1文字"层，然后单击 ⬛ 三维层按钮展开层Transform（变换）选项，再修改各项属性以确定文字在三维空间中的位置及角度，如图11-56所示。

图11-55　添加素材

图11-56　三维空间设置

03 播放动画，观看添加文字合成的效果，如图11-57所示。

04 在工具栏选择 **T** 文字工具，在画面输入文字"The Fist Season"，再将其移动至"镜头1文字"的下一层位置，如图11-58所示。

图11-57　文字合成效果

05 在时间线面板展开"The Fist Season"文字层并单击 ▣ 三维层按钮开启三维空间，展开文字层Transform（变换）选项，设置各项属性确定文字在三维空间的位置、角度和大小与主体文字相对应，如图11-59所示。

图11-58　输入文字

图11-59　设置文字属性

06 在"镜头1"时间线面板选择"The Fist Season"文字层，为其添加Frequency（频率）滤镜特效，再设置Slider（滑块）值为20，如图11-60所示。

07 在"镜头1"时间线面板选择"The Fist Season"文字层，在层Parent（父子关系）选项单击 ◎ 螺旋线按钮链接至"镜头1文字"层的Parent（父子关系）选项中，使"The Fist

Season"文字层跟随"镜头1文字"层运动,如图11-61所示。

图11-60 添加频率特效 　　　　　　　图11-61 设置父子关系

08 在"镜头1"时间线面板选择"The Fist Season"文字层并展开其文字层选项,然后单击Animate(鼓舞)选项的三角按钮,在弹出的菜单中选择【Fill Color(填充颜色)】→【Opacity(不透明度)】命令,添加文字的透明动画,如图11-62所示。

09 展开"The Fist Season"文字层的Animator 1(动画1)选项,然后设置Opacity(不透明度)值为30,如图11-63所示。

图11-62 添加透明动画 　　　　　　　图11-63 设置不透明度

10 使用相同的方法继续添加范围选择器并展开Animator 2(动画2)选项,继续展开Range Selector 1(范围选择器)的选项,如图11-64所示。

提　示

范围选择器可以配合透明选项使文字随机透明显示,从而增强文字的装饰作用。

11 单击 ⏱ 自动关键帧按钮并在第1秒位置记录Start(开始)值为0,在第1秒15帧位置记录Start(开始)值为100,在第3秒16帧位置记录Start(开始)值为100,在第4秒位置记录Start（开始）值为0，设置动画，如图11-65所示。

图11-64　添加范围选择器

图11-65　设置动画

⑫ 播放动画，观看制作完成的文字动画效果，如图11-66所示。

图11-66　文字动画效果

11.2.5　效果控制

① 将项目面板中的黑色固态层拖拽至"镜头1"时间线面板，如图11-67所示。

② 在"镜头1"时间线面板选择黑色固态层并单击⬛调节层按钮，然后在主菜单栏选择【Effect（特效）】→【Color Correction（色彩校正）】→【Curves（曲线）】命令，为黑色固态层添加滤镜特效，如图11-68所示。

 提示

在时间线中通过调节层按钮的设置，可以通过此层控制其下所有层的效果。

③ 添加黑色固态层并单击⬛调节层按钮，然后在主菜单栏选择【Effect（特效）】→【Stylize（风格化）】→【Glow（光晕）】命令，在特效控制台面板中设置Glow Threshold（光晕阈值）值为92、Glow Radius（光晕半径）值为83、Glow Intensity（光晕强度）值为0.5、Glow Colors（光晕颜色）为A&B Colors（A与B颜色）、Color A（颜色A）为蓝色、Color A（颜色A）为紫色，使本层控制合成场景产生柔和的光晕

效果，如图11-69所示。

04 在主菜单栏选择【Effect（特效）】→【Stylize（风格化）】→【Glow（光晕）】命令，通过设置使光晕效果更加强烈，如图11-70所示。

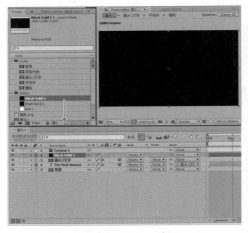

图11-67 添加固态层

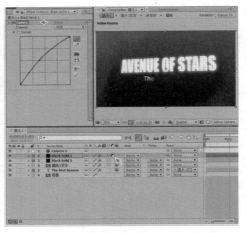

图11-68 添加滤镜特效

图11-69 添加光晕效果

图11-70 再次添加光晕

11.2.6 添加光斑

01 在主菜单栏中选择【Composition（合成）】→【New Composition（新建合成）】命令，在弹出的新建合成对话框中设置名称为"顶部光斑"、Preset（预设）为Custom（自定义）、尺寸为3600×3600、Pixel Aspect Ratio（像素长宽比）为"Square Pixels（方形像素）"制式、Resolution（分辨率）为Quarter（四分之一）、视频长度为20秒，如图11-71所示。

提 示

在制作装饰素材时，不必严格按照实际合成影片尺寸制作，可以适当将尺寸放大，即使只要此装饰元素的局部也会保证画质清晰。

02 在"顶部光斑"时间线面板添加黑色固态层，在菜单中选择【Layer（层）】→【New（新建）】→【Solid（固态层）】命令，然后在弹出的固态层对话框中设置Name（名称）为"顶部光斑"、尺寸为3600×3600、Pixel Aspect Ratio（像素长宽比）为Square Pixels（方形像素）制式，如图11-72所示。

 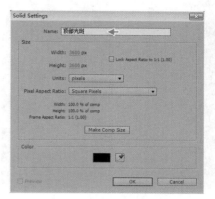

图11-71　新建合成　　　　　　　　　　图11-72　新建固态层

03 在"顶部光斑"时间线面板选择"顶部光斑"黑色固态层，在主菜单栏选择【Effect（特效）】→【Generate（生成）】→【Lens Flare（镜头光晕）】命令，在特效控制台中设置Lens Type（镜头类型）为105mm Prime，如图11-73所示。

04 在时间线面板展开"顶部光斑"黑色固态层的Effect（特效）选项，在Lens Flare（镜头光晕）滤镜特效卷展栏单击 自动关键帧按钮，在第0秒位置记录Flare Center（光晕中心）值为1600、1600，然后在第20秒位置记录Flare Center（光晕中心）值为1900、1900，设置光晕中心位移的动画，如图11-74所示。

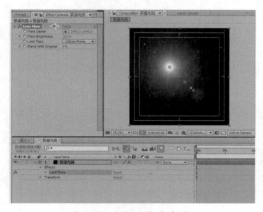 

图11-73　添加镜头光晕　　　　　　　　图11-74　设置光晕动画

05 播放动画，观看制作完成的光晕动画效果，如图11-75所示。

06 在项目面板将制作完成的"顶部光斑"合成拖拽至"镜头1"时间线面板，位置在摄影机1的下一层位置，如图11-76所示。

07 在"镜头1"时间线面板选择"顶部光斑"合成素材，然后单击 三维层按钮开启三维空间，再展开Transform（变换）选项并设置各项属性，确定光斑在合成画面的右上侧位置，如图11-77所示。

08 在"镜头1"时间线面板选择"顶部光斑"合成素材，然后在Mode（模式）中设置为Add（增加）层叠加模式，使光斑叠加融合于画面，如图11-78所示。

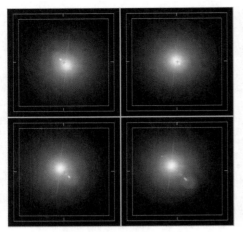

图11-75　光晕动画效果

图11-76　添加素材

图11-77　设置光斑位置

图11-78　层叠加设置

09 播放动画，观看制作完成的光斑合成效果，如图11-79所示。

图11-79　光斑合成效果

11.2.7　装饰光效

01 将项目面板"子午闪星[001-060].tga"序列素材拖拽至"镜头1"时间线面板的最上层位置，然后在Mode（模式）中设置为Add（增加）层叠加模式，使其与合成画面融合，如图11-80所示。

02 在"镜头1"时间线面板选择"子午闪星[001-060].tga"序列素材，再使用⬭椭圆形工具在视图中绘制遮罩，如图11-81所示。

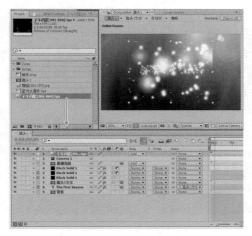

图11-80 添加素材　　　　　　　　图11-81 绘制遮罩

03 在时间线面板展开"子午闪星[001-060].tga"序列素材的Masks（遮罩）选项，然后设置Mask Feather（遮罩羽化）值为100，使遮罩边缘柔和过渡，如图11-82所示。

04 配合⏱自动关键帧按钮在第0秒位置记录Mask Expansion（遮罩扩展）值为0，在第3秒位置记录Mask Expansion（遮罩扩展）值为100，设置遮罩扩展的动画，如图11-83所示。

05 展开"子午闪星[001-060].tga"序列素材的Transform（变换）选项，配合⏱

图11-82 设置遮罩羽化

自动关键帧按钮在第0秒位置记录Scale（比例）值为300，在第4秒位置记录Scale（比例）值为400，使星光产生放大动画，如图11-84所示。

图11-83 设置扩展动画　　　　　　图11-84 设置放大动画

06 配合快捷键"T"显示"子午闪星[001-060].tga"序列素材的Opacity（不透明度）属

性，然后单击 ⏱ 自动关键帧按钮在第0秒20帧位置记录Opacity（不透明度）为100，在第4秒位置记录Opacity（不透明度）值为0，设置光效层渐隐的动画，如图11-85所示。

07 播放"镜头1"合成，观看制作完成的"镜头1"合成效果，如图11-86所示。

图11-85　设置渐隐动画

图11-86　镜头1合成效果

11.3　镜头2合成

在"镜头2合成"部分主要通过背景与摄影机→装饰圈→装饰星→屏幕素材→装饰文字→调节控制。

11.3.1　背景与摄影机

01 在主菜单栏中选择【Composition（合成）】→【New Composition（新建合成）】命令，在弹出的新建合成对话框中设置名称为"镜头2"、Preset（预设）为HDTV 1080 25、尺寸为1920×1080、Pixel Aspect Ratio（像素长宽比）为Square Pixels（方形像素）制式、Resolution（分辨率）为Quarter（四分之一）、视频长度为4秒，如图11-87所示。

02 在项目面板选择"背景"合成，将其拖拽至"镜头2"时间线面板，如图11-88所示。

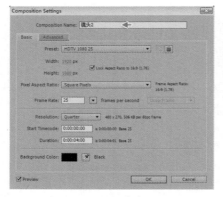

图11-87　新建合成

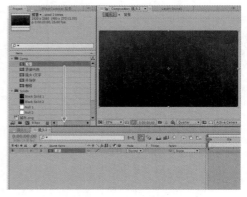

图11-88　添加素材

⓷ 在菜单中选择【Layer（层）】→【New（新建）】→【Camera（摄影机）】命令，在弹出的对话框中设置Name（名称）为"Camera 2"，再单击"确定"按钮创建摄影机，如图11-89所示。

⓸ 在"镜头2"时间线面板展开摄影机层的Transform（变换）和Camera Options（摄影机选项）选项，设置层变换属性与摄影机属性，控制摄影机在画面的位置与角度等，如图11-90所示。

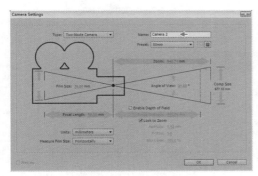

图11-89　创建摄影机

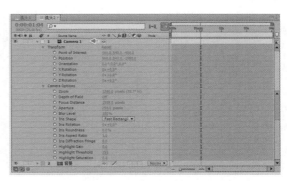

图11-90　设置摄影机

11.3.2　装饰圈

⓵ 在主菜单栏中选择【Composition（合成）】→【New Composition（新建合成）】命令，在弹出的新建合成对话框中设置名称为"装饰圈"、Preset（预设）为Custom（自定义）、尺寸为3600×3600、Pixel Aspect Ratio（像素长宽比）为Square Pixels（方形像素）制式、Resolution（分辨率）为Quarter（四分之一）、视频长度为10秒，如图11-91所示。

⓶ 建立黄色固态层并拖拽至"装饰圈"时间线面板，然后再使用◯椭圆形工具在视图中绘制遮罩，如图11-92所示。

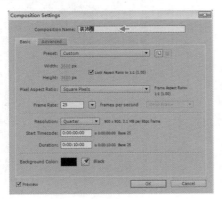

图11-91　新建合成

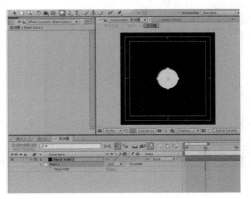

图11-92　固态层与遮罩

⓷ 在"装饰圈"时间线面板选择固态层并配合快捷键"T"显示Opacity（不透明度）属性，然后单击◯自动关键帧按钮并在0秒8帧位置记录Opacity（不透明度）值为0，在第0秒10帧位置记录Opacity（不透明度）值为100，设置素材渐入的动画，如图11-93所示。

04 继续在"装饰圈"时间线面板中添加红色固态层,然后使用 ⬭ 椭圆形工具在视图中绘制遮罩Mask 1和Mask 2,再设置遮罩的叠加方式为Subtract(相减),得到红色的环形图像,如图11-94所示。

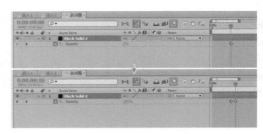

05 配合快捷键"T"显示红色固态层的Opacity(不透明度)属性,然后再设置装饰环渐入与渐出交错出现的动画,如图11-95所示。

图11-93 设置渐入动画

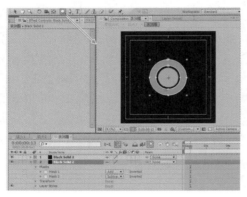

图11-94 固态层与遮罩

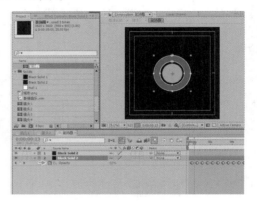

图11-95 设置透明动画

06 再次添加黄色与红色圆环,添加透明动画后,制作完成的装饰环动画效果如图11-96所示。

07 将项目面板制作完成的"装饰圈"拖拽至"镜头2"时间线面板,位置在"背景"合成层的上一层位置,然后单击 ⬛ 三维层按钮开启层的三维空间模式,如图11-97所示。

图11-96 装饰环动画效果

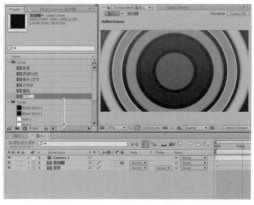

图11-97 添加素材

08 在时间线面板展开"装饰圈"合成层的Transform(变换)选项,然后设置各项属性确定装饰圈在画面的位置、大小和旋转角度,如图11-98所示。

09 在时间线面板选择"装饰圈"合成层,然后在主菜单栏选择【Effect(特效)】→【Stylize(风格化)】→【Glow(光晕)】命令,在特效控制台设置各项属性得到装饰圈的光晕效果,如图11-99所示。

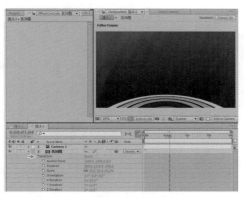

图11-98　三维属性设置

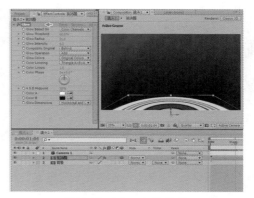

图11-99　添加光晕效果

⑩　在时间线面板选择摄影机层，配合 ⓞ 自动关键帧按钮分别在第0秒、第0秒20帧、第3秒15帧和第4秒位置记录Point of Interest（目标兴趣点）和Position（位置）的关键帧动画，使场景中的摄影机产生运动，如图11-100所示。

⑪　播放动画，观看制作完成的装饰圈合成效果，如图11-101所示。

图11-100　摄影机动画设置

图11-101　装饰圈合成效果

11.3.3　装饰星

①　在主菜单栏中选择【Composition（合成）】→【New Composition（新建合成）】命令，在弹出的新建合成对话框中设置合成项目的名称为"星"、Preset（预设）为HDTV 1080 25、尺寸为1920×1280、Pixel Aspect Ratio（像素长宽比）为Square Pixels（方形像素）制式、Resolution（分辨率）为Quarter（四分之一）、视频长度为10秒，如图11-102所示。

②　切换至"星"时间线面板并为其添加固态层，然后在主菜单栏选择【Effect（特效）】→【Generate（生成）】→【Fill（填充）】命令，在特效控制台设置填充颜色为中黄色，如图11-103所示。

图11-102　新建合成

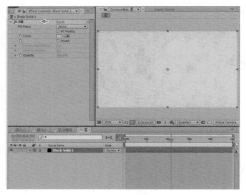

图11-103　添加填充效果

03 在"星"时间线面板选择固态层并使用快捷键"Ctrl+D"将其"原地复制"一层，然后在特效控制台修改填充颜色为柠檬黄色，如图11-104所示。

04 选择新复制的固态层，在菜单中选择【Layer（层）】→【Layer Styles（图层样式）】中的Bevel and Emboss（斜面和浮雕）和Gradient Overlay（渐变叠加）命令，然后在时间线面板层级别下展开Blending Options（混合选项）和Gradient Overlay（渐变叠加）选项，再设置属性得到颜色混合渐变的效果，如图11-105所示。

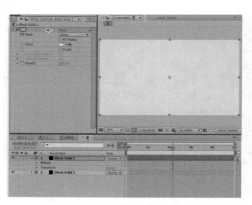

图11-104　修改填充颜色

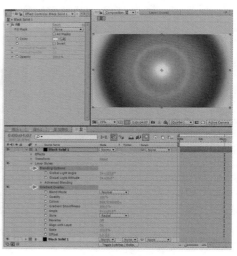

图11-105　颜色混合渐变

05 继续在"星"时间线面板添加固态层，然后使用☆星形工具在视图中绘制星形遮罩，如图11-106所示。

06 在"星"时间线面板选择含有星形遮罩的固态层，在主菜单栏选择【Effect（特效）】→【Generate（生成）】→【Radio Waves（无线电波）】命令，然后在特效控制台面板修改属性，得到穿梭的星形效果，如图11-107所示。

提示

Radio Waves（无线电波）滤镜特效是一种由圆心向外扩散的波纹效果，类似无线电波传递发散的动画效果。

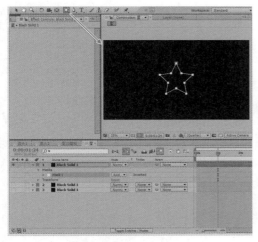

图11-106 添加星形遮罩

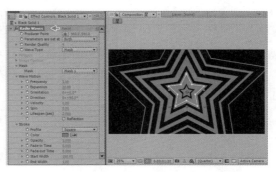

图11-107 添加无线电波特效

07 播放动画，观看制作完成的星形动画效果，如图11-108所示。

08 在"星"时间线面板中将无线电波特效处理的层关闭，再为第2层固态层设置Track Matte（蒙板跟踪）为Alpha Matte（通道蒙板），使画面显示出彩色的星形动画效果，如图11-109所示。

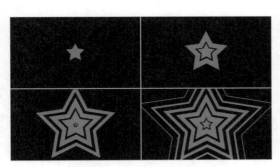

图11-108 星形动画效果

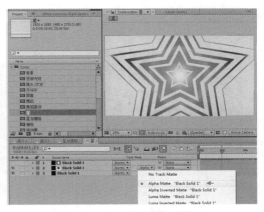

图11-109 设置蒙板跟踪

09 在主菜单栏中选择【Composition（合成）】→【New Composition（新建合成）】命令，在弹出的新建合成对话框中设置名称为"星加栅格"、Preset（预设）为HDTV 1080 25、尺寸为1920×1280、Pixel Aspect Ratio（像素长宽比）为Square Pixels（方形像素）制式、Resolution（分辨率）为Quarter（四分之一）、视频长度为10秒，如图11-110所示。

10 切换至"星加栅格"时间线面板，将项目面板"星"合成素材拖拽其中，如图11-111所示。

11 在"星加栅格"时间线面板选择"星"合成素材层，在主菜单栏选择【Effect（特效）】→【Time（时间）】→【Posterize Time（时间分离）】命令，然后再添加【Effect（特效）】→【Transition（切换）】→【Block Dissolve（块面溶解）】命令，再设置特效控制面板的属性，如图11-112所示。

提 示

Posterize Time（时间分离）滤镜特效可以将素材锁定到一个指定的帧率，从而产生跳帧播放的效果。

⑫ 在"星加栅格"时间线面板展开"星"合成层的Block Dissolve（块面溶解）选项，配合 🔘 自动关键帧按钮在第0秒位置记录Transition Completion（切换程度）为100，在第1秒10帧位置记录Transition Completion（切换程度）为0，设置素材切换程度的动画，如图11-113所示。

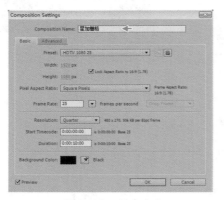

图11-110 新建合成

图11-111 添加素材

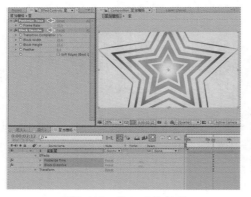

图11-112 添加滤镜特效

图11-113 设置切换程度动画

⑬ 播放动画，观看制作完成的切换动画效果，如图11-114所示。

⑭ 在项目面板选择"栅格"合成素材，将其拖拽至"星加栅格"时间线面板最上一层位置，如图11-115所示。

⑮ 在"星加栅格"时间线面板选择"栅格"合成素材层，然后单击 👁 视频显示按钮，关闭本层的显示，如图11-116所示。

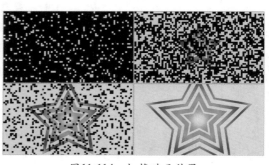

图11-114 切换动画效果

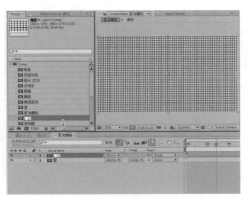
图11-115　添加素材

图11-116　关闭层显示

⑯ 在"星加栅格"时间线面板选择"星"合成素材层，设置Track Matte（蒙板跟踪）为Luma Matte（亮度蒙板）类型，使用"栅格"层的亮度信息进行叠加，如图11-117所示。

⑰ 播放动画，观看制作完成的装饰星动画合成效果，如图11-118所示。

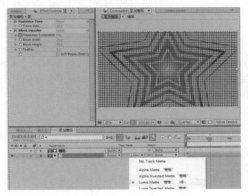
图11-117　亮度蒙板设置

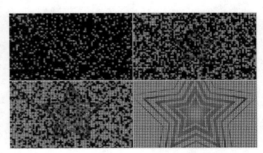
图11-118　装饰星动画效果

11.3.4　屏幕素材

⑴ 在主菜单栏中选择【Composition（合成）】→【New Composition（新建合成）】命令，在弹出的新建合成对话框中设置名称为"LED屏幕A"、Preset（预设）为HDTV 1080 25、尺寸为1920×1080、Pixel Aspect Ratio（像素长宽比）为Square Pixels（方形像素）制式、Resolution（分辨率）为Quarter（四分之一）、视频长度为10秒，如图11-119所示。

⑵ 在项目面板选择制作完成的"星形栅格"合成，再将其拖拽至"LED屏幕A"，如图11-120所示。

⑶ 在菜单中选择【Layer（层）】→【New（新建）】→【Camera（摄影机）】命令，创建摄影机并设置摄影机的目标兴趣点和位置参数，如图11-121所示。

⑷ 在"LED屏幕A"时间线面板选择"星形栅格"合成素材，然后使用矩形遮罩工具在视图中绘制矩形遮罩，如图11-122所示。

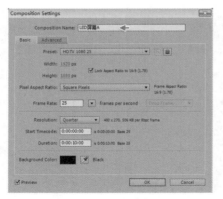

图11-119　新建合成

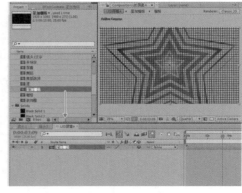

图11-120　添加素材

图11-121　设置摄影机

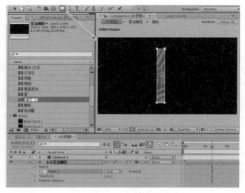

图11-122　绘制遮罩

05 在"LED屏幕A"时间线面板配合 三维层按钮激活三维层空间，然后设置Y Rotation（Y轴旋转）角度值为-10，如图11-123所示。

06 在"LED屏幕A"时间线面板配合快捷键"Ctrl+D"将"星形栅格"层"原地复制"一层，然后设置遮罩位置偏向左侧，再将Y Rotation（Y轴旋转）设置为-20，如图11-124所示。

提　示

通过遮罩和三维旋转的配合，准备组合出弧度的屏幕效果。

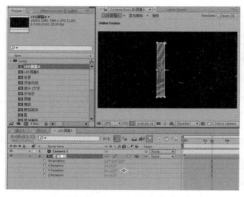

图11-123　设置旋转角度

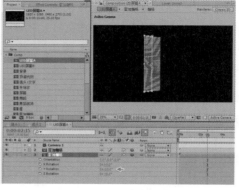

图11-124　设置Y轴旋转

07 配合快捷键"P"显示并设置下层"星形栅格"素材的Position（位置）值X轴为682、Y轴为540、Z轴为-56，控制层在画面中的位置，如图11-125所示。

08 使用相同的方法将素材原地复制并调节遮罩位置位置，使其逐渐沿Y轴旋转，得到左侧的屏幕组合效果，如图11-126所示。

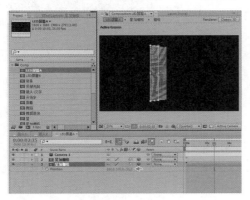

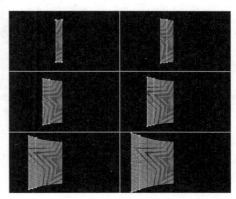

图11-125　调整位置　　　　　　　　　　　　图11-126　左侧屏幕效果

09 继续复制"星形栅格"并控制遮罩与Y轴旋转，然后设置相反右侧方向的屏幕，得到整体的屏幕效果，如图11-127所示。

10 在项目面板选择制作完成的"LED屏幕A"合成，将其拖拽至"镜头2"时间线面板，作为丰富合成画面的效果，如图11-128所示。

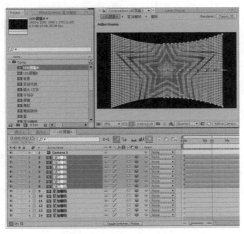

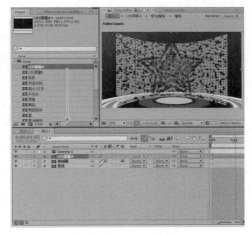

图11-127　设置右侧屏幕　　　　　　　　　　图11-128　添加素材

11 在时间线中选择"LED屏幕A"合成，单击 ■ 三维层按钮激活三维层空间并展开层Transform（变换）选项，然后Position（位置）值X轴为960、Y轴492、Z轴0，使其位置在装饰圈的顶部，如图11-129所示。

12 在"镜头2"时间线面板选择"LED屏幕A"合成，然后在主菜单栏选择【Effect（特效）】→【Generate（生成）】→【CC Light Burst 2.5（CC突发光）】命令，在特效控制台再设置属性来控制光效，如图11-130所示。

13 播放动画，观看制作完成的光效动画效果，如图11-131所示。

14 将"LED屏幕A"进行原地复制操作，再将复制层的特效关闭，使光效只显示在屏幕素材的边缘位置，如图11-132所示。

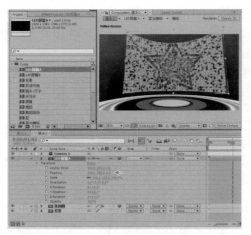

图11-129　设置三维位置

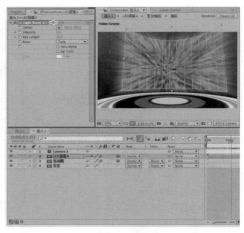

图11-130　添加光效

图11-131　光效动画效果

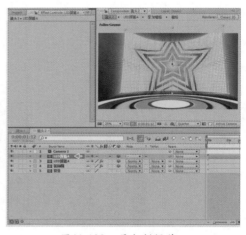

图11-132　层复制操作

⑮ 在主菜单栏选择【Effect（特效）】→【Stylize（风格化）】→【Glow（光晕）】命令，然后在特效控制台中控制素材光晕的效果，使屏幕素材产生高亮效果，如图11-133所示。

⑯ 选择"LED屏幕A"合成并配合快捷键"Ctrl+D"将素材"原地复制"一层，然后展开素材的Transform（变换）选项并设置Position（位置）值X轴为960、Y轴1628、Z轴0，再设置Scale（比例）值X轴为100、Y轴-100、Z轴100，模拟地面的反射效果，如图11-134所示。

提　示

素材的缩放设置为负值状态时，素材将产生镜像操作。

⑰ 在菜单中选择【Layer（层）】→【New（新建）】→【Null Object（虚拟物体）】命令，为合成创建虚拟物体，如图11-135所示。

⑱ 在"Camera 1"层的Parent（父子关系）选项中单击◎螺旋线按钮，然后拖拽至"Null 1"虚拟物体层的Parent（父子关系）选项，使摄影机受虚拟物体控制，如图11-136所示。

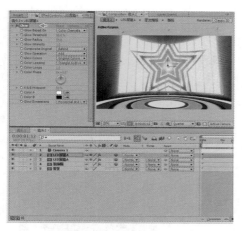

图11-133　添加光晕效果

图11-134　地面反射设置

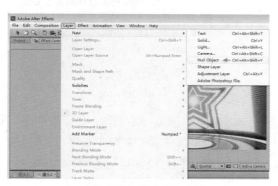

图11-135　创建虚拟物体

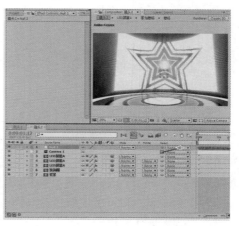

图11-136　设置父子关系

⑲ 在"镜头2"时间线面板选择"Null 1"虚拟物体层再单击 三维层按钮激活三维层空间，然后展开层Transform（变换）选项并设置Position（位置）与Orientation（方向）的脚本参数，使摄影机产生随机抖动，如图11-137所示。

⑳ 播放动画，观看制作完成的屏幕素材合成效果，如图11-138所示。

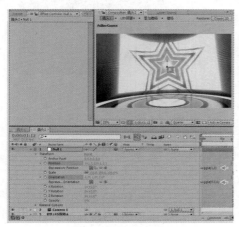

图11-137　虚拟物体设置

图11-138　屏幕素材效果

11.3.5 装饰文字

01 在主菜单栏中选择【Composition（合成）】→【New Composition（新建合成）】命令，在弹出的新建合成对话框中设置名称为"万众瞩目"，Preset（预设）为HDTV 1080 25、尺寸为1920×1080、Pixel Aspect Ratio（像素长宽比）为Square Pixels（方形像素）制式、Resolution（分辨率）为Quarter（四分之一）、视频长度为10秒，如图11-139所示。

02 切换至"万众瞩目"时间线面板，使用 **T** 文字工具在视图中输入文字"万众瞩目的蜕变"，然后在时间线面板单击 三维层按钮，作为影片的装饰文字，如图11-140所示。

图11-139　新建合成　　　　　　　　　图11-140　输入文字

03 在"万众瞩目"时间线面板选择"万众瞩目的蜕变"文字层，然后选择主菜单栏【Effect（特效）】→【Perspective（透视）】→【Drop Shadow（阴影）】命令，再设置特效控制台中的Shadow Color（阴影颜色）为白色、Direction（方向）值为135、Distance（距离）中为2、Softness（柔和度）值为30，控制阴影模拟虚光的效果，如图11-141所示。

04 在"万众瞩目"时间线面板选择"万众瞩目的蜕变"文字层并配合快捷键"Ctrl+D"将其"原地复制"一层，然后选择上层的文字素材，在主菜单栏选择【Effect（特效）】→【Generate（生成）】→【Fill（填充）】命令，再将文字层设置为暗紫色，如图11-142所示。

图11-141　添加阴影效果　　　　　　　　图11-142　添加填充特效

05 继续为文字层添加特效，选择主菜单栏【Effect（特效）】→【Perspective（透视）】→【Bevel Alpha（通道倒角）】命令，然后在特效控制台中设置Edge Thickness（边缘厚度）值为5、Light Angle（光源角度）值为-60、Light Color（光源颜色）为白色、

Light Intensity（光照强度）值为1，如图11-143所示。

06 在项目面板选择制作完成的"万众瞩目"合成，将其拖拽至"镜头2"时间线面板摄影机的下一层，然后单击 三维层按钮激活三维的层空间，如图11-144所示。

图11-143　添加特效

图11-144　添加素材

07 配合快捷键"S"显示"万众瞩目"合成层的Scale（比例）属性，然后在第0秒5帧位置记录Scale（比例）值X轴为300、Y轴为300、Z轴为100，作为文字动画的起始帧，如图11-145所示。

08 在第0秒20帧位置记录Scale（比例）值X轴为100、Y轴为100、Z轴为100，作为文字动画的结束帧，如图11-146所示。

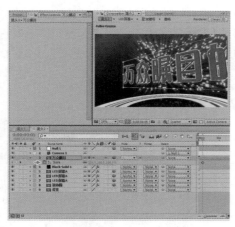

图11-145　设置起始帧

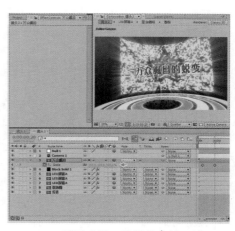

图11-146　设置结束帧

09 播放动画，观看制作完成的文字缩放动画效果，如图11-147所示。

10 在"镜头2"时间线面板展开"万众瞩目"合成层的Transform（变换）选项，配合 自动关键帧按钮在第0秒5帧位置记录Y Rotation（Y轴旋转）值为-80，作为文字旋转动画的起始帧，如

图11-147　文字缩放动画

449

图11-148所示。

⑪ 在第0秒20帧位置记录Y Rotation（Y轴旋转）值为0，作为文字旋转动画的结束帧，如图11-149所示。

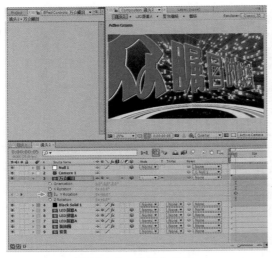
图11-148　旋转起始帧

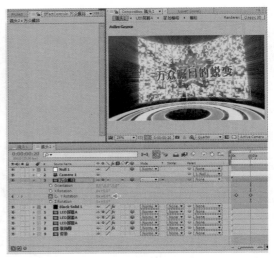
图11-149　旋转结束帧

⑫ 配合快捷键"P"显示"万众瞩目"层的Position（位置）属性并设置值为X轴980、Y轴-1000、Z轴0，作为文字位移动画的起始帧，如图11-150所示。

⑬ 在第0秒20帧位置记录"万众瞩目"层的Position（位置）值为X轴958、Y轴800、Z轴0，作为文字位移动画的结束帧，如图11-151所示。

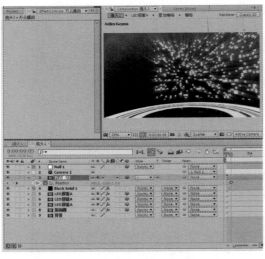
图11-150　位移起始帧

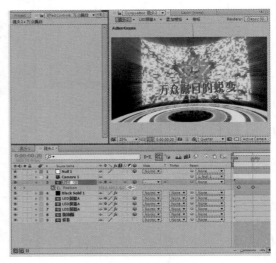
图11-151　位移结束帧

⑭ 在"镜头2"时间线面板展开"万众瞩目"合成层，然后在主菜单栏选择【Effect（特效）】→【Stylize（风格化）】→【Glow（光晕）】命令，在特效控制台设置属性，使素材产生发光的效果，如图11-152所示。

⑮ 播放动画，观看制作完成的装饰文字动画效果，如图11-153所示。

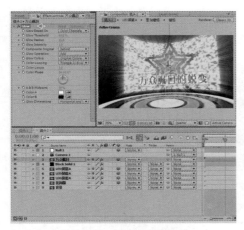

图11-152　添加发光效果

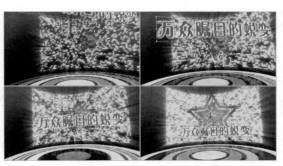

图11-153　文字动画效果

11.3.6　调节控制

01 将项目面板中的固态层拖拽至"镜头2"时间线面板，位置在摄影机的下一层位置，然后单击 ⬤ 调节层按钮将其转化为调节层，从而控制本层以下的所有效果，如图11-154所示。

02 在"镜头2"时间线面板选择调节层，然后在主菜单栏选择【Effect（特效）】→【Color Correction（色彩校正）】→【Curves（曲线）】命令，在特效控制台调整曲线，从而控制画面的亮度与对比度效果，如图11-155所示。

03 将项目面板中"顶部光斑"合成拖拽至"镜头2"时间线面板，然后设置Mode（模式）为Add（增加）层叠加模式，使光斑效果融合于画面中，如图11-156所示。

图11-154　添加调节层

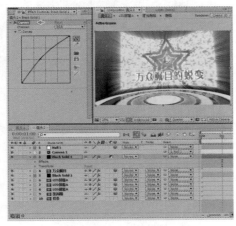

图11-155　调整画面

图11-156　添加素材

04 在"镜头2"时间线面板选择"顶部光斑"素材层，配合快捷键"P"显示层Position（位置）属性，然后记录第0秒至第1秒位置的关键帧，使光斑效果产生位移动画，如图11-157所示。

05 播放动画，观看"镜头2"整体的合成效果，如图11-158所示。

图11-157　设置位移动画

图11-158　镜头2合成效果

11.4　镜头3合成

在"镜头3合成"部分主要通过背景合成→丰富装饰圈→屏幕装饰→装饰文字→添加光效。

11.4.1　背景合成

01 在主菜单栏中选择【Composition（合成）】→【New Composition（新建合成）】命令，在弹出的新建合成对话框中设置名称为"镜头3"、Preset（预设）为HDTV 1080 25、尺寸为1920×1280、Pixel Aspect Ratio（像素长宽比）为Square Pixels（方形像素）制式、Resolution（分辨率）为Quarter（四分之一）、视频长度为4秒，如图11-159所示。

02 在项目选择"背景"、"Black Solid 1"和"Black Solid 2"拖拽至"镜头3"时间线面板，然后再单击"Black Solid 2"的 三维层按钮，再设置Mode（模式）为Overlay（覆盖）层叠加模式，得到合成需要的背景效果，如图11-160所示。

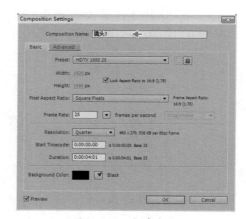

图11-159　新建合成

03 播放"镜头3"序列，观看制作完成的背景动画效果，如图11-161所示。

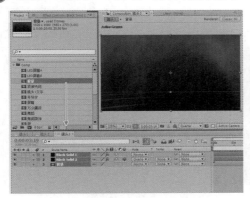

图11-160　添加背景　　　　　　　　　　图11-161　背景动画效果

11.4.2　丰富装饰圈

01 在项目面板选择"装饰圈"合成素材，将其拖拽至"镜头3"时间线面板两个固态层之间，如图11-162所示。

02 在"镜头3"时间线面板选择"装饰圈"素材层并单击■三维层按钮激活三维空间，然后展开层的Transform（变换）选项再设置X Rotation（X轴旋转）值为-85，控制装饰圈在画面中的倾斜角度，如图11-163所示。

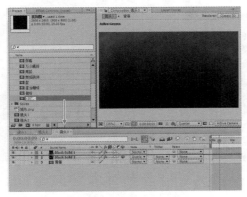

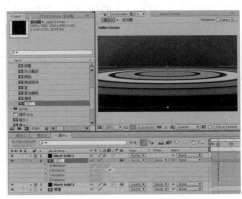

图11-162　添加素材　　　　　　　　　　图11-163　设置倾斜角度

03 在菜单中选择【Layer（层）】→【New（新建）】→【Camera（摄影机）】命令创建摄影机，然后在"镜头3"时间线面板展开摄影机层Transform（变换）选项，再配合■自动关键帧按钮在第0秒位置记录Point of Interest（目标兴趣点）值为X轴940、Y轴740、Z轴-680，记录Position（位置）值为X轴930、Y轴875、Z轴-770，作为摄影机动画的起始帧，如图11-164所示。

04 在第0秒15帧位置记录Point of Interest（目标兴趣点）值为X轴960、Y轴810、Z轴-560，记录Position（位置）值为X轴1000、Y轴940、Z轴260，作为摄影机动画的中间帧，如图11-165所示。

05 在第4秒位置记录Point of Interest（目标兴趣点）值为X轴1010、Y轴785、Z轴120，

记录Position（位置）值为X轴1050、Y轴840、Z轴950，作为摄影机动画的结束帧，如图11-166所示。

06 在菜单中选择【Layer（层）】→【New（新建）】→【Null Object（虚拟物体）】命令，利用创建的虚拟物体来控制摄影机，如图11-167所示。

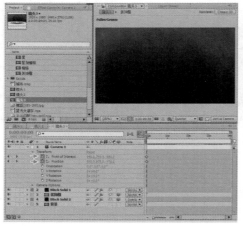

图11-164 设置起始帧

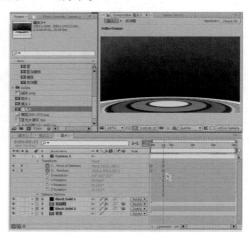

图11-165 设置中间帧

图11-166 设置结束帧

图11-167 创建虚拟物体

07 单击虚拟物体的 ⬛ 三维层按钮，激活三维空间并将摄影机的 ◉ 螺旋线按钮拖拽至"Null 1"层的Parent（父子关系）选项中，使摄影机受虚拟物体控制，如图11-168所示。

08 在"镜头3"时间线面板选择虚拟物体"Null 1"层，然后展开其Transform（变换）选项，并设置Position（位置）与Orientation（方向）随机变化的效果，如图11-169所示。

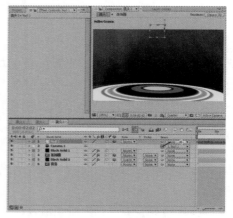

图11-168 设置父子关系

09 播放动画，观看制作完成的装饰圈动画效果，如图11-170所示。

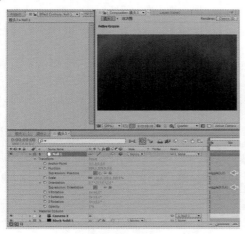

图11-169　随机变化设置　　　　　　　　　图11-170　装饰圈动画效果

10 在视图中使用 T 文字工具在视图中输入"句号"作为装饰点再移动至"装饰圈"素材的上一层，然后再使用 ○ 椭圆形工具在视图中绘制遮罩，如图11-171所示。

11 展开"镜头3"时间线面板中文字层的Text（文字）选项，然后单击Animate（鼓舞）项目按钮，再添加Path Options（路径选项）开启卷展栏并将Path（路径）项设置为Mask 1，如图11-172所示。

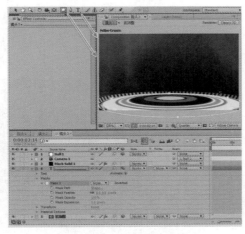

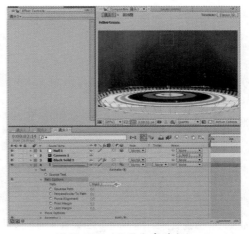

图11-171　添加装饰元素　　　　　　　　　　图11-172　设置文字路径

提　示

　　文字的Animate（鼓舞）项目中提供了多种动画控制，其中的Path Options（路径选项）可以将文字按照所绘制路径进行跟随变形处理。

12 再次单击Animate（鼓舞）项目按钮添加Base Stroke（基线描边）和Animator- Strok/Fill-Color（动画描边/填充颜色）的文字效果，如图11-173所示。

13 设置添加的文字效果，再配合 ◎ 自动关键帧按钮在第0秒位置记录Spatial Phase（空间相位）值为4×+300，在第4秒位置记录Spatial Phase（空间相位）值为1×+300，记录文字空间的相位动画，如图11-174所示。

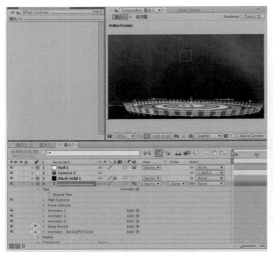

图11-173　添加文字效果

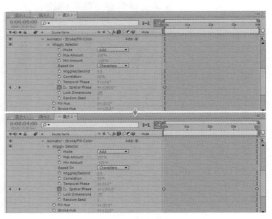

图11-174　空间相位设置

⑭ 在"镜头3"时间线面板选择文字层并添加Frequency（频率）特效，然后再设置Slider（滑块）值为20，如图11-175所示。

⑮ 继续为文字层添加发光效果。在主菜单栏选择【Effect（特效）】→【Stylize（风格化）】→【Glow（光晕）】命令，在特效控制台面板中设置Glow Threshold（光晕阈值）值为60、Glow Radius（光晕半径）值为51、Glow Intensity（光晕强度）值为4.1、Glow Colors（光晕颜色）为A&B Colors（A与B颜色）、Color A（颜色A）为黄色、Color A（颜色A）为红色，使本层产生柔和的光晕效果，如图11-176所示。

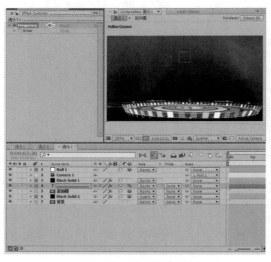

图11-175　添加频率特效

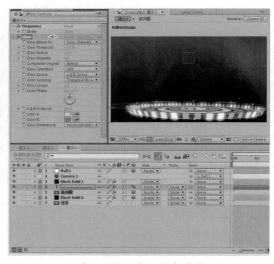

图11-176　添加发光效果

⑯ 选择文字层并配合快捷键"Ctrl+D"将文字层"原地复制"一层，然后再将其移动至"背景"合成的上一层位置，如图11-177所示。

⑰ 播放"镜头3"序列，观看丰富装饰圈的合成效果，如图11-178所示。

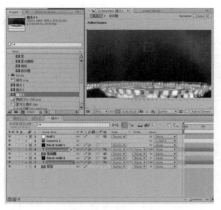

图11-177　复制层

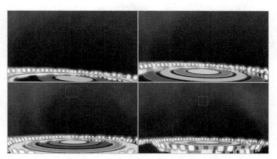

图11-178　丰富装饰圈效果

11.4.3　屏幕装饰

01 在主菜单栏中选择【Composition（合成）】→【New Composition（新建合成）】命令，在弹出的新建合成对话框中设置名称为"舞蹈装饰"，设置Preset（预设）为HDTV 1080 25、尺寸为1920×1280、Pixel Aspect Ratio（像素长宽比）为Square Pixels（方形像素）制式、Resolution（分辨率）为Quarter（四分之一）、视频长度为10秒，如图11-179所示。

02 将项目面板"舞蹈"和"栅格"合成素材拖拽至"舞蹈装饰"时间线面板，然后在时间线面板选择"舞蹈"素材层，在Track Matte（蒙板跟踪）项选择Luma Matte（亮度蒙板），使用"栅格"素材层的亮度信息为"舞蹈"层添加蒙板，如图11-180所示。

图11-179　新建合成

图11-180　设置亮度蒙板

03 在主菜单栏中选择【Composition（合成）】→【New Composition（新建合成）】命令，在弹出的新建合成对话框中设置名称为"LED屏幕B"，设置Preset（预设）为HDTV 1080 25、尺寸为1920×1280、Pixel Aspect Ratio（像素长宽比）为Square Pixels（方形像素）制式、Resolution（分辨率）为Quarter（四分之一）、视频长度为10秒，如图11-181所示。

04 切换至"LED屏幕B"时间线面板，将项目面板中"屏幕"合成素材拖拽至时间线面板，然后开启三维层模式，与制作"LED屏幕A"合成的方法相同，制作完成"LED

屏幕B"弧度屏幕合成效果，如图11-182所示。

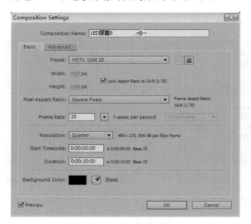

图11-181　新建合成

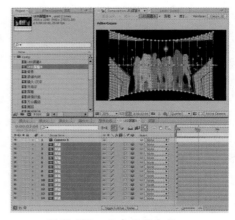

图11-182　弧度屏幕合成

05 在项目面板将制作完成的"LED屏幕B"合成添加至"镜头3"时间线面板，放置在文字层的上一层位置，如图11-183所示。

06 配合 ■三维层按钮激活"LED屏幕B"层的三维空间，然后展开Transform（变换）选项，再设置层的定位点、位置和角度，使其放置在装饰圈上，如图185所示。

图11-183　添加素材

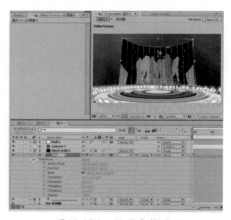

图11-184　设置变换属性

07 在"镜头3"时间线面板选择"LED屏幕B"合成素材层，然后在主菜单栏选择【Effect（特效）】→【Generate（生成）】→【CC Light Burst 2.5（CC突发光）】命令，在特效控制台中设置Intensity（强度）值为1570、Ray Length（光线长度）值为120，如图11-185所示。

08 在时间线面板配合快捷键"Ctrl+D"将"LED屏幕B"原地复制一层，然后在特效控制台清除复制层的CC Light

图11-185　添加光效

Burst 2.5（CC突发光）特效，在主菜单栏选择【Effect（特效）】→【Stylize（风格化）】→【Glow（光晕）】命令并在特效控制台设置，使复制的层产生光晕的效果，如图11-186所示。

09 播放动画，观看制作完成的屏幕装饰合成效果，如图11-187所示。

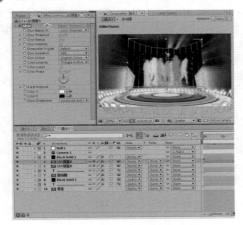

图11-186 复制并添加光效

图11-187 屏幕装饰效果

11.4.4 装饰文字

01 在主菜单栏中选择【Composition（合成）】→【New Composition（新建合成）】命令，在弹出的新建合成对话框中设置名称为"倾情打造"、Preset（预设）为HDTV 1080 25、尺寸为1920×1280、Pixel Aspect Ratio（像素长宽比）为Square Pixels（方形像素）制式、Resolution（分辨率）为Quarter（四分之一）、视频长度为10秒，如图11-188所示。

02 切换至"倾情打造"时间线面板，配合 T 文字工具在视图中输入"专家团队倾情打造"文字，然后再单击 三维层按钮开启文字的三维层空间，如图11-189所示。

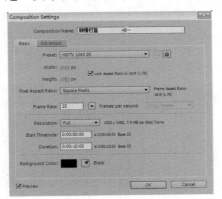

图11-188 新建合成

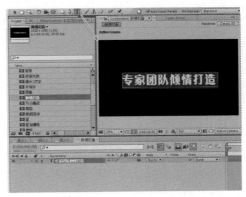

图11-189 建立文字

03 在"倾情打造"时间线面板展开文字层，单击Animate（鼓舞）项目的三角形按钮，然后在弹出的菜单中选择Tracking（跟踪）命令，为文字层添加间距的跟踪动画，如图11-190所示。

04 在时间线面板展开文字层选项，配合⏱自动关键帧按钮在0秒位置设置Tracking Type（跟踪类型）为Before & After（之前或之后）、Tracking Amount（跟踪数量）值为0，然后在第10秒位置设置Tracking Amount（跟踪数量）值为30，使文字产生间距动画，如图11-191所示。

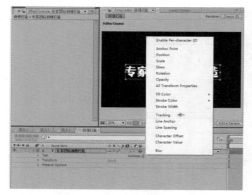

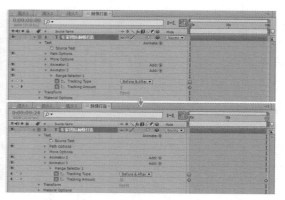

图11-190　添加跟踪动画　　　　　　　　　　图11-191　设置跟踪动画

05 在时间线面板选择文字层，在主菜单栏选择【Effect（特效）】→【Generate（生成）】→【Fill（填充）】命令，然后再设置填充文字的颜色，如图11-192所示。

06 继续为其添加滤镜特效，选择主菜单栏【Effect（特效）】→【Perspective（透视）】→【Bevel Alpha（通道倒角）】命令，使文字具有立体效果，如图11-193所示。

图11-192　添加填充特效　　　　　　　　　　图11-193　添加通道倒角特效

07 在时间线面板配合快捷键"Ctrl+D"将文字层"原地复制"一层，然后选择主菜单栏【Effect（特效）】→【Perspective（透视）】→【Drop Shadow（阴影）】命令，再设置特效控制台中的Shadow Color（阴影颜色）为白色、Opacity（不透明度）值为100、Direction（方向）值为135、Distance（距离）中为2、Softness（柔和度）值为30，如图11-194所示。

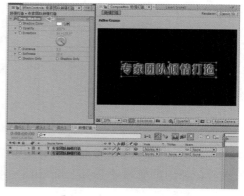

图11-194　添加阴影特效

08 在项目面板选择制作完成的"倾情打造"合成素材，然后将其拖拽至"镜头3"时间线面板中，再单击⬛三维层按钮并展开层Transform（变换）选项设置位置与旋转信息，如图11-195所示。

09 单击⏱自动关键帧按钮，在第0秒14帧位置记录Y Rotation（Y轴旋转）值为-1×0，在第0秒20帧位置记录Y Rotation（Y轴旋转）值为-165，在0秒23帧位置记录Y Rotation（Y轴旋转）值为-180，完成文字的旋转动画，如图11-196所示。

图11-195　添加素材　　　　　　　　　　图11-196　设置旋转动画

10 播放动画，观看制作文字旋转的动画效果，如图11-197所示。

11 在时间线面板中选择"倾情打造"素材层并配合快捷键"Ctrl+D"将其"原地复制"一层，然后选择下层素材并在Parent（父子关系）项单击⭕螺旋线按钮拖拽链接至上层合成素材中，建立链接使下一层文字受到上一层文字的控制，如图11-198所示。

图11-197　文字旋转效果　　　　　　　　图11-198　建立父子关系

12 选择子层"倾情打造"合成层，再配合快捷键"T"显示并设置Opacity（不透明度）值为35，作为文字的倒影效果，如图11-199所示。

13 在时间线面板选择上层"倾情打造"素材，然后在主菜单栏选择【Effect（特效）】→【Generate（生成）】→【CC Light Sweep（CC扫光）】命令，在特效控制台设置各项属性完成扫光效果，如图11-200所示。

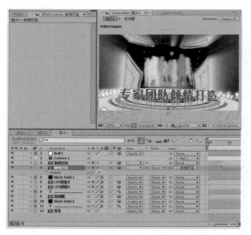

图11-199　设置不透明度

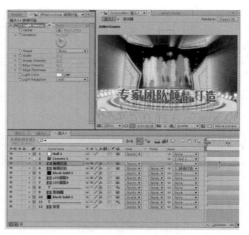

图11-200　添加扫光特效

⑭ 在时间线面板展开Effects（特效）选项并单击 ⏱ 自动关键帧按钮，在第2秒3帧位置记录Center（中心）值为X轴0、Y轴650，在第4秒位置记录Center（中心）值为X轴1500、Y轴650，完成光效中心的位置动画，如图11-201所示。

⑮ 继续为上层"倾情打造"素材添加滤镜特效，选择主菜单栏【Effect（特效）】→【Stylize（风格化）】→【Glow（光晕）】命令，然后在特效控制台设置各项属性，使文字表面产生柔光效果，如图11-202所示。

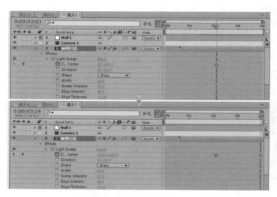

图11-201　设置中心动画

图11-202　添加光晕特效

11.4.5　添加光效

① 在项目面板选择"顶部光斑"合成并将其拖拽至"镜头3"时间线面板，然后单击 🔲 三维层按钮展开素材层的Transform（变换）选项，设置Position（位置）值为X轴1800、Y轴1800、Z轴0，设置Scale（比例）值为150，使光斑放置在视图的顶部位置，如图11-203所示。

02 在"镜头3"时间线面板设置"顶部光斑"合成素材的Mode（模式）为Add（增加）层叠加，使光斑效果融合于画面之中，丰富影片的视觉效果，如图11-204所示。

03 播放动画，观看制作完成的"镜头3"合成效果，如图11-205所示。

图11-203　添加光斑素材

图11-204　层叠加设置

图11-205　镜头3效果

11.5 镜头4合成

在"镜头4合成"部分主要通过背景合成→装饰圈合成→城市素材→画面修饰→添加文字。

11.5.1　背景合成

01 在主菜单栏中选择【Composition（合成）】→【New Composition（新建合成）】命令，在弹出的新建合成对话框中设置名称为"镜头4"、Preset（预设）为HDTV 1080 25、尺寸为1920×1280、Pixel Aspect Ratio（像素长宽比）为Square Pixels（方形像素）制式、Resolution（分辨率）为Quarter（四分之一）、视频长度为8秒，如图11-206所示。

02 切换至"镜头4"时间线面板，将项目面板中的"背景"拖拽至时间线面板，如图11-207所示。

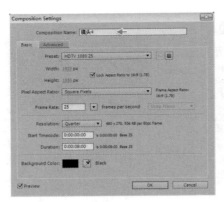

图11-206　新建合成

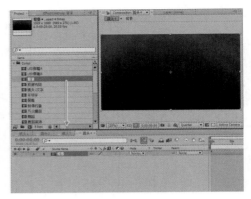

图11-207　添加素材

03 在项目面板选择"子午闪星[001-060].tga"序列素材，再将其拖拽至"镜头4"时间线面板中，如图11-208所示。

04 在时间线面板选择"子午闪星[001-060].tga"序列素材层，使用○椭圆形工具在视图中绘制椭圆形遮罩，然后展开素材层Mask（遮罩）选项，再设置Mask Feather（遮罩羽化）值为100，使遮罩边缘产生羽化，控制素材中心区域被屏蔽的效果，如图11-209所示。

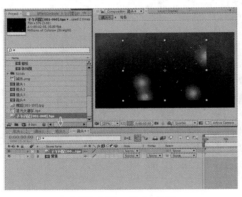

图11-208　添加素材

图11-209　绘制遮罩

05 配合○自动关键帧按钮在第0秒位置记录Mask Expansion（遮罩扩展）值为0，在第4秒20帧位置记录Mask Expansion（遮罩扩展）值为100，使遮罩产生逐渐扩展消失的动画，如图11-210所示。

06 配合快捷键"T"显示"子午闪星[001-060].tga"序列素材层的Opacity（不透明度）属性，然后单击○自动关键帧按钮在第1秒7帧位置记录Opacity（不透明度）值为100，在第6秒8帧位置记录Opacity（不透明度）值为0，使素材渐隐消失的动画，如图11-211所示。

图11-210　设置扩展动画

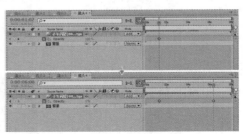

图11-211　设置透明动画

07 展开素材层Transform（变换）选项，配合 ⏱ 自动关键帧按钮在第0秒位置记录Scale
（比例）值为300，在第6秒8帧位置记录Scale（比例）值为400，使素材完成缩放的动
画，如图11-213所示。

08 播放动画，观看制作完成的影片背景动画效果，如图11-213所示。

图11-212 设置缩放动画

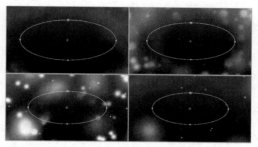

图11-213 背景动画效果

11.5.2 装饰圈合成

01 在项目面板选择"装饰圈"合成并将其拖拽至"镜头4"时间线面板，然后单击 ▣ 三
维层按钮激活素材的三维层空间，如图11-214所示。

02 在时间线面板选择"装饰圈"合成层，使用 ▢ 矩形遮罩工具在视图中绘制遮罩，然后
展开素材层Masks（遮罩）选项并设置Mask Feather（遮罩羽化）值为500，使素材的中
心区域清晰显示，如图11-215所示。

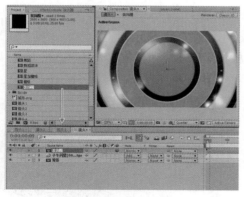

图11-214 添加素材

图11-215 绘制遮罩

03 配合 ⏱ 自动关键帧按钮在第0秒位置记录Mask Expansion（遮罩扩展）值为150，在第1秒10
帧位置记录Mask Expansion（遮罩扩展）值为0，设置遮罩扩展的动画，如图11-216所示。

04 播放动画，观看"装饰圈"的遮罩合成效果，如图11-217所示。

05 在时间线面板展开"装饰圈"合成层的Transform（变换）选项，配合 ⏱ 自动关键帧按
钮在第0秒位置记录Scale（比例）值为100、X Rotation（X轴旋转）值为0，使素材层
产生缩放和旋转动画的起始帧，如图11-218所示。

06 在第1秒10帧位置记录Scale（比例）值为200、X Rotation（X轴旋转）值为-85，作为
素材缩放和旋转动画的结束帧，如图11-219所示。

图11-216　设置扩展动画

图11-217　遮罩合成效果

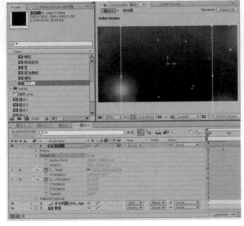

图11-218　设置动画起始帧

图11-219　设置动画结束帧

07 播放动画，观看设置缩放与旋转的合成效果，如图11-220所示。

08 在时间线面板展开"装饰圈"合成层，配合快捷键"P"显示素材的Position（位置）属性，然后单击○自动关键帧按钮并在第0秒记录Position（位置）值为X轴960、Y轴540、Z轴0，作为素材层位移动画的起始帧，如图11-221所示。

图11-220　设置动画效果

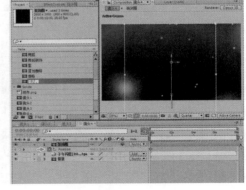

图11-221　设置起始帧

09 在第1秒10帧记录Position（位置）值为X轴960、Y轴1000、Z轴0，作为素材层位移动画的关键帧，如图11-222所示。

10 在第8秒记录Position（位置）值为X轴960、Y轴1200、Z轴0，作为素材层位移动画的结束帧，如图11-222所示。

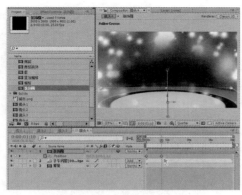

图11-222　设置关键帧

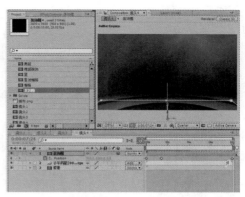

图11-223　设置结束帧

⑪ 配合快捷键"T"显示素材层的Opacity（不透明度）属性，然后单击🔘自动关键帧按钮并在第0秒位置记录Opacity（不透明度）值为100，在第2秒1帧位置记录Opacity（不透明度）值为0，制作素材渐隐的透明动画，如图11-224所示。

⑫ 播放动画，观看制作完成的"装饰圈"合成效果，如图11-225所示。

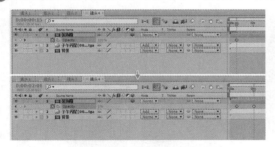

图11-224　设置透明动画

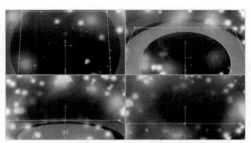

图11-225　装饰圈合成效果

11.5.3　城市素材

① 在项目面板选择"城市.png"图片素材，将其拖拽至"镜头4"时间线面板"装饰圈"和"子午闪星"序列素材层之间，然后在时间线面板展开素材层Transform（变换）选项，再设置Anchor Point（定位点）值为X轴400、Y轴75，设置Position（位置）值为X轴1054、Y轴900，调整城市素材在画面中的位置，如图11-226所示。

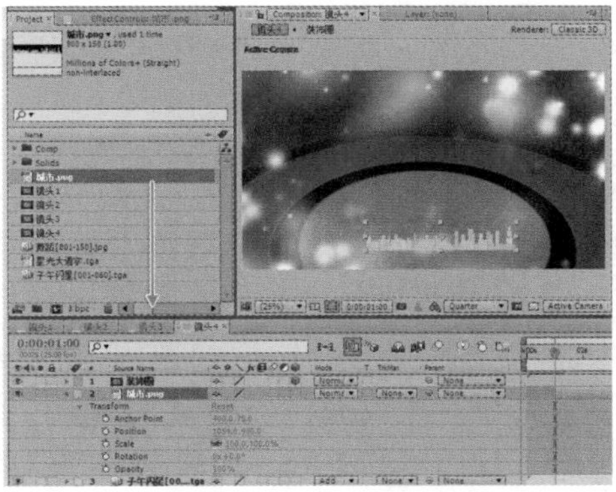

② 在"镜头4"时间线面板选择"城市.png"图片素材，在Mode（模式）中设置为Add

图11-226　添加素材

（增加）层叠加模式，然后配合快捷键"S"显示并设置Scale（比例）值为270，丰富画面底部位置的装饰效果，如图11-227所示。

③ 配合快捷键"P"显示素材层的Position（位置）属性，然后单击🔘自动关键帧按钮并在第1秒至第8秒位置记录Position（位置）关键帧，使素材层产生水平位移动画，

如图11-228所示。

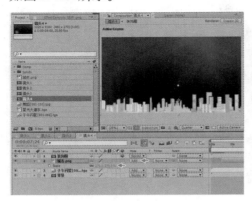

图11-227 层叠加与比例设置

图11-228 设置位移动画

04 配合快捷键"T"显示素材层Opacity（不透明度）属性，然后单击⏱自动关键帧按钮并在第1秒设置Opacity（不透明度）值为0，在第2秒位置记录Opacity（不透明度）值为50，使素材层产生渐入的动画效果，如图11-229所示。

05 播放动画，观看添加城市装饰素材的动画效果，如图11-230所示。

图11-229 设置透明动画

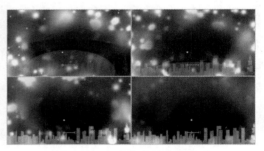

图11-230 城市素材动画效果

11.5.4 画面修饰

01 将项目面板的黑色固态层添加至"镜头4"时间线面板中，使用🖊钢笔工具在视图中绘制遮罩，然后勾选固态层Masks（遮罩）项目的Inverted（反转）项，反转素材遮罩的范围，使黑色固态层控制画面的边缘位置，如图11-231所示。

02 展开固态层的Masks（遮罩）选项并设置Mask Feather（遮罩羽化）值为300，使遮罩边缘产生羽化，如图11-232所示。

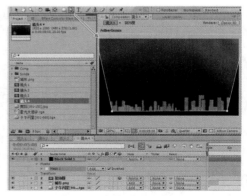

图11-231 添加固态层与遮罩

提 示

通过黑色固态层可以控制画面颜色层次，使画面中心区域明亮，四周边缘位置颜色暗淡，更容易突显影片主体，使画面更具有立体感。

03 设置固态层的Mode（模式）为Overlay（覆盖）层叠加模式，再配合快捷键"T"显示并设置固态层的Opacity（不透明度）值为50，控制黑色固态层的效果，如图11-233所示。

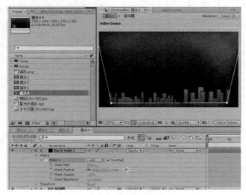
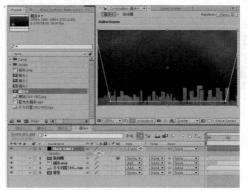

图11-232 设置遮罩边缘羽化   图11-233 层叠加与透明

04 在项目面板选择"顶部光斑"合成并将其拖拽至"镜头4"时间线面板，然后展开素材层的Transform（变换）选项，设置Position（位置）值为X轴960、Y轴50，再设置固态层的Mode（模式）为Add（增加）层叠加模式，丰富画面的效果，如图11-234所示。

05 播放动画，观看画面装饰的合成效果，如图11-235所示。

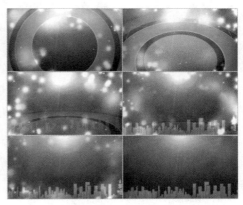

图11-234 添加素材   图11-235 画面装饰效果

11.5.5 添加文字

01 在项目面板选择"星光大道字.tga"图片素材，将其拖拽至"镜头4"时间线面板，然后单击 三维层按钮激活三维层空间，再配合快捷键"P"显示并设置Position（位置）参数值为X轴960、Y轴450，调整字在画面中的位置，如图11-236所示。

02 展开"星光大道字.tga"素材层的Transform（变换）选项，然后配合 自动关键帧按钮在第0秒15帧位置记录X Rotation（X轴旋转）值为0，在第7秒24帧位置记录X

Rotation（X轴旋转）值为-15，完成文字的旋转动画，如图11-237所示。

图11-236　添加素材

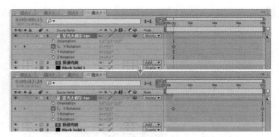
图11-237　设置旋转动画

03　选择"星光大道字.tga"素材层并配合快捷键"S"显示素材层Scale（比例）属性，单击 ⭘ 自动关键帧按钮，在第0秒15帧位置记录Scale（比例）值为0，在第1秒5帧位置记录Scale（比例）值为95，在第7秒24帧位置记录Scale（比例）值为110，完成文字的缩放动画，如图11-238所示。

04　播放动画，观看制作文字由远至近的动画效果，如图11-239所示。

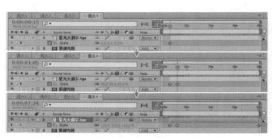
图11-238　设置缩放动画

图11-239　文字动画效果

05　配合快捷键"T"显示"星光大道字.tga"素材层的Opacity（不透明度）属性，然后单击 ⭘ 自动关键帧按钮并在第0秒15帧位置记录Opacity（不透明度）值为0，在第1秒位置记录Opacity（不透明度）值为100，制作文字渐入的透明动画，如图11-240所示。

06　在主菜单栏选择【Effect（特效）】→【Color Correction（色彩校正）】→【Brightness & Contrast（亮度与对比度）】命令，在特效控制台设置Brightness（亮度）值为0、Contrast（对比度）值为30，使文字的颜色对比更加强烈；在主菜单栏选择【Effect（特效）】→【Blur& Sharpen（模糊与锐化）】→【Sharpen（锐化）】命令，然后在特效控制台设置Sharpen Amount（锐化程度）值为20，使文字边缘增强锐度效果，如图11-241所示。

提示

Sharpen（锐化）滤镜特效通过增加相邻像素点之间的对比度，从而使图像变得更加清晰化，特别适合应用在玻璃、金属等反差较大的图像中。

图11-240　设置透明动画

图11-241　添加特效

07 在"镜头4"时间线面板配合快捷键"Ctrl+D"将"星光大道字.tga"素材层"原地复制"一层，然后在Mode（模式）中设置为Add（增加）层叠加模式，如图11-242所示。

08 在"镜头4"时间线面板选择上层的"星光大道字.tga"素材层，然后使用 🖊 钢笔工具在视图中绘制遮罩，准备制作扫光的动画，如图11-243所示。

图11-242　复制素材并设置

图11-243　绘制遮罩

09 在时间线面板展开"星光大道字.tga"素材层的Masks（遮罩）选项，然后配合 🕐 自动关键帧按钮在第2秒10帧位置记录Mask Path（遮罩路径）动画的起始帧在屏幕左侧，如图11-244所示。

10 在第4秒位置记录Mask Path（遮罩路径）动画的结束帧在屏幕右侧，如图11-245所示。

图11-244　设置起始帧

图11-245　设置结束帧

> **提 示**
>
> 遮罩可以控制本层的显示位置，然后通过两层素材进行叠加使遮罩区域产生亮化，再记录遮罩由左至右的动画，从而模拟出遮罩形状的亮光扫动效果。

⑪ 播放动画，观看制作完成的遮罩扫光动画效果，如图11-246所示。

⑫ 在"镜头4"时间线面板选择上层"星光大道字.tga"素材层，在菜单中选择【Effect（特效）】→【Trap Code】→【Shine（体积光）】命令，然后在特效控制台设置各项属性，控制文字的体积光效果，如图11-247所示。

图11-246　扫光动画效果

图11-247　添加体积光

> **提 示**
>
> 对遮罩层添加Shine（体积光）特效，会在扫光的同时还带有发光效果，组合出更丰富的视觉特效。

⑬ 在时间线面板先展开上层"星光大道字.tga"的Effects（特效）选项，再展开Shine（体积光）卷展栏，配合 ⏱ 自动关键帧按钮在第0秒15帧位置记录Phase（相位）值为0，在第7秒24帧位置记录Phase（相位）值为90，制作体积光波动的相位动画，如图11-248所示。

⑭ 播放动画，观看制作完成的文字合成效果，如图11-249所示。

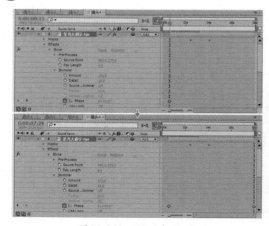

图11-248　设置相位动画

图11-249　文字合成动画效果

⓯ 使用 **T** 文字工具在视图中输入装饰英文字，然后在时间线面板设置文字层的入点在第1秒5帧位置，如图11-250所示。

⓰ 单击新添加文字层的 ▣三维层按钮，激活三维层空间并展开Transform（变换）选项，然后设置参数确定文字在画面中的位置与大小，如图11-251所示。

图11-250 添加文字

图11-251 设置属性

⓱ 在时间线面板选择新添加的装饰英文字层，然后在Parent（父子关系）项单击 ◉螺旋线按钮并拖拽链接至下层素材的Parent（父子关系）项目中，使英文字层受下层"星光大道"素材层的控制，如图11-252所示。

⓲ 在时间线面板选择英文字层，然后使用 ▣矩形遮罩工具在视图中绘制遮罩，如图11-253所示。

图11-252 设置父子关系

图11-253 绘制遮罩

⓳ 展开英文字层的Masks（遮罩）选项，然后设置Mask Feather（遮罩羽化）值为300，使遮罩边缘产生柔和处理，如图11-254所示。

⓴ 配合 ◉自动关键帧按钮在第1秒5帧位置记录Mask Expansion（遮罩扩展）值为0，在第2秒位置记录Mask Expansion（遮罩扩展）值为600，制作遮罩由中心区域至全屏幕的扩展动画，如图11-255所示。

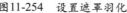

图11-254　设置遮罩羽化　　　　　　　　　　　　图11-255　设置扩展动画

㉑ 播放动画，观看制作完成的英文字动画效果，如图11-256所示。

㉒ 在时间线面板选择英文字层，选择主菜单栏【Effect（特效）】→【Perspective（透视）】→【Drop Shadow（阴影）】命令，然后在特效控制面板中设置各项属性来控制阴影效果，如图11-257所示。

图11-256　英文字动画效果　　　　　　　　　　图11-257　添加阴影特效

㉓ 单击英文字层的 三维层按钮，然后在Mode（模式）中设置为Overlay（覆盖）层叠加模式，使英文字层覆盖显示于画面中；由于白色文字Overlay（覆盖）配合紫色的背景中并不明显，然后配合快捷键"Ctrl+D"将其"原地复制"一层，使Overlay（覆盖）的效果更加强烈，如图11-258所示。

提　示

通过层叠加处理的文字会与影片背景产生叠加，从而混合出渐变的文字效果，起到美化影片的作用。

㉔ 播放动画，观看制作完成的"镜头4"合成效果，如图11-259所示。

图11-258　层叠加并复制

图11-259　镜头4合成效果

11.6 影片整体合成

在"影片整体合成"部分主要通过新建与添加→镜头衔接→渲染输出。

11.6.1 新建与添加

01 在主菜单栏中选择【Composition（合成）】→【New Composition（新建合成）】命令，在弹出的新建合成对话框中设置名称为"整体合成"、Preset（预设）为HDTV 1080 25、尺寸为1920×1280、Pixel Aspect Ratio（像素长宽比）为Square Pixels（方形像素）制式、Resolution（分辨率）为Quarter（四分之一）、视频长度为15秒，如图11-260所示。

图11-260　新建合成

02 切换至"整体合成"时间线面板，在项目面板将制作完成的"镜头1"、"镜头2"、"镜头3"和"镜头4"合成素材拖拽至"整体合成"时间线面板，如图11-261所示。

03 在项目面板选择"激情音乐.wav"音乐素材，将其拖拽至"整体合成"时间线面板，位置在时间线的最底层位置，如图11-262所示。

图11-261　添加素材

图11-262　添加音乐素材

11.6.2 镜头衔接

01 在"整体合成"时间线面板选择"镜头1"合成素材，配合快捷键"T"显示层的Opacity（不透明度）属性，然后在第3秒位置记录Opacity（不透明度）值为100，在第3秒10帧位置记录Opacity（不透明度）值为0，制作"镜头1"合成层渐隐的透明动画，如图11-263所示。

02 在"整体合成"时间线面板选择"镜头2"合成层，然后设置素材开始帧在第3秒位置，即"镜头1"渐隐的起始位置，如图11-264所示。

图11-263　记录透明动画

图11-264　移动素材

03 配合快捷键"T"显示"镜头2"合成层的Opacity（不透明度）属性，然后单击○自动关键帧按钮并在第6秒15帧位置记录Opacity（不透明度）值为100，在素材结束帧位置记录Opacity（不透明度）值为0，制作"镜头2"合成层渐隐的透明动画，如图11-265所示。

04 在"整体合成"时间线面板选择"镜头3"合成层，设置素材开始帧在第6秒15帧位置，即"镜头2"渐隐的起始位置，如图11-266所示。

图11-265　记录透明动画

图11-266　移动素材

05 配合快捷键"T"显示"镜头3"合成层的Opacity（不透明度）属性，然后单击○自动关键帧按钮并在第10秒4帧位置记录Opacity（不透明度）值为100，在素材结束帧位置记录Opacity（不透明度）值为0，制作"镜头3"合成层渐隐的透明动画，如图11-267所示。

06 在"整体合成"时间线面板选择"镜头4"合成层,设置素材开始帧在第10秒4帧位置,即"镜头3"合成层渐隐的起始位置,如图11-268所示。

图11-267　记录透明动画　　　　　　　　图11-268　移动素材

11.6.3　渲染输出

01 在主菜单栏中选择【Composition(合成)】→【Add to Render Queue(添加到渲染队列)】命令,将"整体合成"时间线添加到渲染队列,如图11-269所示。

02 切换至Render Queue(渲染队列)时间线面板,然后在Output Module(输出模块)设置输出选项,在Output To(输出至)项指定文件输出路径,如图11-270所示。

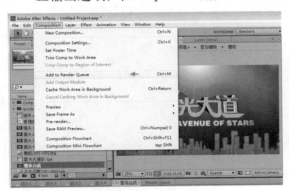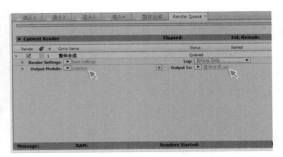

图11-269　添加到渲染队列　　　　　　　图11-270　输出设置

03 单击Output Module(输出模块)选项的Lossless(无损)选项,在弹出的对话框中设置Format(格式)为AVI,在Format Options(格式选项)可以设置Video Codec(视频编解码器),然后再开启Audio Output(音频输出)选项,如图11-271所示。

> **提 示**
>
> 只有开启Audio Output(音频输出)选项,渲染后的影片才会拥有音频信息。

04 播放渲染完成的AVI视频,观看制作完成的整体影片效果,如图11-272所示。

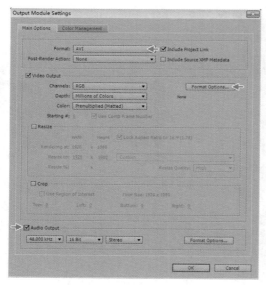

图11-271　设置输出选项

图11-272　影片最终效果

11.7　本章小结

　　《超级星光大道》案例大量地使用了三维层设置、摄影机与特效组合调节。在实际制作中，不必循规蹈矩地严格按照参数执行，也可根据所需适当地进行调整或二次创作，从而在学习软件的同时提升控制能力，创作出更优秀的影视作品。

第12章

范例——
《铁路电视台》

内容提要

《铁路电视台》案例在创作初期，将影片的颜色基调定为蓝色，主要突出该栏目清新、沉稳、权威等特点。影片的主要合成元素通过三维手法实现，并配合各种图形元素丰富画面，使画面不乏细节。镜头定板时，应用补色原理将蓝色"铁道"与黄色"文字"两者组合在画面之中，使栏目形象深入人心，让观众眼前一亮，案例的整体效果如图12-1所示。

图12-1 案例合成效果

制作流程

《铁路电视台》案例的主要制作流程分为6部分，包括①合成元素制作、②镜头1合成、③镜头2合成、④镜头3合成、⑤镜头4合成、⑥影片成品剪辑，如图12-2所示。

(1) 三维元素制作　　　　(2) 镜头 1 合成　　　　(3) 镜头 2 合成

(6) 影片成品剪辑　　　　(5) 镜头 4 合成　　　　(4) 镜头 3 合成

图12-2 案例制作流程

12.1 合成元素制作

在"合成元素制作"部分主要包括了三维地图→三维主体素材→三维装饰素材→三维标识。

12.1.1 三维地图

01 启动3ds Max软件，在主菜单栏中单击选择【视图】→【视图背景】→【配置视口背景】命令，组合快捷键为"Alt+B"，如图12-3所示。

02 在弹出的"视口配置"对话框中的"背景"项目中选择"使用文件"，然后再单击"文件"按钮添加地图图像，为创建三维模型指定参考图片的路径，如图12-4所示。

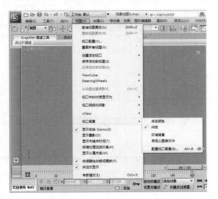

图12-3　配置视口背景

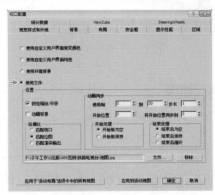

图12-4　指定背景路径

> **提示**
>
> "视口背景"对话框用于控制作为一个视口或所有视口背景图像或动画的显示。从而可以快速并准确地制作出三维模型。

03 图像被导入3ds Max软件后，先在　创建面板选择　图形模块中的"线"命令，然后在"视口配置"后的视图中绘制"地图"图形，如图12-5所示。

04 使用"线"命令沿图片中的轮廓绘制，当结束点与开始点连接成闭合线框时，"地图"绘制的工作将完成，如图12-6所示。

图12-5　线绘制

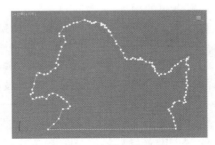

图12-6　绘制完成图形

⑤ 为使绘制的"地图"图形转化为三维模型，首先保持"地图"在选择状态，在 ✎ 修改面板中添加"倒角"修改命令，完成"地图"三维模型的制作，如图12-7所示。

⑥ 在 ✎ 修改面板中继续为"地图"模型添加"编辑网格"命令，然后切换选择"多边形"模式，再选择"地图"模型的正面，如图12-8所示。

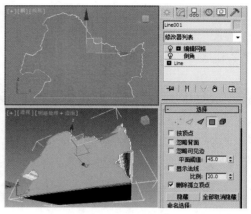

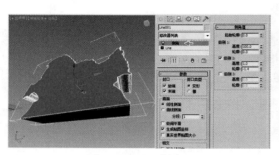

图12-7　添加倒角　　　　　　　　　　　　图12-8　选择正面

提　示

作为合成影片所需的素材，在三维贴图时，可以为选择的"多边形"单独进行贴图，从而丰富了素材的效果。

⑦ 为"地图"模型的正面添加材质。在"材质编辑器"对话框中为模型指定材质球，然后设置材质的漫反射、自发光以及反射高光属性，再为反射项目赋予"光线跟踪"贴图，为漫反射颜色项目赋予"地图"贴图，为凹凸项目赋予"黑白"贴图，如图12-9所示。

提　示

三维模型的细节造型可以通过贴图弥补，"凹凸"项目的贴图主要适用黑白颜色，黑颜色的区域将模拟凹陷处理，白颜色的区域将模拟凸出处理。

⑧ 在 ✎ 修改面板中切换到"编辑网格"的"多边形"模式，然后再选择"地图"模型的转折边，如图12-10所示。

提　示

"编辑网格"与"编辑多边形"修改命令功能基本相同，"编辑网格"命令会为局部的选择赋予贴图，而"编辑多边形"必须设置材质ID号码才可在一个模型上赋予多个材质。

⑨ 为"地图"模型的转折边添加材质。在"材质编辑器"对话框中为模型的边指定材质球，先设置材质的漫反射颜色和反射高光，再为反射项目赋予贴图，如图12-11所示。

⑩ 在 ⌒ 修改面板中切换到"编辑网格"的"多边形"模式，然后再选择"地图"模型的侧面，如图12-12所示。

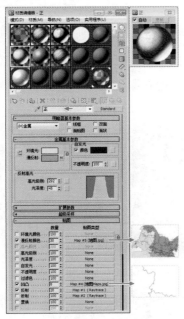

图12-9　设置正面材质

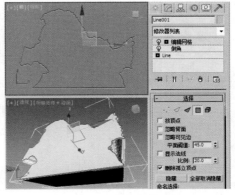

图12-10　选择转折边

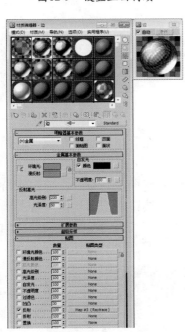

图12-11　设置转折边材质

图12-12　选择侧面

⑪ 为"地图"模型的侧面添加材质。在"材质编辑器"对话框中为模型的侧面指定材质球，先设置材质的漫反射颜色和反射高光，然后再为反射项目和折射项目赋予贴图，如图12-13所示。

⑫ 在 ⌒ 修改面板中为"地图"模型添加"UVW贴图"命令，然后设置贴图类型为"平

面"，正确的显示模型的顶部贴图，如图12-14所示。

> **提 示**
>
> 　　模型过于复杂或经过多次编辑的物体都无法正确得到贴图坐标，在增加"UVW贴图"修改命令后，即可控制贴图坐标的显示类型。

⑬ 在 ✴ 创建面板选择 ⬭ 图形模块中的"线"命令，在"地图"模型的"前"视图沿真实地图中的铁路线绘制，如图12-15所示。

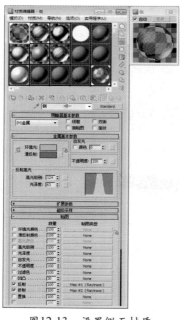

图12-13　设置侧面材质

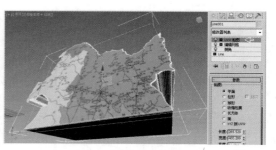

图12-14　添加UVW贴图

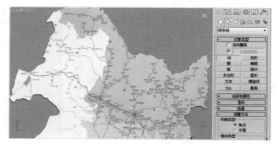

图12-15　绘制铁路线

⑭ 在 ✴ 创建面板选择 ⭕ 几何体模块中的"圆柱体"命令，然后在"地图"模型的透视图创建，作为附着在铁路线上的模型，如图12-16所示。

⑮ 选择绘制的"圆柱体"，在 ✎ 修改面板中添加"路径变形绑定"命令，单击"拾取路径"按钮并拾取绘制的铁路线，然后单击"转到路径"按钮将"圆柱体"附着到绘制的铁路线上，再开启"自动关键点"按钮记录第0帧拉伸值为0，记录第160帧拉伸值为4.5，沿绘制的铁路线记录"圆柱体"拉伸变形的动画，如图12-17所示。

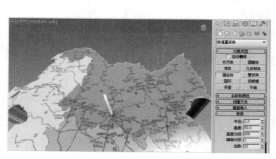

图12-16　创建圆柱体

图12-17　记录路径动画

提 示

"路径变形"修改器将样条线或NURBS曲线作为路径使用来变形对象。可以沿着该路径移动和拉伸对象，也可以关于该路径旋转和扭曲对象。

⑯ 播放路径变形的动画，"圆柱体"会沿铁线路伸展，动画过程如图12-18所示。

⑰ 以相同的方法，继续创建出"地图"中其他主要铁路干线动画，如图12-19所示。

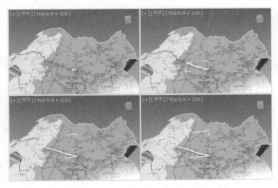

图12-18 铁路延伸过程

图12-19 其他铁路干线动画

⑱ 播放动画，所有铁路干线延伸的过程如图12-20所示。

⑲ 在铁路总枢纽位置建立"球体"，然后开启"自动关键点"按钮，在第0帧记录位置在地图模型的底部，在第25帧记录位置在铁路总枢纽处，如图12-21所示。

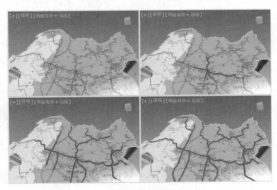

图12-20 铁路延伸演示

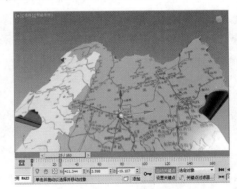

图12-21 建立总枢纽球体

⑳ 在每个产生交接的铁路位置继续添加"球体"，以总枢纽辐射状记录稍小的球体作为整个其他铁路车站的枢纽动画，如图12-22所示。

㉑ 在"透"视图中先创建摄影机，然后在主菜单栏中选择【视图】→【从视图创建摄影机】命令，快捷键为"Ctrl+C"，如图12-23所示。

图12-22 其他车站枢纽

㉒ 在视图的左上角提示字位置单击鼠标右键，然后在弹出的菜单中选择【摄影机】→ 【Camera001】命令，将当前"透"视图切换为"摄影机"视图，再开启菜单中的 "显示安全框"命令，得到更加准确的画面构图，如图12-24所示。

图12-23 从视图中创建摄影机

图12-24 切换摄影机与安全框

㉓ 执行键盘"F3"键以线框显示模型，目的为提升调节动画的运算速度，然后在"前" 视图中调节摄影机的位移动画，如图12-25所示。

㉔ 以四视图显示模型，进一步调整摄影机的拍摄位置，如图12-26所示。

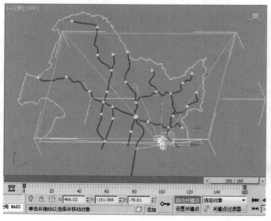

图12-25 调节摄影机位置动画

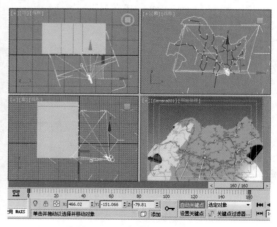

图12-26 四视图调整摄影机

㉕ 开启"渲染设置"对话框，然后在"公用"项时间输出的范围为"活动时间段"，动 画将从0至160帧渲染输出；在输出大小项目中设置为"PAL D-1（视频）"类型，渲染 分辨率为720×576；在渲染输出项目中单击"文件"按钮，然后在弹出的对话框中设 置输出路径、输出格式与输出名称，如图12-27所示。

㉖ 渲染出的图片序列将正确地显示铁路线路延伸及铁路枢纽的动画，如图12-28所示。

图12-27　渲染设置

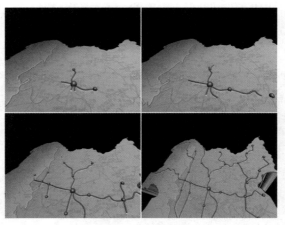

图12-28　动画渲染效果

12.1.2　三维主体素材

01 在创建面板选择几何体模块中的"长方体"命令，建立后通过"编辑多边形"修改命令调整模型，然后再为模型赋予贴图和运动，而火车的原型即是"和谐号"，如图12-29所示。

02 在创建面板选择几何体模块中的"切角长方体"命令，然后建立并赋予蓝色的金属条材质，再复制组合排列为整组装饰元素，寓意为放射状的铁轨，如图12-30所示。

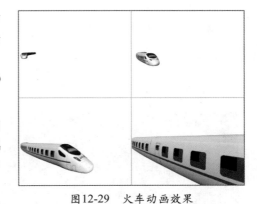

图12-29　火车动画效果

03 建立"切角长方体"并赋予蓝色材质，再记录"摄影机"的动画产生物体由外至内的动画，渲染三维装饰条效果如图12-31所示。

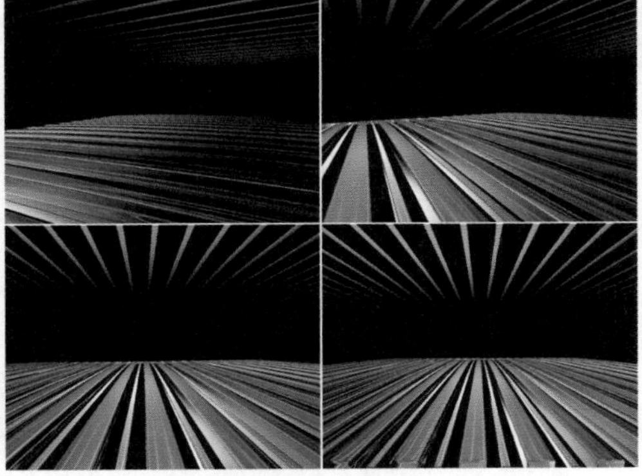

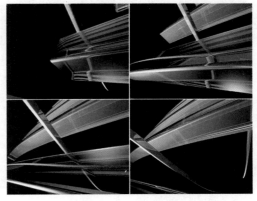

图12-30　蓝色铁轨动画

图12-31　装饰条效果

487

12.1.3 三维装饰素材

01 在❀创建面板选择◯几何体模块中的"球体"命令，建立后记录由近至远的动画，然后再为其赋予材质，模拟出地球外大气层的拉出动画，如图12-32所示。

02 将大气层的材质去除掉，再为其赋予地球表面的材质，模拟出地球的拉出动画，如图12-33所示。

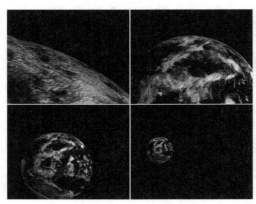

图12-32　大气层效果

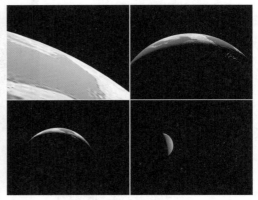

图12-33　地球效果

03 在三维场景中建立多个"球体"，然后设置银色金属材质并记录由屏幕外向中心聚集的动画，制作出三维粒子的动画，如图12-34所示。

04 建立白色"菱形"的三维模型并记录透明显示和隐藏的动画，然后将动画和物体复制排列，再将透明动画的关键帧位置调整，使相继透明的动画更加自然，完成动态装饰元素"点闪烁"的装饰素材，如图12-38所示。

图12-34　粒子效果

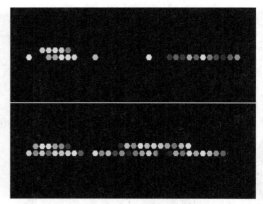

图12-38　点闪烁效果

12.1.4 三维标识

01 在❀创建面板选择▣图形模块中的"文字"命令，在视图中建立内容为"哈铁新闻"，然后添加"倒角"修改命令，使图像转换为三维模型，再设置材质和旋转飞入画面的动画效果，如图12-37所示。

02 在 ▦ 创建面板选择 ◯ 几何体模块中的"长方体"命令，建立后复制排列为铁路标志组合，再设置材质为蓝色，记录由正视角变至右侧倾斜的动画，渲染完成的"碎块标志"动态背景如图12-35所示。

03 复制排列"长方体"，组合为"碎块地图"模型，作为丰富合成的动态背景，如图12-36所示。

图12-37　文字动画效果

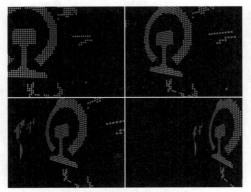

图12-35　碎块标志效果

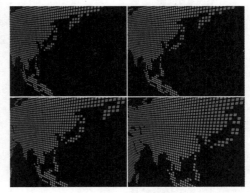

图12-36　碎块地图效果

12.2　镜头1合成

在"镜头1合成"部分主要包括了背景合成→碎块标志→地球合成→添加效果→添加火车元素→添加灯光工厂→运动光条。

12.2.1　背景合成

01 在菜单栏中选择【Composition（合成）】→【New Composition（新建合成）】命令建立新的合成文件，并在弹出的Composition Name（合成名称）对话框中输入"镜头1"，在Preset（预置）项目中使用"PAL D1/DV"制式，然后再设置Duration（持续时间）的值为5秒，如图12-39所示。

02 在项目面板双击鼠标左键，然后在弹出的对话框中选择合成所需的素材，再将选择的素材导入，如图12-40所示。

03 将项目面板中将蓝色基调的"金属球背景"素材拖拽至"镜头1"的时间线，如图12-41所示。

04 使用工具栏 ◈ 钢笔工具按钮在"合成"窗口中绘制遮罩，只使画面水平中心位置显示蓝色背景，如图12-42所示。

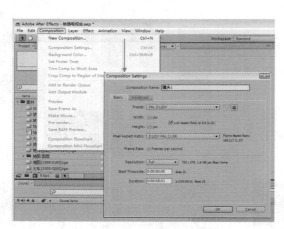

图12-39　新建合成

图12-40　导入素材

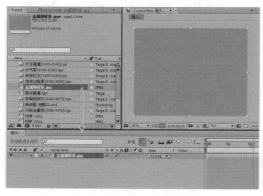

图12-41　添加背景素材

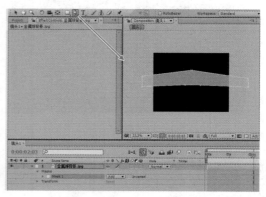

图12-42　绘制遮罩

05 在时间线面板中展开"金属球背景"素材层的Masks（遮罩）卷展栏，然后设置Mask Feather（遮罩羽化）的参数值为360，使遮罩边缘产生柔和，可以更好地融合于背景，如图12-43所示。

06 选择"金属球背景"素材层，在主菜单栏中选择【Effect（特效）】→【Color Correction（色彩校正）】→【Brightness & Contrast（亮度与对比度）】命令，如图12-44所示。

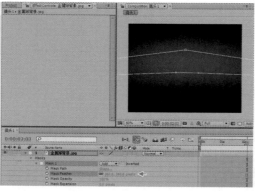

图12-43　遮罩羽化设置

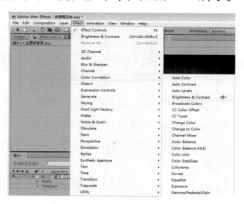

图12-44　添加亮度与对比度

07 在时间线面板展开"金属球背景"素材层的Effect（特效）卷展栏，然后展开Brightness & Contrast（亮度与对比度），在第0秒位置单击Brightness（亮度）和Contrast（对比度）两项属性前的 ⏱ 自动关键帧按钮，然后设置Brightness（亮度）值为-37、Contrast（对比度）值为16，完成动画起始帧的设置；移动时间线中的时间标记，在第0秒17帧位置设置Brightness（亮度）值为71、Contrast（对比度）值为-100，在第1秒1帧位置设置Brightness（亮度）值为-68、Contrast（对比度）值为-21，在第2秒3帧位置设置Brightness（亮度）值为-33、Contrast（对比度）值为-9，使背景颜色产生动画，如图12-45所示。

> **提 示**
>
> 动画记录是影片合成中的重要部分。在首次制作动画时，可以单击时间线中的小码表图标创建一个动画关键帧；如果需要在其他位置继续建立关键帧，可以在小码表图标的前方空白块中单击鼠标左键，使其变成菱形图标，这样就又创建了一个动画关键帧。

08 设置动画关键帧后，蓝色背景的亮度与对比度产生变化的效果如图12-46所示。

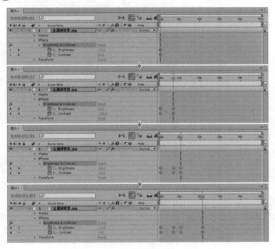

图12-45　记录亮度与对比度动画

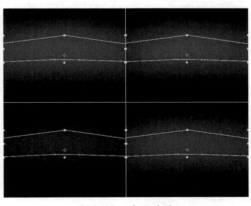

图12-46　动画效果

09 在主菜单栏中选择【Layer（层）】→【New（新建）】→【Solid（固态）】命令，然后在弹出的对话框中设置固态层的名称、尺寸、制式与合成影片对应，再设置Color（颜色）为宝石蓝色，如图12-47所示。

10 选择时间线面板中的"宝蓝色固态层2"，然后在工具条中使用 ✎ 钢笔工具绘制自由形状的遮罩，其目的为使蓝色背景效果更为丰富，如图12-48所示。

11 在时间线面板展开"宝蓝色固态层2"素材层的Masks（遮罩）卷展栏，然后设置Mask Feather（遮罩羽化）的参数为250、Mask Opacity（遮罩不透明度）参数值为80、使其可以更好地融合于背景图层，如图12-49所示。

12 随着合成工作的进行，在Mode（模式）中设置为Hard Light（强光）的层叠加效果，如图12-50所示。

图12-47　新建固态层

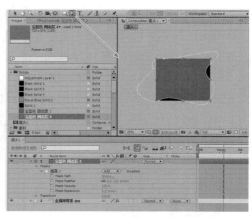

图12-48　绘制遮罩

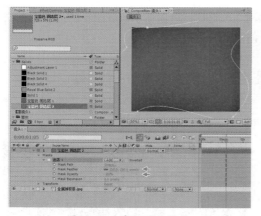

图12-49　遮罩羽化设置

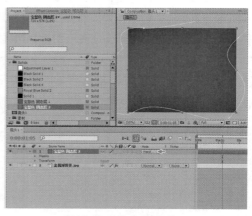

图12-50　层叠加设置

提示

时间线中的素材层会越来越多，为有效规范地管理素材，必须正确设置每一层的文件名称。

⑬ 继续建立固态层，设置Color（颜色）与上一固态层有微弱差别，然后设置名称为"宝蓝色固态层1"，在时间线面板中放置在"宝蓝色固态层2"的上一层位置，如图12-51所示。

⑭ 在时间线面板中选择"宝蓝色固态层1"，使用 ◇ 钢笔工具在"合成"窗口中绘制遮罩，然后设置Mask Feather（遮罩羽化）的参数为250、Mask Expansion（遮罩扩展），如图12-52所示。

⑮ 在Mode（模式）项目中设置"宝蓝色固态层1"为Add（增加）层叠加，使中心区域变亮，丰富蓝色的背景效果，如图12-53所示。

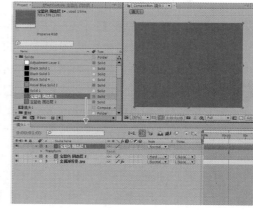

图12-51　建立固态层

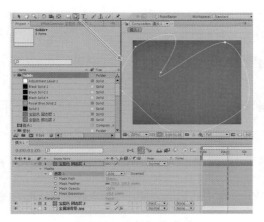

图12-52 绘制钢笔遮罩

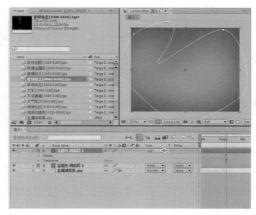

图12-53 层叠加设置

12.2.2 碎块标志

01 在项目面板中选择"碎块标志"素材，将其拖拽至时间线"宝蓝色固态层1"的上一层位置，如图12-54所示。

02 使用 钢笔工具在"合成"窗口底部位置绘制遮罩，然后在时间线面板展开"碎块标志"素材层的Masks（遮罩）卷展栏，设置Mask Feather（遮罩羽化）的参数为150；在第24帧位置单击Mask Path（遮罩路径）的 码表按钮，创建遮罩路径的起始帧，在时间线中移动时间标记在第2秒8帧位置，然后再记录遮罩变形的动画，如图12-55所示。

03 在Mode（模式）项目中设置"碎块标志"的为Add（增加）层叠加，使其融合并显示于背景颜色中，如图12-56所示。

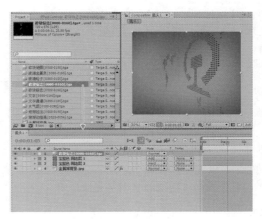

图12-54 添加素材

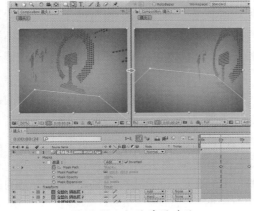

图12-55 记录遮罩动画

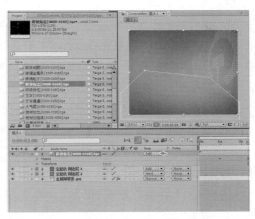

图12-56 层叠加设置

12.2.3　地球合成

01 将项目面板中"大气层"素材拖拽至时间线"碎块标志"的上一层位置，然后记录透明度由100至80的动画，如图12-57所示。

02 在Mode（模式）项目中设置"大气层"素材层为Add（增加）层叠加，使其融合并显示在背景中，如图12-58所示。

> **提示**
>
> 　　Add（增加）的层叠加设置，可以过滤掉地球图像中的黑色区域，使其更好地模拟出大气层效果。

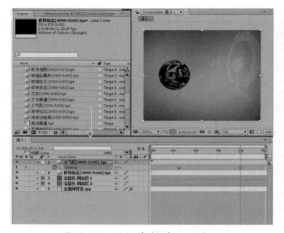
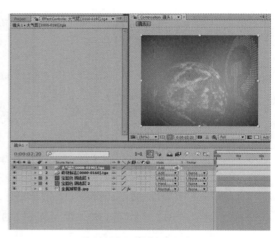

图12-57　添加素材并记录透明　　　　　　　　图12-58　层叠加设置

03 为"大气层"素材层添加Fast Blur（快速模糊）滤镜特效，然后设置Blurriness（模糊强度）值为30；为其添加Brightness & Contrast（亮度与对比度）滤镜特效，设置Brightness（亮度）参数值为100，使地球的大气效果更加明显；继续添加Color Balance（颜色平衡）滤镜特效，然后再调整阴影、中间色和高光区域三种颜色的数值，如图12-59所示。

04 选择项目面板"地球拉出"素材并拖拽至时间线面板"大气层"素材的上一层位置，然后在第20帧位置单击Opacity（不透明度）选项前的码表按钮，记录Opacity（不透明度）参数值为0；播放时间线至第2秒20帧位置，记录Opacity（不透明度）参数值为100，如图12-60所示。

05 在时间面板中选择"地球拉出"素材层，为其添加【Effect（特效）】→【Color Correction（色彩校正）】→【Brightness & Contrast（亮度与对比度）】特效，然后再调节Brightness（亮度）参数值为90、Contrast（对比度）参数值为5，如图12-61所示。

06 在项目面板中选择"大气层"素材并将其拖拽至时间面板，设置Mode（模式）为Overlay（覆盖）层叠加模式，再记录第20帧由透明度为0至第3秒3帧透明度为65的动画，使地球附着大气的效果更加真实，如图12-62所示。

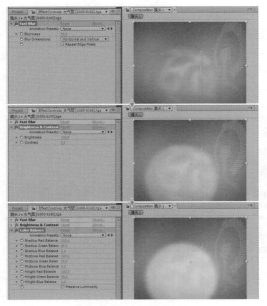

图12-59　特效调节

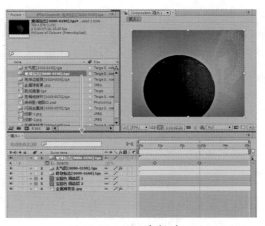

图12-60　添加素材并设置

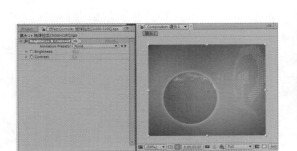

图12-61　添加亮度与对比度

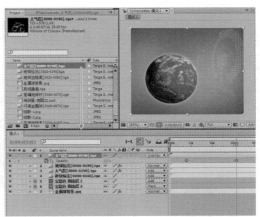

图12-62　添加素材并设置

07 在项目面板中选择"落幅地球亮"素材，将其拖拽至时间线面板最上一层位置，设置Mode（模式）为Add（增加）层叠加模式，再记录第1秒20帧由透明度为0至第2秒15帧透明度为75的动画，使地球的效果交替显示，如图12-63所示。

08 在项目面板中选择"地球边缘亮"、"亮线通道"和"落幅地球环"素材，再将其拖拽至时间线面板中，通过起始时间的调整与层叠加设置，使地球在第3秒位置产生环形围绕效果，如图12-64所示。

图12-63　添加素材并设置

09 调整"地球边缘亮"、"亮线通道"和"落幅地球环"素材层在时间线中出现的时间顺序,使动画效果节奏更加丰富,播放并查看合成效果如图12-65所示。

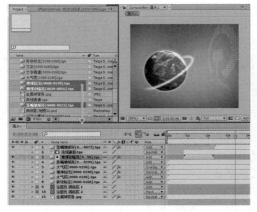

图12-64　添加素材　　　　　　　　　　　图12-65　合成效果

12.2.4　添加效果

01 在项目面板中选择"闪亮金属球"素材,将其拖拽至"时间线"面板最上一层位置,使合成的镜头冲击感更强,如图12-66所示。

02 在时间线面板中选择"闪亮金属球"素材层,在第1秒8帧位置开启Opacity(不透明度)选项前 码表按钮并记录Opacity(不透明度)值为100,在第1秒15帧位置记录Opacity(不透明度)值为0,如图12-67所示。

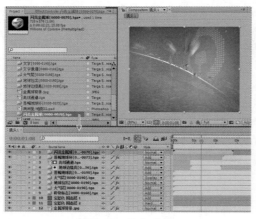

图12-66　添加素材　　　　　　　　　　　图12-67　添加素材并设置

03 选择"时间线"面板"闪亮金属球"素材层,在为其添加Brightness & Contrast(亮度与对比度)滤镜特效,然后再调节Brightness(亮度)参数值为70,使银色金属的效果更为明亮,如图12-68所示。

04 在菜单中选择【Layer(层)】→【New(新建)】→【Solid(固态层)】命令建立固态层,然后在菜单中选择【Effect(特效)】→【Knoll Light Factory(灯光工厂)】→【Light Factory(灯光工厂)】命令,为固态层添加灯光特效,如图12-69所示。

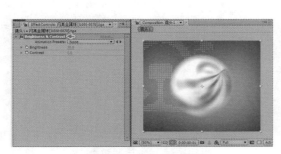

图12-68　添加亮度调节

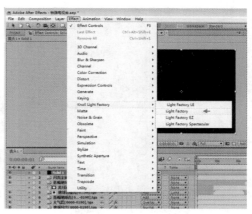

图12-69　添加灯光工厂特效

提 示 |||||||||||||||||||||||||||||||||||||||||||||||||||||||||||||||||||||||||||||||||||

　　After Effects CS6的所有插件滤镜都存放于Plug-ins目录中，每次启动时系统会自动搜索Plug-ins目录中的滤镜，并将搜索到的滤镜加入到After Effects的Effect（特效）菜单中。

---

05 选择黑色固态层，使用快捷键"R"展开其Rotation（旋转）属性，将时间标记移动至第1帧位置，并单击 ⑮ 自动关键帧按钮，记录旋转开始帧的动画，如图12-70所示。

06 在时间线中将时间标记向后移动至第14帧位置，再设置Rotation（旋转）参数值为104，作为旋转动画的结束帧，如图12-71所示。

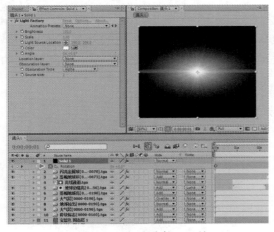

图12-70　记录旋转开始帧

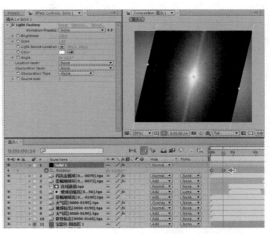

图12-71　记录旋转动画

07 设置固态层的Mode（模式）选项为Add（增加），使光效叠加显示于效果之上，如图12-72所示。

08 设置光效的渐入渐出效果。选择固态素材层，使用快捷键"O"显示其透明属性，在第1帧位置单击 ⑮ 自动关键帧按钮并设置Opacity（不透明度）值为0，作为开始记录动画；向后移动时间标记至第7帧位置，再设置Opacity（不透明度）值为52；在第14帧位置设置Opacity（不透明度）值为0，作为透明动画的结束帧，如图12-73所示。

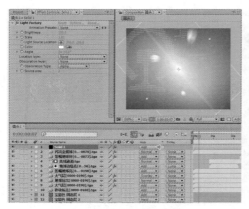

图12-72　层叠加设置

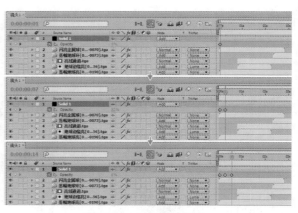

图12-73　记录透明动画

09 播放并查看光效的渐入渐出动画效果，如图12-74所示。

图12-74　光效动画效果

12.2.5　添加火车元素

01 将项目面板中"火车"素材拖拽至时间线面板最上一层位置，使用快捷键"Ctrl+D""原地复制"此层，然后再设置上一层"火车"的模式为Add（增加）类型，如图12-75所示。

02 选择时间线面板中两个"火车"素材层，在时间线中移动时间标记至第22帧位置，然后单击 自动关键帧按钮开始记录透明度动画的第一帧，再设置两层素材的透明度为0，如图12-76所示。

图12-75　添加火车素材

图12-76　透明设置

03 向后移动时间标记至第1秒9帧位置，再分别设置透明度为50和100，作为火车透明度动画的结束帧，如图12-77所示。

04 播放动画并查看火车元素的合成效果，如图12-78所示。

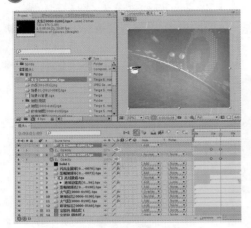

图12-77　记录透明动画

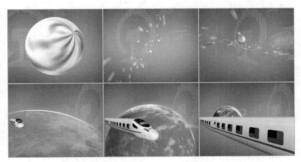

图12-78　火车合成效果

12.2.6　添加灯光工厂

01 为添加灯光工厂特效。首先将先前建立的黑色固态层添加至两个"火车"层之间，然后再设置Opacity（不透明度）为90，如图12-79所示。

02 在菜单中选择【Effect（特效）】 → 【Knoll Light Factory（灯光工厂）】 → 【Light Factory（灯光工厂）】命令，然后在特效控制台中设置Flare Type （光斑类型）为Bright BlueLight（宝蓝晶体），如图12-80所示。

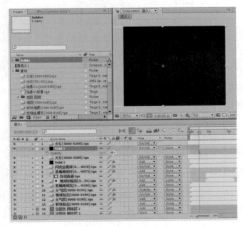

图12-79　添加固态层

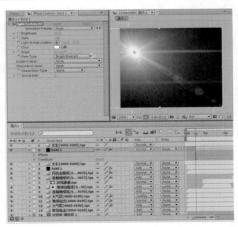

图12-80　添加特效

03 在时间线面板中设置固态层的Mode（模式）选项为Add（增加），并查看光效叠加于当前的合成效果，如图12-81所示。

04 在特效控制台面板中设置光源位移动画。首先将时间标记移动到第12帧位置，单击光源位置的 ⏱ 自动关键帧按钮并设置Light Source Location（光源位置）属性参数值为108、268，确定光源位移动画的起始位置，然后向后移动时间标记至第2秒24帧位置，再设置Light Source Location（光源位置）属性参数值为484、372，使光效由屏幕左侧向右侧运动，如图12-82所示。

图12-81　层叠加色绘制

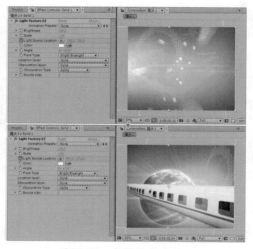

图12-82　光源位移动画

05 设置光源位移的透明度动画。首先选择固态层并将时间标记移动第12帧位置，单击 ⏱ 自动关键帧按钮，记录Opacity（不透明度）值为0创建第一个关键帧，然后移动时间标记至第1秒位置并记录Opacity（不透明度）值为90，在第5秒位置记录Opacity（不透明度）值为50，如图12-83所示。

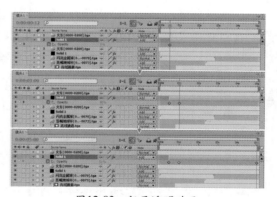

图12-83　记录透明动画

06 继续创建黑色固态层并为其添加Light Factory（灯光工厂）特效，调整光效的亮度、位置以及角度，再设置效果的起始位置在第2秒，如图12-84所示。

07 设置黑色固态层的叠加方式为Add（增加）类型，此固态层上的黑色区域将会被过滤掉，而光线叠加融合于画面之中，如图12-85所示。

08 设置黑色固态层在第2秒位置记录Opacity（不透明度）值为0，在第3秒3帧位置记录Opacity（不透明度）值为100，使本层得到渐入画面的动画，如图12-86所示。

09 在主菜单栏中选择【Effect（特效）】→【Color Correction（色彩校正）】→【Hue/Saturation（色相/饱和度）】滤镜特效，然后再设置Master Lightness（亮度）值为36，使灯光工厂的效果更为明显，如图12-87所示。

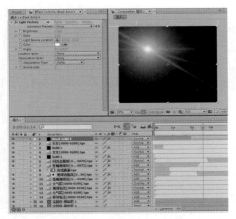

图12-84　再次添加光效

图12-85　层叠加设置

图12-86　设置透明动画

图12-87　亮度设置

12.2.7　运动光条

01 在主菜单栏中选择【Layer（层）】→【New（新建）】→【Solid（固态层）】命令，创建黑色固态层并单击◎三维层按钮，然后设置X Rotation（X轴旋转）的角度值为–50，再将本层的起始设置为第2秒19帧，使固态层参数角度倾斜，如图12-88所示。

02 选择在黑色固态层，在主菜单栏中选择【Effect（特效）】→【Trapcode】→【3D Stroke（三维描边）】命令，并在特效控制面板中设置Color（颜色）为白色、Feather（羽化）参数值为30、End（结束）参数值为100，然后再开启Taper（锥形）卷展栏的Enable（启用）项，使三维描边的两侧产生尖角，如图12-89所示。

> **提示**
>
> Trap Code公司开发的3D Stroke（三维描边）滤镜特效可以勾画出光线在三维空间中旋转和运动的效果。

03 在第2秒19帧位置单击偏移属性前的◎自动关键帧按钮，设置三维边的偏移值为–100，然后将时间标记移动至第4秒位置，再设置偏移值为87，使三维描边产生运动的效果，如图12-90所示。

04 设置固态素材层的Mode（模式）为Overlay（覆盖）类型，如图12-91所示。

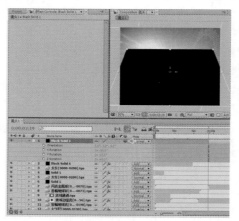

图12-88　建立固态层

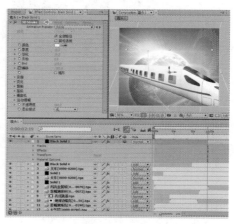

图12-89　增加三维描边

图12-90　设置偏移动画

图12-91　层叠加设置

05 选择时间线面板中运动光条的固态素材层，然后使用快捷键"Ctrl+D""原地复制"此层素材，再调节复制后的运动光条位置，如图12-92所示。

06 播放时间线中"镜头1"素材，并查看合成的效果，如图12-93所示。

图12-92　原地复制层

图12-93　镜头1合成效果

12.3 镜头2合成

在"镜头2合成"部分主要包括了素材合成→添加线群素材→装饰地图→装饰点→装饰文字→装饰光效。

12.3.1 素材合成

01 在菜单栏中选择【Composition（合成）】→【New Composition（新建合成）】命令建立新的合成文件，并在弹出的Composition Name（合成名称）对话框中输入"镜头2"，在Preset（预置）项目中使用"PAL D1/DV"制式，然后再设置Duration（持续时间）的值为4秒，如图12-94所示。

02 将项目面板中的"场景01背景"素材拖拽至时间线面板，再将以往建立的蓝色固态层也导入其中，再设置Opacity（不透明度）参数值为90，如图12-95所示。

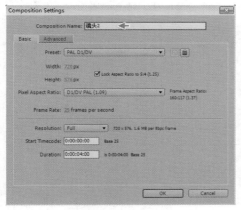

图12-94 新建合成　　　　　　　图12-95 添加素材与透明

03 将项目面板中的素材"场景01[0010-0085].tga"序列拖拽至时间线面板最上层位置，如图12-96所示。

04 在菜单栏中选择【Effect（特效）】→【Color Correction（色彩校正）】→【Brightness & Contrast（亮度与对比度）】命令，并在特效控制面板中设置Brightness（亮度）参数值为100、Contrast（对比度）参数值为-25；在菜单栏中选择【Effect（特效）】→【Blur & Sharpen（模糊与锐化）】→【Gaussian Blur（高斯模糊）】滤镜特效，并在特效控制台面板中设置Blurriness（模糊强度）参数值为10，如图12-97所示。

提 示

　　此段操作的目的是为模型素材散发的虚光，也可以通过Stylize（风格化）中的Glow（光晕）特效制作。

---

05 设置"场景01"虚光素材Mode（模式）为Add（增加）类型，然后再将"场景01[0010-0085].tga"序列素材添加到时间线中，放置在虚光素材上一层的位置，如图12-98所示。

06 在菜单栏中选择【Effect（特效）】→【Color Correction（色彩校正）】→【Brightness & Contrast（亮度与对比度）】命令，并在特效控制面板中设置Brightness（亮度）参数值为20、Contrast（对比度）参数值为1，使蓝色的水晶质感更加强烈，如图12-99所示。

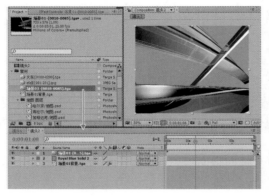

图12-96　添加素材

图12-97　添加特效

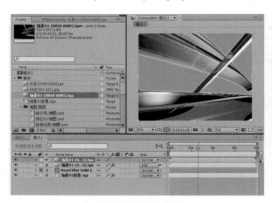

图12-98　添加素材

图12-99　添加亮度对比度

12.3.2　添加线群素材

01 将项目面板中素材"线群-2"拖拽至时间线面板"场景01"素材层的下一层位置，再将素材的起始设置为第1秒8帧，丰富背景的内容，如图12-100所示。

02 使用钢笔工具在"线群-2"素材层中绘制遮罩，使素材的四周区域去除掉，如图12-101所示。

03 设置遮罩的属性Mask Feather（遮罩羽化）值为200，使其边缘柔和，然后在第1秒8帧激活Mask Path（遮罩路径）属性前的自动关键帧按钮，再将遮罩移动至屏幕右下外侧位置，软件自动记录此时遮罩的位置关键帧，作为遮罩位移动画的起始帧，如图12-102所示。

04 向后移动时间标记至第2秒23帧，然后设置遮罩的位置至屏幕内，记录此时遮罩的位置，作为位移动画的结束帧，如图12-103所示。

图12-100　添加背景元素

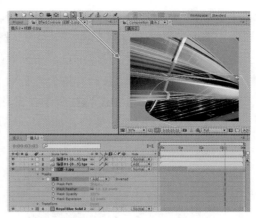

图12-101　绘制遮罩

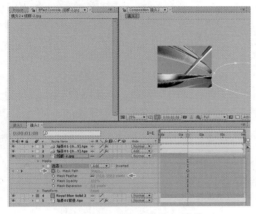

图12-102　设置遮罩起始帧

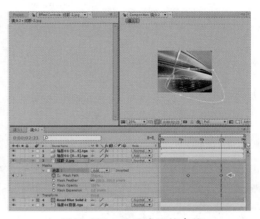

图12-103　设置遮罩结束帧

05 查看"场景01"素材层显示于遮罩中的动画效果，继续丰富动画效果。首先选择"场景01"素材层，使用快捷键"P"显示此层的Position（位置）属性，再激活 自动关键帧按钮设置素材位移的动画，如图12-104所示。

06 选择"场景01"素材层，使用快捷键"O"显示此层的Opacity（不透明度）属性，然后激活 自动关键帧按钮并设置透明动画，如图12-105所示。

图12-104　设置位移动画

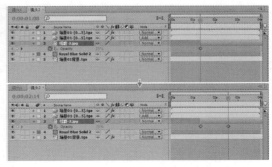

图12-105　设置明度动画

07 在菜单栏中选择【Layer（层）】→【New（新建）】→【Solid（固态）】命令，新建黑色固态层并为其添加Light Factory（灯光工厂）滤镜特效，然后在特效控制台面板中设置参数，目的为控制画面左下角位置的颜色，如图12-106所示。

08 在菜单栏中选择【Effect（特效）】→【Color Correction（色彩校正）】→【Hue/Saturation（色相/饱和度）】命令并设置Master Lightness（亮度）值为30，再将混合模式设置为Add（增加）类型，如图12-107所示。

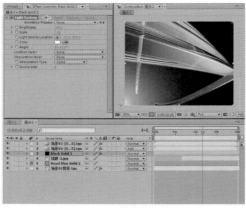

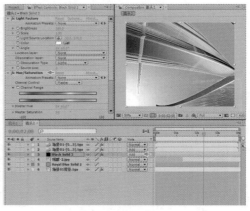

图12-106　添加光效　　　　　　　　　　　　　　　　图12-107　添加特效

09 使用快捷键"O"显示其Opacity（不透明度）属性，然后激活 自动关键帧按钮并设置不透明度的数值，记录灯光从透明到半透明再到透明的动画效果，如图12-108所示。

10 播放并查看添加线群后的效果，如图12-109所示。

图12-108　记录透明动画

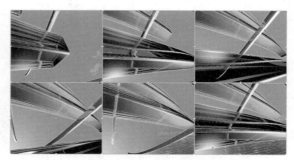

图12-109　线群合成效果

12.3.3　装饰地图

01 将项目面板中"碎块地图[0000-0100].tga"拖拽至时间线面板黑色固态层的上层位置，

添加装饰元素来丰富"镜头2"的合成效果，如图12-110所示。

02 展开"碎块地图"素材的层属性，并激活Opacity（不透明度）的⚬自动关键帧按钮，然后分别设置此层的不透明度的值为0、30、20和0，如图12-111所示。

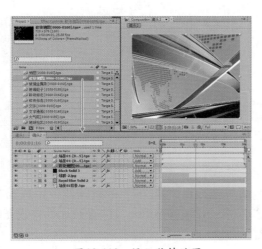

图12-110　添加装饰地图

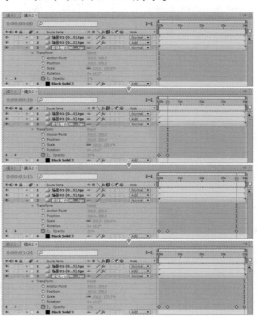

图12-111　设置透明动画

03 播放并查看"碎块地图"素材层从渐渐出现到消失的动画效果，自始至终"碎块地图"素材层都是淡淡的装饰效果，如图12-112所示。

提　示

在装饰素材的处理上，要遵循辅助主体元素的原则，不可喧宾夺主。

04 合成效果中的"碎块地图"素材在光效的光源位置显得生硬，需要进行羽化过渡处理。在顶部的工具条中选择▢矩形遮罩工具，为"碎块地图"素材层的绘制遮罩范围，展开Masks（遮罩）卷展栏后设置Mask Feather（遮罩羽化）的参数为262，使素材层的边缘与光效柔和过渡，如图12-27所示。

05 关闭"碎块地图"素材层的卷展栏，并设置层混合模式为Add（增加），使其更好地与背景融合，如图12-114所示。

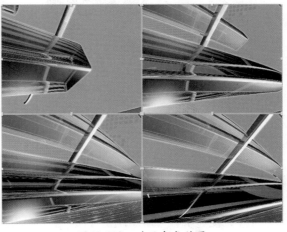

图12-112　动画合成效果

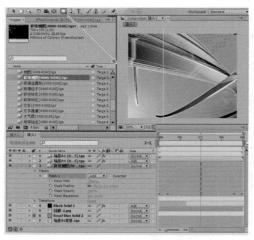

图12-113 遮罩羽化过渡

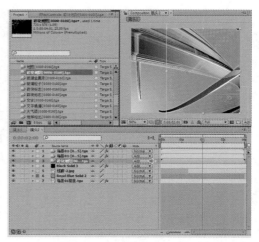

图12-114 层叠加设置

12.3.4 装饰点

01 将项目面板中的"z5点[001-201].jpg"序列素材拖拽至"镜头2"的时间线中，放置在黑色固态层的上方位置，然后使用快捷键"P"显示层的Position（位置）属性再设置X轴值为200、Y轴值为450，如图12-115所示。

02 在时间线面板中选择"z5点"素材层并单击键盘"T"快捷键，在展开的Opacity（不透明度）选项中先设置参数值为40，然后在第2秒位置单击 自动关键帧按钮，在第3秒24帧设置Opacity（不透明度）参数值为0，如图12-116所示。

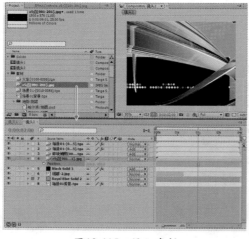

图12-115 添加素材

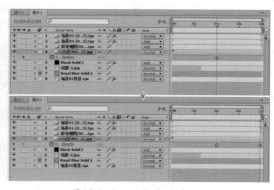

图12-116 设置透明动画

03 由于仅需要装饰画面，所以在顶部的工具条中选择 矩形遮罩工具，为"z5点"素材绘制遮罩范围并展开Masks（遮罩）卷展栏设置Mask Feather（遮罩羽化）的参数为150，使边界产生柔和处理，如图12-117所示。

04 在时间线面板中将"z5点"图层的叠加方式设置为Add（增加）模式，使得装饰元素更好地融合于背景中，如图12-118所示。

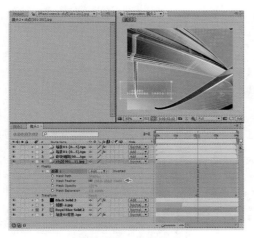 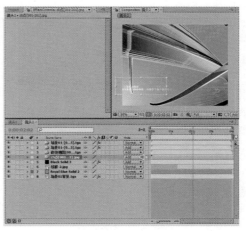

图12-117　遮罩处理　　　　　　　　　　　　　　　图12-118　层叠加设置

12.3.5　装饰文字

01 在时间线中添加黑色固态层并放置到时间线最上一层位置，然后在主菜单栏选择
【Effect（特效）】→【Obsolete（旧版插件）】→【Basic Text（基本文字）】命令，
如图12-119所示。

> **提　示**
>
> 　　使用Basic Text（基本文字）特效制作文字必须先有素材层，不像工具栏中的T工具可以直接建立文字层。

02 在弹出的对话框中输入文字并设置字体，然后单击"确定"按钮即可完成基本文字的
创建，如图12-120所示。

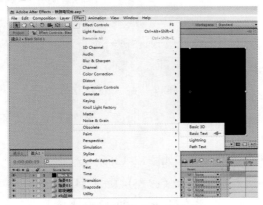 

图12-119　添加文字特效　　　　　　　　　　　　图12-120　输入文字

03 在"镜头2"时间线中选择文字图层，然后设置素材的起始在第19帧位置，单击键盘快
捷键"P"显示图层的Position（位置）属性，再设置Position（位置）的X轴为210、Y
轴为330，如图12-121所示。

04 设置文字放大动画。选择文字层并配合快捷键"S"显示图层的Scale（比例）属性，在
第19帧位置单击 自动关键帧按钮并设置Scale（比例）值为100，向后移动时间标记至
结束位置并设置Scale（比例）参数值为120，丰富装饰文字的效果，如图12-122所示。

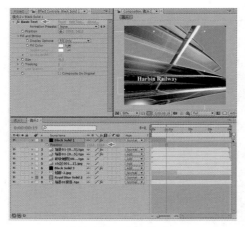

图12-121　文字位置

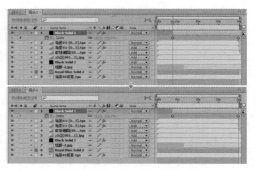

图12-122　设置比例动画

⑤ 在时间线中单击Tracking（跟踪）项目的🔘自动关键帧按钮，然后设置Tracking（跟踪）参数值为-30，使文字通过字间距聚集在一起，如图12-123所示。

⑥ 向后移动时间标记至第1秒19帧位置，再设置Tracking（跟踪）参数值为5，通过跟踪项目完成字间距动画的效果，如图12-124所示。

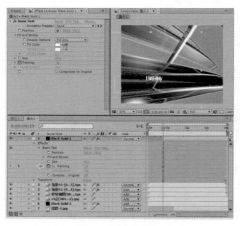

图12-123　设置跟踪起始帧

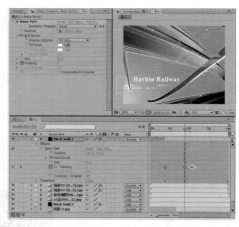

图12-124　设置跟踪动画

⑦ 选择文字层并配合快捷键"T"显示图层的Opacity（不透明度）属性，设置文字的渐入渐出动画效果，如图12-125所示。

⑧ 播放动画，观察制作装饰文字渐入渐出的合成效果，如图12-126所示。

⑨ 在主菜单栏中选择【Effect（特效）】→【Perspective（透视）】→【Drop Shadow（阴影）】命令，设置Shadow Color（阴影颜色）设置为白色、Opacity（不透明度）参数值为70、Distance（距离）参数值为3、Softness（柔化）参数值为5，最后将Mode（模式）设置为Overlay（覆盖）的层叠加模式，使阴影更好地融合于画面，如图12-127所示。

提示

调节阴影边缘Softness（柔化）值，能够使素材与背景融合的更柔和细腻，令画面内容更加自然真实。

⑩ 播放动画，观察制作完成的装饰文字合成效果，如图12-128所示。

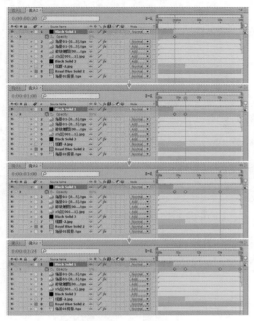

图12-125　设置透明动画

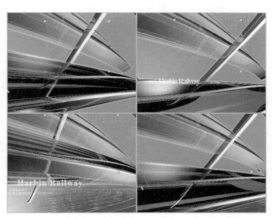

图12-126　文字动画效果

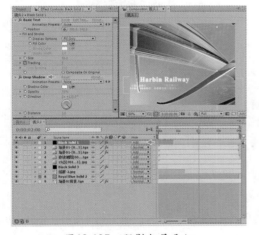

图12-127　阴影与层叠加

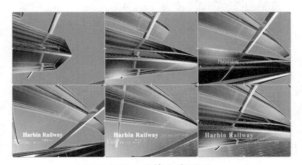

图12-128　装饰文字效果

12.3.6　装饰光效

① 当前合成画面的右上侧位置相对较空，继续添加黑色固态层并为其添加Light Factory（灯光工厂）特效，然后设置光效的亮度、光源位置等属性，如图12-130所示。

② 在时间线中展开Light Factory（灯光工厂）特效，在第4帧单击 ⬤ 自动关键帧按钮并设置Light Source Location（光源位置）参数水平为300、垂直为400，然后向后移动时间标记至第2秒24帧位置，再设置Light Source Location（光源位置）参数水平为-46、垂直为530，使光效由屏幕右上侧至屏幕左下侧运动的效果，如图12-130所示。

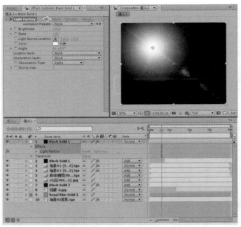

图12-129　添加光效　　　　　　　　　　　　　图12-130　光源位置动画

03 播放动画，观察记录光效位置动画的合成效果，如图12-131所示。

04 设置装饰光效图层的叠加模式为Add（增加）类型，使光效融合于背景之中，如图12-132所示。

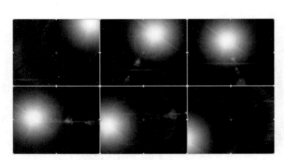

图12-131　光源位置效果　　　　　　　　　　图12-132　设置层叠加

05 选择图层并配合快捷键"T"显示Opacity（不透明度）属性，然后在第0秒位置单击 ⏱ 自动关键帧按钮并设置Opacity（不透明度）为100，将时间标记移动至第1秒位置，再设置Opacity（不透明度）值为0，使本层装饰光效在影片起始位置显示强烈，如图12-133所示。

06 继续添加黑色固态层并添加Light Factory（灯光工厂）特效，丰富画面左下侧位置的效果，如图12-134所示。

07 设置固态层的叠加模式为Add（增加）类型，然后再展开图层Transform（变换）选项中的Opacity（不透明度）属性并设置参数为50，使固态层中的光效以半透明方式叠加于画面，如图12-135所示。

08 为图层添加【Effect（特效）】→【Color Correction（色彩校正）】→【Hue/Saturation（色相/饱和度）】滤镜特效，再调整其Master Saturation（饱和度控制）属性值为43，削弱光效颜色的纯度，如图12-136所示。

图12-133 设置透明动画

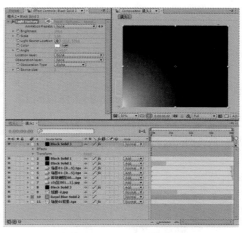

图12-134 添加光效

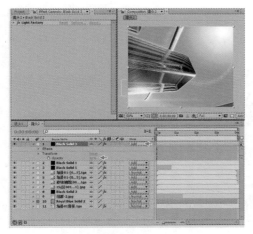

图12-135 层叠加与透明

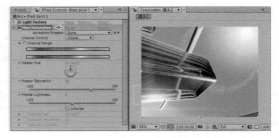

图12-136 设置光效饱和度

提 示

白色的光效适合于各种颜色影片合成，其目的是为了提升画面的炫目度。

09 继续添加黑色固态层并为其添加Light Factory EZ（灯光工厂EZ）滤镜特效，然后设置
Flare Type（镜头类型）为Desert Sun（沙漠阳光），如图12-137所示。

10 制作光斑运动并变亮的动画。在第0秒设置Brightness（亮度）参数值为20，Light
Source Location（光源位置）参数X轴值为630、Y轴值为39，Angle（角度）参数值为
0；在第3秒24帧设置Brightness（亮度）参数值为100，Light Source Location（光源位
置）参数X轴值为168、Y轴值为-84，Angle（角度）参数值为180，使光斑从画面右侧
至左侧运动的效果，如图12-138所示。

11 在时间线中拖动时间标记查看光斑效果，然后再设置其叠加模式为Add（增加）类
型，使光斑丰富画面顶部的效果，如图12-139所示。

12 播放动画，观察制作完成的"镜头2"合成动画效果，如图12-140所示。

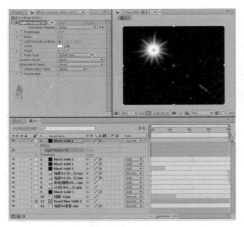

图12-137　添加光斑

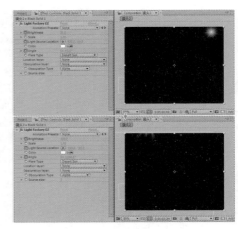

图12-138　设置光斑动画

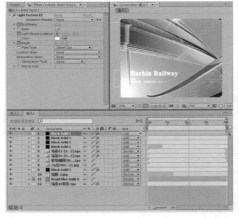

图12-139　层叠加设置

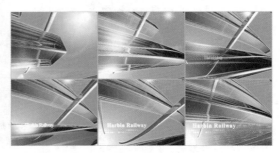

图12-140　合成动画效果

12.4　镜头3合成

在"镜头3合成"部分主要包括了背景合成→添加地图→文字动画→添加光效→丰富装饰。

12.4.1　背景合成

01 在菜单栏中选择【Composition（合成）】→【New Composition（新建合成）】命令建立新的合成文件，并在弹出的Composition Name（合成名称）对话框中输入"镜头3"，在Preset（预置）项目中使用"PAL D1/DV"制式，然后再设置Duration（持续时间）的值为5秒，如图12-141所示。

02 将项目面板中蓝色素材拖拽至"镜头3"时间线中，然后再将"镜头1"合成场景中的"宝蓝色固态层2"复制到"镜头3"时间线的最上一层，展开其Masks（遮罩）属性并设置Mask Feather（遮罩羽化）参数值为等比例250，如图12-142所示。

图12-141　新建合成

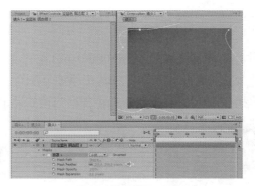

图12-142　添加背景

03 在项目面板中选择"碎块地图[0000-01000].tga"序列素材，然后将其拖拽至"镜头3"时间线中的最上一层位置，如图12-143所示。

04 选择时间线中"碎块地图[0000-01000].tga"的素材层，然后配合快捷键"T"显示Opacity（不透明度）属性，在第0秒位置单击⏱自动关键帧按钮记录Opacity（不透明度）值为0，用以记录素材层渐入动画的起始帧，然后向后拖动时间标记至第15帧，再设置Opacity（不透明度）参数值为50，创建渐入动画的结束帧，如图12-144所示。

图12-143　添加素材

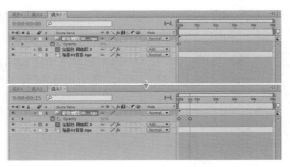

图12-144　设置透明动画

05 使用▢矩形遮罩工具在视图中绘制遮罩，然后展开Masks（遮罩）选项并设置Mask Feather（遮罩羽化）参数为262，使遮罩边缘与背景产生过渡融合，如图12-145所示。

06 选择"碎块地图"素材层，并设置Mode（模式）为Add（增加）层叠加类型，使其更好地与蓝色背景融合，如图12-146所示。

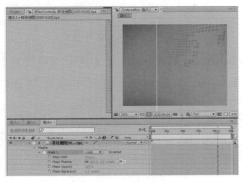

图12-145　添加遮罩

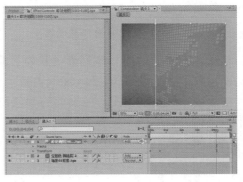

图12-146　层叠加设置

12.4.2 添加地图

01 将项目面板中"地图[0000-0160].tga"序列素材拖拽至时间线面板最上一层位置,再配合快捷键"Ctrl+D"将其"原地复制"一层,如图12-147所示。

02 播放"地图"序列素材,观察当前铁路的线路辐射动画效果,如图12-148所示。

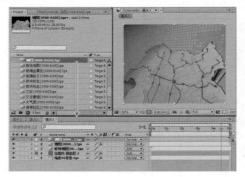

图12-147 添加地图素材

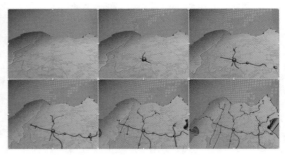

图12-148 当前动画效果

03 在时间线面板中选择底部的"地图"序列素材层,在菜单栏中选择【Effect(特效)】→【Color Correction(色彩校正)】→【Brightness & Contrast(亮度与对比度)】命令,并在特效控制面板中设置Contrast(对比度)参数值为35,提高素材的画面对比度,如图12-149所示。

04 选择顶部的"地图"序列素材层,使用⚉钢笔工具在视图中绘制遮罩,然后设置Mask Feather(羽化)值为300,使上层素材与下层素材产生层次感,如图12-150所示。

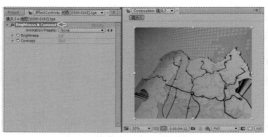

图12-149 对比度设置

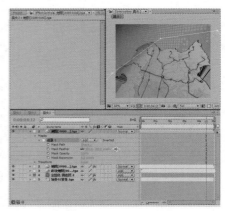

图12-150 绘制遮罩

05 选择顶部的"地图"序列素材并为其添加Brightness & Contrast(亮度与对比度)滤镜特效,然后设置Brightness(亮度)参数值为20,在Mode(模式)中设置为Overlay(覆盖)层叠加模式,使画面的颜色与质感更加强烈,如图12-151所示。

提示

Overlay(叠加)模式可以将当前层影片与下层影片的颜色相乘或覆盖,使影片变暗或变亮,主要用于影片之间颜色的融合叠加效果。

06 将项目面板中"宝蓝色 固态层 1"素材拖拽至时间线面板最上一层位置，然后使用 钢笔工具在视图中绘制遮罩范围，为地图的区域添加蓝色，如图12-152所示。

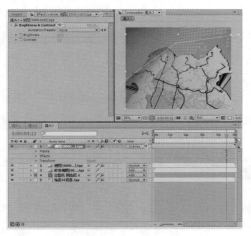

图12-151　亮度设置　　　　　　　　图12-152　添加固态层与遮罩

07 展开Masks（遮罩）选项，设置Mask Feather（遮罩羽化）参数值为400、Mask Expansion（遮罩扩展）参数值为-60，使遮罩的边缘更加柔和，如图12-153所示。

08 选择"宝蓝色 固态层 1"图层，设置Mode（模式）为Add（增加）层叠加类型，使蓝色信息与地图素材更好地融合，如图12-154所示。

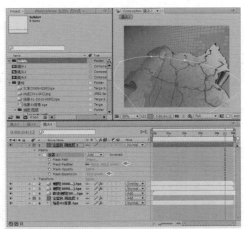
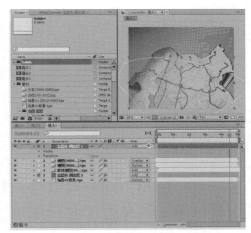

图12-153　设置遮罩　　　　　　　　图12-154　层叠加设置

09 播放动画，观察添加地图完成的合成效果，如图12-155所示。

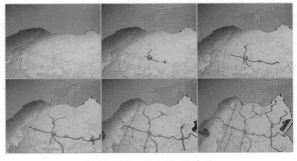

图12-155　添加地图效果

12.4.3 文字动画

01 在菜单栏中选择【Composition（合成）】→【New Composition（新建合成）】命令建立新的合成文件，并在弹出的Composition Name（合成名称）对话框中输入"合成3地图字"，在Preset（预置）项目中使用"PAL D1/DV"制式，然后再设置Duration（持续时间）的值为8秒，如图12-156所示。

02 在项目面板中将"地图[0000-0160].tga"序列素材先拖拽至"合成3地图字"时间线，作为定位提示文字的辅助层，然后在项目面板中选择"哈尔滨/地图.psd"文字素材，再将其拖拽至时间线面板最上一层位置，如图12-157所示。

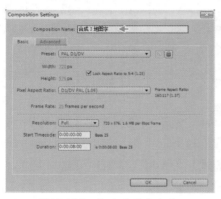

图12-156　新建地图字合成

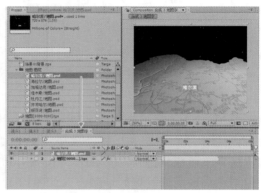

图12-157　添加素材

03 在"合成3地图字"时间线面板中选择"哈尔滨/地图.psd"文字素材层并配合快捷键"S"显示其Scale（比例）属性，在第0秒位置单击 自动关键帧按钮并设置Scale（比例）参数为0，在第0秒10帧位置设置Scale（比例）参数为80，在第5秒位置设置Scale（比例）参数为60，如图12-158所示。

04 配合快捷键"P"显示素材层的Position（位移）属性，在第0秒位置单击 自动关键帧按钮并设置Position（位移）参数X轴为359、Y轴为390，在第2秒位置设置Position（位移）参数X轴为360、Y轴为409，在第5秒位置设置Position（位移）参数X轴为354、Y轴为399，使文字可以准确匹配到地图所需的位置动画，如图12-159所示。

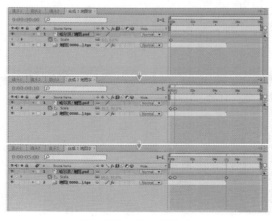

图12-158　设置缩放动画

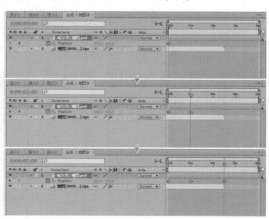

图12-159　设置位移动画

05 播放动画，观察文字在地图中的显示及位移动画效果，如图12-160所示。

06 以相同的方法将项目面板中"绥芬河/地图.psd"、"齐齐哈尔/地图.psd"、"牡丹江/地图.psd"、"佳木斯/地图.psd"、"加格达奇/地图.psd"、"海拉尔/地图.psd"和"满洲里/地图.psd"文字素材层拖拽至"合成3地图字"时间线面板中，然后调整文字素材的起始位置信息，再按照"哈尔滨/地图.psd"文字素材层中的缩放与位移进行设置；最后播放动画，观察各铁路枢纽处所有文字的动画效果，如图12-161所示。

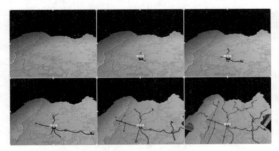

图12-160　文字动画效果

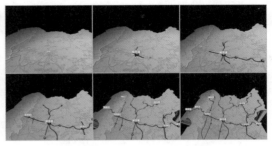

图12-161　其他文字效果

07 取消作为位置参考用的"地图[0000-0160].tga"序列素材层，使合成场景中只显示制作的文字信息，如图12-162所示。

08 切换至"镜头3"的时间线面板，将项目面板中的"合成3地图字"合成文件拖拽至最上一层位置，如图12-163所示。

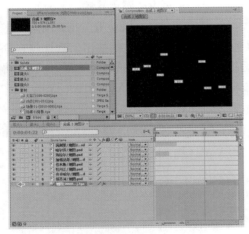

图12-162　图层显示设置

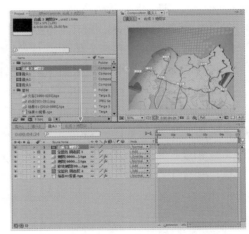

图12-163　添加合成素材

08 播放"镜头3"的动画，观察文字合成后的效果，如图12-164所示。

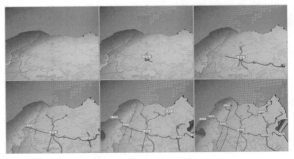

图12-164　文字合成效果

12.4.4 添加光效

01 为"镜头3"合成场景添加黑色固态层，将固态层放置在"合成3地图字"层的下一层位置，然后配合快捷键"T"显示Opacity（不透明度）属性，再设置Opacity（不透明度）参数值为70，准备为场景添加光效，如图12-165所示。

02 为固态层添加特效，在菜单中选择【Effect（特效）】→【Knoll Light Factory（灯光工厂）】→【Light Factory（灯光工厂）】命令，如图12-166所示。

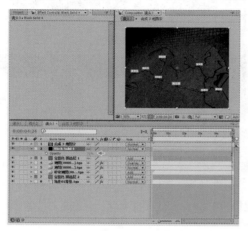

图12-165　添加固态层

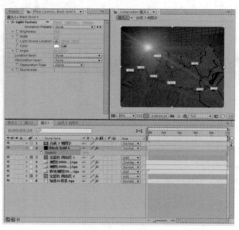

图12-166　添加特效

03 在第0秒设置Brightness（亮度）值为30，Light Source Location（光源位置）值X轴为212、Y轴为303，Angle（角度）值为0，再激活三项属性前的 ⊙ 自动关键帧按钮，软件将自动记录此时三项信息为动画的起始帧。在时间线面板中向后移动时间标记至第5秒位置，再设置Brightness（亮度）值为90，Light Source Location（光源位置）值X轴为190、Y轴为150，Angle（角度）值为33，记录特效由小至大的位置动画，如图12-167所示。

04 继续为固态层添加Hue/Saturation（色相/饱和度）滤镜特效，然后设置Master Saturation（饱和度控制）值为36，再设置层叠加模式为Add（增加）类型，使光效颜色更加强烈并融合于合成画面，如图12-166所示。

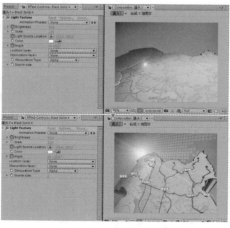

图12-167　设置特效动画

图12-168　饱和度与层叠加

05 为合成场景添加黑色固态层，使用⬜矩形遮罩工具在视图中绘制遮罩，然后设置Mask Feather（遮罩羽化）值为206，再设置叠加模式为Overlay（覆盖）类型，如图12-169所示。

06 继续添加黑色固态层并为其添加Light Factory EZ（灯光工厂EZ）滤镜特效，然后设置Flare Type（镜头类型）为Vortex Bright（点光），如图12-170所示。

图12-169　添加固态层并设置

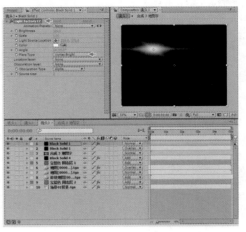

图12-170　添加特效

07 展开Effects（特效）卷展栏，在第0秒设置Light Source Location（光源位置）值X轴为742、Y轴为400，然后单击⊙自动关键帧按钮记录动画，再设置层叠加模式为Add（增加）类型，使点光融合于合成画面，如图12-171所示。

08 在时间线面板中向后移动时间标记至第4秒21帧位置，然后设置Light Source Location（光源位置）值X轴为780、Y轴为520，记录光效位置动画的结束帧，如图12-172所示。

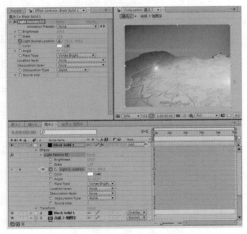

图12-171　设置起始帧

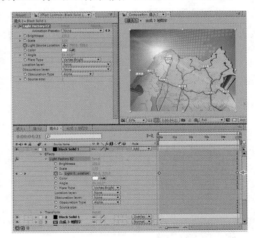

图12-172　设置结束帧

12.4.5　丰富装饰

01 在项目面板中将"z5[001-201].jpg"序列素材拖拽至时间线最上一层位置，然后展开素材层Transform（变换）选项，先设置Position（位置）值X轴为60、Y轴为550，再设置Scale

（比例）值为108、Opacity（不透明度）值为30，丰富合成的装饰元素，如图12-173所示。

02 设置"z5[001-201].jpg"素材层的Mode（模式）为Add（增加）类型，去除掉装饰素材的黑色区域，如图12-174所示。

图12-173　添加装饰素材

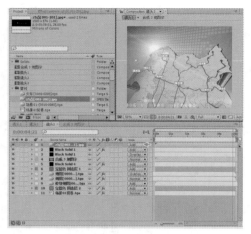

图12-174　层叠加设置

03 使用▢矩形遮罩工具在视图中绘制遮罩，然后展开Masks（遮罩）选项并设置Mask Feather（遮罩羽化）值为150，只在画面左下侧位置保留部分装饰元素，如图12-175所示。

04 播放动画，观看"镜头3"的合成效果，如图12-176所示。

05 完成"镜头3"合成后，所有素材的罗列以及画面效果展示如图12-177所示。

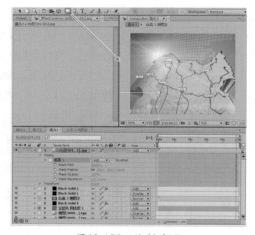

图12-175　绘制遮罩

图12-176　镜头3合成效果

图12-177　素材罗列展示

12.5 镜头4合成

在"镜头4合成"部分主要包括了背景合成→添加金属条→标志与线群→粒子素材→亮度控制→中心光斑→文字合成→文字特效→渲染输出。

12.5.1 背景合成

01 在菜单中选择【Composition（合成）】→【New Composition（新建合成）】命令，在弹出的对话框中设置Composition Name（合成名称）为"镜头4"，在Preset（预置）项目中使用"PAL D1/DV"制式，然后再设置Duration（持续时长）为6秒，如图5-202所示。

02 将"场景01背景.tga"素材拖拽至"镜头4"时间线面板，用于影片背景的合成，如图12-179所示。

图12-178　新建合成

图12-179　添加背景素材

03 在"镜头4"时间线面板中选择"场景01背景"素材层，然后为其添加Hue/Saturation（色相/饱和度）和Brightness & Contrast（亮度与对比度）滤镜特效，再设置Master Hue（色相控制）值为4、Brightness（亮度）值为15，得到暗蓝的背景，如图12-180所示。

04 在菜单中选择【Layer（层）】→【New（新建）】→【Solid（固态层）】命令建立固态层，在弹出的固态层对话框中设置Name（名称）为"Royal Blue Solid（宝蓝色固态层）"、尺寸为720×576、Pixel Aspect Ratio（像素长宽比）为"D1/DV PAL（1.09）"制式，如图12-181所示。

05 选择新建的固态层，使用▭矩形遮罩工具在视图中绘制遮罩，使

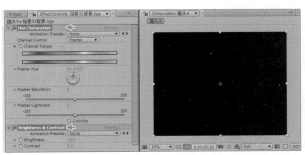

图12-180　添加特效

523

其只保留部分蓝色，如图12-182所示。

图12-181　新建固态层

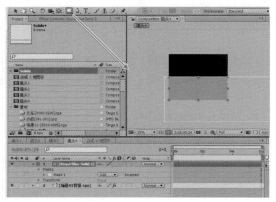

图12-182　绘制遮罩

06　展开Masks（遮罩）选项并开启Inverted（反向），再设置Mask Feather（遮罩羽化）值为324，使遮罩中的颜色边缘与背景色柔和过渡，如图12-183所示。

07　设置固态层的叠加模式为Overlay（覆盖）类型，控制遮罩中蓝色与背景的叠加效果，如图12-184所示。

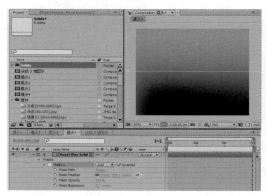

图12-183　遮罩设置

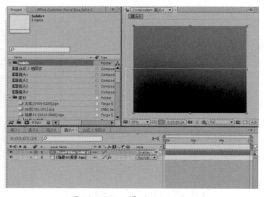

图12-184　层叠加设置

12.5.2　添加金属条

01　将"玻璃金属条[0000-0160].tga"序列素材拖拽至"镜头4"时间线面板最上一层位置，如图12-186所示。

02　在时间线面板选择新添加的序列素材层，在主菜单栏中选择【Effect（特效）】→【Blur & Sharpen（模糊与锐化）】→【Sharpen（锐化）】命令，再设置Sharpen Amount（锐化数量）值为15，使玻璃金属条看起来更锐利，更有金属的硬度质感，如图12-186所示。

提 示 ||||||||||||||||||||||||||||||||||||||||||||||||||||||||||||||||||||||||

Sharpen（锐化）特效通过增加相邻像素点之间的对比度，使图像清晰化。

图12-185 添加序列素材

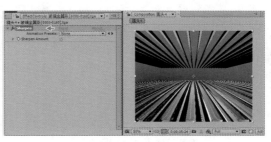

图12-186 锐化设置

③ 继续为"玻璃金属条"素材层添加Brightness & Contrast（亮度与对比度）滤镜特效，然后设置Brightness（亮度）值为20、Contrast（对比度）值为20，提升玻璃金属条的质感，如图12-187所示。

④ 使用 钢笔工具在视图中绘制遮罩并展开Masks（遮罩）选项，然后设置Mask Feather（遮罩羽化）值为150，模拟近实远虚的视觉透视效果，如图12-188所示。

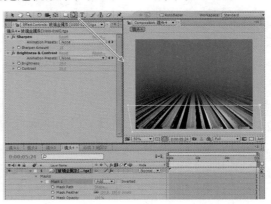

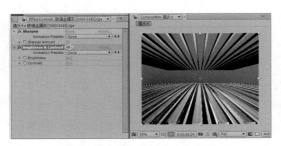

图12-187 亮度和对比度设置

图12-188 绘制遮罩

12.5.3 标志与线群

① 在项目面板选择"碎块标志[0000-0160].tga"序列素材，将其拖拽至时间线面板"玻璃金属条[0000-0160].tga"序列素材层的下一层位置，再设置其叠加模式为Add（增加）类型，如图12-189所示。

② 播放动画，观察当前合成的效果，如图12-190所示。

③ 以同样的方法将"线群-1.jpg"素材拖拽至时间线面板"碎块标志[0000-0160].tga"序列素材层的上一层位置，再调整素材在时间线面板中出现在第1秒2帧，如图12-191所示。

④ 在时间线面板选择"线群-1.jpg"素材层，使用 钢笔工具在视图中绘制遮罩并展开Masks（遮罩）选项，然后设置Mask Feather（遮罩羽化）值为219，只使画面中心柔和显示素材，如图12-192所示。

图12-189　添加素材

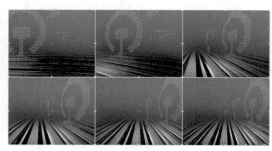

图12-190　当前合成效果

图12-191　添加素材

图12-192　绘制遮罩

05 设置"线群-1.jpg"素材层的叠加模式为Overlay（覆盖）类型，保持画面的层次关系并统一色调，如图12-193所示。

06 展开素材层的Transform（变换）选项，在时间线素材的第1秒2帧位置设置Position（位置）值X轴为89、Y轴为31，然后设置Scale（比例）值为73、Rotation（旋转）值为0、Opacity（不透明度）值为0，再单击四项属性前的 自动关键帧按钮，完成动画的起始帧设置，如图12-194所示。

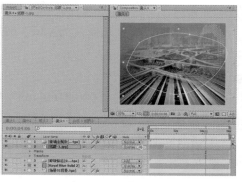

图12-193　层叠加设置

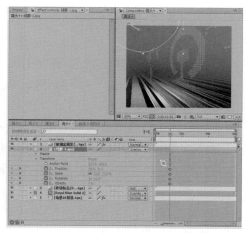

图12-194　设置起始帧

07 在时间线中移动时间标记至第3秒位置，设置Opacity（不透明度）值为10，使素材在画面中出现并丰富画面的作用，如图12-195所示。

08 在时间线中移动时间标记至第6秒位置，先设置Position（位置）值X轴为14、Y轴为-10，再设置Scale（比例）值为100、Rotation（旋转）值为8，记录此三项信息的结束关键帧，如图12-196所示。

图12-195　设置透明动画

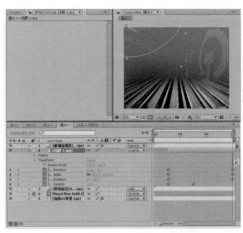

图12-196　设置结束关键帧

09 播放动画，观察制作完成的素材显示并旋转放大的运动效果，如图12-197所示。

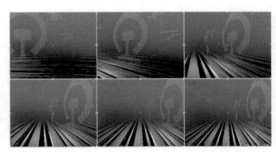

图12-197　当前合成效果

12.5.4　粒子素材

01 将"玻璃粒子[0000-0100].tga"素材拖拽至"镜头4"时间线面板最上一层位置，在Mode（模式）中设置为Add（增加）层叠加模式，使粒子与背景融合，如图12-198所示。

02 在时间线面板选择"玻璃粒子[0000-0100].tga"素材层，在主菜单栏中选择【Effect（特效）】→【Blur & Sharpen（模糊与锐化）】→【Gaussian Blur（高斯模糊）】命令，然后设置Blurriness（模糊）值为8，使其模拟装饰元素的虚光效果，如图12-199所示。

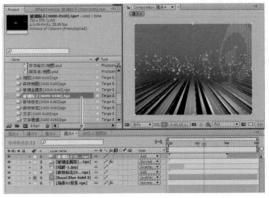

图12-198　添加粒子素材

03 选择素材层并配合快捷键"T"显示其Opacity（不透明度）属性，在第2秒10帧位置单击⊙自动关键帧按钮并设置Opacity（不透明度）为75，然后将时间线的时间标记移动至第3秒5帧设置Opacity（不透明度）为0，记录粒子素材由显示至彻底消失的效果，如图12-200所示。

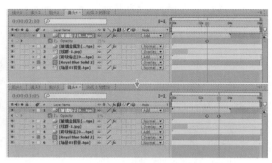

图12-199　模糊设置　　　　　　　　　　　　图12-200　设置透明动画

04 再次将项目面板中的"玻璃粒子[0000-0100].tga"序列素材拖拽至时间线面板最上一层位置，然后在Mode（模式）中设置为Add（增加）层叠加模式，使粒子效果更丰富，如图12-201所示。

05 播放动画，观看当前的粒子运动效果，如图12-203所示。

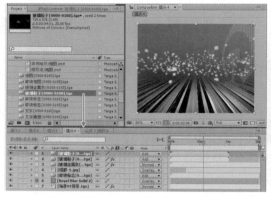

图12-201　添加素材　　　　　　　　　　　　图12-202　粒子运动效果

12.5.5　亮度控制

01 通过观看合成动画，感觉合成的效果偏暗，准备为画面提升亮度操作。将项目面板中的"宝蓝色固态层1"拖拽至时间线面板"碎块标志[0000-0160].tga"序列素材的上一层位置，再配合快捷键"T"显示并设置Opacity（不透明度）值为60，如图12-203所示。

02 选择"宝蓝色固态层1"图层并在Mode（模式）中设置为Add（增加）层叠加模式，然后使用钢笔工具在视图中绘制遮罩，展开Masks（遮罩）卷展栏再设置Mask Feather（遮罩羽化）值为250、Mask Expansion（遮罩扩展）值为-60，调整如图12-204所示。

03 继续将项目面板中的"宝蓝色固态层2"图层拖拽至时间线面板最上一层位置，然后配合快捷键"T"显示并设置Opacity（不透明度）值为50，使合成的亮度继续提升，如

图12-205所示。

04 在Mode（模式）中设置为Overlay（覆盖）层叠加模式，使用 钢笔工具在视图中绘制遮罩，然后展开Masks（遮罩）卷展栏并设置Mask Feather（遮罩羽化）值为250，使遮罩边缘柔和度增强，如图12-204所示。

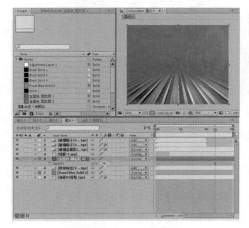

图12-203　添加固态层

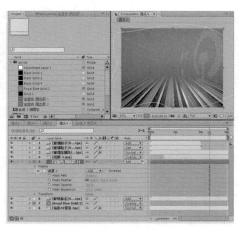

图12-204　层叠加与遮罩

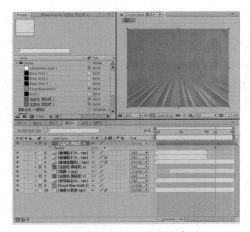

图12-205　添加蓝色固态层

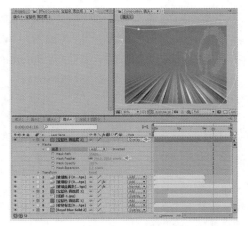

图12-206　层叠加与遮罩

05 选择"宝蓝色固态层2"图层，为其添加Hue/Saturation（色相/饱和度）滤镜特效，再设置Hue（色相）值为–20，使宝蓝色的色相产生偏转，使影片颜色趋向于天蓝色，如图12-207所示。

06 播放动画，查看控制亮度的合成效果，如图12-208所示。

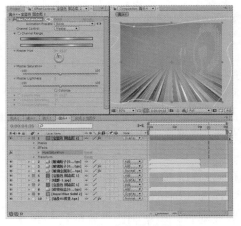

图12-207　色相偏移设置

图12-208　亮度控制效果

12.5.6　中心光斑

01 在菜单中选择【Layer（层）】→【New（新建）】→【Solid（固态层）】命令建立黑色固态层，为场景中心添加光斑，如图12-209所示。

02 在菜单中选择【Effect（特效）】→【Knoll Light Factory（灯光工厂）】→【Light Factory（灯光工厂）】命令，先设置Brightness（亮度）值为70，Light Source Location（光源位置）值X轴为-63、Y轴为316，然后设置Angle（角度）值为0，在第0秒位置单击 🔘 自动关键帧按钮，作为动画的起始帧，如图12-210所示。

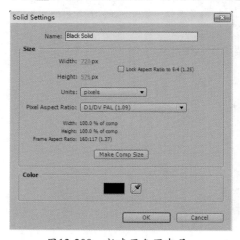

图12-209　新建黑色固态层

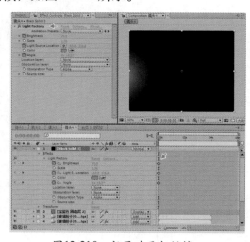

图12-210　记录动画起始帧

03 在第0秒23帧位置记录Light Source Location（光源位置）值X轴为-15、Y轴为304，使光斑略微向右侧运动，如图12-211所示。

04 在第2秒位置记录Brightness（亮度）值为100、Light Source Location（光源位置）值X轴为357、Y轴为289，记录第3组关键帧，如图12-212所示。

05 在第4秒位置记录Brightness（亮度）值为87、Angle（角度）值为40，完成第4组关键帧作为动画结束帧，如图12-213所示。

06 播放动画，观察制作光效旋转并变亮向画面中心移动的动画效果，如图12-214所示。

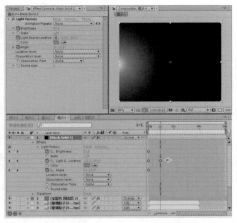

图12-211 记录位置动画

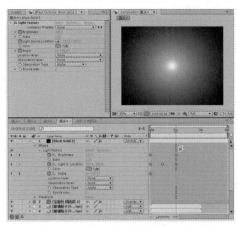

图12-212 记录关键帧

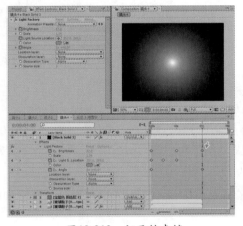

图12-213 记录结束帧

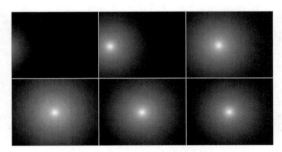

图12-214 光斑动画效果

07 选择固态层并在Mode（模式）中设置为Add（增加）层叠加模式，使光效与合成画面融合，如图12-215所示。

08 继续为其添加Hue/Saturation（色相/饱和度）滤镜特效，然后再设置Master Saturation（饱和度控制）值为40，如图12-216所示。

图12-215 层叠加设置

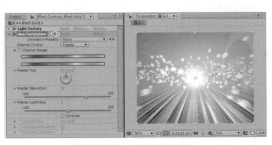

图12-216 设置饱和度

09 在时间线展开固态层的Transform（变换）选项，在第3秒位置单击🕙自动关键帧按钮并记录Opacity（不透明度）值为99，在第6秒位置记录Opacity（不透明度）值为40，使光效逐渐变淡，如图12-217所示。

10 播放动画，观看当前"镜头4"的中心光斑合成效果，如图12-218所示。

图12-217　设置透明动画

图12-218　光斑合成效果

12.5.7　文字合成

01 在菜单中选择【Composition（合成）】→【New Composition（新建合成）】命令，在弹出的对话框中设置Composition Name（合成名称）为"合成4文字"，在Preset（预置）项目中使用"D1/DV PAL（1.09）"制式，然后再设置Duration（持续时长）为6秒，如图12-219所示。

02 将项目面板中"文字[0000-0160].tga"和"文字通道[0000-0160].tga"素材拖拽至时间线面板，如图12-220所示。

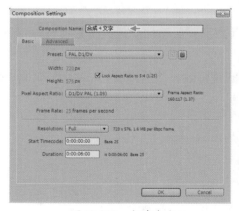

图12-219　新建合成

图12-220　添加文字素材

03 在时间线中选择"文字[0000-0160].tga"素材层，然后单击轨道蒙板项目并在弹出的菜单栏中选择Luma Matte（亮度蒙板）命令，使"文字"素材层按照"文字通道"素材层进行蒙板处理，如图12-221所示。

04 在菜单中选择【Layer（层）】→【New（新建）】→【Adjustment Layer（调整图层）】命令，快捷键为"Ctrl+Alt+Y"，如图12-222所示。

提 示

通过建立调整图层，可以为本调整图层添加特效，控制其下所有层的效果。

图12-221 轨道蒙板设置

图12-222 新建调整图层

05 选择调整图层，在主菜单栏选择【Effect（特效）】→【Color Correction（色彩校正）】→【Color Balance（色彩平衡）】命令，再设置Shadow Red Balance（红色阴影平衡）值为-35、Shadow Blue Balance（蓝色阴影平衡）值为-80，Midtone Red Balance（中间色红平衡）值为80、Midtone Blue Balance（中间色绿平衡）值为-80、Hilight Green Balance（高光绿平衡），将银色文字添加黄色颜色信息，如图12-223所示。

提 示

由于在3ds Max中设置材质时，没有考虑到与最终合成颜色配合，所以以将文字的材质设置为银色，再通过After Effects的特效进行实际所需颜色控制，从而提升工作效率并更容易控制颜色效果。

06 继续为调整图层添加Hue/Saturation（色相/饱和度）滤镜特效，再设置Master Hue（色相控制）值为10，使文字的黄金质感更加强烈，如图12-224所示。

图12-223 色彩平衡设置

图12-224 色相控制

07 将项目面板中的"合成4文字"拖拽至"镜头4"时间线面板最上一层位置，作为合成影片的定板文字，如图12-225所示。

08 在"镜头4"时间线面板中选择"合成4文字"素材层，配合快捷键"S"显示Scale（比例）属性，在第2秒位置单击自动关键帧按钮并记录Scale（比例）值为100，作为文字缩放动画的起始帧；在第6秒位置记录Scale（比例）值为105，作为文字动画的结束帧，如图12-226所示。

图12-225　添加定板文字

图12-226　文字缩放动画

09 播放动画，观看定板文字的动画合成效果，如图12-227所示。

图12-227　文字合成效果

12.5.8　文字特效

01 在"镜头4"时间线面板中选择"合成4文字"素材层，为其添加Sharpen（锐化）滤镜特效，再设置Sharpen Amount（锐化数量）值为15，使文字金属锐化效果更突出，如图12-228所示。

图12-228　添加锐化

02 为文字素材层添加Drop Shadow（阴影）滤镜特效，设置Direction（方向）值为135、Distance（距离）值为5、Softness（柔和度）值为20，使文字的空间感更加强烈，如图12-229所示。

03 为文字素材层添加Brightness & Contrast（亮度与对比度）滤镜特效，再设置Brightness（亮度）值为-10、Contrast（对比度）值为60，如图12-230所示。

04 在时间线面板中选择"合成4文字"层并配合快捷键"Ctrl+D"将其"原地复制"一层，然后在菜单中选择【Effect（特效）】→【Trap Code】→【Shine（体积光）】命令，为上层文字添加体积光效果，如图12-231所示。

05 在特效控制面板中设置Ray Length（光芒长度）值为19、Amount（数量）值为500、Detail（细节）值为10、Colorize颜色类型为3-Color Gradient（三基色），控制体积光的范围与颜色，如图12-232所示。

图12-229　添加阴影

图12-230　添加亮度与对比度

图12-231　添加体积光

图12-232　体积光设置

提　示

Detail（细节）项目主要调节光线内部放射体积光的大小和多少，通过动画的记录会产生光线波动的效果。

06　在时间线面板展开文字素材的Effect（特效）选项，在第1秒20帧位置单击 ⊙ 自动关键帧按钮记录Ray Length（光芒长度）值为1，在第2秒10帧位置记录Ray Length（光芒长度）值为19，然后在第3秒10位置记录Ray Length（光芒长度）值为1，设置文字发散体积光的动画，如图12-233所示。

07　播放动画，观看3个关键帧对应的体积光发散效果，如图12-234所示。

图12-233　体积光发散动画

图12-234　体积光效果

08 展开"合成4文字"素材层的Transform（变换）选项，在第1秒20帧位置单击自动关键帧按钮记录Opacity（不透明度）值为0，在第2秒10帧位置记录Opacity（不透明度）值为99，然后在第3秒10帧位置记录Opacity（不透明度）值为0，如图12-235所示。

09 选择"合成4文字"素材层，在Mode（模式）中设置为Add（增加）层叠加模式，使文字的体积光效果更为明亮，如图12-236所示。

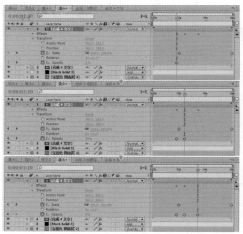

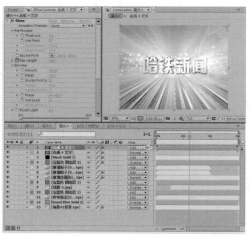

图12-235　设置透明动画　　　　　　　　　　图12-236　层叠加设置

10 在时间线中添加黑色固态层，在菜单中选择【Effects（特效）】→【Obsolete（旧版插件）】→【Basic Text（基本文字）】命令，然后在画面上输入拼音"HATIEXINWEN"并设置位置、颜色、尺寸，再将文字层移动至第2秒11帧位置，如图12-237所示。

11 在时间线面板中展开Effects（特效）选项，在第2秒11帧位置单击自动关键帧按钮记录Tracking（跟踪）值为-30，在第3秒11帧位置记录Tracking（跟踪）值为15，然后在第6秒位置记录Tracking（跟踪）值为25，设置文字的间距动画，如图12-238所示。

图12-237　添加基本文字　　　　　　　　　　图12-238　设置间距动画

12 播放动画，观看制作完成的文字间距动画，如图12-239所示。

⑬ 为文字素材层添加Drop Shadow（阴影）滤镜特效，再设置Shadow Color（阴影颜色）为白色、Direction（方向）值为135、Distance（距离）值为3，为拼音添加阴影效果，如图12-240所示。

图12-239　间距动画效果　　　　　　　　　　图12-240　添加阴影

⑭ 在时间线面板中选择文字图层并展开其Transform（变换）选项，在第2秒12帧位置单击 ⏱ 自动关键帧按钮记录Opacity（不透明度）值为0，在第3秒位置记录Opacity（不透明度）值为80，设置拼音文字的渐入动画，如图12-241所示。

⑮ 选择文字图层，在Mode（模式）中设置为Overlay（覆盖）层叠加模式，使拼音与画面覆盖融合，如图12-243所示。

图12-241　设置透明动画　　　　　　　　　　图12-242　设置层叠加

⑯ 在时间线中添加黑色固态层，将Mode（模式）设置为Overlay（覆盖）层叠加模式，使用 ▭ 矩形遮罩工具在视图中绘制遮罩，在时间线面板展开Masks（遮罩）选项并设置Mask Feather（遮罩羽化）值为180，使合成的中心区域较四周区域命令，如图12-243所示。

提　示

中心区域命令会使画面更加立体化，四周区域可以衬托出中心区域。

⑰ 文字合成操作完成后，"镜头4"时间面板的层罗列以及合成效果展示如图12-244所示。

图12-243　绘制遮罩

图12-244　镜头4层罗列展示

12.5.9　渲染输出

① 在时间线面板中切换到"镜头1"合成，在主菜单栏中选择【Composition（合成）】→【Make Movie（制作影片）】命令，将制作完成的影片进行输出设置，如图12-245所示。

图12-245　渲染合成文件

提 示

Make Movie就是将时间线的内容输出为影片，可以使用快捷键"Ctrl+M"直接展开操作。

② 将"镜头1"合成文件添加至渲染队列后，在时间线面板的显示渲染队列中设置渲染路径与渲染格式后，便可单击Render（渲染）按钮开始渲染计算，如图12-246所示。

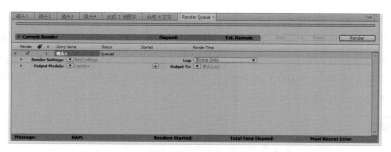

图12-246　设置渲染

> **提 示**
>
> 单击输出样式右面的Lossless（无压缩）命令，会弹出Output Module（输出设置）对话框，其中包括了视频和音频输出的各种格式、视频压缩等方式。

03 按照相同的方法分别渲染"镜头2"、"镜头3"和"镜头4"合成文件，完成After Effects的合成工作，如图12-247所示。

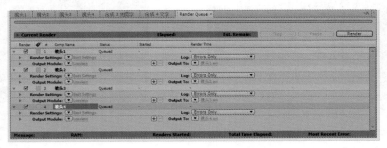

图12-247　渲染所有镜头

12.6 影片成品剪辑

在"影片成品剪辑"部分主要包括了新建剪辑→添加素材→素材剪辑→成品输出。

12.6.1 新建剪辑

01 启动Adobe Premiere Pro CS6软件，在弹出的"欢迎使用"对话框中单击"新建项目"按钮，创建新的剪辑工程文件，如图12-248所示。

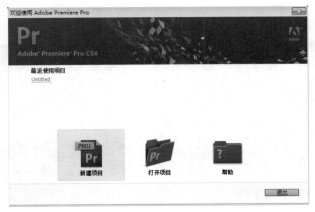

图12-248　新建项目

02 在弹出的"新建项目"对话框的常规选项中设置文件保存路径位置和项目名称，如图12-249所示。

⓷ 在"新建项目"对话框单击"确定"按钮完成操作后，在弹出"新建序列"对话框中展开【DV-PAL】→【标准48kHz】标清剪辑工厂，然后再单击"确定"按钮确定创建4∶3序列文件，如图12-250所示。

图12-249　位置与名称设置

图12-250　创建序列

12.6.2　添加素材

⓵ 在软件左下角的项目面板中单击鼠标右键，在弹出的菜单中选择"导入"命令，将准备好的声音素材和After Effects CS6软件渲染出的"镜头1"、"镜头2"、"镜头3"和"镜头4"视频文件导入到Premiere Pro CS6软件中，如图12-251所示。

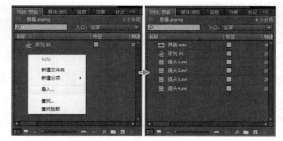

图12-251　导入素材

⓶ 将项目面板中的镜头素材和声音素材拖拽至序列面板，开始按照顺序编辑工作，如图12-252所示。

⓷ 选择"镜头1"视频素材，再将素材的起始位置向后侧移动，去除掉素材中不需要的位置，如图12-253所示。

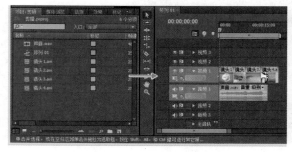

图12-252　编辑素材

图12-253　起始位置调整

12.6.3　素材剪辑

⓵ 在效果面板中选择【视频切换】→【叠化】→【附加叠化】效果命令，将两段交接素

材的边缘产生重叠，起到镜头过渡的作用，如图12-254所示。

提 示

视频切换即是"转场"效果，可以在镜头间进行过渡处理。

02 使用相同的方法，分别为"镜头2"、"镜头3"和"镜头4"设置叠化过渡，控制面板的显示如图12-255所示。

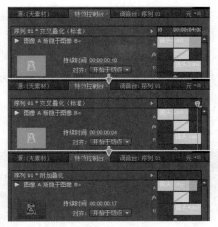

图12-254 添加镜头过渡 图12-255 控制面板

03 在项目面板中导入 "z5舰1.wav"声音素材，再将声音素材拖拽至序列面板，位置在"镜头1"火车飞出的音轨中，使声音素材可以配合画面突出表现主题，如图12-256所示。

图12-256 添加声音素材

提 示

WAV是微软推出的具有很高音质的声音文件，因为它不经过压缩，所以文件所占容量较大，大约每分钟的音频需要10MB的存储空间。

12.6.4　成品输出

01 剪辑工作完成后，选择主菜单栏中的【文件】→【导出】→【媒体】命令，将剪辑完成的文件进行输出，如图12-257所示。

02 在弹出的"导出设置"对话框中设置"输出"选项设置导出格式、预设制式和尺寸大小，设置完成后单击"导出"按钮，开始输出文件操作，如图12-258所示。

03 渲染导出后，播放导出的文件，观看最终制作完成的剪辑效果，如图12-259所示。

图12-257　输出文件

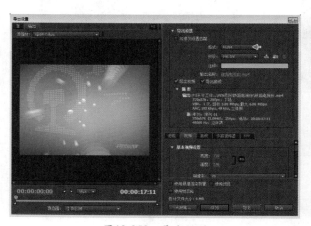

图12-258　导出设置

图12-259　影片最终效果

12.7　本章小结

　　《铁路电视台》案例主要对地球、火车、铁轨、线路等铁路元素进行合成，影片的合成元素通过三维手法实现，并配合各种图形元素丰富画面，配合特效处理使画面不乏细节，清新利落的蓝色调更加营造出电视画面的氛围。